INGENIEURBAUFÜHRER BERLIN

INGENIEURBAUFÜHRER
Berlin

Werner Lorenz, Roland May, Hubert Staroste
unter Mitwirkung von Ines Prokop

MICHAEL IMHOF VERLAG

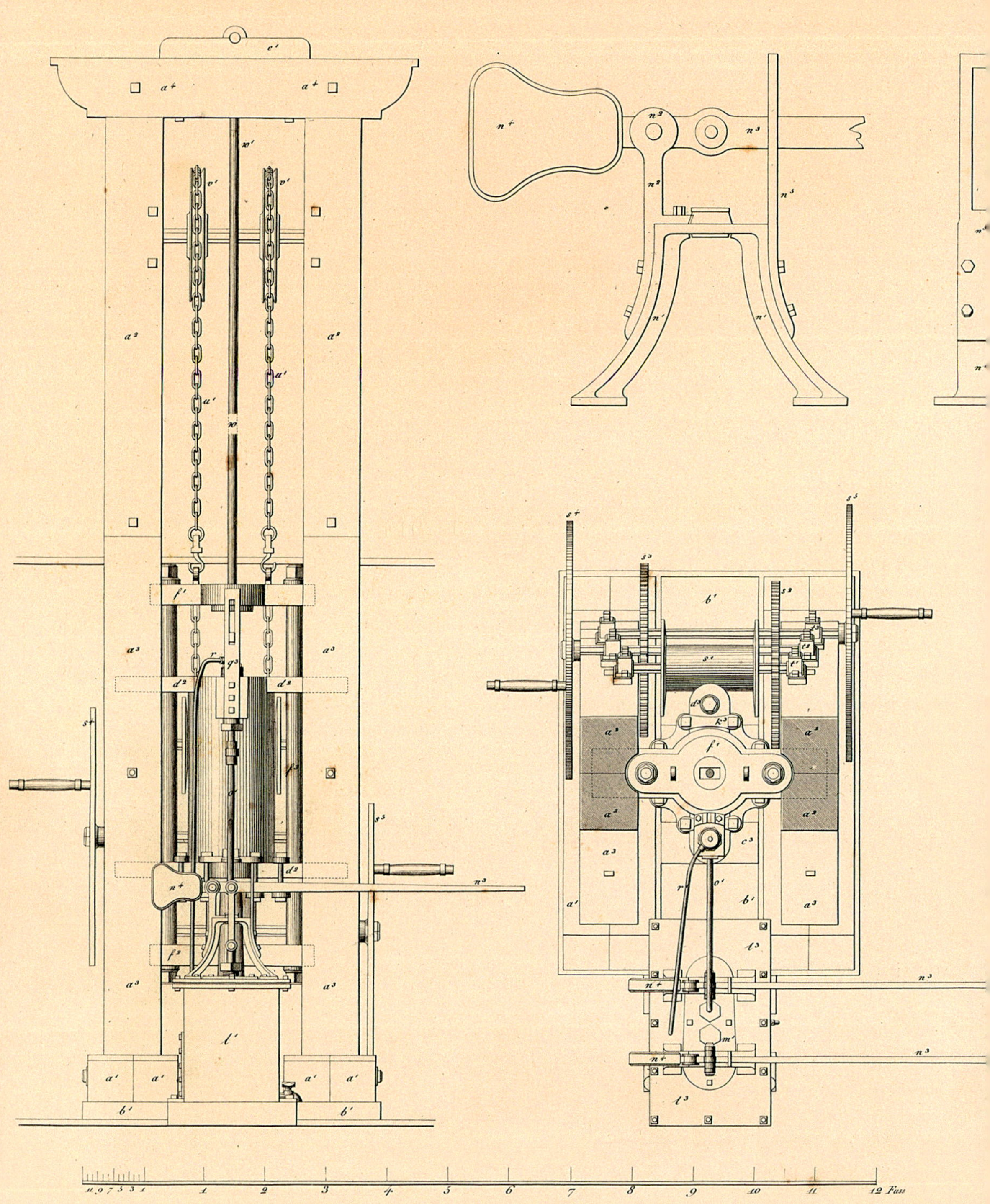

Darstellung der Konstruktion einer hydraulischen Presse (Ausschnitt) in den ab 1830 von der preußischen Bauverwaltung in großformatigen Tafeln „für den Dienstgebrauch" herausgegebenen ‚Bauausführungen des Preussischen Staats'. 3. Lieferung, Bd. 1, 1842

Grußworte

Es ist höchste Zeit, dass sich Berlin auf seine ganz besonderen Ingenieurbauwerke besinnt und diese in einem Kompendium zusammenführt. Mit dem vorliegenden Ingenieurbauführer ist es Werner Lorenz, Roland May und Hubert Staroste in einmaliger und hervorragender Weise nun gelungen, diese anspruchsvolle Aufgabe zu meistern. Ich danke ihnen dafür, dass sie Berlins bauliche Vielfalt aus der Perspektive der Bautechnik ganz neu beleuchten, für den Betrachter oft verborgene Ingenieurleistungen sichtbar machen und so eindrucksvoll aufzeigen, dass Baukultur untrennbar mit Ingenieurkunst verwoben ist.
Die Baukammer Berlin als Standesvertretung der im Bauwesen tätigen Ingenieure ist sehr stolz, diesen ersten Ingenieurbauführer begleitet und gefördert zu haben.

Dr.-Ing. Ralf Ruhnau
Präsident der Baukammer Berlin

Die Geschichte der Technik und des Konstruierens im Bauwesen ist ein faszinierender Blick auf das Wissen und Können im zeitlichen Wandel – denn Bauen als Aufgabe vereint (mindestens) kulturelle, technische, wirtschaftliche, politische und soziale Aspekte. Insbesondere im 20. Jahrhundert dominiert die kunsthistorische Perspektive aber vielfach den breiten Anspruch und das Potenzial von Baugeschichte; der Ingenieur avancierte in der allgemeinen Wahrnehmung vielfach zum reinen Techniker. Inzwischen setzte ein Wandel ein und die (Ingenieur-)Baugeschichte gewinnt wieder an verdienter Aufmerksamkeit: Fachgesellschaften wurden gegründet, internationale und regionale Veranstaltungsreihen organisiert und universitäre Forschungsgruppen und Lehrprojekte ins Leben gerufen.
Berlin ist ein europäisches Zentrum dieser Entwicklung, was angesichts der Dichte und der Qualität der hiesigen Ingenieurbauwerke wenig überrascht. Das Stadtbild ist geprägt durch eine Reihe ganz herausragender Bauten und Anlagen: Eisenbahninfrastrukturen, Brücken, Kraftwerksanlagen, Bauwerke der Stadtbahn, Industriekomplexe und vieles mehr. Insbesondere das Industriezeitalter hat ein reiches Erbe hinterlassen, Zeugnisse von Gotik über die geteilte Stadt bis heute dokumentieren zugleich, dass Berlin eine Tradition herausragender Baumeister und Bauingenieure hat.
Mit dem vorliegenden Band wird dieser Schatz Berlins endlich in gebührender Weise der Öffentlichkeit präsentiert. Mein großer Dank hierfür gilt den Autoren des Buchs, Werner Lorenz, Roland May und Hubert Staroste, die wir mit Freude bei ihrem Vorhaben unterstützt haben; allen Leserinnen und Lesern wünsche ich gute Unterhaltung und Erkenntnis beim Entdecken von Bekanntem und Neuem!

Dr.-Ing. Christoph Rauhut
Landeskonservator und Direktor des Landesdenkmalamtes Berlin

Inhalt

Anhang

Einführung

Berlin, ein Gebilde, das sozusagen immer nur wird und nie ist …
Ernst Bloch, 1932

Die Gründung Groß-Berlins am 1. Oktober 1920 machte den atemberaubend expandierten Ballungsraum um Preußens Zentrum mit nun 3,8 Mio. Einwohnern nach London und New York zur drittgrößten Stadt der Welt. Längst war er da bereits auch der größte und bedeutendste Industriestandort Kontinentaleuropas – angetrieben zunächst vom Maschinenbau, ab etwa 1880 dann vor allem anderen von den neuen Hochtechnologien der Elektroindustrie. Schon Firmen wie Borsig und Schwartzkopff hatten sich internationale Geltung erworben, mit Siemens und AEG wurde die Stadt zur weltweit einzigartigen „Elektropolis".

Das Gesicht der Metropole prägten nicht mehr nur die Prachtbauten des preußischen Klassizismus eines Karl Friedrich Schinkel, die historistischen Backsteingebäude seiner Schüler oder die kaiserzeitlichen Prunkarchitekturen in verschiedensten Eklektizismen, sondern nun auch ganz neuartige Industriebauten. Sie bereiteten den Weg zur Architektur der Moderne und fanden in der 1909 vollendeten AEG-Turbinenhalle ihren bis dahin höchsten Ausdruck.

Preußens Glanz und Gloria zerstob in der Katastrophe des Ersten Weltkriegs; die Jahre um die Gründung Groß-Berlins offenbarten im Elend der Hyperinflation einmal mehr auch das andere, dunkle Gesicht der Millionenstadt. Doch gerade aus dieser Not erwuchs in den 1920er Jahren eine vielschichtige neue und soziale Architektur bis hin zu jenen Großsiedlungen der Moderne, die heute – neben Preußens Schlössern und Gärten sowie der Museumsinsel – als Weltkulturerbe geadelt sind. Not und Mangel als Keimzellen einer neuen Baukunst – die Jahrzehnte nach dem Zweiten Weltkrieg schrieben diese Geschichte in Ost wie West der geteilten Stadt fort. Heute gilt das wiedervereinigte Berlin nicht zuletzt wegen seiner Risse und Brüche als ein besonders spannendes Kondensat der Architekturgeschichte.

Berlin – eine Metropole der Baukultur des Ingenieurs

Wie wohl keine andere in Deutschland war diese Stadt jedoch schon vor der Gründung Groß-Berlins auch zu einer Metropole ingeniöser Baukultur herangewachsen.

Im Vergleich zu Städten wie London, Paris oder St. Petersburg waren die ersten Ansätze dieser neuen Ingenieurbaukunst zu Beginn des 19. Jahrhunderts noch bescheiden gewesen. Spätestens Johann Wilhelm Schwedler aber, der wohl bedeutendste preußische Bauingenieur des 19. Jahrhunderts, setzte ab den 1850er Jahren durch die kompetente Verschränkung von Baupraxis und ingenieurwissenschaftlicher Theorie erste, nun auch international stark beachtete Akzente. Gegen Ende des Jahrhunderts entwickelte sich dann an der 1879 gegründeten Königlich Technischen Hochschule zu Berlin unter Heinrich Müller-Breslau eine eigene technikwissenschaftliche Schule, die bald schon weltweites Renommee genoss: die Berliner Schule der Baustatik. Sie begründete etwa das Kraftgrößenverfahren als eine noch heute jeder Bauingenieurin und jedem Bauingenieur vertraute Methode zur wirklichkeitsnahen Berechnung auch komplexer Strukturen. Zudem zeichnete sich auch dieses originär wissenschaftliche Kompetenzzentrum

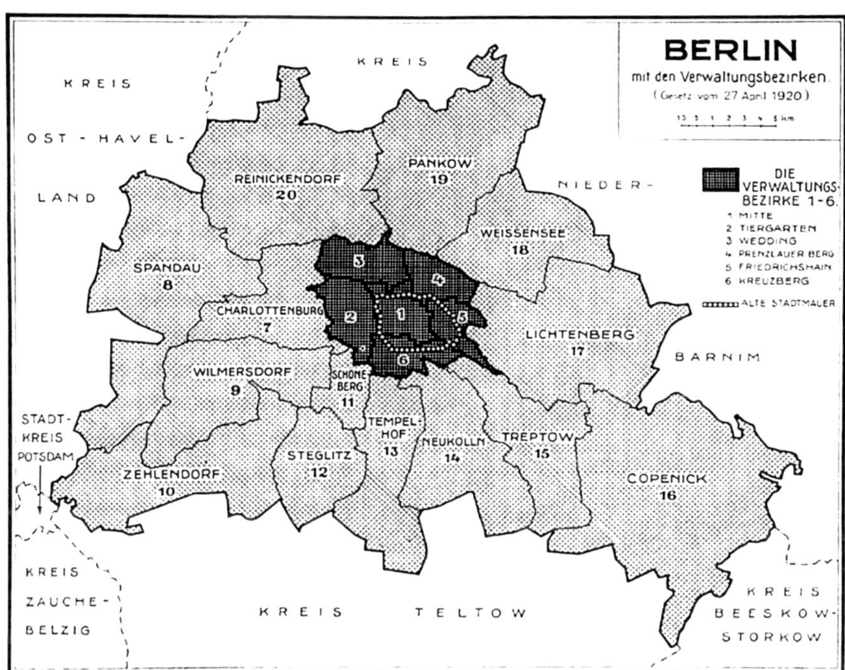

Groß-Berlin mit den damaligen Verwaltungsbezirken, 1931

durch eine enge Verbindung zur Praxis des Bauens aus: Müller-Breslau und seine Schüler waren zumeist Wissenschaftler *und* Beratende Ingenieure. Die Reihe der auch deshalb weltweit bekannten Berliner Namen des Konstruktiven Ingenieurbaus setzt sich fort bis zu Franz Dischinger als einem der international renommiertesten deutschen Bauingenieure des 20. Jahrhunderts. Sie wäre noch länger, wären in den 1930er Jahren nicht so exzellente Wissenschaftler wie Hans Jakob Reissner ins Exil getrieben worden.

Gerade die Namen von jüdischen Bauingenieuren standen im ersten Drittel des 20. Jahrhunderts zu einem Gutteil auch für ein zweites Charakteristikum der Berliner Ingenieurbaukultur: die enge Vernetzung von Konstruktionskunst und Architektur im Zeichen der Moderne. Das Büro des gebürtigen Ungarn Ferenc Domány etwa arbeitete mit Peter Behrens und Erich Mendelsohn zusammen, Viktor Kuhn und Iţic Haber-Schaim zeichneten für architektonisch wie technisch hochinnovative Bauten wie das Siemens-Schaltwerk-Hochhaus oder das Kraftwerk Klingenberg verantwortlich. Den Weg hierzu ebnete insbesondere Karl Bernhard, einer der prägnantesten Bauingenieure der ersten Jahrzehnte des 20. Jahrhunderts. Wie kein anderer in jener Zeit forderte er die Kompetenz des Ingenieurs auch als Gestalter ein und demonstrierte diese auch – von zahlreichen Brückenbauten über die AEG-Turbinenhalle bis zu seinen Stockwerksrahmen der 1920er Jahre. Es gehört zu den dunklen Seiten der Erzählung von der Ingenieurbaukultur Berlins, dass viele dieser glänzenden Lebenswege im besseren Fall im Exil, nicht selten aber in Freitod oder Vernichtungslager endeten, und dass die Namen dieser Kollegen heute fast vollständig aus dem kollektiven Gedächtnis gestrichen sind.

Ein Drittes machte die Baukultur der Ingenieure hier tatsächlich einzigartig in der Welt: die Teilung nach 1945 und die daraus resultierende Entwicklung zweier bei aller Verwandtschaft doch deutlich anders akzentuierter Praktiken des Ingenieurseins. Dem jeweiligen politisch-gesellschaftlichen System geschuldet, arbeiteten die Bauingenieure auf der einen Seite der Mauer in eher noch kleinen spezialisierten Konstruktionsbüros oder aber den Planungsabteilungen von Baufirmen und Bauverwaltung, auf den anderen hingegen in großen „volkseigenen" Kollektiven, in denen nicht nur Konstruktion und Architektur, sondern auch Planung und Produktion zusammengebunden waren. Hier

war fast alles auf das Zukunftsversprechen industrialisierter Systembauweisen ausgerichtet, dort gab es ungeachtet aller Ökonomie und Normung doch nach wie vor viele individuelle Freiräume. Die einen verwalteten den Mangel, die anderen, gerade in den „fetten" West-Berliner Jahren, den Überfluss. Die Systemkonkurrenz befeuerte spannende Baumaßnahmen auf beiden Seiten – von Interbau, Kongresshalle und ICC im Westen bis hin zur radikalen Neugestaltung des alten Zentrums im Berliner Osten mit Ahornblatt, Palast der Republik, Interhotel Berlin und vor und über allem dem Fernsehturm.
Als weltweit gar richtungsweisend erwies sich die Kunst der Bauingenieure Berlins schließlich in Aufgabenfeldern, die jenseits des Konstruktiven Ingenieurbaus angesiedelt, aber für die Entwicklung jeder modernen Großstadt von elementarer Bedeutung waren und sind. Seit Mitte des 19. Jahrhunderts entwickelte sich Berlin zum Vorreiter einer modernen Wasserinfrastruktur. Es waren (zunächst vor allem englische) Ingenieure, die hier ab 1852 erstmals ein zentrales Frischwasser-Versorgungsnetz realisierten; das dritte zugehörige Wasserwerk in Friedrichshagen am Müggelsee galt zu seiner Zeit als leistungsfähigste Anlage Europas. Und es war der Berliner Bauingenieur James Hobrecht, der 1871 mit dem „Hobrecht-Plan" ein Konzept für die Abwasser- und Fäkalienentsorgung vorlegte, das in den folgenden drei Jahrzehnten durch einen beispiellosen Kraftakt der Kommune umgesetzt wurde. Nicht nur vielen Städten Deutschlands, sondern auch Metropolen wie Moskau, Kairo oder Tokio galt Hobrechts Konzept fortan als Blaupause für den Bau ihrer eigenen Kanalisationssysteme. Weitere Bereiche der städtischen Infrastruktur ließen sich nennen – bis hin zum Berliner Nahverkehrsnetz aus Hoch-, Untergrund- und Schnellbahnen, das mit der Elektrifizierung auch der S-Bahn in den 1920er Jahren als eines der besten der Welt gerühmt wurde.

Ein Ingenieurbauführer für Berlin

Es ist offensichtlich: Berlin kann und muss auch über Deutschlands Grenzen hinaus als einer der bedeutendsten Orte spannenden und hochwertigen Ingenieurbaus gelten. Und doch ist es hierfür kaum bekannt und noch weniger kommuniziert. Der kaum überschaubaren Vielzahl von Führern zu Architektur und industriellem Erbe stand bislang kein einziger gegenüber, der sich die zwar verwandte, aber doch ganz eigene Baukultur der Ingenieure in Berlin auf die Fahnen geschrieben hätte.
Die Gründe dafür sind vielschichtig. Fraglos entzieht sich vieles in der Arbeit des Ingenieurs für den Laien einer direkten Anschaulichkeit. Zudem heißt es oft, die Sprache des Ingenieurs sei die Zeichnung: Vielleicht mag die in diesem Euphemismus wohlwollend verpackte, vielzitierte Sprachlosigkeit der Nachkriegs-Bauingenieure ein weiterer Grund sein. Und eventuell ist das Erscheinen dieses ersten Ingenieurbauführers für Berlin und insbesondere seine Förderung durch die Baukammer ja Ausdruck dessen, dass sich genau daran allmählich etwas ändert. Wie auch immer, es war höchste Zeit.
Was verstehen wir unter „Ingenieurbauten"? Folgte man der Honorarordnung für Architekten und Ingenieure (HOAI) oder der DIN 276 (Kosten im Bauwesen), dann stellt „Ingenieurbau" die „Gesamtheit von Ingenieurbauwerken und Verkehrsanlagen" dar. Der Begriff bezeichnet dort all das, für das Bauingenieurinnen und Bauingenieure originär die erste Verantwortung tragen – von Bauten und Anlagen des Wasserbaus, der Wasserver- und Abwasserentsorgung über Masten und Türme bis hin zu Verkehrseinrichtungen aller Art. Ausdrücklich ausgeschlossen sind alle Arten von „Gebäuden" des Geschoss- und Hallenbaus, weil dafür in der Regel Architekten mit der „Objektplanung" die primäre Verantwortung übernehmen. Als Grundlage für einen Ingenieurbauführer wäre ein derartiges Verständnis jedoch fatal. Auch im klassischen Hochbau nehmen Bauingenieurinnen und Bauingenieure oft entscheidenden Einfluss, nicht nur hinsichtlich des Tragwerks, sondern auch der Fassaden, der Klimatisierung oder der Versorgungstechnik. In diesem Sinne werden deshalb hier unter „Ingenieurbau" all jene baulichen Strukturen verstan-

den, die von Bauingenieurinnen und Bauingenieuren entweder eigenständig oder aber unter ihrer maßgeblichen Mitwirkung entwickelt, entworfen, bemessen und konstruiert wurden – Bauten also, bei denen etwa der Konzeption und Detaillierung des Tragwerks besondere Bedeutung zukommt, die sich durch technische Finessen in Konstruktion, Fassade, Klimatisierung etc. auszeichnen, oder aber die tatsächlich dem großen Bereich der früher einmal als „Kunstbauten" bezeichneten „Ingenieurbauwerke" zugeordnet sind.
Solcherart „Ingenieurbau" gibt es nicht erst, seit sich die Planer auch „Ingenieure" nannten. Ingenieurbauten und das zugehörige Ingenieurhandeln reichen schon Jahrtausende weit in Zeiten zurück, in denen es den Terminus „Ingenieur" noch gar nicht gab. In eben diesem Sinne beginnt die Chronologie der von uns vorgestellten Ingenieurbauten bereits mit dem im 14. Jahrhundert mit hoher konstruktiver Kompetenz errichteten Dachstuhl der Spandauer Nikolaikirche.
Schon hier freilich hätten wir auch mit der Berliner Marienkirche beginnen können – die unausweichliche Beschränkung erwies sich als eine der größten Herausforderungen des Projekts. Aus einer ersten Vorauswahl mit mehr als 500 Bauten haben wir uns nach intensiven Diskussionen für 111 Objekte entschieden, die repräsentativ für die Entwicklung der von uns in zehn Kategorien unterteilten Berliner Ingenieurbaukunst stehen mögen. Unverzichtbare Bedingung war es, dass sie noch existieren. Im Übrigen aber haben wir uns um eine überzeugende und nachvollziehbare Auswahl bemüht – und sind doch gewiss, dass sie immer unvollkommen und anfechtbar bleiben muss. Anregungen für Ergänzungen in einer künftigen zweiten Auflage nehmen wir daher gerne entgegen.
Die Zusammensetzung des Autorenkreises – ein historisch bewanderter Bauingenieur, ein grenzgängerischer Architekturhistoriker und ein technikaffiner Denkmalpfleger – bot die Chance und die Verpflichtung zugleich, mit diesem Führer nicht etwa Trennlinien zu schärfen, sondern vielmehr verbindende Türen zu öffnen. Wir haben ihn so geschrieben, dass auch Nicht-Ingenieure Freude am Lesen haben sollen, und dabei in der Darstellung zugleich jede unnütze Abgrenzung zu Architektur und Stadtplanung vermieden – im Einklang mit dem vielzitierten Bekenntnis des Bauingenieurs (!) Jörg Schlaich: „Baukunst ist unteilbar". Und nicht zuletzt haben wir uns bemüht, den Ingenieuren hinter den Bauten zumindest ihren Namen zu geben, und wenn möglich eben nicht nur die Büros und Firmen, sondern auch die verantwortlich mit dem jeweiligen Bauwerk befassten Planer zu benennen. Dass es fast ausschließlich Männer waren und sind, möge man uns nachsehen – den Lauf des Vergangenen konnten wir nicht ändern.

Hinweise zum Gebrauch

Die vorgestellten Bauten sind zehn verschiedenen Kategorien zugeteilt und darin chronologisch geordnet. Einleitungen geben jeweils einen Überblick über die historische Entwicklung und weiten den Blick auch auf nicht mehr erhaltene Berliner Bauten. Eingeschobene „Themenfenster" vertiefen das Verständnis einzelner Aspekte der Baukultur der Ingenieure. Bauten, die noch existieren, sind fett hervorgehoben, in diesem Führer beschriebene Bauwerke sind zusätzlich mit ihrer Ordnungsnummer versehen. Diese Nummern ermöglichen mit Hilfe der Überblickskarten in den Umschlagklappen sowie der Detailkarten im Anhang zugleich eine präzise Verortung der vorgestellten Bauten. Ebenfalls im Anhang finden sich zwei Vorschläge für Stadtwanderungen. Sie laden dazu ein, in Berlins Mitte und in Kreuzberg nicht nur die vorgestellten Objekte, sondern auch weitere interessante Ingenieurbauten „am Wegesrand" zu entdecken.

Dank und Ausblick

Wir danken einem tollen Team und unseren Gastautoren, allen voran Ines Prokop, die aus ihrer profunden Kenntnis der Berliner Stahlbaugeschichte 13 Objektbeschreibungen beigetragen hat. Vor allem aber danken wir der Baukammer, dem Landesdenkmalamt Berlin sowie der BTU Cottbus-Senftenberg für die großzügige finanzielle Förderung, ohne die die Realisierung des Projekts kaum möglich gewesen wäre.
Wir verstehen diesen Führer auch als ein Geschenk zum 100. Geburtstag (Groß-)Berlins. Er soll dazu anregen, diese Stadt, die „immer nur wird und nie ist", als einen Ort neu lesen zu lernen, der maßgeblich auch von Bauingenieuren mitgestaltet worden ist und weiterhin gestaltet wird. Es wäre vermessen, von einem Buch zu erwarten, dass es die Welt verändert. Aber vielleicht setzten Berlins Bauingenieure und Bauingenieurinnen in noch besserer Kenntnis ihrer großartigen Tradition erst recht ihr ganzes Streben daran, für die neuen großen Herausforderungen des Bauens im 21. Jahrhundert mit Kenntnis, Kompetenz und Kreativität mutige und zukunftsweisende Lösungen zu entwickeln.

Berlin, im Oktober 2020
Werner Lorenz, Roland May, Hubert Staroste

Reifen-Müller

LEBENSADERN

LEBENSADERN
Berlins Verkehrsinfrastruktur

Die ältesten Lebensadern jeder Stadt sind ihre Wasserwege und Straßen. Gerade erstere ermöglichen bis ins 19. Jahrhundert den wichtigen Transport auch größerer Gütermengen.

Wasserwege

Für die Doppelstadt Berlin-Cölln sind es deshalb im Mittelalter vor allem die Lage an der Spree und die Nähe zur Havel, die ihre Entwicklung zu einem überregionalen Zentrum des Getreide- und Holzhandels begünstigen. Zudem kreuzen sich hier der West-Ost-Fernhandelsweg von Magdeburg zum polnischen Gnesen und die wichtigste mitteleuropäische Nord-Süd-Verbindung, die von Stettin bis Rom führende Via Imperii. Durch von den askanischen Markgrafen erteilte Markt- und Stapelrechte erhält die Doppelstadt für den Zwischenhandel wichtige Privilegien. Schon früh wird die Spree den resultierenden Bedürfnissen angepasst. Bereits um 1250 staut man den Hauptarm der Spree durch den

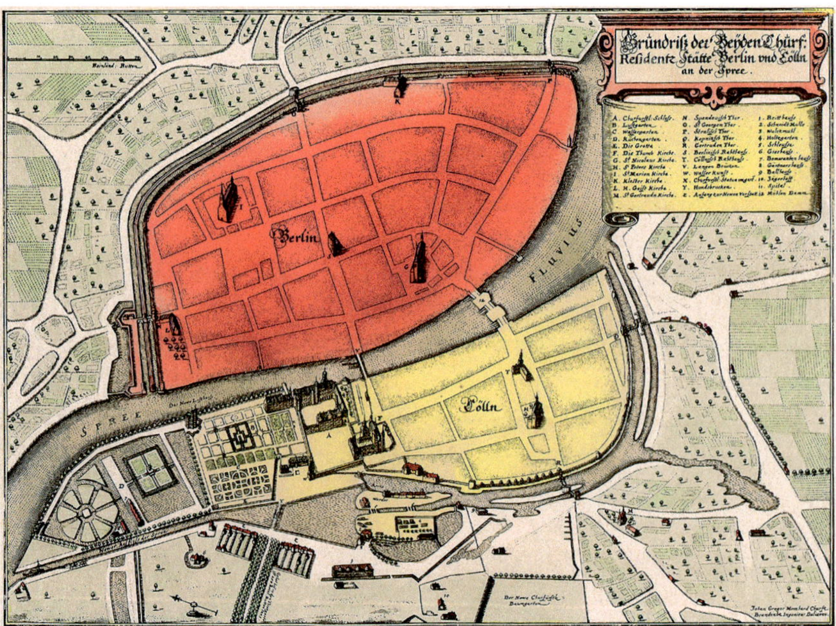

Die Residenzstädte Berlin und Cölln mit der Spree und ihrem Seitenarm, Johann Gregor Memhardt 1652

Mühlendamm zum Betrieb der städtischen Mühlen an. Der westliche Nebenarm (der heutige **Spreekanal**) wird für den Umschlag der Waren und den durchgängigen Schiffsverkehr ausgebaut.

Mit Beginn der Industriellen Revolution erweist es sich als Vorteil für Berlins wirtschaftlichen Aufschwung, dass sein Umland bereits durch ein weit verzweigtes und funktionierendes Wasserstraßennetz erschlossen ist. Das Gebiet zwischen Elbe und Oder ist nicht mehr nur durch den Ausbau von Havel, Spree und Dahme, sondern auch durch künstliche Wasserstraßen wie den Friedrich-Wilhelm-Kanal (1662–69), den Plauer- (1743–45) und den Finow-Kanal (1744–46) mit Häfen an der Nord- und Ostsee (Hamburg, Stettin) ebenso wie mit Schlesien und Böhmen verbunden. Zu einem Engpass für den Schiffsverkehr sind nun jedoch die innerstädtischen Wasserstraßen geworden. Zur Mitte des 19. Jahrhunderts beginnt ihr systematischer Ausbau. Mit dem **[1] Landwehrkanal** entsteht 1845–50 eine erste Alternativroute zum Schiffsverkehr durch die Innenstadt, die zugleich die gewerbliche Entwicklung im Süden der Stadt befördern hilft. Durch den Luisenstädtischen Kanal (1848–52) erhält er im östlichen Teil noch einmal eine direkte Verbindung zur Innenstadt. Fast zeitgleich wird der **Berlin-Spandauer-Schifffahrtskanal** (1848–59) als schnelle Verbindung zur Havel geschaffen.

Bereits nach wenigen Jahrzehnten müssen jedoch erneut umfangreiche wasserbauliche Maßnahmen ergriffen werden, um die Berliner Wasserstraßen für größere Schiffe als die lokalen Maßkähne mit Tragfähigkeiten von max. 350 t nutzbar zu machen. Durch die Beseitigung des Mühlendamms, den **[3] Ausbau des Spree-Hauptarms** (1883–93) sowie den Bau des **Teltowkanals** (1900–06) als einer weiteren Umfahrung der Stadt erhält Berlin nun Wasserwege, die den Anforderungen eines Industriezentrums genügen und die Stadt auf neuem Niveau mit anderen deutschen Industrieregionen wie Schlesien, Mittel- und Nord-

Mühlendamm, 1879

Luisenstädtischer Kanal am Wassertorplatz, um 1900

Teltowkanal in Lichterfelde, um 1916

deutschland verbinden. Die Kanaltrassen werden verbreitert, die Ufer befestigt und aufwendige technische Anlagen wie Schleusen, Wehre und Ähnliches mehr errichtet. Planung und Ausführung dieser Arbeiten liegen in den Händen der preußischen Wasserbaubehörde. Stützen kann sie sich auf gut ausgebildete Ingenieure und Baubeamte wie etwa Adolf Wiebe, unter dessen Leitung nicht nur die Spree, sondern auch der **Oder-Spree-Kanal** (1886–90) zum Großschifffahrtsweg ausgebaut wird.

Straßen

Das im Vergleich zu vielen anderen europäischen Metropolen in Berlin vorbildlich ausgebaute Netz von Wohn- und Ausfallstraßen geht auf den Bebauungsplan von James Hobrecht von 1862 zurück. In ihm greift der preußische Regierungsbaumeister das in Paris von Georges-Eugène Haussmann in den 1850er Jahren entwickelte Konzept repräsentativer und begrünter Verkehrsachsen auf. Er verortet diese aber eher in den noch schwach bebauten Entwicklungsgebieten vor der Stadtgrenze und schafft so eine zukunftsorientierte verkehrliche Grundlage für die Erweiterung der Stadt in den folgenden Jahrzehnten. Bis heute zeugen etwa die breiten „Boulevards“ von Bülow-, Yorck- und Gneisenaustraße als Teil des schon von Lenné vorgeschlagenen „Generalszuges“ von dieser weitsichtigen Verkehrsplanung. Das städtebauliche Idealbild der Verschmelzung von Verkehr und Grünfläche, von Bewegung und Erholung fand in der Folge seinen Niederschlag auch in vielen hochwertig gestalteten Stadtplätzen. Mit der zu Beginn des 20. Jahrhunderts einsetzenden Automobilisierung verändern sich gravierend Funktion und Bedeutung der städtischen Straßen jedoch. Bald schon baut man mehrspurige Schnellstraßen. Ab 1913 entsteht im Südosten Berlins zwischen Charlottenburg und Nikolassee mit der privat finanzierten **Automobil-Verkehrs- und Übungsstraße (AVUS)** die erste ausschließliche Autostraße Europas als Prototyp der künftigen Autobahnen. In den folgenden Jahrzehnten wird sie zunächst zu einer Hochgeschwindigkeitsstrecke ausgebaut, dann aber zum südlichen Autobahnring verlängert und 1940 für

Bayerischer Platz, um 1920

AVUS mit Nordkurve und neuem Zielrichterturm, um 1937

Planung für ein Autobahnkreuz am Kreuzberger Oranienplatz, um 1965

den öffentlichen Verkehr freigegeben. Gemeinsam mit der ab 1958 im Westen der Stadt häufig auf stillgelegten Bahntrassen angelegten und seitdem ständig ausgebauten [7] **Stadtautobahn** bildet sie heute das Rückgrat des innerstädtischen Autoverkehrs in Berlin. Zum Glück und auch dank immer wieder neuer engagierter Proteste konnte der angestrebte Ausbau Berlins zur „autogerechten Stadt" jedoch nur zum Teil verwirklicht werden. Exemplarisch für den rücksichtslosen Aberwitz der damaligen Planungen ist der Entwurf für das riesige Autobahnkreuz zwischen „Ost-" und „Südtangente" in der Gegend des Kreuzberger Oranienplatzes, für das eines der ältesten Stadtgebiete West-Berlins vollständig hätte abgerissen werden müssen.

Fern- und S-Bahn

Das Eisenbahnzeitalter beginnt in Berlin mit der 1838 eröffneten Bahnlinie nach Potsdam. Innerhalb weniger Jahrzehnte wird die Stadt mit ihren die Innenstadt wie ein Ring umschließenden Fernbahnhöfen (siehe S. 30ff.) zum wichtigsten Eisenbahnknoten Norddeutschlands. 1875–82 entsteht mit der [2] **Stadtbahn** eine zukunftsweisende innerstädtische Verbindung zwischen den Fernbahnhöfen im Osten und Westen des Zentrums; noch heute ist sie die wichtigste schienengebundene Verkehrstrasse Berlins.
In den 1950er Jahren führt die Teilung Berlins zum Verlust fast aller Fernbahnhöfe. Nach der Wiedervereinigung wird das bereits seit 1918 immer wieder diskutierte Projekt eines Berliner Zentralbahnhofs aufgegriffen und ab 1995 mit dem Bau des Berliner [9] **Hauptbahnhofs** umgesetzt. Zum Kreuzungsbahnhof wird er durch den Bau einer leistungsfähigen Nord-Süd-Verbindung, die die Innenstadt in Tunnellage durchquert und im neuen Hauptbahnhof die Ost-West-Trasse der Stadtbahn kreuzt ([10] **Nord-Süd-Fernbahntunnel**).

Ringbahnhof Schönhauser Allee mit Stützmauerwerk und Fußgängerbrücke im Hintergrund, 2020

In Hinblick auf die Entwicklung des schienengebundenen Nahverkehrs gehört Berlin mit London und Paris zu den führenden europäischen Metropolen, die dafür im letzten Drittel des 19. Jahrhunderts ein leistungsfähiges Netz aufbauen. Bis zur Jahrhundertwende entstehen neben **Ringbahn** und [2] **Stadtbahn** bereits auch die ersten ins Umland führenden **Radialtrassen**. In den 1920er und 1930er Jahren legt die Elektrifizierung den Grundstein für die heutige großstädtische Verkehrsinfrastruktur – maßgeblich befördert durch weltweit führende Elektrokonzerne wie AEG, Siemens oder der Bergmann AG, die Berlins Ruf als „Elektropolis" begründen. Ab 1934 wird mit dem [5] **Nord-Süd-S-Bahn-Tunnel** endlich auch ein schon seit langem diskutiertes Projekt realisiert, das die Stadtbahn als zweite zentrale Querverbindung ergänzt; die seit 1933 in Deutschland herrschenden Nationalsozialisten machen diese wichtigste verkehrliche Baumaßnahme in Vorbereitung auf die Olympischen Spiele zu ihrem Prestigeprojekt. Heute bildet das auf 341 km angewachsene Streckennetz der Berliner S-Bahn den Kern des städtischen Verkehrssystems und seiner Verknüpfung mit dem Umland.

Hochbahnviadukt und Brücke der Anhalter Bahn über den Landwehrkanal, 1904

U-Bahn

Nachdem die Firma Siemens & Halske bereits 1880 erste Pläne für den Bau einer elektrisch betriebenen Hochbahn vorgelegt hat, beginnt mit der 1902 in Betrieb genommenen „Stammbahn" der Ausbau des U-Bahn-Netzes zu einer zweiten Säule der Berliner Verkehrsinfrastruktur. Zu den ältesten und technisch interessantesten Trassen gehören die als [4] **Hochbahnviadukt** ausgeführten Strecken der zunächst noch als „Hoch- und Untergrundbahn" konzipierten Stammbahn in Kreuzberg und Schöneberg (heute **U1**) sowie der 1913 hinzugekommenen Linie im Bezirk Prenzlauer Berg (heutige **U2**). Zwischen 1923–32 entstehen mit der Nord-Süd-Bahn (heutige **U6**) und der GN-Bahn (heutige **U8**) wichtige Nord-Süd-Verbindungen sowie mit der **U5** die verkehrliche Erschließung des Berliner Ostens. Dabei wird der **U-Bahnhof Alexanderplatz** zum

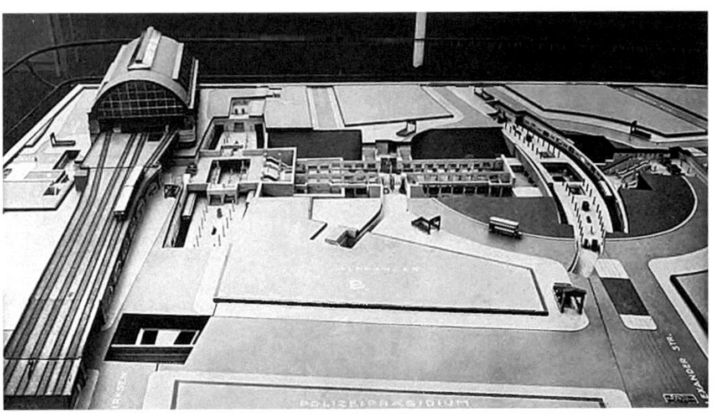

Verkehrstrassen im Bahnhof Alexanderplatz, Modell 1932

seinerzeit modernsten Kreuzungsbahnhof des Kontinents ausgebaut. 1984 erhält auch Spandau einen Anschluss an das U-Bahn-Netz; die von hier nach Rudow führende **U8** ist mit 31,8 km die längste Berliner U-Bahn-Linie und zugleich die längste unterirdisch verlaufende U-Bahn-Linie Deutschlands. Als jüngster Streckenabschnitt wird 2020 die **[11] Verlängerung der U5** in Betrieb genommen, mit der auch das neue Regierungsviertel und der Hauptbahnhof einen Anschluss an das U-Bahn-Netz erhalten. Der besonderen Lage in der Innenstadt geschuldet, wird die Trasse erstmals durchgehend nicht als Unterpflasterbahn in offener Bauweise, sondern im Tunnelvortrieb angelegt.

Flugverkehr

Mit dem Aufkommen des zivilen Flugverkehrs nach dem Ersten Weltkrieg entwickelt sich Berlin noch vor London und Paris zum bedeutendsten Luftdrehkreuz Europas. 1923 wird der gesamte Linienluftverkehr vom Flugplatz Johannisthal nach Tempelhof verlegt. Ein Jahrzehnt später ist die Zahl der abgefertigten Passagiere von 32 000 (1926) auf 200 000 (1936) gestiegen, und der erst 1924–29 errichtete Zentralflughafen auf dem Tempelhofer Feld stößt trotz laufender Erweiterungen bereits an seine Kapazitätsgrenzen. 1936 beginnt auf einer Fläche von ca. 4 km² der Neubau des **[6] Flughafens Tempelhof**, mit sechs Millionen Passagieren pro Jahr ausgelegt auf das 30-fache der aktuellen Auslastung. Das Flughafenprojekt ist Bestandteil der von den Nationalsozialisten ins Gigantische gesteigerten „Germania"-Planungen; massiv greift der „Generalbauinspektor" Albert Speer ab 1937 in die Ausführungsplanung ein und lässt die stadtseitigen Fassaden nach seinen Vorgaben überarbeiten. 1941 werden die Baumaßnahmen kriegsbedingt eingestellt, ohne dass der Bau vollendet ist. Gleichwohl hat der Flughafen Tempelhof bereits Maßstäbe als Prototyp des modernen Großflughafens gesetzt, beispielhaft in Dimensionierung und Funktionalität und – hinter der neoklassizistischen Fassade – ausgestattet mit einer hochmodernen Konstruktion aus Stahlbeton und Stahl. Ab 1945 im amerikanischen Sektor gelegen, wird Tempelhof in den folgenden Jahrzehnten zum Zentralflughafen West-Berlins. Für die vom Bundesgebiet isolierte Halb-Stadt ist der zivile Flugverkehr jetzt von existenzieller Bedeutung; legendär ist die Rolle des Flugha-

Flughafen Johannisthal, um 1920

Flughafen Tempelhof, um 1930

Flughafen Tempelhof, 1968

fens in der Berliner Luftbrücke (1948/49). Mit der Umstellung auf Düsenverkehrsflugzeuge genügen jedoch die Start- und Landebahnen zunehmend nicht mehr den veränderten Anforderungen. Sukzessive wird der zivile Luftverkehr auf den besser ausbaufähigen, bis 1960 nur von der französischen Schutzmacht als Militärflugplatz genutzten [8] **Flughafen Tegel** verlegt. Die Abfertigung der Passagiere erfolgt zunächst in eher provisorischen Anlagen im Norden des Flugfelds, bevor dann 1969–74 in Tegel-Süd ein neues Abfertigungszentrum entsteht. Wegen seines hocheffizienten, mit extrem kurzen Wegen verbundenen dezentralen Abfertigungssystems findet es auch international hohe Anerkennung. Ein knappes halbes Jahrhundert später endet Tegels Flughafengeschichte 2020 mit dem neuerlichen Umzug des Zivilverkehrs zum neuen **Flughafen Berlin-Brandenburg** (BER) im brandenburgischen Schönefeld.

Flughafen Tegel, 2010

1

LANDWEHRKANAL

Begrünter Bypass für die Spree

B2–C2/d2–g3

Lage Von Berlin-Alt Treptow bis Berlin-Charlottenburg
Bauzeit [a] 1845–50; [b] 1883–90
Entwurf und Gestaltung [a] Peter Joseph Lenné
Ausführungsplanung [a] Ministerial-Bau-Commission zu Berlin (Federführung: Johann Jacob Helfft)

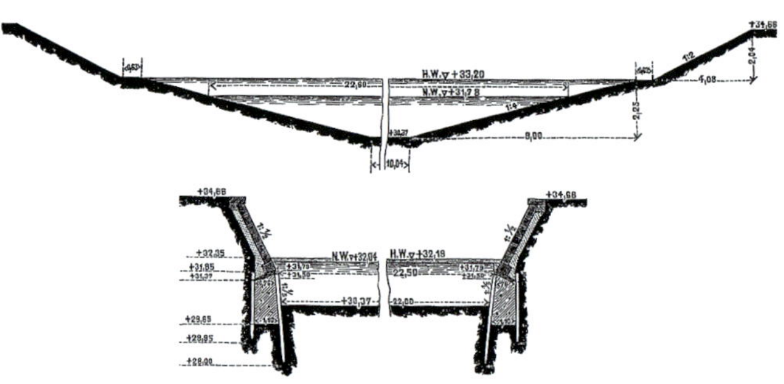

↑ Querschnitt des Landwehrkanals 1850 und nach dem Ausbau 1890

↓ Lenné-Plan von 1843 mit Landwehrkanal (blau), Luisenstädtischem Kanal (rot) und erst später auch als Kanal geplantem östlichen Landwehrgraben (gelb)

Im Zusammenhang mit dem Bebauungsplan für das südlich der damaligen Stadt gelegene Köpenicker Feld entwickelte Peter Joseph Lenné Anfang der 1840er Jahre auch Planungen für den Ausbau des dortigen Landwehrgrabens zu einem schiffbaren Kanal. In Verbindung mit dem ebenfalls neu zu schaffenden Luisenstädtischen Kanal sollte er die Spree im Stadtzentrum entlasten, das bisher agrarisch genutzte Köpenicker Feld erschließen und dessen wirtschaftliche Entwicklung stimulieren. Nicht zuletzt diente er der Entwässerung des vordem sumpfigen Wiesen- und Buschareals und als Vorfluter. Die Arbeiten begannen 1845 unter der Leitung des Bauinspektors Johann Jacob Helfft, im September 1850 konnte der Kanal dem Verkehr übergeben werden.

Die 10,3 km lange künstliche Wasserstraße zweigt oberhalb des Schlesischen Tors von der Spree ab, verläuft dann von Kreuzberg bis nach Charlottenburg und mündet westlich des Tiergartens wieder in die Spree. Die genauere Trassenführung folgt dem Lenné'schen Konzept eines flussartigen Wasserbandes als Grünzug für die geplanten Stadterweiterungen. Die Wasserhaltung wurde über eine

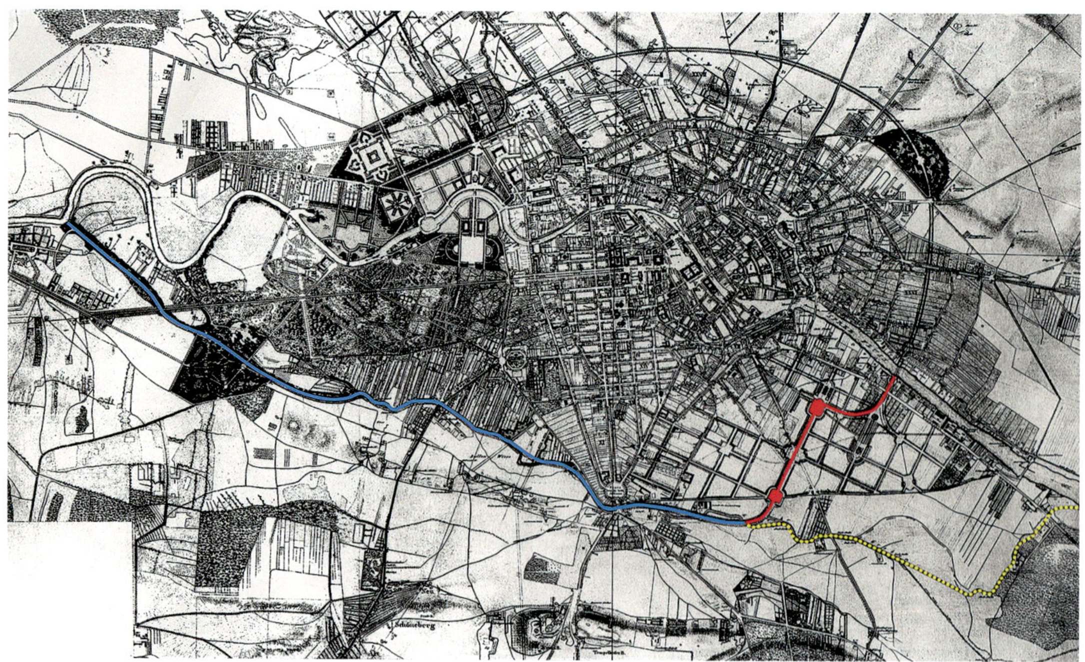

Landwehrkanal am heutigen Mehringplatz (ehem. Belle-Alliance-Platz), 1892

obere Schleuse an der Abzweigung von der Spree und eine untere Schleuse am Zoologischen Garten gesichert; die Wassertiefe war auf 5 Fuß (1,57 m) festgelegt. Hölzerne Klappbrücken dienten der Straßenüberführung, die gerade entstandenen Trassen der Anhalter und der Potsdamer Bahn wurden mit zwei Gitterträger-Drehbrücken aus dem Hause Borsig über den Kanal geleitet.

Mit dem Aufstieg Berlins zur Industriemetropole stieß der Kanal zunehmend an die Grenzen seiner Leistungsfähigkeit. 1883–90 erfolgte ein umfassender Ausbau, der sein Profil und die Uferausbildung grundlegend veränderte. Kern der Baumaßnahme war die Befestigung der vormals mit Rasen bedeckten Schrägufer durch steil geneigte Sandsteinmauern. Die daraus resultierende Erhöhung der schiffbaren Breite auf 22 m ermöglichte in Verbindung mit der auf 1,75 m vergrößerten Wassertiefe nun einen zweischiffigen Verkehr der seinerzeit üblichen Binnenschiffe. Um den von Lenné intendierten Landschaftscharakter zu bewahren, wurden oberhalb der Mauerkrone das Ufer begleitende, flach geböschte Rasenbänder angelegt und mit Bäumen bepflanzt. Die Uferwege wurden durch gusseiserne Geländer gesichert.

Im Rahmen des Kanalausbaus ersetzte die Stadt Berlin in den 1880er Jahren die höl-

Bau des Urbanhafens, 1894

Urbanhafen, um 1930

zernen Klappbrücken durch feste Brücken in Mauerwerk und Stahl ([14] **Admiralbrücke**). Zur Bewältigung des wachsenden Warenumschlags wurden Ladestraßen wie das heutige Hallesche Ufer und das Maybachufer angelegt. Als zweites Umschlagbecken ergänzte der Urbanhafen (1891–96) den schon 1850–52 entstandenen Schöneberger Hafen. 1914 erhielt der Landwehrkanal durch den Neuköllner Schifffahrtskanal eine unmittelbare Verbindung zum 1906 eröffneten Teltowkanal. Nach dem Ersten Weltkrieg wurde er wegen seiner kontinuierlich gewachsenen verkehrlichen Bedeutung als Reichswasserstraße ausgewiesen und sollte für den Verkehr von 550 t-Schiffen ausgebaut werden. Zur Ausführung kam jedoch 1936–40 lediglich der damit verbundene Neubau der beiden Schleusen, die deutlich vergrößert wurden.

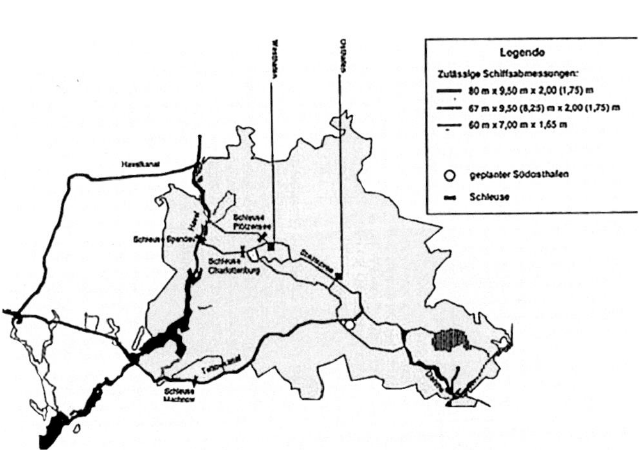

Berliner Wasserstraßen, um 1950

In der Schlacht um Berlin im Frühjahr 1945 bildete der Landwehrkanal zusammen mit der innerstädtischen Spree den letzten inneren Kampfring. Fast alle der 35 Brücken wurden gesprengt. Bis Ende der 1950er Jahre waren sie zumeist wiederhergestellt. Im geteilten Nachkriegs-Berlin verlor der Kanal jedoch seine Bedeutung für den Massengüterverkehr. Die Ladestraßen wurden aufgegeben, der Urbanhafen teilweise und der Schöneberger Hafen gänzlich zugeschüttet. Im Rahmen eines längerfristigen Programms zur Grundinstandsetzung der Ufermauern ersetzte man diese in Teilen durch Stahlspundwände, die stellenweise mit Natur- und Sandsteinquadern, später zumeist mit Betonplatten verkleidet wurden. Gleichwohl sind heute etwa 70 % des alten Ufermauerwerks noch erhalten, so etwa am Halleschen, am Paul-Lincke-, am Fraenkel- und am Görlitzer Ufer. Auch die gusseisernen Geländer mussten infolge der Kriegszerstörungen nach 1945 an vielen Stellen durch vereinfachte Modelle ersetzt werden.

Dessen ungeachtet gehört der Landwehrkanal als älteste künstlich angelegte Wasserstraße Berlins neben der Stadtbahn und der Hochbahn noch heute zu den das Stadtbild prägenden historischen Verkehrstrassen. Bis zur Eröffnung des Teltowkanals war er nicht nur die wichtigste Wasserstraße zur Umfahrung der Berliner Innenstadt, sondern gab auch entscheidende Impulse für die gewerbliche und industrielle Entwicklung im späteren Kreuzberg und führte zu der für dieses Gebiet typischen engen Mischung von Wohnen und Gewerbe.

Landwehrkanal am Heckmannufer, 2019

Grundlegende Literatur

[Johann Jacob] Helfft: Der Landwehr-Kanal bei Berlin, erbaut in den Jahren 1845–50. In: Zeitschrift für Bauwesen 2 (1852), Sp. 481ff., Atlas, Bl. 74ff.; Berlin und seine Bauten, Tl. 2. Berlin 1877, S. 23f.; Berlin und seine Bauten, Bd. I. Berlin 1896, S. 77ff.; Berlin und seine Bauten, Teil X, Bd. B (2): Anlagen und Bauten für den Verkehr – Fernverkehr. Berlin 1984, S. 216ff.; Werner Natzschka: Berlin und seine Wasserstraßen. Berlin 1971, S. 89f., 118.

Landwehrkanal mit kreuzender Hochbahn, 2019

2

STADTBAHN

Auf Bögen und Brücken durch Berlin

B2–C2/c3–g2

Lage Von Berlin-Friedrichshain bis Berlin-Charlottenburg
Bauzeit [a] 1875–82; [b] 1922–28; [c] 1931–37; [d] 1994–99; [e] 2003/04
Gesamtplanung [a] Deutsche Eisenbahn-Baugesellschaft (Leitung: Emil Hartwich), ab 1874 Berliner Stadteisenbahngesellschaft, ab 1878 Direktion der Berliner Stadtbahn (Leitung: Ernst Dircksen)
Ausführung [a]–[e] Vergabe in Losen an namhafte Baufirmen

Die Stadtbahn im Kontext der Fernbahnhöfe und der Ringbahn, 1896

Mit dem Aufstieg zur Reichshauptstadt begannen in Berlin 1873 Planungen für eine leistungsfähige, ausschließlich dem Personenverkehr vorbehaltene innerstädtische Bahntrasse. Im Unterschied zu vergleichbaren Projekten in anderen europäischen und nordamerikanischen Metropolen sollte sie jedoch nicht nur die Innenstadt erschließen, sondern auch die Berliner Kopfbahnhöfe im Osten und Westen der Stadt miteinander verbinden und mittels zweier Umsteigebahnhöfe an die 1877 eröffnete Ringbahn anschließen. Nach vierjähriger Bauzeit konnte das mehr als 12 km lange Großprojekt 1882 vollendet werden. Wegen der hohen Grundstückskosten hatte man die Trasse im Osten und Norden unter Nutzung des ehemaligen Festungsgrabens um das historische Zentrum geführt; gleichwohl entfiel am Ende von den Baukosten in Höhe von 68 Mio. Mark nahezu die Hälfte auf den Grunderwerb. Ebenfalls aus Kostengründen war der Bau eines eisernen Viaduktes verworfen worden.

Kernstück der 16 m breiten viergleisigen Trasse ist ein aus ursprünglich 731 Bögen mit Spannweiten von etwa 8 bis gut 15 m gemauerter Viadukt. Die Gründung der Pfeiler richtete sich nach den Baugrundverhältnissen: Auf tragfähigem Sand

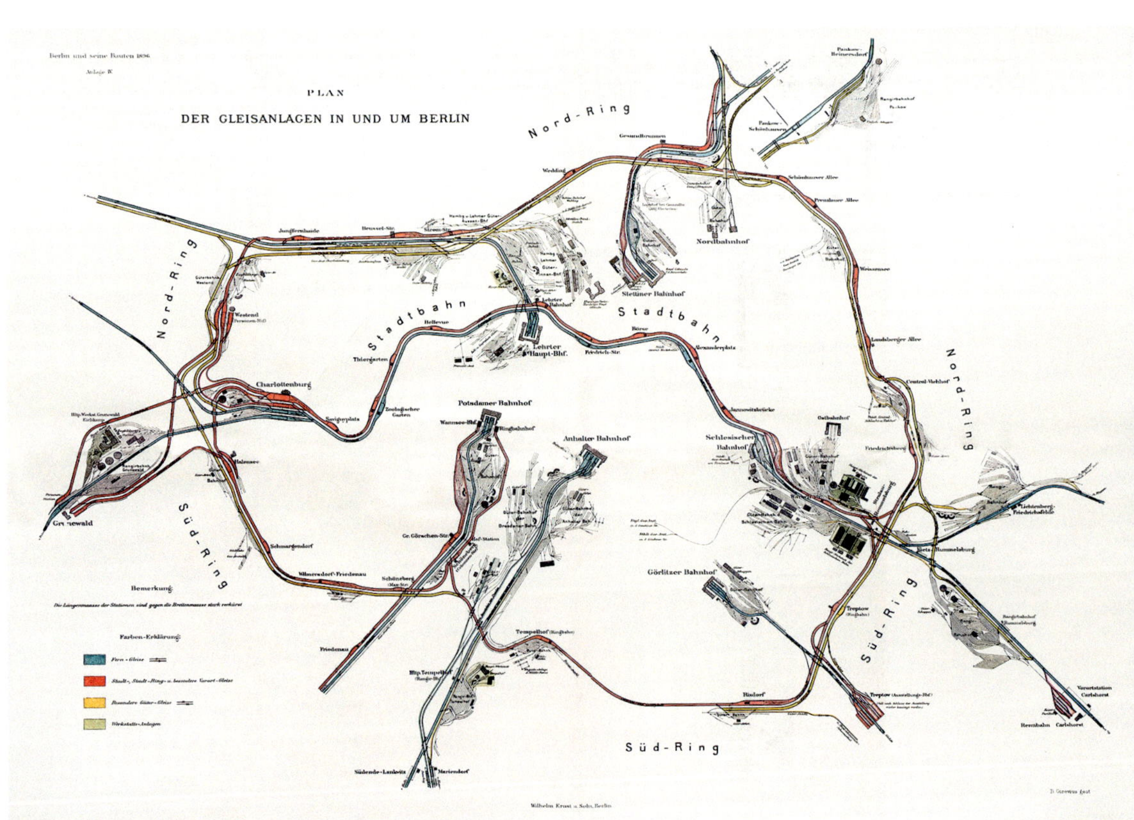

reichten gemauerte Fundamente aus, andernorts waren Betonfundamente zwischen Spundwänden oder auch Pfahlrost- und Brunnengründungen erforderlich.

Zwischen 1922 und 1931 wurde die gesamte Trasse erstmals umfassend saniert und in diesem Zusammenhang auf den beiden S-Bahn-Gleisen auch elektrifiziert. Nach einem von Grün & Bilfinger entwickelten Verfahren ertüchtigte man dabei neben den Pfeilern auch die Gewölbe durch Aufbringen einer zweiten Gewölbeschicht; zusätzlich sicherte ein gemauertes Sohlengewölbe die Fundamente gegen Grundbruch. Als Sonderlösung wurden elf Bögen nach einem von der Münchner Firma Stöhr entwickelten Verfahren durch eingestellte Stahlbetonrahmen verstärkt. Im Zuge der letzten Grundinstandsetzung in den 1990er Jahren erhielt der Viadukt dann eine 25 cm starke Stahlbetonplatte zur gleichmäßigen Lastverteilung und als „feste Fahrbahn" für die Gleislage.

Stadtbahnbau am Alexanderplatz, 1881

Fast 2 km des Viadukts bestehen aus insgesamt über 70 Brücken. Anders als zu erwarten gab es keine Standardisierung der Entwürfe, doch wurde der überwiegende Teil als Balkenbrücken nach ähnlichem Muster ausgeführt. Vollwandige Hauptträger ruhten auf gemauerten Widerlagern und erhielten durch gusseiserne Pendelstützen am Rande der Gehsteige zwei zu-

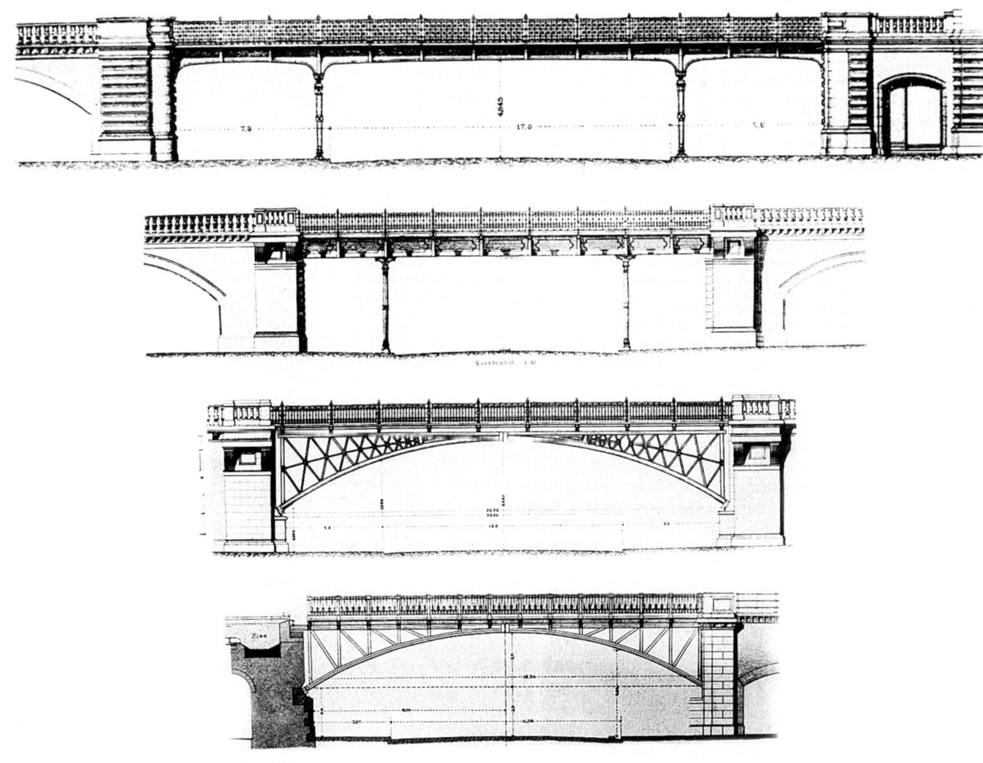

Brückentypen der Stadtbahn, 1882

Bogenbrücke über die Spree am Bahnhof Friedrichstraße, 1882

Blechbalkenbrücke mit Pendelstützen über der Spandauer Straße, 1882

sätzliche Zwischenauflager; bei etwa 80 % davon waren die Hauptträger als Durchlaufträger konstruiert, nur selten gab es Gelenkträger. Für Brücken größerer Spannweite kamen Bogentragwerke (wie etwa am Bahnhof Friedrichstraße über die Spree) oder Fachwerkträger auf Flusspfeilern (wie über den Humboldthafen) zur Anwendung. Bei zwei der Flussbrücken entschied man sich für gemauerte Bögen.

Bereits in den 1920er und 1930er Jahren wurden die eisernen Brücken systematisch verstärkt oder erneuert. An die Stelle der gusseisernen Pendelstützen traten genietete Stahlstützen. Bei kleineren Spannweiten ersetzten gewalzte Profile die bisherigen, aus mehreren Teilen zusammengesetzten Blechträger, an die Stelle von Fachwerkbögen traten Zweigelenkrahmen. Einen besonderen Akzent setzte die Erneuerung eines Teils der Dreifeldsysteme durch kürzere Rahmen, die die seitlichen Fußwege mit auskragenden Riegeln überbrückten; man findet sie heute noch etwa über der Leibniz- und der Wilmersdorfer Straße. Für Aufsehen in der Fachwelt sorgte 1936 die gerade erneuerte Brücke über die Hardenbergstraße am Bahnhof Zoo. Wegen der darunter verlaufenden U-Bahn hatte sie eine Spannweite von etwa 50 m; ausgebildet war sie als Zweigelenkrahmen mit geschweißten Vollwandprofilen aus hochfestem Baustahl St 52. Schon bald nach der Inbetriebnahme kam es – ähnlich wie im Januar 1938 dann auch an der Rüdersdorfer Autobahnbrücke – zu Rissen in Untergurt und Steg. Die Reichsbahn reagierte mit einem vorläufigen Anwendungsverbot für St 52, die Konstruktion am Zoo wurde 1938/39 durch nun wieder traditionell genietete Träger ausgewechselt.

Im Rahmen der jüngsten Grundinstandsetzung wurden auch viele der Brücken dieser zweiten Generation erneuert. Heute sind hiervon noch 27 erhalten. Von denen der ersten Generation zeugen lediglich noch die zwei äußeren Fachwerkbögen der Spreebrücke am Bahnhof Friedrichstraße.

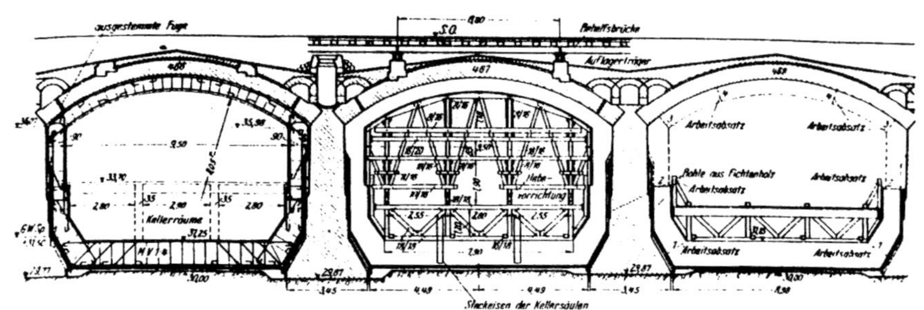

Viaduktverstärkung System Stöhr

Insgesamt elf Bahnhöfe sind in die Trasse integriert. Die „klassischen" Stadtbahnhöfe erhielten seitlich geschlossene Bahnsteighallen mit ornamentgeschmückten Ziegelfassaden; flache Fachwerkbinder trugen in der Regel ein Tonnendach. Die erst 1885 bzw. 1896 eingefügten Haltepunkte Tiergarten und Savignyplatz wurden einfacher gestaltet. Neben diesen beiden sind heute noch die Bahnhöfe Hackescher Markt und Bellevue weitgehend erhalten. Die übrigen und insbesondere auch die Fern- und Regionalbahnhöfe wie Alexanderplatz, Friedrichstraße und Zoo wurden zwischenzeitlich mehrfach aus- und umgebaut. So erhielt der Bahnhof Friedrichstraße 1919–25 eine neue zweischiffige Halle mit Vollwandbindern in Form flacher Tudorbögen, und die im Zweiten Weltkrieg beschädigten Hallen der Bahnhöfe Alexanderplatz, Zoologischer Garten und Ostbahnhof (ehem. Schlesischer Bahnhof) wurden nach 1945 erneuert.

Als einer der ältesten innerstädtischen Schienen-Viadukte Europas bezeugt die Berliner Stadtbahn – ungeachtet aller Verluste – eindrucksvoll die facettenreiche Entwicklung der stählernen Bahnbrücken in der Hochmoderne. Nach wie vor ist sie die mit Abstand am stärksten frequentierte Bahntrasse Berlins.

↑ Stadtbahnhof Hackescher Markt (ehem. Bhf. Börse), 2019

↓ Stadtbahn an der Margarete-Steffin-Straße, 2017

Grundlegende Literatur

Die Berliner Stadt-Eisenbahn. In: Zeitschrift für Bauwesen 34 (1884), Sp. 1ff., Atlas, Bl. 1ff., 35 (1885), Sp. 1ff., Atlas, Bl. 1ff.; Berlin und seine Bauten. Berlin 1896, Bd. 1, S. 211ff.; Hans D. Reichardt: Einhundert Jahre Berliner Stadtbahn. In: Die Stadt 29 (1982), S. 16ff.; Hartwig Schmidt, Eva-Maria Eilhardt: Die Bauwerke der Berliner S-Bahn. Berlin 1984; Larissa Sabottka: Die eisernen Brücken der Berliner S-Bahn. Berlin 2003; Michael Braun: Stadtbahn Berlin. Gewölbeverschleiß und -sanierung. In: Bautechnik 86 (2009), S. 419ff.

BERLINER FERNBAHNHÖFE

Görlitzer Bahnhof, um 1870

(Alter) Ostbahnhof, 1871

Potsdamer Bahnhof, kurz vor Vollendung, 1872

Großstädtische Fernbahnhöfe gelten als Kathedralen des Industriezeitalters. Als moderne Stadttore wurden ihre Kopfbauten betont repräsentativ gestaltet. Vor allem aber spiegeln ihre „Perronhallen" eindrücklich die technische Entwicklung des Baus weitgespannter Dachtragwerke wider.

In Berlin umschlossen einst neun Kopfbahnhöfe wie ein Ring den historischen Stadtkern und stellten Verbindungen in alle Regionen Deutschlands her. Sie entstanden im Wesentlichen in zwei Phasen. Die erste Generation reicht vom Potsdamer Bahnhof (1838) bis zum Hamburger Bahnhof (1847), die zweite beginnt 1865 mit dem Bau des Görlitzer Bahnhofs und endet 1880 mit der Fertigstellung des Anhalter Bahnhofs. Die Vielzahl dieser Stationen erklärt sich vor allem dadurch, dass mit Ausnahme der 1849 gegründeten Königlichen Ostbahn sämtliche Linien von konkurrierenden Aktiengesellschaften entwickelt und betrieben werden; erst in den 1880er Jahren führt ihre Verstaatlichung sie unter dem Dach der Preußischen Staatsbahn zusammen.

Die Empfangshallen der ersten Generation zeigen in der Regel noch relativ einfache Satteldachbinder, die zumeist als Mischkonstruktionen aus Eisen und Holz konstruiert sind. Ein erstes Ausrufezeichen setzt als letzter der Hambur-

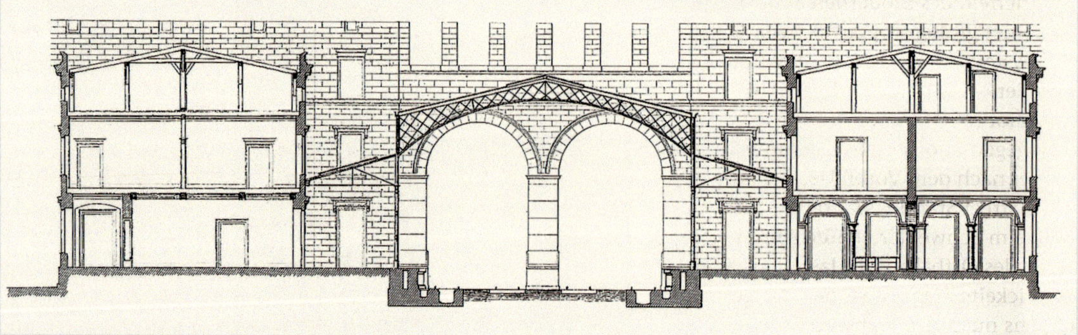

Hamburger Bahnhof, Querschnitt durch die Empfangshalle, 1847

Niederschlesisch-märkischer Bahnhof, Montage der Sichelbinder, 1868

ger Bahnhof, für dessen gut 20 m weit gespanntes Hallendach August Borsig die von ihm bereits im Brückenbau genutzten stählernen Gitterträger erstmals leicht variiert in den Hochbau einführt.
Die zweite Generation wird zum Experimentierfeld des modernen Stahlbaus mit einer großen Breite oft neuartiger Tragsysteme. So erhalten der Görlitzer und der Niederschlesisch-märkische Bahnhof (ab 1882: Schlesischer Bahnhof) gegen Ende der 1860er Jahre Sichelbinder nach dem Vorbild der Liverpooler Lime Street Station, während Johann Wilhelm Schwedler 1866/67 für die Halle des Ostbahnhofs das von ihm entwickelte Tragsystem des Dreigelenkbogens nutzt und dabei je zwei der filigranen Fachwerkbögen zu quersteifen Kästen verbindet. Alfred Lent und Bertold Scholz greifen die Bauweise im 1868 eröffneten Lehrter Bahnhof auf. Für den 1869–72 neu errichteten Potsdamer Bahnhof modifiziert Heinrich Seidel das Dreigelenksystem zum Vollwandbogen mit hochgelegtem Zugband und generiert zudem mit der großflächigen Verglasung des Dachtragwerks ein neues Raumgefühl. Wenig später kombiniert Heinrich Schwieger in der 1879–81 an den Schlesischen Bahnhof angedockten Stadtbahnhalle die Idee des hochgelegten Zugbands mit unkonventionellen Viergelenkbögen. Zum Höhepunkt dieser zweiten Bahnhofsgeneration wird der 1876–80 neu erbaute Anhalter Bahnhof; Walter Benjamin be-

Schlesischer Bahnhof, rechts die Sichelbinder der ersten Halle (1867–69), links die Fachwerkbögen der Erweiterung (1879–81)

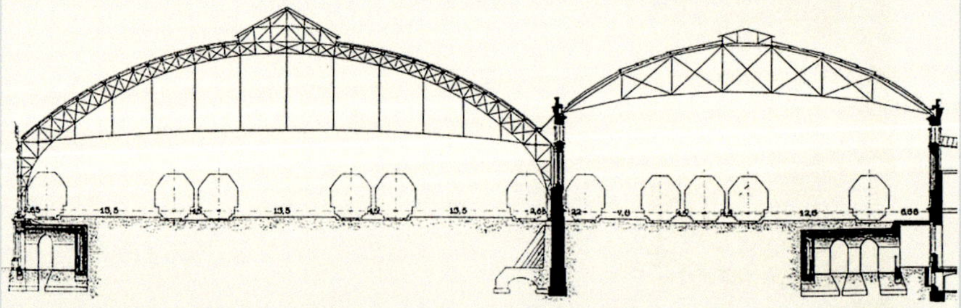

zeichnet ihn später als „Mutterhöhle der Eisenbahnen". Dreigelenk-Fachwerkbögen mit Weiten von 62,50 m überspannen in 40 m Höhe die 170 m lange Empfangshalle. Nicht nur die Dimensionen sind beispiellos in Deutschland, sondern auch der gestaltprägende Charakter des Konstruktiven: Der Architekt Franz Schwechten macht die wiederum von Heinrich Seidel verantwortete Bogenkonstruktion zum beherrschenden Motiv in der Fassade des Kopfbaus.
Im Zweiten Weltkrieg durch Bombenangriffe schwer beschädigt, werden die Berliner Fernbahnhöfe nach notdürftigen Reparaturen ab 1945 zunächst wieder in Betrieb genommen. Die von Ost-Berlin aus gesteuerte Deutsche Reichsbahn beginnt jedoch schon bald damit, sukzessive alle Züge auf Ost-Berliner Bahnhöfe umzuleiten. Am 17. Mai 1952 legt sie schließlich alle noch in Betrieb befindlichen Fernbahnhöfe außer dem im Ostteil gelegenen Schlesischen Bahnhof still; bis 1961 fallen die einst so prachtvollen Stationen dem Abriss anheim.
Der verbliebene Schlesische Bahnhof verliert aus politischen Gründen seinen Namen und wird zum Hauptbahnhof der DDR-Hauptstadt Ost-Berlin ausgebaut. Die schon in der Zwischenkriegszeit mit Vollwandbögen erneuerten Dachkonstruktionen der Stadtbahn- (1925/26) und der Fernbahnhalle (1934–37) bleiben dabei erhalten. Sie prägen bis heute die Erscheinung des nach der Wiedervereinigung in **Ostbahnhof** erneut umbenannten, letzten großen historischen Fernbahnhofs der

Halle des ehemaligen Eisenbahnmuseums nach dem Umbau zum Museum für Gegenwart, um 2000

Kopfbau des Anhalter Bahnhofs, 1881

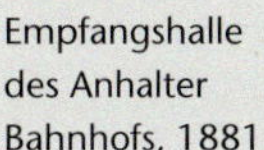

Empfangshalle des Anhalter Bahnhofs, 1881

Stadt. Vom ehemaligen Hamburger Bahnhof hingegen zeugt nur noch das 1845–47 in spätklassizistischen Formen errichtete Empfangsgebäude, eines der ältesten noch erhaltenen Bahnhofsgebäude Deutschlands. Bereits 1884 war er stillgelegt und 1905/06 schließlich zu einem Verkehrs- und Baumuseum umgebaut worden; die alte Bahnsteighalle ersetzte man dabei durch die noch heute vorhandene dreischiffige Stahlkonstruktion. Nach Instandsetzung und Umbau unter Verantwortung des Architekten Josef Paul Kleihues beherbergt der **Hamburger Bahnhof** seit 1996 das der modernen und heutigen Kunst gewidmete „Museum für Gegenwart". Eine dritte Generation ganz neuer Fern- und Regionalbahnhöfe entstand dann im wiedervereinigten Berlin seit Mitte der 1990er Jahre. Die unter Nutzung vorhandener Stationen der S- und Vorortbahnen errichteten **Bahnhöfe Gesundbrunnen**, **Ostkreuz**, **Südkreuz** und **Spandau** umgeben dabei in allen vier Himmelsrichtungen den 2006 nach elfjähriger Bauzeit endlich verwirklichten Berliner **[9] Hauptbahnhof**.

Literatur zum Weiterlesen

Berlin und seine Eisenbahnen, 2 Bde., Berlin 1896; Manfred Berger: Historische Bahnhofsbauten, Bd. 1: Sachsen, Preußen, Mecklenburg und Thüringen. Berlin 1980; Berlin und seine Bauten, Teil X, Bd. B (2): Anlagen und Bauten für den Verkehr – Fernverkehr. Berlin 1984; Ines Prokop: Vom Eisenbau zum Stahlbau. Tragwerke und ihre Protagonisten in Berlin 1850–1925. Berlin 2012

3

AUSBAU DER UNTERSPREE
Upgrade für die Großschifffahrt

A1–C2/a2–f2

Lage Von Berlin-Mitte bis Berlin-Spandau
Bauzeit [a] 1882–94; [b] 1936–42
Entwurf [a] Techn. Baudeputation des Preuß. Ministeriums für öffentliche Arbeiten (Federführung: Adolf Wiebe)
Ausführungsplanung [a] Verwaltung der märkischen Wasserstraßen (Eugen Mohr; Wilhelm Germelmann); [b] Wasserbaudirektion Kurmark

Um den stark gewachsenen Ansprüchen des modernen Binnenschiffsverkehrs gerecht werden zu können, legte Adolf Wiebe 1881 ein Konzept für den Ausbau der Spree zu einem „Großschifffahrtsweg durch Berlin“ vor. Es konzentrierte sich auf den Abschnitt zwischen dem Stauwerk am Mühlendamm und der Einmündung in die Havel in Spandau, die „Unterspree“. Neben der Vertiefung und teilweisen Begradigung sahen die Planungen die Beseitigung der alten Stauwerke sowie den Bau zweier moderner Schleusen vor. Zudem sollte zur Verbesserung des Hochwasserschutzes der Hochwasserspiegel um bis zu 1,65 m abgesenkt werden.

Im Rahmen der 1882–94 durchgeführten Baumaßnahmen wurde die Fahrwassertiefe auf minimal 1,50 m ausgebaggert, die Breite durchgängig auf 50 m ausgebaut, die starke Krümmung am Bahnhof Jungfernheide durch einen Seitenkanal entschärft und die enge Stromschleife in Ruhleben mit einen 850 m langen Durchstich begradigt. Westlich der damaligen Stadtgrenze versah man die Ufer lediglich mit Faschinen und beidseitigen Treidelpfaden. Im Stadtbereich hingegen wurden sie befestigt und die Uferwege durch gusseiserne Geländer gesichert. Die Uferbefestigung war leicht geböscht und ruhte auf einer mit Holzpfählen gegründeten Betonsohle; die tragende Betonwand wurde unterhalb der Wasserlinie mit Granit, darüber mit Sandstein verkleidet. Im Bereich des Kupfergrabens nutzte man das existierende Holzbohlenwerk und entwickelte daraus eine kostengünstige Variante, bei der die Uferwand in einem dahinter durchlaufenden Betonriegel rückver-

Grundlegende Literatur
Adolf Wiebe: Canalisierung der Unterspree von den Damm-Mühlen in Berlin bis Spandau. In: Zentralblatt der Bauverwaltung 1 (1881), S. 130ff.; Berlin und seine Bauten, Bd. 1. Berlin 1896, S. 85ff.; Werner Natzschka: Berlin und seine Wasserstraßen. Berlin 1971, S. 82ff., 116ff.

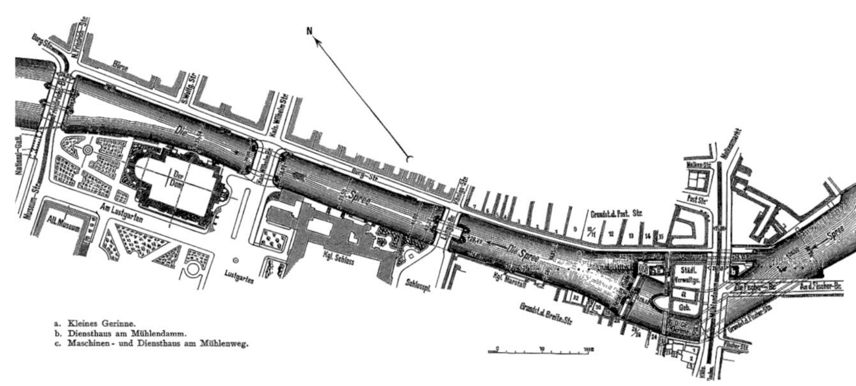

Lageplan der Spree zwischen Mühlendamm und Friedrichsbrücke, 1896

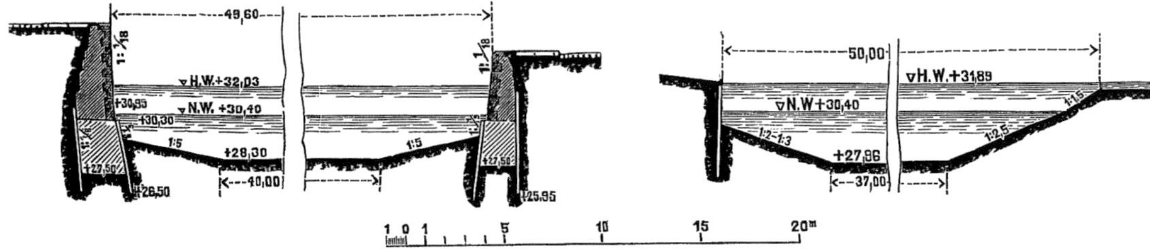

Querschnitte der Unterspree zwischen Marschall- und Kronprinzenbrücke (links) sowie unterhalb der Porzellanmanufaktur (rechts), 1896

ankert wird. Bis Mitte des 20. Jahrhunderts fand sie als „Berliner Bauweise“ Anwendung für weitere Uferbefestigungen. Die 1883–85 erbaute Charlottenburger Schleuse erhielt von Beginn an zwei Kammern, am Mühlendamm hingegen entstand 1890–93 zunächst eine Einkammerschleuse, die erst 1936–42 durch eine ca. 200 m nach Osten verschobene Zweikammerschleuse ersetzt wurde. In Charlottenburg ist die historische Schleuse nach dem Bau einer neuen seit 2003 stillgelegt.

Erst die Regulierungs- und Ausbaumaßnahmen von 1882–94 machten die Berliner Spree für moderne Binnenschiffe durchgängig befahrbar. Die Stadt erhielt eine leistungsfähige Verbindung zu Havel, Oder und Elbe und wurde zu Anfang des 20. Jahrhunderts nach Duisburg zum wichtigsten Binnenhafen Deutschlands. Darüber hinaus entstand durch den Bau neuer Brücken ([24] **Kronprinzenbrücke**, [25] **Marschallbrücke**) und uferbegleitender Straßen eine moderne innerstädtische Verkehrsinfrastruktur, die noch heute Bestand hat.

Spree zwischen Bahnhof Friedrichstraße und Marschallbrücke, um 1900

Mühlendammschleuse, 2020

4

HOCHBAHNVIADUKTE

Von der Normalie zur schönen Form

Stammlinie
B2–C2/e3–g3
Lage Berlin-Friedrichshain, Kreuzberg und Schöneberg
Bauzeit 1896–1902
Tragwerksplanung Siemens & Halske (Leitung: Heinrich Schwieger, ab etwa 1897 Johannes Bousset)
Gestaltung Gesellschaft für elektrische Hoch- und Untergrundbahnen Berlin (Leitung: Paul Wittig), Alfred Grenander, Bruno Möhring u. a.
Ausführung Vergabe in Losen an namhafte deutsche Stahlbaufirmen wie Aug. Klönne, AG Lauchhammer, Beuchelt & Co., Hein, Lehmann & Co. u. a.

Erweiterung
C1/f1
Lage Berlin-Prenzlauer Berg
Bauzeit 1909–13, 1928–30
Tragwerksplanung Gesellschaft für elektrische Hoch- und Untergrundbahnen Berlin (Leitung: Johannes Bousset)
Gestaltung Alfred Grenander
Ausführung Vergabe in Losen ähnlich wie bei der Stammlinie

1878 war in New York mit den „Elevated railroads" die weltweit erste, noch mit Dampf betriebene Hochbahn eröffnet worden. Nur zwei Jahre später legte Werner von Siemens in Berlin seinen Plan für eine elektrisch betriebene Hochbahn zur Genehmigung vor. Es sollte jedoch noch zwei Jahrzehnte dauern, ehe die Siemens'sche „Hoch- und Untergrundbahn" 1902 tatsächlich den Betrieb aufnehmen konnte.

Die erste, 11,2 km lange „Stammlinie" verlief am Südrand des damaligen Berliner Stadtgebietes von Friedrichshain über Kreuzberg und Schöneberg bis Charlottenburg. An beiden Enden war sie an die [2] **Stadtbahn** angeschlossen: An der Warschauer Brücke im Osten, am Zoologischen Garten im Westen; von dort fuhr sie noch bis zum „Knie", der heutigen Station Ernst-Reuter-Platz. Zudem verband ein Abzweig am damals noch nicht als Haltepunkt konzipierten Gleisdreieck die Strecke mit dem Fernbahnhof am Potsdamer Platz. Auf Druck der noch eigenständigen Städte Schöneberg und Charlottenburg mussten die letzten Kilometer unter die Erde verlegt werden; den größten Teil der Strecke jedoch bildete ein in Flussstahl ausgeführter (preiswerterer) Viadukt.

Auch in Kreuzberg hatte es gegen dessen Errichtung in den relativ engen Straßenzügen schon heftige Proteste gegeben. Die Herausforderung für das technische Büro von Siemens & Halske lag deshalb von Beginn an darin, eine Konstruktion zu entwickeln, die tragsicher, dauerhaft und mo-

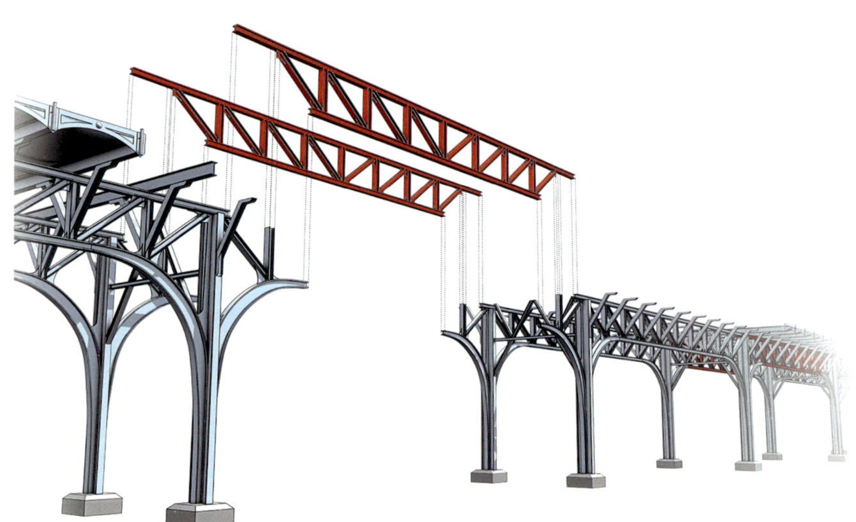

Konstruktionsprinzip des Siemens-Normalie

Errichtung des Regelviadukts am Halleschen Ufer, 1901

dular zu errichten war, zugleich aber so leicht und durchsichtig wie möglich erscheinen sollte. Die Antwort war eine filigrane Fachwerkstruktur aus genieteten Trägern, die sich im steten Wechsel von gelenkig gelagerten Rahmen und Einhängeträgern durch die Straßen schob. Als Gerber- oder Cantilever-Träger war dieses Tragsystem spätestens 1890 mit Eröffnung der Brücke über den schottischen Firth of Forth zu weltweiter Berühmtheit gekommen. Für die praktische Umsetzung hatten Siemens & Halske den Grundentwurf in „Normalien" überführt – Regelentwürfe für Spannweiten von 12, 16,50 und 21 m, die sich durch geringfügige Modifikationen leicht den örtlichen Gegebenheiten anpassen ließen. Im Laufe der Errichtung wurde das Grundmuster gestalterisch weiterentwickelt.

← Errichtung des Viadukts im künftigen Bahnhof Kottbusser Tor, 1901

Hausdurchbruch am Dennewitzplatz, um 1903

Bahnhof Bülowstraße, um 1903

→ Viadukt in der Schönhauser Allee, 1. Bauabschnitt, um 1913

Auch für Entwurf und Konstruktion der Haltepunkte gab es zunächst eine Siemens-Normalie mit sparsamen Stahltragwerken, die in den Stationen Görlitzer Bahnhof und Prinzenstraße weitgehend erhalten sind; der Viadukt führte durch sie hindurch, wurde aber für die Mehrbelastungen aus Bahnsteigen und Halle verstärkt. In der Öffentlichkeit stießen diese ersten nüchternen Ingenieurbauten auf breite Ablehnung. In der Folge konnten hinzugezogene freie Architekten einige Bahnhöfe entwickeln, die – wie etwa am Schlesischen Tor und an der Bülowstraße – neue Maßstäbe einer künstlerisch geprägten Hochbahnarchitektur zu setzen vermochten.

Ab 1909 wurde in der Schönhauser Allee im Stadtbezirk Prenzlauer Berg ein zweiter, 1,7 km langer Brückenzug errichtet. 1913 ging zunächst der Abschnitt bis zum Anschluss an die Ringbahn (heute Station Schönhauser Allee) in Betrieb. Hier griff man für den Viadukt konstruktiv den Grundtypus der Stammlinie auf, ersetzte jedoch die Fachwerke durch Vollwandträger. Die Bauweise der 1928–30 erfolgten Verlängerung bis zum heutigen Bahnhof Vinetastraße hingegen trug der zwischenzeitlichen Entwicklung des Stahlbaus Rechnung: Auf eingespannten Hohlkasten-Stützen lagern hier „Wippen“, die ihr zweites Auflager jeweils auf einer Auskragung des Folgeträgers finden und mit 28,50 m deutlich weiter gespannt sind.

In der Stammlinie U1 entsprechen heute nur noch wenige Streckenabschnitte dem Original. Kriegszerstörungen und

Viadukt in der Bülowstraße, Juli 1944

Viadukt nahe Bahnhof Schlesisches Tor, 2020

Ersatzneubauten haben zu zahlreichen Veränderungen geführt. Weitgehend authentisch erhalten sind vornehmlich zwei Bereiche. Der Abschnitt östlich des Bahnhofs Schlesisches Tor steht dabei für den frühen Grundtypus der Siemens-Normalie, während sich zwischen den Stationen Bülowstraße und Nollendorfplatz noch die fließenderen Formen der späteren Bauabschnitte finden. Der Brückenzug der U2 in der Schönhauser Allee hingegen konnte auch im Rahmen der jüngsten Grundinstandsetzung in weiten Teilen originalnah erhalten werden. Entstanden in intensiver Zusammenarbeit von Ingenieur und Architekt, stehen die beiden Hochbahnviadukte heute exemplarisch für eine neue und nach wie vor hochaktuelle Konzeption der Begegnung von Ingenieurbau und Architektur an der Nahtstelle von Historismus, Jugendstil und Moderne.

Grundlegende Literatur

Fritz Langbein: Die elektrische Hoch- und Untergrundbahn in Berlin. Berlin 1902; Paul Wittig: Die Architektur der Hoch- und Untergrundbahn in Berlin. Berlin 1922; Werner Lorenz: 100 Jahre U-Bahn in Deutschland. Zu Planung, Gestaltung und Bedeutung des Stahlviadukts der Linie 1 in Berlin. In: Stahlbau 71 (2002), S. 79ff.; Michael Fischer, Werner Lorenz: Stahlbau unter Denkmalschutz – Grundinstandsetzung [...] der Hochbahnlinie U2 in Berlin-Prenzlauer Berg. In: Stahlbau 80 (2011), S. 419ff.

Viadukt in der Schönhauser Allee, Lagerkörper am Bahnhof Eberswalder Straße, 2012

5

NORD-SÜD-S-BAHNTUNNEL
Leistungsschau der Geotechnik

C1–B2/e1–e3

Lage Berlin-Moabit, Tiergarten und Kreuzberg
Bauzeit 1934–39
Bau- und Tragwerksplanung Reichsbahndirektion Berlin (Federführung: Max Grabski)
Gestaltung Bahnhöfe Reichsbahndirektion Berlin (Richard Brademann, Günther Lüttich, Fritz Hane)
Ausführung Vergabe in Losen an namhafte deutsche Baufirmen, u. a. Siemens-Bauunion

Planungen, die Ost-West-Achse der Stadtbahn durch eine Nord-Süd-Verbindung zu ergänzen, reichen bis in die 1890er Jahre zurück. Erst die Arbeitsbeschaffungspolitik des NS-Staats und die anstehenden Olympischen Spiele aber führten dazu, das schwierige Infrastrukturprojekt ab 1934 tatsächlich in Angriff zu nehmen.

Vom Nordring zweigt die Trasse am Bahnhof Gesundbrunnen zunächst oberirdisch ab, um wenig später für etwa 5,6 km unter die Erde zu gehen. Nach einer Verzweigung taucht sie südlich des Anhalter Bahnhofs wieder auf und dockt in den Stationen Schöneberg und Südkreuz (seinerzeit: Papestraße) an den Südring an.

Der Tunnelbau durch die dicht bebaute Innenstadt war eine gewaltige Herausforderung. Fundamente angrenzender Bauten mussten unterfangen, Bahnhöfe unterfahren und Straßenzüge unter Verkehr ebenso unterquert werden wie Spree und Landwehrkanal. Eiszeitlich gewachsene Böden wechselnder Beschaffenheit, tiefe Faulschlamm-Kolke und ein hoher Grundwasserspiegel schlossen bergmännische Lösungen aus; die Tunnel und Bahnhöfe entstanden in ausgedehnten offenen Baugruben. Nach dem noch heute als „Berliner Bauweise" bekannten Verfahren wurden eingerammte Breitflanschträger zu Trägerbohlwänden ausgebaut, ausgesteift und durch begleitende Grundwasserabsenkungen trockengelegt. Vielfach waren Sonderlösungen erforderlich. So musste der Tunnel am Bahnhof Friedrichstraße auf bis zu 17 m langen „Pressbetonpfählen" gegründet werden, am Stettiner (heute Nord-) Bahnhof kam eine großflächige Ortbetondecke auf geschweißten Stahlstützen zum Einsatz. Besonders aufwendig war die Unterfahrung eines Widerlagers der Hochbahnbrücke (am heutigen Technikmuseum) unter Verkehr, für die das Wasser des Landwehrkanals in fünf mächtigen Gussrohren angesaugt und über die Baugrube hinweggepumpt wurde. Einen beeindruckenden Einblick in die Herausforderungen gibt ein im Internet verfügbarer Film der Reichsbahn-Filmstelle („Die Reichsbahn unterfährt Berlin", 1935).

Trotz eines Baugrubeneinsturzes mit 19 Toten am 20. August 1935 konnte der Nordabschnitt bis zum Bahnhof Unter den Linden noch zu den Olympischen Spielen in Betrieb gehen. 1939 war das Gesamtprojekt vollendet. Befahren wurde der Tunnel jedoch nur weniger als sechs Jahre. Im Endkampf um Berlin fluteten SS-Einheiten ihn durch Sprengung unter dem Landwehrkanal. Erst Ende 1947 ging er wieder in Betrieb. Legendär sind

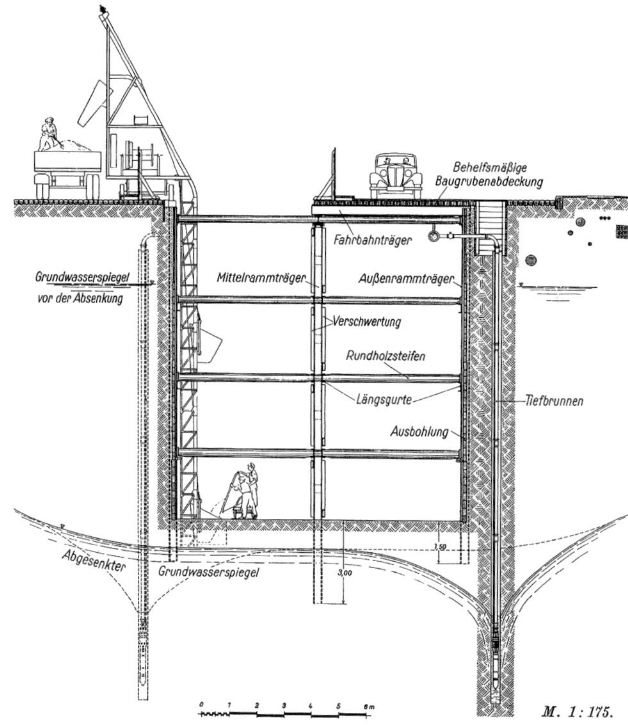

Offene Baugrube der „Berliner Bauweise"

Unterquerung des Landwehrkanals, Mai 1935

Bergungsarbeiten nach dem Baugrubeneinsturz am Brandenburger Tor, November 1935

die abgeschotteten und streng bewachten „Geisterbahnhöfe" im Ostteil der Stadt, die die S-Bahn in den Jahren der Teilung ohne Halt durchfuhr. Nach der Wiedervereinigung konnten Tunnel und Bahnhöfe erstmals grundlegend instandgesetzt werden.

Auch ohne das Propaganda-Getöse der NS-Machthaber muss die Errichtung des großangelegten unterirdischen Baukörpers als eines der technisch schwierigsten und größten Berliner Bauvorhaben der Zeit gelten. Eindrucksvoll steht er für die Ingenieurbaukunst der 1930er Jahre.

Grundlegende Literatur

[Max] Grabski: Die Berliner Nordsüd-S-Bahn. In: Zentralblatt der Bauverwaltung 57 (1937), S. 495ff.; Michael Braun: Nordsüd-S-Bahn Berlin – 75 Jahre Eisenbahn im Untergrund. Berlin 2008

Tunnel nahe Anhalter Bahnhof, 2015

6

EHEMALIGER FLUGHAFEN BERLIN-TEMPELHOF

„Mutter aller Flughäfen"

C2–C3/f3

Lage Platz der Luftbrücke 1–6, 12101 Berlin-Tempelhof
Bauzeit 1936–43
Tragwerksplanung Ingenieurbüro Arno Schleusner sowie Ingenieure der beteiligten Baufirmen, u. a. Ulrich Finsterwalder
Gesamtplanung Ernst Sagebiel
Ausführung Steffens & Nölle (Federführung *Stahlbau*), Dyckerhoff & Widmann (Federführung *Massivbau*) sowie weitere namhafte deutsche Baufirmen unter Leitung des Reichsluftfahrtministeriums (Oberbauleitung: Ludwig Happ)

1909 war auf dem Exerzierplatz des Tempelhofer Felds erstmals ein Motorflug gestartet, bis 1933 hatte sich hier der am stärksten frequentierte Flughafen Europas entwickelt. Der ab 1934 geplante Neubau wurde ein Gebäude der Superlative: eines der weltweit flächengrößten Bauwerke, in Erschließung und innerer Organisation der modernste Flughafen in ganz Europa, als „Weltflughafen" ausgelegt für 6 Mio. Fluggäste pro Jahr. Architektonisch zeigt er exemplarisch die Ambivalenz der NS-Architektur. Den der Stadt zugewandten neoklassizistischen Fassaden der Massivbauten steht zum Flugfeld hin der 1,2 km lange „nackte" Stahlbau der Flugsteig- und Wartungshallen gegenüber.

Das Dach dieser Hallen ruht auf einer kaum endenden Reihe von über 50 m langen Vollwand-Trägern, die jeweils biegesteif mit einer Hauptstütze verbunden sind. Zum Flugfeld hin kragen sie 36 m aus, der rückseitige Flügel bildet mit einer kleineren Stütze einen Dreigelenkrahmen. Damit auch diese stets überdrückt bleibt, steht der leichten Dachhaut des Kragbereichs über dem Rahmen eine schwere Stahlbetondecke gegenüber (auf der eine längslaufende Tribüne für bis zu 100 000 Zuschauer vorgesehen war). Nur die Baustellenstöße waren genietet, die vorgefertigten Segmente hingegen verschweißt. Die Schweißnähte wurden vor der Montage durch Röntgen kontrolliert, Nachstell-

Flugsteig- und Wartungshallen, 1994

Montage der Kragträger, 1938

vorrichtungen erlaubten die millimetergenaue Ausrichtung der Kragarme.

Unter den Massivbauten sticht die 100 m lange Empfangshalle hervor. Mächtige eingespannte Stützen tragen hier auf Gussstahl-Lagern abgesetzte Fachwerkträger (h = 4 m, l = 32,50 m), die unter anderem die Lasten eines darüber liegenden Ballsaals (!) aufnehmen sollten. Konzipiert von Ulrich Finsterwalder als „Eisenbetonträger mit selbsttätiger Vorspannung", bestehen in ihnen zunächst nur die Druckglieder aus Stahlbeton. Die zugbeanspruchten Untergurte und Diagonalen hingegen sind aus kräftigen, über Ankerplatten und Schraubstöße gekoppelten Rundstählen gebildet, die erst nach Absenken des Lehrgerüsts im schon gezogenen Zustand eine schützende Hülle aus Beton erhalten.

Als 1943 die Arbeiten kriegsbedingt eingestellt wurden, war der Bau noch nicht in Betrieb. Nach 1945 durchlebte er eine wechselvolle Geschichte als Zentralflughafen West-Berlins. 2008 wurde er geschlossen. Heute ist die „Mutter aller Flughäfen" (Norman Foster) nicht nur als eines der wenigen fast vollständig realisierten Großprojekte der NS-Hauptstadtplanung ein herausragendes Baudenkmal. In ihrer ausgefeilten Baukonstruktion zeigt sie zugleich eindrucksvoll das hohe Niveau der Ingenieurbaukunst der 1930er Jahre.

← Finsterwalder-Träger über der Empfangshalle, 1937

Bewehrung im Auflagerpunkt eines Finsterwalder-Trägers, 1937

Grundlegende Literatur

A[rno] Schleusner: Die Flugsteighalle für den Neubau des Flughafens Tempelhof. In: Der Stahlbau 11 (1938), S. 89ff.; A[rno] Schleusner: Die Eisenbetonbauten des Welt-Flughafens Berlin-Tempelhof. In: Der Bauingenieur 19 (1938), S. 621ff.; Thomas Blau: Der Flughafen Berlin-Tempelhof. Berlin 2011

7

BERLINER STADTRING

Der Unvollendete

B1–D2/d2–c3/h3

Lage Von Berlin-Wedding nach Berlin-Treptow
Bauzeit ab 1956

In der Geschichte der Autobahnen nimmt Berlin eine wichtige Rolle ein. Die zunächst private „Automobil-Verkehrs- und Übungsstraße“, kurz AVUS (1913/14, 1921), war eine der frühesten autobahnartigen Straßen überhaupt. Der 1933 begonnene Bau der Reichsautobahnen veranlasste ihren Ausbau und ihre Verlängerung als öffentlicher Zubringer zur weltweit ersten Ringautobahn, dem weitgehend jenseits der Stadtgrenzen gelegenen und knapp 200 km langen Berliner Ring. Wichtiges Berliner Zeugnis dieser materiell längst überformten verkehrsgeschichtlichen Epoche ist die [22] **ehemalige Autobahnbrücke über den Teltowkanal**.

Innerhalb des Berliner Rings plante der „Generalbauinspektor“ Albert Speer neben weiteren Zubringern noch ein gigantisches Achsenkreuz und vier konzentrisch um den Stadtkern geführte Ringstraßen. Diese Pläne blieben bis auf ein kurzes Teilstück des vierten und äußersten Rings in Lichterfelde (heute Platz des 4. Juli) unverwirklicht. Gut 15 Jahre später griff der West-Berliner Senat wegen des sprunghaft anwachsenden motorisierten Verkehrs aber manche Gedanken wieder auf. Im Sommer 1955 beschloss man den Bau eines gesamtstädtischen „übergeordneten Straßennetzes“. Dessen Rückgrat sollte ein rund 45 km langer „Stadtring Berlin der Bundesautobahnen“ bilden, den in Nord-Süd- sowie in Ost-West-Richtung jeweils zwei „Tangenten“ durchkreuzten (vgl. S. 17). Das zugehörige Regelprofil sah damals bereits jeweils drei Richtungsfahrstreifen vor. Im April 1956 begannen zwischen Hohenzollern- und

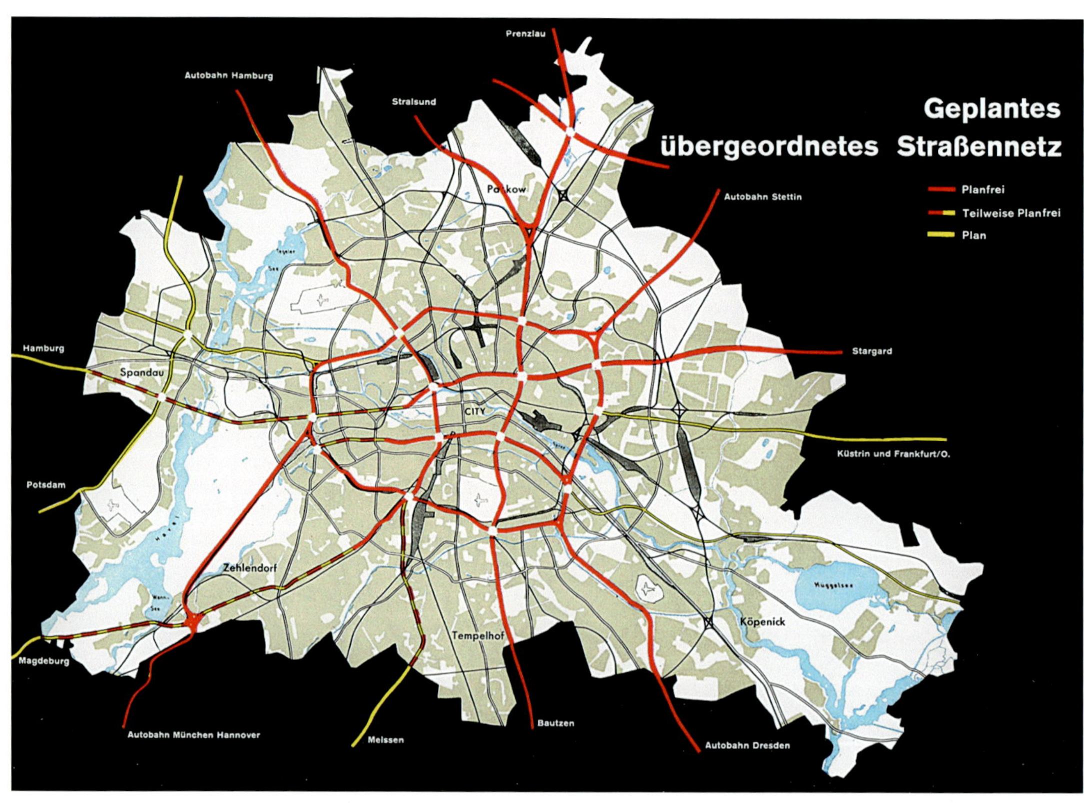

Gesamtplanung eines „übergeordneten Straßennetzes“ von Berlin, 1962

Kurfürstendamm die Arbeiten am westlichen Teil des Stadtrings (heute BAB 100), der zum großen Teil die vorhandene Ringbahntrasse mitnutzte. Bereits 1963 war ein knapp 8 km langes Teilstück zwischen dem Dreieck Charlottenburg und der Anschlussstelle Detmolder Straße in Wilmersdorf unter Verkehr. Trotz des Mauerbaus hielt man weiter an einer Gesamt-Berliner Lösung fest, bis zum Ende des Jahrzehnts wurde allerdings nur noch eine gut 1 km lange Erweiterung des südlichen Stadtrings fertiggestellt.

In den 1970er Jahren erfolgten im Norden der Anschluss des Stadtrings an die Seestraße sowie im Süden der Ausbau rund um das Schöneberger Kreuz als Kreuzungspunkt mit der südlichen Westtangente. Letztere konnte zur selben Zeit nach Süden bis zur Anschlussstelle Schloßstraße in Steglitz fertiggestellt werden, ihre schon begonnene Weiterführung nach Norden kam hingegen – wie alle weiteren Tangentenplanungen – nach massiven Bürgerprotesten zum Erliegen. Ausgeführt wurde indes die teilweise von der [99] **Wohnanlage Schlangenbader Straße** überbaute Entlastungsstrecke des sogenannten Abzweigs Steglitz.

Ein Rechtsstreit mit der von der DDR-Regierung kontrollierten Reichsbahn bezüglich der Querung der Dresdner Bahn beim Südkreuz verhinderte zunächst die kontinuierliche Fortführung des südlichen Stadtrings. Während in den 1980er Jahren im Nordwesten große Teile der heutigen BAB 111 entstanden, ging dadurch zur selben Zeit am Stadtring lediglich ein rund 3 km langes weiteres Teilstück östlich der Alboinstraße in Betrieb. Die Wiedervereinigung beseitigte dieses Problem, und bis zum Jahr 2000 war der südliche Stadtring durchgehend bis zur Buschkrugallee befahrbar. Im folgenden Jahrzehnt entstand anliegend das Dreieck Neukölln zum Anschluss der Richtung Schönefelder Kreuz neu errichteten BAB 113. Der 16. Bauabschnitt des Stadtrings bis zum Nordwestende des Treptower Parks ist seit 2013 in Bau. Seine Eröffnung ist für 2023 avisiert.

Über 65 Jahre kontinuierlicher Planungs- und Baugeschichte machen den Berliner Stadtring zum wohl bedeutendsten Langzeitprojekt des Berliner Ingenieurbaus. Unter den zahlreichen größeren und kleineren Brücken sticht die im sogenannten Nordwestbogen gelegene Rudolf-Wissell-

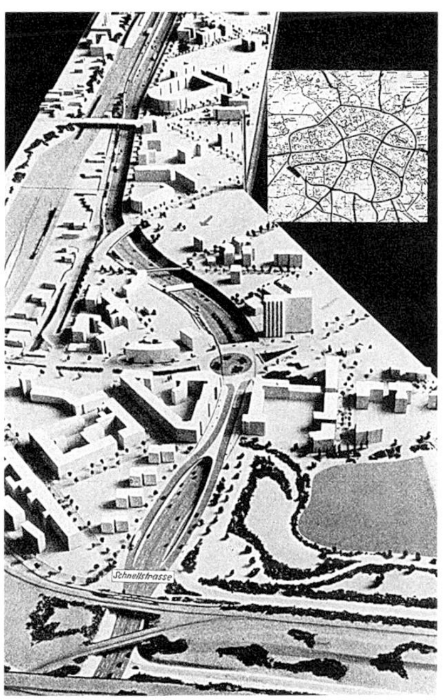

Modell des Stadtrings mit Tunnel Rathenauplatz von Nordwesten, um 1958

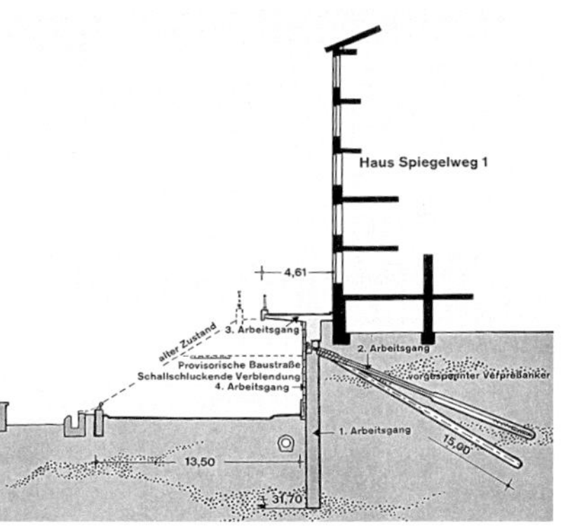

Querschnitt der Stützwände am Spiegelweg nach Norden, 1962

Blick über den Wangenheimsteg nach Westen zum Rathenauplatz, um 1959

Untersicht der Rudolf-Wissell-Brücke an der Spree nach Südwesten, 2020

Brücke (1958–61) hervor. Mit mehr als 900 m Länge gilt die Spannbetonkonstruktion bis heute als längste Straßenbrücke Berlins. Regelrechte „Festspiele“ des Brückenbaus sind Knotenpunkte wie das Dreieck Funkturm (1960–63 u. 1967–71), das Schöneberger Kreuz (1964–78) oder das Dreieck Neukölln (1997–2004). Manche Brückenbauten heben als Aufständerungen den Stadtring auf Höhe der Dächer, an anderen Stellen taucht er unter das Straßenniveau – besonders eindrücklich in seinem westlichen Abschnitt, wo die aufgrund des Platzmangels räumlich getrennte Autobahn manche bestehenden Häuser unterfahren musste. Hinzu kamen Bauten wie der Tunnel Rathenauplatz (1956–58), der mit 212 m zwar nur ein Zehntel der Länge des ersten Bauabschnitts einnahm, aber ein knappes Viertel von dessen Kosten verursachte. Längster Berliner Autobahntunnel ist heute mit über 1,7 km Länge der Tunnel Ortsteil Britz (1995–2000).

Als eine der meistfrequentierten Autobahnen Deutschlands ist der Berliner Stadtring außerordentlichen Belastungen unterworfen. Mittlerweile sind nicht we-

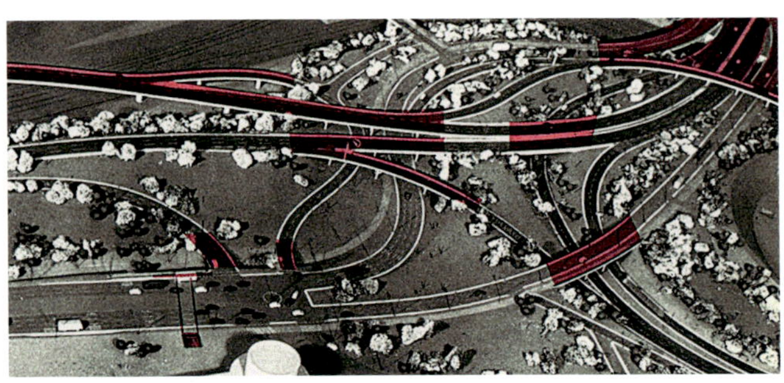

Modell des Dreiecks Funkturm mit markierten Brückenbauwerken von Nordwesten, um 1961

→ Blick durch das Dreieck Grenzallee nach Südosten, 2020

Blick über die neuen S- und Fernbahnbrücken nach Norden zur künftigen Anschlussstelle Sonnenallee, 2020

nige seiner frühen Ingenieurbauwerke schon Geschichte. Auch die wohl bedeutendsten „Kunstbauten" der Stadtautobahn – die Rudolf-Wissell-Brücke und das Dreieck Funkturm mit seinen 25 miteinander verflochtenen Brücken – werden in naher Zukunft Ersatzbauten weichen.

Städtische Ringautobahnen finden sich heute weltweit in unzähligen Metropolen. Gemeinsam mit dem zeitgleich begonnenen Pariser *Boulevard périphérique* (1956–1973) kann der Berliner Stadtring als Wegbereiter dieses Straßentyps gelten. Anders als sein französisches Gegenstück aber wurde er nur etwa zur Hälfte vollendet. Ob der 17. Bauabschnitt des Stadtrings zwischen Treptower Park und Storkower Straße jemals zur Ausführung kommt, ist ungewiss. Kaum noch vorstellbar ist seine Vollendung zum tatsächlichen Ring, schließlich gelten innerstädtische Autobahnen in aktuellen verkehrspolitischen und städtebaulichen Diskussionen eher als Problem denn als Lösung. Ungeachtet aller berechtigten Kritik hat sich der Berliner Stadtring jedenfalls als unverzichtbare Lebensader über Jahrzehnte im Berliner Verkehrsnetz etabliert und repräsentiert heute wie wohl kein zweites Bauwerk in Deutschland das Idealbild der „autogerechten Stadt" als Ingenieurerbe der späten Hochmoderne.

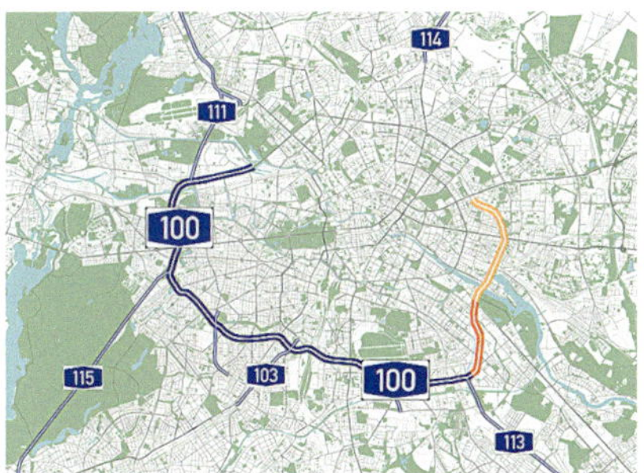

← Lageplan des Stadtrings und der weiteren Autobahnen in der Berliner Kernstadt mit der im Bau befindlichen Erweiterung des Stadtrings (dunkelorange) und dem vorgesehenen 17. Bauabschnitt (hellorange)

Grundlegende Literatur

Stadtautobahn Berlin. Berlin 1962; Hans Günter Krebs: Straßenplanung und Stadtautobahnbau in Berlin. In: Brücke und Straße 16 (1964), Beilage Der kommunale Straßenbau, S. 115ff.; 30 Jahre Bundesautobahn. Berlin 1988; Herbert Liman u.a.: Straßen- und Brückenbau in Berlin 1945 bis 2000. Köln 2008, S. 18ff.; Ural Kalender: Geschichte der Verkehrsplanung Berlins. Köln 2012, S. 221ff.

8

EHEMALIGER FLUGHAFEN BERLIN-TEGEL

Geliebtes Hexagon

A1–B1/b1–d1

Lage 13405 Berlin-Tegel
Bauzeit 1969–74
Tragwerksplanung Ingenieurbüro Prof. Polónyi/von Kalmar
Gesamtplanung Architekten Meinhard von Gerkan, Volkwin Marg, Klaus Nickels
Ausführung Philipp Holzmann; Gesamtbauleitung: Rolf Niedballa

Für die von der DDR umschlossene „Insel" West-Berlin war der Flugverkehr von existenzieller Bedeutung. Da der [6] **Flughafen Tempelhof** für moderne Jets nur eingeschränkt nutzbar war, beschloss der Senat die Verlegung des Flugverkehrs auf den ausbaufähigen, bis 1960 nur von der französischen Schutzmacht genutzten Flughafen Tegel. Nach Entwürfen von Meinhard von Gerkan, Volkwin Marg und Klaus Nickels entstand 1969–74 im Süden des Flugfelds ein neues Abfertigungszentrum.

Die aus einem internationalen Wettbewerb als Sieger hervorgegangene Hamburger Architektengruppe hatte dafür zunächst drei große Sechseck-Bauten vorgesehen. Die beiden äußeren sollten als Flugsteigringe, das mittlere als Zentralgebäude mit Auffahrts- und Verteilerring dienen. Tatsächlich ausgeführt wurden nur das Zentralgebäude und das Terminal A als einer der Flugsteigringe. Alle Abfertigungsvorgänge wurden auf einer Hauptebene konzentriert; über 14 erkerartige

Zentralgebäude und Terminal A, 1976

Vorbauten gelangte man zu Rundtürmen mit den Fluggastbrücken. Betriebsräume und technische Anlagen waren in den Untergeschossen untergebracht. Für separate Betriebsgebäude (wie die Energiezentrale und die Luftfrachthalle) wurde ein modularisiertes Container-Bausystem entwickelt.

Den beiden Sechseckbauten liegt ein Raster aus gleichseitigen Dreiecken mit 10 m Seitenlänge zu Grunde. Ihr Stahlbetontragwerk besteht aus (ebenfalls sechseckigen) Stützen, Unterzügen und dreieckigen Deckenplatten. Die Haupthalle wird von einem Mero-Raumfachwerk überdacht. Auch der markante Tower hat einen sechseckigen Stahlbetonschaft, der Turmkopf wurde in Stahl ausgeführt. Hervorzuheben ist die Konstruktion des großen Hangars, dessen stählernes Fachwerkdach von drei 39 m hohen Stahlpylonen abgehängt ist.

Mit seinem charakteristischen Raster aus Drei- und Sechsecken steht der Flughafen Tegel exemplarisch für seit den 1960er Jahren verbreitete Ansätze in der Architektur, funktionale Abläufe in geometrische Formen umzusetzen und zum Leitmotiv zu erheben. Das konsequent dezentrale Abfertigungssystem ermöglichte kurze Wege und Abfertigungszeiten und machte den Flughafen Tegel zu einem ob seiner Effizienz viel beachteten Verkehrsbau. Die späteren Erweiterungsbauten wurden diesem Anspruch nicht mehr gerecht. Das ursprünglich hohe Ansehen litt aber vor allem in den letzten Jahren, in denen die neuerliche Verlegung des Flugverkehrs an den Standort Schönefeld mehrmals verschoben und der Flughafen Tegel völlig überlastet auf Verschleiß gefahren wurde. Nach Einstellung des Flugbetriebs im Jahr 2020 werden das Flugfeld und die seit 2019 denkmalgeschützten Bauten zu einem Forschungs- und Gewerbestandort entwickelt.

Terminal B und Tower im Bau, 1973

Abfertigungsbereich im Terminal A, 2019

Mero-Raumfachwerk in der Haupthalle, 2019

Grundlegende Literatur

Joachim Darge: Flughafen Tegel. In: Vorträge auf dem Betontag 1971. [Wiesbaden] 1971, S. 345–359; Berlin und seine Bauten, Teil X, Bd. B (2): Anlagen und Bauten für den Verkehr – Fernverkehr. Berlin 1984, S. 284ff. und 296f.; Rainer W. During, Hans von Przychowski: Die Berliner Flughäfen – Johannisthal, Tempelhof, Gatow, Tegel, Schönefeld. München 2010, S. 86ff.

9

HAUPTBAHNHOF
Kreuzungsbahnhof XXL

B2–C2/e1–e2

Lage Europaplatz, 10557 Berlin-Mitte
Bauzeit 1995–2006
Tragwerksplanung sbp schlaich, bergermann partner; IVZ/Emch + Berger u. a.
Gesamtplanung gmp – von Gerkan, Marg und Partner
Ausführung *Stahlbau*: Mero TSK mit Donges Stahlbau; *Massivbau*: Arge Rohbau (Strabag u. a.)

Mit dem neuen Bahnverkehrskonzept, das ab 1990 für das wieder zusammenwachsende Berlin entwickelt wurde, erhielt die Stadt erstmals einen zentralen Hauptbahnhof. Er entstand nördlich des Regierungsviertels auf dem Gelände des alten Lehrter Bahnhofs, der, schwer zerstört, schon 1951 stillgelegt worden war. Die angrenzende Trasse der [2] **Stadtbahn** definierte die obere, west-östliche Gleislage; durch den gleichzeitigen Anschluss an den neuen [10] **Nord-Süd-Fernbahntunnel** entstand Europas größter Kreuzungsbahnhof. Zwischen den Gleisebenen sind mehrere Verteilergeschosse mit Service- und Verkaufsbereichen angeordnet, im Untergeschoss wurden zudem neue U- und S-Bahnstationen integriert. Flankiert wird der Bahnhof durch vier Bürotürme, die über der oberen Bahnsteighalle durch viergeschossige Bügel paarweise miteinander verbunden sind.

Markantes Kennzeichen des komplexen Baukörpers sind die zwei sich kreuzenden Glasdächer der oberen Bahnsteighalle. Das längere greift den gekrümmten Verlauf der Stadtbahntrasse auf; die Spannweite von bis zu 66 m variiert mit der sich aufweitenden Bahnsteigebene. Anders als die hohen Hallen zu Zeiten der Dampflokomotiven sind die filigranen Netzwerkschalen hier nur noch als flache Korbbögen ausgebildet. Statisch ist diese Form jedoch ungünstig. Um sie zu „heilen", haben die zur Aussteifung integrierten Binder Über- und Unterspannungen erhalten, die der Momentenlinie für ständige Lasten angepasst sind. Hierdurch kaum durch Biegung beansprucht, konnten die Binder sehr schlank ausgeführt werden. Im Inneren beeindrucken unter anderem die 23 m hohen, jeweils etwa 100 t schweren Gabelstützen aus Stahl und Stahlguss, die die Lasten der oberen Gleislage abtragen. Spektakulär war die Montage der als Stahlskelett konzipierten Bürobügel. In jeweils zwei Teilen wurden sie, zunächst um 90° in die Vertikale verdreht, beidseits der schon befahrenen oberen Trasse errichtet, um dann wie beim Schließen einer Zugbrücke in ihre endgültige Position abgesenkt und miteinander verschweißt zu werden. Wie geplant, konnte der etwa 1 Mrd. € teure Bau zur Fußball-Weltmeisterschaft 2006 eröffnet werden. Dem Zeitdruck geschuldet, kam es nicht nur zu technischen Mängeln, die noch heute behoben werden müssen. Heftige Konflikte gab es auch um die mit Zeit- und Kostenersparnis begründete Verkürzung des Ost-West-

Obere Bahnsteighalle, 2020

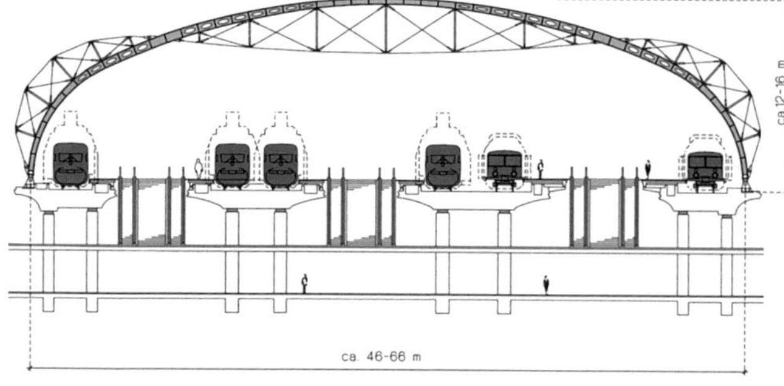

Querschnitt

Daches und den Verzicht auf die gewölbeähnliche Decke der unteren Bahnsteigebene. Unbenommen davon ist dieser unter schwierigen Bedingungen errichtete High-Tech-Bau als „Kathedrale der Mobilität" (gmp) längst zu einem Wahrzeichen des „neuen" Berlin geworden.

Absenken der Bügelbauten, 2005

Verteilerebenen mit Gabelstützen, 2020

Blick vom Europaplatz, 2020

Grundlegende Literatur

Jörg Schlaich u. a.: Entwurf und Konstruktion der Bahnsteighalle des Lehrter Bahnhofs. In: Stahlbau 71 (2002), S. 853ff.; B[ernd] Naujoks: Tragwerk und Montage der Bügelgebäude des Berliner Hauptbahnhofes. In: Bauingenieur 81 (2006), S. 43ff.; Roland Horn u. a.: Berlin Hauptbahnhof. Berlin 2007

10

NORD-SÜD-FERNBAHNTUNNEL

Die Chance beim Schopfe gepackt

B2–C2/e1–e3

Lage Berlin-Moabit, Tiergarten und Kreuzberg
Bauzeit 1995–2006
Tragwerksplanung IVZ, Emch + Berger
Gestaltung Bahnhof Potsdamer Platz Hilmer & Sattler und Albrecht; Hermann + Öttl; Modersohn & Freiesleben
Ausführung Verschiedene Baufirmen, für den Schildvortrieb: Herrenknecht

Im 19. Jahrhundert waren in Berlin neun Kopfbahnhöfe entstanden, doch allein die [2] **Stadtbahn** bot eine Querverbindung von West nach Ost. Nach 1945 gingen fast alle dieser Bahnhöfe sukzessive außer Betrieb. Vornehmlich Provisorien wie die in West-Berlin nun als zentraler Fernbahnhof genutzte Station Zoologischer Garten bestimmten in der Zeit der Teilung das Bild. Der Fall der Mauer eröffnete die Möglichkeit einer grundsätzlichen Neuordnung des Schienenverkehrs. Zum Kernstück des 1991 beschlossenen „Pilzkonzepts" wurde der „Pilz-Stiel" – eine neue, etwa 9 km lange Nord-Süd-Verbindung im Zentrum Berlins.

Den technisch anspruchsvollsten Teil bildet ein 3,5 km langer, viergleisiger Fernbahntunnel. Zusammen mit einem kürzeren Straßentunnel und einem kleinen Abschnitt der [11] **U-Bahnlinie 5** im nördlichen Bereich wurde er als gemeinsamer Komplex unter dem Namen „Tiergartentunnel" errichtet. Beginnend am [9] **Hauptbahnhof**, unterquert er unter anderem Spree und [1] **Landwehrkanal**, um schließlich im neu gestalteten Park am Gleisdreieck auszulaufen. Am Potsdamer Platz weitet er sich zu einem Regionalbahnhof, der ein Umsteigen in die angrenzende [5] **Nord-Süd-S-Bahn** ermöglicht.

Bau- und verfahrenstechnisch barg das komplexe Projekt große Herausforderungen. So stand etwa bereits 3 m unter Gelände das Grundwasser an, das jedoch zum Schutz des Großen Tiergartens und seiner Oberflächengewässer nicht abgesenkt werden durfte. Die Antwort der In-

Grundlegende Literatur

Gunther Brux: Fernbahntunnel in Berlin. In: tunnel 18 (1999), Nr. 3, S. 24ff.; Hany Azer: Der Bau des Nord-Süd-Tunnels der Fernbahn in Berlin. In: Eisenbahntechnische Rundschau 51 (2002), S. 326ff.; Georg Küffner: Der Tiergarten-Tunnel in Berlin. In: Ingenieurbaukunst in Deutschland. Hamburg 2001, S. 82ff.

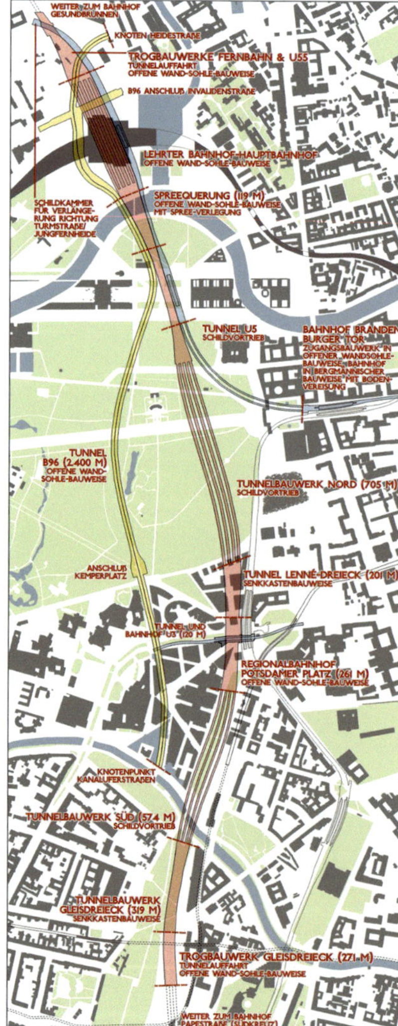

Tunnellagen des Tiergartentunnels

→ Offene Baugrube nach der Spreeumleitung, 1997

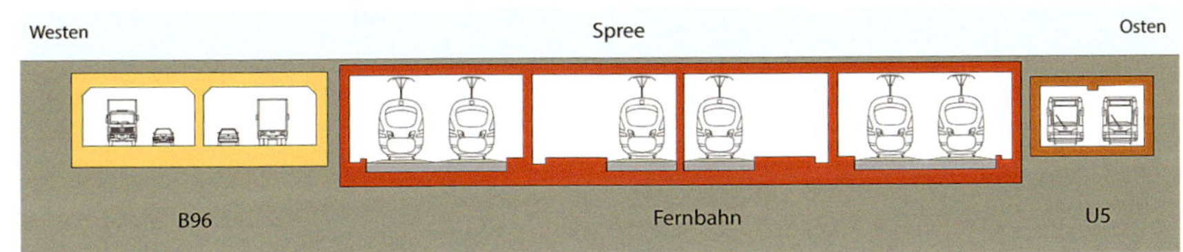

Tunnelröhren im Bereich der Spreequerung

genieure war ein differenziertes Tunnelbaukonzept mit drei verschiedenen Verfahren.

Die beiden längsten Abschnitte mit jeweils vier eingleisigen Tunnelröhren entstanden im Schildvortrieb, bei dem sich zwei 50 m lange, flüssigkeitsgestützte Vortriebsmaschinen durch den Untergrund bohrten. Die Technologie an sich war etabliert, Schwierigkeiten verursachten aber Platznot und enge Startgruben; zudem barg der Berliner Sand immer wieder eiszeitliche Findlinge, die mühsam zertrümmert werden mussten. Unter der Spree schied ein Schildvortrieb wegen der zu geringen Tiefenlage (nur etwa 1 m unterhalb der Sohle) aus. Der Fluss musste eigens umgeleitet werden, bevor hier alle drei Trassen des Tiergartentunnels in einer gemeinsamen offenen Baugrube – teilweise nur unter Einsatz von Tauchern – betoniert werden konnten. In zwei Abschnitten schließlich kamen Senkkästen von zuvor in Europa unbekannter Größe zum Einsatz; die an der Oberfläche betonierten, bis zu 28 t schweren Tunnelsegmente wurden durch Unterspülen in ihre Endlage versenkt.

Rückschläge wie ein folgenschwerer Wassereinbruch im Juli 1997 verzögerten die Fertigstellung. Dennoch konnte das anspruchsvolle Projekt im Mai 2006 zusammen mit dem Hauptbahnhof pünktlich zur Fußball-Weltmeisterschaft in Betrieb gehen.

Bahnhof Potsdamer Platz, 2020

11

VERLÄNGERUNG DER U-BAHNLINIE 5

Ab durch die Mitte

C2/e2–f2

Lage Berlin-Tiergarten und Mitte
Bauzeit [a] 1995–2009 (1. Bauabschnitt); [b] seit 2010 (2. Bauabschnitt)
Tragwerksplanung [a] Ingenieurgemeinschaft U5 (ZKP, PSP, CDM und DMT) u. a.; [b] Planungsgemeinschaft U5 (ISP, SSF, Amberg Engineering u. a.)
Gestaltung Bahnhöfe [a] Schultes Frank Architekten (*Bundestag*), Hentschel Oestreich Architekten (*Brandenburger Tor*); [b] Collignon Architektur (*Rotes Rathaus*), Max Dudler (*Museumsinsel*), Hentschel Oestreich Architekten (*Unter den Linden*)
Ausführung [a] Arge U55 (Hochtief, Max Bögl); [b] *Trasse*: Implenia; *Bahnhöfe*: verschiedene deutsche und internationale Baufirmen

Schon in den 1950er Jahren gab es Planungen für eine Verlängerung der damaligen U-Bahnlinie E über den Alexanderplatz hinaus nach Westen. Mit dem Fall der Mauer erhielt das Projekt neue Aktualität, zumal es auch die Nahverkehrsanbindung des neuen Hauptbahnhofs zu verbessern versprach. In der Folge entwickelte sich die „Kanzlerbahn" neben dem [10] **Nord-Süd-Fernbahntunnel** zum wohl schwierigsten Berliner Grundbauprojekt der frühen 2000er Jahre. Die Planer erwartete nicht nur der hier besonders unangenehme Berliner Baugrund mit Torflinsen, Mergelschichten, anthropogenen Ablagerungen und hohem Grundwasser, sondern auch eine von sensiblen historischen Gründungen weltbekannter Baudenkmale gesäumte Trasse.

Der erste, 1,9 km lange Abschnitt mit den Stationen Bundestag und Brandenburger Tor wurde als Teil des Gesamtprojekts Tiergartentunnel schon 1995 in Angriff genommen. 2010 ging es an den etwa 2,2 km langen Lückenschluss zum Alexanderplatz mit drei weiteren Haltepunkten und den Unterquerungen des Spreekanals, der Spree und des neu nach dem Vorbild des Stadtschlosses entstehenden Humboldt-Forums.

Begleitet von sorgfältigen Monitorings angrenzender Bauten, wurden die Tunnelröhren zur Gänze im Schildvortrieb aufgefahren. Spektakulär war die im zweiten Bauabschnitt eingesetzte, 75 m lange und 700 t schwere Vortriebsmaschine „Bärlinde", die selbst störende Findlinge zu knacken wusste. Mit etwa 10 m pro Tag schnitt sie sich durch den Grund – eine fahrende Fabrik im Erdreich, deren

Demontage der Vortriebsmaschine „Bärlinde" nach Lückenschluss am Brandenburger Tor, 2016

Produkt die fertige Röhre war. Erhebliche Schwierigkeiten bereitete im ersten Bauabschnitt der Bahnhof Brandenburger Tor. Ein umgebender Eispanzer sollte die bergmännisch ausgebrochene Höhle schützen, doch schon während des Baus trat Wasser ein und verzögerte den Baufortschritt. Erst nach der Eröffnung taute man das Eis vollständig ab und musste erkennen, dass die Decke nicht dicht und bereits eine erste Instandsetzung erforderlich war. Im zweiten Bauabschnitt stellte insbesondere der direkt unter dem Spreekanal gelegene Bahnhof Museumsinsel die Geotechniker vor Herausforderungen. Tief unter der Wassersohle grub und montierte Bärlinde im Baufeld des Bahnhofs zunächst die Tunnelröhren, bevor beidseits des Kanals die Eingangsbereiche als Baugruben etwa 20 m tief abgeteuft wurden. Von ihnen aus ließ sich dann, geschützt durch die größte innerstädtische Bodenvereisung Europas, zwischen den Röhren die Bahnsteigebene freilegen.

Im Ergebnis hat sich das knapp 900 Mio. € teure, äußerst komplexe Infrastrukturprojekt ungeachtet der Verzögerungen als Meisterleistung moderner Geotechnik erwiesen. Künftige Nutzer freilich werden hiervon kaum mehr etwas erahnen.

Rückbau der Vereisung am Bahnhof Brandenburger Tor, 2008

Freigelegter Bahnsteigbereich im Bahnhof Museumsinsel, 2019

Bahnhof Museumsinsel unter dem Spreekanal

Grundlegende Literatur

Benno Müller, Franz Bayer: Baupraktische Erfahrungen eines Vortriebs […] am Beispiel des U-Bahnhofs Brandenburger Tor, Berlin. In: Geomechanics and Tunnelling 1 (2008), S. 498ff.; Georg Breitsprecher u. a.: Zum Weiterbau der U-Bahnlinie U5 in Berlin-Mitte. In: Bautechnik 89 (2012), S. 623ff.; Josef Schmeiser u. a.: Technical and logistical challenges of the construction of the Museumsinsel Station in Berlin. In: Geomechanics and Tunnelling 12 (2019), S. 426ff.

BRÜCKENSCHLÄGE

BRÜCKENSCHLÄGE
Vom Holzsteg zum Verbundbau

Zur Entwicklung des Brückenbaus, der „Königsdisziplin" des konstruktiven Ingenieurbaus, hat Berlin einiges beigetragen. Dies gilt sowohl für die Theoriebildung als auch die praktische Konstruktion und Ausführung tausender Brücken durch in der Stadt beheimatete Baufirmen und Ingenieurbüros oder die zentralen Planungsstellen der Straßen- und Eisenbahnverwaltungen Berlins, Preußens, des Deutschen Reichs sowie der DDR.
Viele dieser Projekte galten der Stadt selbst, die heute ein bedeutendes Brückenbau-Erbe aufweist. Zahlreiche „Baulastträger", neben dem Land Berlin etwa das Wasser- und Schifffahrtsamt Berlin oder die Stiftung Preußische Schlösser und Gärten, verantworten Pflege und Erhalt von über 2000 Überführungsbauwerken mit mehr als zwei Meter lichter Weite. Genauer lässt sich die Zahl wegen unterschiedlicher Definitionen nicht bestimmen. So begreift etwa die DB Netz AG den [2] **Stadtbahnviadukt** zwischen Savignyplatz und Ostbahnhof als Abfolge von rund 250 einzelnen Brücken. Man kann das über 10 km lange Bauwerk aber auch als Berlins längsten Brückenbau lesen.

Die Anfänge

Ähnlich müßig erscheint der Wunsch nach Verortung der ersten größeren Brücke im heutigen Stadtgebiet. Vieles spricht für die bereits 1307 zwischen den jungen Ansiedlungen Berlin und Cölln nachweisbare Lange Brücke am Standort der

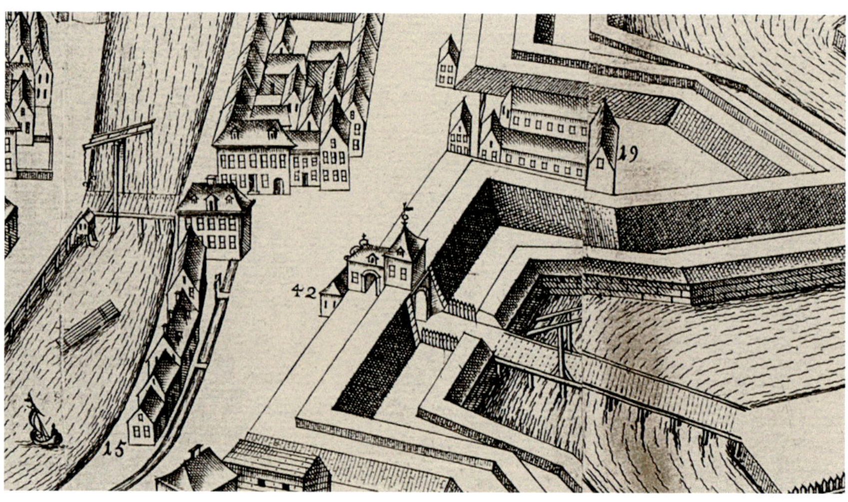

Hölzerne Klappbrücken beim Köpenicker Tor (Ausschnitt aus der Vogelschau des Johann Bernhard Schultz, 1688)

heutigen Rathausbrücke, möglich erscheinen aber auch andere Standorte in Spandau, Köpenick oder Berlin/Cölln. Bis in die Jahrzehnte nach dem Dreißigjährigen Krieg, als die Anlage umfassender Festungsanlagen manche neue Brücke zwischen den Berliner Teilstädten nötig macht, entstehen alle Berliner Brücken aus Holz. Die erste große Steinbrücke ist der 1692–94 unter Leitung des Ingenieurs Jean Louis Cayart angelegte Neubau der Langen Brücke. Trotz des Namens sind ihre Dimensionen nach wie vor nicht bemerkenswert, dafür aber ihre aufwändige Ausgestaltung – ein wegweisendes Merkmal für nachfolgende Berliner Brücken, die nur selten mit großen Spannweiten, aber häufig mit gestalterischen oder technischen Finessen aufwarten werden. Die hier begonnene Linie reich dekorierter Repräsentationsbauten setzt sich bis ins frühe 20. Jahrhundert fort; zu ihren prominentesten Vertretern zählen die 1774 bis 1785 über die entfestigten Stadtgräben errichteten Schmuckbrücken und Schinkels [110] **Schloßbrücke** (1820–22).

Medaille von Raimund Faltz anlässlich des Neubaus der Langen Brücke, 1692

Erste Brücken in Eisen

Eine ganz anders geartete, für Berlin aber noch bedeutendere Entwicklung beginnt mit dem gusseisernen Tragwerk der 1797 über den Kupfergraben eröffneten Eisernen Brücke. Schon 1825 muss sie einer breiteren Steinbrücke weichen, einige andere frühe Eisenbrücken Berlins jedoch sind bis heute erhalten, darunter die [108] **Hohe Brücke** im Schlosspark Charlottenburg oder die pittoreske **Verbindungsbrücke** zwischen den Türmen des Schlösschens auf der Pfaueninsel (1807). Letztere wird bereits in der 1804 eingerichteten Königlich Preußischen Eisengießerei gegossen, der Keimzelle der Berliner Eisen- und Stahlbauindustrie.
Nach dem Ende der Napoleonischen Besatzung steigern mehrjochige Bauten wie die Friedrichsbrücke (1822/23) allmählich die noch bescheidenen Dimensionen der Gusskonstruktionen. In den folgenden Jahre entstehen nicht viele, dafür aber einige zukunftsweisende Brückenneubauten: die erste Berliner Balkenbrücke (hier noch in Holz) mit gusseisernen Stützen (Kavalierbrücke über die Spree,

Königsbrücke mit Kolonnaden, errichtet 1777–80, Aufnahme 1872

Löwenbrücke im Tiergarten, vor 1911

1831), die älteste Hängebrücke der Stadt (**Löwenbrücke** im Tiergarten, 1838) sowie einige der frühesten eisernen Eisenbahnbrücken Deutschlands (Drehbrücken über den Landwehrgraben in Gusseisen, 1841). Letztere werden bereits 1849 im Rahmen des Baus des **[1] Landwehrkanals** durch Gitterträgerbrücken aus Schmiedeeisen ersetzt, wie sie hier erstmals schon 1846 für die Havelbrücke der Berlin-Hamburger-Bahn nahe Spandau zur Ausführung gekommen sind.

Brücken für die wachsende Stadt

Zwischen 1850 und 1910 wächst die Einwohnerzahl auf dem Gebiet des heutigen Berlins von knapp einer halben auf beinahe vier Millionen. Hiermit verbunden ist naturgemäß auch eine rasante Entwicklung des Brückenbaus. Ein wichtiger Motor ist die Eisenbahn, deren Brücken einige interessante Innovationen zeigen. So entsteht nach Entwurf Johann Wilhelm Schwedlers 1864/65 mit der Unterspreebrücke (später Moltkebrücke) die erste Dreigelenkbogen-Konstruktion Deutschlands. Für das Stadtbild bis heute prägend sind die im Ergebnis eines 1880 durchgeführten Wettbewerbs bei dreifeldrigen Bahnbrücken eingesetzten Hartung'schen Säulen. Anwendung finden sie zunächst beim **[2] Stadtbahnviadukt**, aber bald auch im Rahmen der Beseitigung niveaugleicher Kreuzungen

Unterspreebrücke, 1866

→→ Kaisersteg, 1898

von Straßen und Bahnstrecken wie den [13] **Yorckbrücken** oder dem **Gleimtunnel** (1903/04). In anderen Fällen, beispielsweise bei den [16] **Liesenbrücken**, verursachen Querungen von Verkehrs-Infrastrukturen Bauwerke mit für innerstädtische Verhältnisse ganz außergewöhnlichen Dimensionen.

Besondere Bedeutung für den Berliner Brückenbau hat das Jahr 1876, in dem die viele Jahre vernachlässigte Aufgabe des Baus und der Pflege der Straßenbrücken nahezu vollständig vom Staat auf die Kommune übergeht. Rasch entwickelt sich das Technische Büro des Stadtbaurats in der Folge zu einem innovativen Impulsgeber des Brückenbaus von nationaler Bedeutung. Priorität hat zunächst der Ersatz hölzerner Brücken über den **[1] Landwehrkanal** durch Konstruktionen in Stein oder Stahl wie im Fall der [14] **Admiralbrücke**. Im Rahmen der **[3] Spreekanalisierung** werden ebenfalls zahlreiche Brücken erneuert. Hierbei fallen stets noch vorhandene Klappöffnungen weg. Heute erzählt einzig die [107] **Jungfernbrücke** von diesem für Berlin einst so prägenden Brückenelement.

Protzerisch künden manche Neubauten nun von kulturellem Anspruch und Wirtschaftskraft der stürmisch aufstrebenden Metropole, etwa die üppig dekorierte **Moltkebrücke** (1886–91) oder die gotisierende [15] **Oberbaumbrücke**. Letztere bildet zugleich den Ausgangspunkt für den rund 8 km langen **[4] Hochbahn-Viadukt** durch Kreuzberg und Schöneberg, der Berlins Weg in die Moderne anschaulich ins Stadtbild einschreibt.

Zugleich entstehen immer mehr Brücken im damaligen Weichbild der Stadt. Ihre Bandbreite reicht von den hochgradig standardisierten **Brücken des Teltowkanals** (1900–1906) bis zu Heinrich Müller-Breslaus unkonventionellem Kaisersteg in Oberschöneweide (1897/98). Letzterer entsteht unter Mitwirkung von Karl Bernhard, der in der Folge weitere wegweisende Stahlbrücken entwirft, darunter ebenfalls in Oberschöneweide die Treskowbrücke (1903/04) sowie die [19] **Stößenseebrücke**. Hier wird die Konstruktion selbst zum wichtigsten Gestaltungsmittel. Diesem Ansatz zeigen sich bald auch die städtischen Brücken verpflichtet, deren herausragende Vertreter in jenen Jahren die **Swinemünder Brücke** (1902–05) und die [20] **Bösebrücke** sind.

Im selben Zeitraum hält der Stahlbeton Einzug in den Berliner Brückenbau. Zwar spielt er zunächst nur eine Nebenrolle, dennoch entstehen bis zum Ersten Weltkrieg bereits einige innovative Bauten, etwa Preußens erste bedeutendere Eisenbahnbrücke in Stahlbeton, die [18] **Prinzregentenbrücke**, die **Seestraßenbrücken** (1910/11) mit ihren schiefen Dreigelenkbögen oder die

Treskowbrücke, um 1905

Swinemünder Brücke, um 1905

Hugo-Preuß-Brücke, 1928

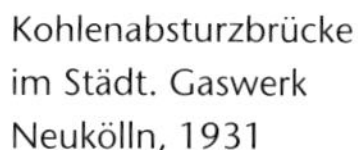

Kohlenabsturzbrücke im Städt. Gaswerk Neukölln, 1931

im unkonventionellen „System Emperger“ errichtete [21] **Abteibrücke**. Wegen ihrer Rolle als konstituierende Elemente von Europas erster autobahnähnlicher Straße verdienen auch die von Paul Schultze-Naumburg gestalteten Stahlbeton-Unterführungen der AVUS (1913/14) Erwähnung.

Die Optimierung der Metropole

Mit der Schaffung Groß-Berlins im Jahr 1920 verdreifacht sich die Anzahl der vom städtischen Brückenbauamt zu betreuenden Brücken auf mehr als 300. Zielgerichtete Neu- und Ersatzbauten zur Lösung drängender Verkehrsprobleme entstehen aber erst ab Mitte der 1920er Jahre, darunter eine bautechnisch bemerkenswerte Hängebrücke über den Humboldthafen (Hugo-Preuß-Brücke, 1925–28) und der weite Fachwerkbogen der neuen Jannowitzbrücke (1930–34). Letztere entsteht im Anschluss an den Um- und Neubau des gleichnamigen Umsteigebahnhofs auf dem in jenen Jahren umfassend erneuerten **[2] Stadtbahnviadukt**, für den wenig später mit der Überführung der Hardenbergstraße (1934–36) auch schon eine Schweißkonstruktion aus hochfestem Baustahl erprobt wird. Deutschlands erste größere geschweißte Brücke überhaupt, eine 183 m lange Kohlenabsturzbrücke, wird bereits 1931 im Städtischen Gaswerk Neukölln errichtet. Die hier verwendeten Vollwandträger zeigt auch der – allerdings noch genietete – **„Lange Jammer“** (1937–40), eine damals 420 m lange Fußgängerbrücke über das Schlachthofgelände am S-Bahnhof Storkower Straße. Von unterschiedlichen Behörden und Firmen entwickelt, zeugen alle diese Bauten vom hohen Standard des Berliner Stahlbrückenbaus in der Zwischenkriegszeit.

Getrennte Wege

Im Rahmen der heftigen Kämpfe gegen Ende des Zweiten Weltkriegs werden hunderte Berliner Brücken beschädigt oder zerstört. Die direkten Nachkriegsjahre sind geprägt von Notbrückenbau und ersten Wiederherstellungsmaßnahmen. Schon bald erschwert die mit der einsetzenden Teilung verbundene Neustrukturierung der Verwaltungsbehörden diese Arbeiten, zumal bei im direkten Grenzgebiet gelegenen Bauten wie der [17] **Glienicker Brücke** oder der [22] **Autobahnbrücke über den Teltowkanal**.

Die Tradition eines städtischen Brückenbauamts wird nur in West-Berlin fortgeführt. Dort setzt man beim Neubau schon bald auf den Spannbeton. Bereits während des Kriegs hat die damalige Wasserbaudirektion Kurmark mit der Fußgängerbrücke über die Unterschleuse (1940/41) im Tiergarten die erste Spannbetonbrücke Berlins erstellen lassen. Mit der **Föhrer Brücke** (1950/51) setzt dann ein regelrechter Boom ein, der vielbeachtete Bauten wie die **Caprivibrücke** (1954/55), die [23] **Dischingerbrücke** oder die über 900 m lange **Rudolf-Wissell-Brücke** (1958–61) hervorbringt. Letztere ist Teil der 1956 begonnenen [7] **Stadtautobahn**, die neben unzähligen Spannbeton-Kunstbauten auch komplexe Umbauten an bestehenden Bauwerken wie der **Kaiserdammbrücke** nötig macht.

In Ost-Berlin nimmt man den Brückenneubau erst Mitte der 1960er Jahre wieder auf, und auch hier rückt der stahlsparende Spannbeton in den Mittelpunkt. Mit der **Elsenbrücke** (1964–68) und der am Nukleus Berlins erbauten **Mühlendammbrücke** (1965–68) entstehen beeindruckende Vorzeigeprojekte. Schon bald machen sich allerdings uniforme Fertigteilkonstruktionen breit, die in den 1970er und 1980er Jahren das Gesicht der neuen Wohnbezirke am ehemaligen Stadtrand deutlich mitprägen.

Elsenbrücke, 2010

Im Westteil der Stadt wird der Spannbeton in diesen Jahren bereits kritisch beäugt. Da zudem kaum noch neue Großbrücken benötigt werden, verlagert sich dort der Schwerpunkt zunehmend auf den Bau von Fußgängerbrücken zur verbesserten Verknüpfung einzelner Gebiete. Ausgehend vom **Volkparksteg** (1969–71), der ersten Schrägseilbrücke Berlins, bis zum extern mit Glasfaserverbundstäben vorgespannten **Adolf-Kiepert-Steg** (1988/89) entstehen hierbei technisch oder auch gestalterisch bemerkenswerte Bauten.

Humboldthafenbrücke, 2019

Heilen und Verknüpfen

Brücken sollen verbinden, und deshalb ist es mehr als eine Anekdote, dass der Mauerfall an der [20] **Bösebrücke** seinen Anfang nimmt. Die Wiedervereinigung läutet eine neue Phase im Berliner Brückenbau ein. Am Beginn stehen die Revitalisierung aufgegebener Brückenstandorte (etwa im Fall von [24] **Kronprinzenbrücke** und [25] **Marschallbrücke**) sowie Erneuerung und Ausbau der Verkehrsnetze; beispielhaft sind hier die mit dem [9] **Hauptbahnhof** neu errichtete **Humboldhafenbrücke** (1997–99) oder die als Stabbogen mit Mittelträger über den Britzer Verbindungskanal gespannte **Südostalleebrücke** (1997–99). Charakteristisch für die Nachwendezeit ist dabei eine kontinuierliche Verlagerung der Planungsverantwortung und -kompetenz von den öffentlichen Baubehörden zu extern beauftragten Ingenieurbüros und Architekten.

Dass die Verknüpfung der ehemals getrennten Stadthälften immer noch nicht abgeschlossen ist, zeigt unter anderem das Beispiel der [26] **Minna-Todenhagen-Brücke**. Aktuelle Vorhaben wie der extravagante **Golda-Meir-Steg** des Europaviertels schreiben die Berliner Tradition fort, derzufolge Innovation im Brückenbau nicht nur an der Spannweite ablesbar sein muss. Zugleich bleiben eine angemessene Zustandsbewertung und die sachgerechte Abwägung zwischen Ertüchtigung oder Ersatz existierender Brücken permanente Herausforderungen. Trotz steigender Sensibilisierung für die stadtbildprägende Wirkung des umfangreichen Berliner Brückenerbes gibt es in diesem Rahmen leider immer noch manche vermeidbaren Verluste – darunter zahlreiche der für Berlin so typischen Bahnunterführungen, aber auch bekannte Bauten wie Karl Bernhards Freybrücke. Besonders problematisch erscheint die Zukunft der historischen Spannbetonbrücken: **Elsen-**, **Mühlendamm-** und **Rudolf-Wissell-Brücke** sind nur die prominentesten Repräsentanten des reichhaltigen Berliner Erbes dieser zeittypischen Bauweise, von dem schon in naher Zukunft vermutlich ein großer Teil verschwunden sein wird.

12

SCHILLINGBRÜCKE

Rigoros überformt

C2/g2

Lage An der Schillingbrücke,
10243 Berlin-Friedrichshain/10179 Berlin-Kreuzberg
Bauzeit [a] 1870–74; [b] 1911/12 (Verbreiterung)
Tragwerksplanung [a] Stadtbauinspektor Leopold Seeck;
[b] Abteilung III des Technischen Büros des
Stadtbaurats Friedrich Krause (Leitung: Fritz Hedde)
Gestaltung [a] Emil Hundrieser; [b] Arno Körnig,
Richard Wolffenstein

Mit der gewerblichen Entwicklung entlang der Spree ab Mitte des 19. Jahrhunderts wuchs auch in den peripheren Stadtlagen der Bedarf an Brücken. Bereits 1841 hatte ein privates Konsortium unter Leitung des Hofmaurermeisters und Stadtdeputierten Schilling hier zwischen der Luisenstadt und der Stralauer Vorstadt eine hölzerne Klappbrücke errichten lassen. 1862 erwarb die Stadt die Brücke und ließ sie wegen des stetig steigenden Verkehrsaufkommens 1870–74 durch eine breitere Massivkonstruktion ersetzen.

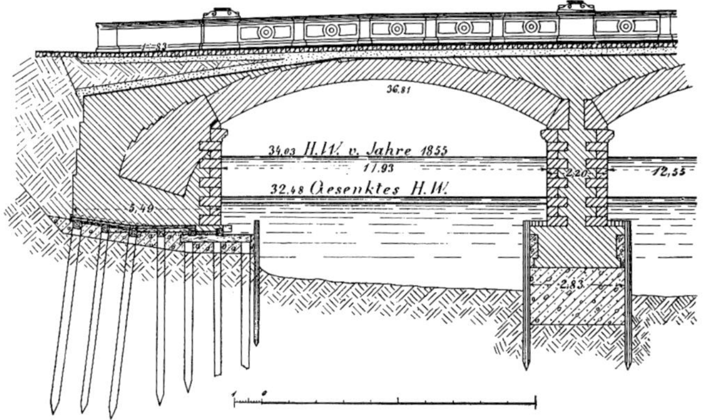

Längsschnitt, 1902

Schrägansicht, vor 1902

Insgesamt gut 80 m lang, überquert die Schillingbrücke mit fünf etwa 12 m weit gespannten Gewölben die Spree; ursprünglich überspannten am südlichen Widerlager zwei weitere kleinere Bögen den hier einmündenden, später eingeebneten Luisenstädtischen Kanal. Für die gemauerten Gewölbe nutzte man Klinker in Zementmörtel, für die Pfeiler und Widerlager übliches Ziegelmauerwerk. Das nördliche Widerlager liegt auf einem Pfahlrost, das südliche ist ebenso wie die Strompfeiler auf Senkkästen mit Betonfüllung gegründet. Die Bögen sind mit schlesischem Sandstein, die Pfeiler und Widerlager mit schlesischem Granit verkleidet. Reliefs des Bildhauers Emil Hundrieser auf den Ansichtsflächen der Bögen und Brüstungen verliehen dem Bauwerk repräsentativen Charakter.

1911/12 wurde der ursprünglich 15,70 m breite Spreeübergang zur Verlegung der Gehwege und für neue Versorgungsleitungen beidseits um etwa 4 m verbreitert. Gelenkig gelagerte, aber wechselseitig verspannte Stahlkonsolen auf vorgezogenen Pfeilerköpfen tragen nun die Längsträger und Tonnenbleche der Bürgersteige. Die Sandsteinbrüstung wurde abgetragen und durch ein einfaches eisernes Stabgeländer ersetzt, Hundriesers Reliefs verschwanden zu einem Gutteil hinter dem neuen Stahltragwerk.

Den Zweiten Weltkrieg überstand die Brücke weitgehend schadlos. Durch ihre Lage im Grenzbereich zwischen Ost- und West-Berlin war sie ab 1961 für den Verkehr gesperrt. 1991–94 erneuerte die Ed. Züblin AG die Abdichtung und setzte lastverteilende Stahlbetonplatten auf die Gewölbe; auch die Straßenleuchten und das Geländer wurden ersetzt.

Ungeachtet der nahezu brutalen Überformung durch die Verbreiterung 1911/12 gehört der massive Kern der Schillingbrücke heute zu den wenigen authentisch überlieferten Berliner Straßenbrücken des 19. Jahrhunderts. Als erste in kommunaler Regie erbaute Brücke Berlins diente sie als Vorbild für das wenig später aufgelegte Brückenbauprogramm, das nun nur noch Massiv- und Stahltragwerke vorsah. Die Vorbildwirkung wurde durch die herausgehobene repräsentative Gestaltung betont.

Blick von Südwesten, 1995

↓ Blick von Südwesten nach dem Umbau von 1912

Grundlegende Literatur

Berlin und seine Bauten, Tl. 2. Berlin 1877, S. 34f.; F[riedrich] Krause, F[ritz] Hedde: Die Brückenbauten der Stadt Berlin seit dem Jahre 1897. In: Zeitschrift für Bauwesen 72 (1922), S. 13ff.; Eckhard Thiemann u. a.: Berlin und seine Brücken. Berlin 2003, S. 38f.

13

YORCKBRÜCKEN

Theatrum pontificale

C2/e3

Lage Yorckstraße, 10965 Berlin-Schöneberg
Bauzeit 1875–1934
Tragwerksplanung, Gestaltung und Ausführung
Unterschiedliche Planer und Baufirmen der einzelnen Bahngesellschaften

Erste Generation (1875) der Dresdner Bahn in offener Bauweise, 2009

Zweite Generation (1932–34) der Dresdner Bahn mit Rahmenstützen, 2009

Die „Yorckbrücken" sind ein Ensemble von Bahnbrücken, auf denen die Linien der Dresdner, Potsdamer und Anhalter Bahn an der Grenze zwischen Schöneberg und Kreuzberg die Yorckstraße in dichter Folge überqueren. Ihre konfliktreiche Vorgeschichte reicht bis in die Mitte des 19. Jahrhunderts zurück, stießen hier doch Peter Joseph Lennés Projekt eines repräsentativen Straßenzuges und die Expansionsbedürfnisse der privaten Bahngesellschaften kontrovers aufeinander. Nach ersten 1875 errichteten Pionierbauten der Dresdner Bahn entstanden die meisten Brücken nach der Verstaatlichung der Bahngesellschaften sukzessive zwischen 1883 und 1934.

Der grundsätzliche Aufbau als Dreifeldträger ist allen gemein: Neben den Widerlagern finden sie zwei Zwischenauflager in Stützenpaaren, die beidseits der etwa 15 m breiten Straße am Übergang zu den Gehwegen angeordnet sind.

Entsprechend der Entwicklung des Stahlbaus zeigen die einzelnen Überbauten jedoch deutliche Unterschiede in Struktur, Konstruktion, Ausgestaltung und Material. So stehen Deckbrücken mit oberhalb der Träger liegenden Gleisen solche in Trogbauweise gegenüber, statt der zunächst üblichen Durchlaufträger kamen später gelenkig gekoppelte Einfeldträger zur Anwendung, der Puddelstahl wich dem Flussstahl. Bei den ersten Brücken der Dresdner Bahn lagen die Schwellen noch ohne Schotter und Buckelbleche in „offener Bauweise" direkt auf den Längsträgern. Auch die Stützen unterscheiden sich: Neben gusseisernen „Hartwich'schen" und „Hartung'schen Säulen" gibt es spätere genietete Ausführungen in Stahl als Pendelstützen oder auch rahmenartige Ausführungen.

Als West-Berlin nach 1945 weitgehend vom Fernbahnnetz abgeschnitten wurde, verloren die meisten der Yorckbrücken ihre Funktion. Manche wurden demontiert, die übrigen verfielen. Von insgesamt 40 Brücken im Jahr 1939 sind gegenwärtig noch 24 erhalten. Ab den 1990er Jahren kamen für neue Fernverkehrslinien vier moderne Brücken ohne Zwischenstützen hinzu, einige ältere von der S-Bahn genutzte wurden zwischenzeitlich in ähnlicher Ausführung ersetzt. Seit 2011 eröffnete sich für einige der verbliebenen Bestandsbauten die Möglichkeit eines dauerhaften Erhalts als Geh-

und Radwegbrücken; die Zukunft der anderen ist ungewiss.
Ungeachtet der erheblichen Verluste bilden die historischen Yorckbrücken noch heute ein Ensemble, das anschaulich über mehr als ein halbes Jahrhundert die Entwicklung der in Berlin typischen Eisenbahn-Balkenbrücken kleinerer Spannweite abbildet. Die Brücke Nr. 5 als einzige verbliebene der Dresdner Bahn von 1875 ist zudem die älteste noch erhaltene Stahlbrücke Berlins überhaupt.

Erste (1885–91) und zweite Generation (1905–11) der Anhalter Bahn, 2020

Erste Generation (1885–91) der Anhalter Bahn, 2020

Grundlegende Literatur

Norbert Huse (Hg.): Verloren, gefährdet, geschützt – Baudenkmale in Berlin. Berlin [1988], S. 90ff.; Die Yorckbrücken. Berlin 2007; Werner Lorenz: Yorckbrücken Berlin. Revitalisierung eines denkmalgeschützten Brückenensembles [...]. In: Stahlbau 83 (2014), S. 83ff.

14

ADMIRALBRÜCKE

Stahlbau meets Schmiedekunst

C2/f3

Lage Admiralstraße, 10999 Berlin-Kreuzberg
Bauzeit 1880–82
Tragwerksplanung Technisches Büro der städt. Baudeputation, Abt. Tiefbau (Leitung: Paul Gottheiner)
Geländer und Dekor Eduard Puls und (vmtl.) Fabian & Krüger

Beim Ausbau des südlich der Akzisemauer gelegenen Landwehrgrabens zum [1] **Landwehrkanal** war dieser zunächst mit hölzernen Klappbrücken versehen worden. In den 1880er Jahren wurde er verbreitert, mit Ufermauern eingefasst und mit neuen „festen" Brücken ausgestattet, galt es doch, die nach Süden expandierende Bebauung an das Berliner Kerngebiet anzubinden. Die meisten dieser Brücken waren massive Bogentragwerke, nur einige kamen als Eisenkonstruktionen zur Ausführung, darunter die (zunächst Badbrücke geheißene) Admiralbrücke.

Konstruktiv zeigt sie große Ähnlichkeiten zu Jannowitzbrücke (1881–83) und [25] **Marschallbrücke**. Alle drei gehörten zu den ersten großen Brückenbauten in der Verantwortung der Tiefbauabteilung der städtischen Baudeputation, nachdem die Kommune 1876 die bislang dem preußischen Staat gehörenden Berliner Straßenbrücken übernommen hatte. Explizit sollten die neuen Brücken nun „neueren Anforderungen an eine dauerhafte Konstruktion und ein monumentales Aussehen" (*Strassen-Brücken der Stadt Berlin*, 1902) genügen, und so ist das 19,50 m weit gespannte Bogentragwerk mit einer Breite von 19 m nicht nur durchaus großzügig dimensioniert, sondern auch auffällig reich dekoriert.

Blick von Nordwesten, 2019

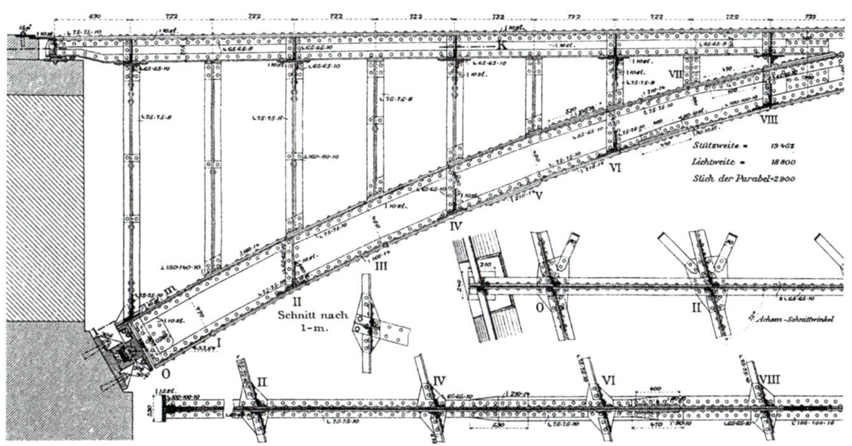

Konstruktionsdetails, 1882

Das Haupttragwerk bilden elf „elastische Bögen mit zwei Kämpfergelenken“, die den Kanal in einem Winkel von 75° queren. Ungeachtet seiner statischen Unbestimmtheit hatte sich der Typus nach schlechten Erfahrungen mit den Scheitelbewegungen der ersten Dreigelenkbrücken (ab 1865) als Standard für kleinere Spannweiten etabliert, zumal er bereits auch verlässlich berechenbar war. Im Interesse der Durchfahrtshöhe ist der Gesamtaufbau im Scheitel auf eine Höhe von 56 cm minimiert, die tragenden Bögen messen hier lediglich noch 26 cm. Die Fahrbahn ist aufgeständert und wird von betonverfüllten Hängeblechen getragen. Die in die Uferbefestigung integrierten gemauerten Widerlager gründen auf Stampfbetonsohlen. 1921 vom Straßenbahnverkehr entlastet und 1933/34 konstruktiv ertüchtigt, überstand die Admiralbrücke unbeschädigt den Zweiten Weltkrieg und ist damit die älteste noch weitestgehend im Original erhaltene Stahlbrücke über den Landwehrkanal. Anfang der 1980er Jahre wurde sie letztmalig umfassend saniert. In ihrer Synthese aus technisch hoch entwickeltem Stahlbau und anspruchsvoller Schmiedekunst entfaltet sie eine ganz eigene Eleganz und steht exemplarisch für den dekorierten Ingenieurbau des späten 19. Jahrhunderts, der erst in baukünstlerischer Umkleidung auch als „Architektur“ anerkannt werden konnte.

Geschmiedetes Dekor, Zeichnung Eduard Puls 1882

Grundlegende Literatur

[Georg] Pinkenburg: Die Straßenbrücken Berlins. In: Deutsche Bauzeitung 20 (1886), S. 338ff.; Die Strassen-Brücken der Stadt Berlin. Berlin 1902, Bd. 1, S. 66ff., Bd. 2, Tf. 5f.; Berliner Brücken – Katalog zur Ausstellung. Berlin 1991, S. 18

15

OBERBAUMBRÜCKE

Weiterbauen par excellence

C2/g3

Lage Am Oberbaum, 10243 Berlin-Friedrichshain/ Oberbaumstraße, 10997 Berlin-Kreuzberg
Bauzeit [a] 1894–98; [b] 1992–95
Tragwerksplanung und Gestaltung [a] Technisches Büro der städt. Baudeputation, Abt. Tiefbau (Leitung: Paul Gottheiner), mit Arch. Otto Stahn; [b] WKP – König, Stief und Partner Berlin mit Santiago Calatrava
Ausführung [a] Hofzimmermeister Th. Möbus unter der Bauleitung von Karl Bernhard; [b] Arge Oberbaumbrücke mit Philipp Holzmann, Heitkamp und Gebr. Kemmer

Seit 1724 schon querte eine hölzerne Jochbrücke die hier, an der Stadt- und Zollgrenze Berlins, mit 150 m besonders breite Oberspree; schwimmende Baumstämme sicherten die Einfahrt und gaben der Oberbaumbrücke ihren Namen. In den 1880er Jahren reifte die Idee, den Neubau einer breiteren Straßenbrücke mit der Spree-Überführung der von Siemens & Halske geplanten elektrischen Hochbahn zu verbinden. Im November 1894 begann der Bau.

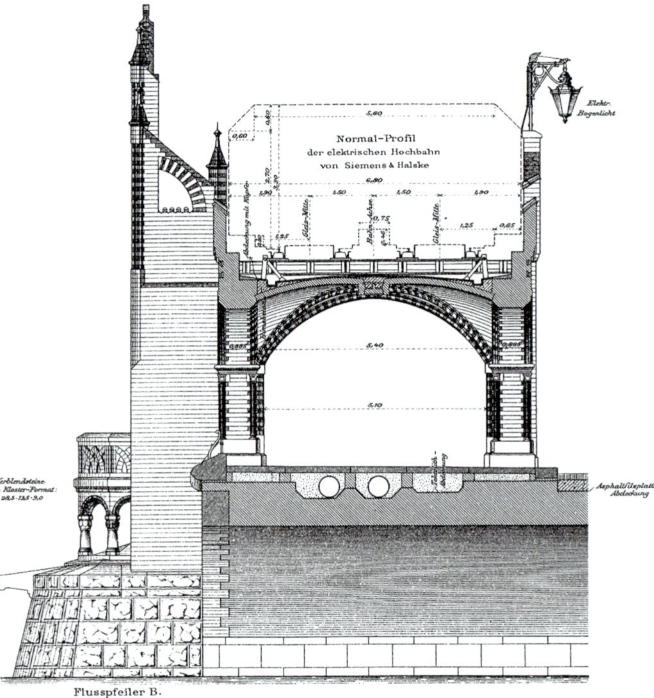

Querschnitt Hochbahnviadukt, 1902

Mit sieben in der Weite zum Rand hin abnehmenden Gewölben überspannt das Bauwerk den Fluss. Das Bild der Straßenbrücke bestimmen die mit schwedischem Granit verkleideten Pfeiler und Bögen. Der Viadukt der Hochbahn hingegen ist mit einem von Kreuzgewölben überdachten Laufgang im Stil märkischer Backsteingotik eher filigran ausgeführt. Zwei in Anlehnung an ein mittelalterliches Prenzlauer Vorbild gestaltete Warttürme flankieren das Mittelfeld. Für die Verkleidung kamen handgestrichene Rathenower Ziegel im alten Klosterformat zum Einsatz.

Das Tragwerk der Brücke war bestimmt durch Fundamente und Pfeiler in Schütt- und Stampfbeton sowie die aus (insgesamt vier Millionen!) Klinkern gemauerten Konstruktionen der Gewölbe und des Viadukts. Das Straßenplateau wurde durch eine Stampfbetonschüttung gebildet, die Hochbahn gab ihre Lasten über stählerne Querträger direkt auf die Viaduktpfeiler ab.

In markantem Gegensatz zur historisierenden Architektur stand die Hochtechnologie der Großbaustelle. Ein hier erstmals genutzter Betonmischer, vorgewärmte Zuschlagstoffe, beheizbare Winterbau-Einhausungen oder auch wiederverwendbare stählerne Kragträger für die Lehrgerüste trugen ebenso zum schnellen Fortgang bei wie der Einsatz von bis zu 600 Arbeitern rund um die Uhr. Bereits im Dezember 1895 konnte der größte Teil der Straßenbrücke übergeben werden, 1898 war auch der Viadukt endgültig fertig gestellt.

Nach der Sprengung des Mittelfeldes durch deutsche Truppen am 23. April 1945 sicherte nur eine Notbrücke den späteren Grenzübergang. Der Wiederaufbau führte zur Implantation einer grundlegend veränderten Tragstruktur. Unter der Straße leiten nun Stahlbetonbögen und im Mittelfeld Spannbetonrahmen die Verkehrslasten ab, die Hochbahn tragen im Viadukt verborgene Preflex-Träger sowie zwischen den Türmen zwei markante Stahlbögen.

Zur Zeit ihrer Erbauung die längste und mit fast zwei Millionen Mark auch teuerste Brücke Berlins, vereinte und vereint die Oberbaumbrücke historisierende Architektur mit hoher Ingenieurbaukunst – seinerzeit ebenso wie heute im technisch wie denkmalpflegerisch gleichermaßen gelungenen Wiederaufbau.

Grundlegende Literatur

Die Strassen-Brücken der Stadt Berlin. Berlin 1902, Bd. 1, S. 115ff., Bd. 2, Tf. 12ff.; Die Oberbaumbrücke – Restaurierung eines Baudenkmals. Berlin 1995; Barbara Hölkemann: Eine Einheit gegensätzlicher Bestimmungen. Die Oberbaumbrücke in Berlin. Baden-Baden 2006

← Blick auf die Baustelle, 1895

Mittelöffnung mit Notbrücke, um 1991

Mittelöffnung, 2019

16

GROSSE LIESENBRÜCKE

Von Korrosion zu Konversion?

C1/e1

Lage Kreuzung Liesen-, Garten- und Scheringstraße, 13355 Berlin-Gesundbrunnen/10115 Berlin-Mitte
Bauzeit 1895/96
Tragwerksplanung Kgl. Eisenbahndirektion Berlin (Carl Bathmann [Leitung], Gustav Hildebrand, Hans Korth)
Ausführung *Stahlbau*: Aug. Klönne

Gegen Ende des 19. Jahrhunderts kam es im Norden Berlins zu umfangreichen Erweiterungen und Umbauten der Eisenbahnanlagen des Nah-, Fern- und Güterverkehrs. In diesem Rahmen wurde auch die niveaugleiche Kreuzung von Liesen-, Garten- und Ackerstraße im Vorfeld des Stettiner Bahnhofs durch eine Überführung der Bahngleise ersetzt. Im laufenden Betrieb errichtete man 1890–92 nebeneinander sukzessive drei eingleisige Brücken. Weil Mittelpfeiler nicht genehmigt worden waren, erhielten sie ungewöhnlich große Spannweiten von 64,40 bis 82,10 m sowie verspringende Widerlager, um die unter flachem Winkel gekreuzte Gartenstraße zu überwinden.
Östlich hieran anschließend entstand wenige Jahre später noch eine etwas höher gelegene, zweigleisige Brücke mit sogar gut 94 m Stützweite. Wie bei den älteren

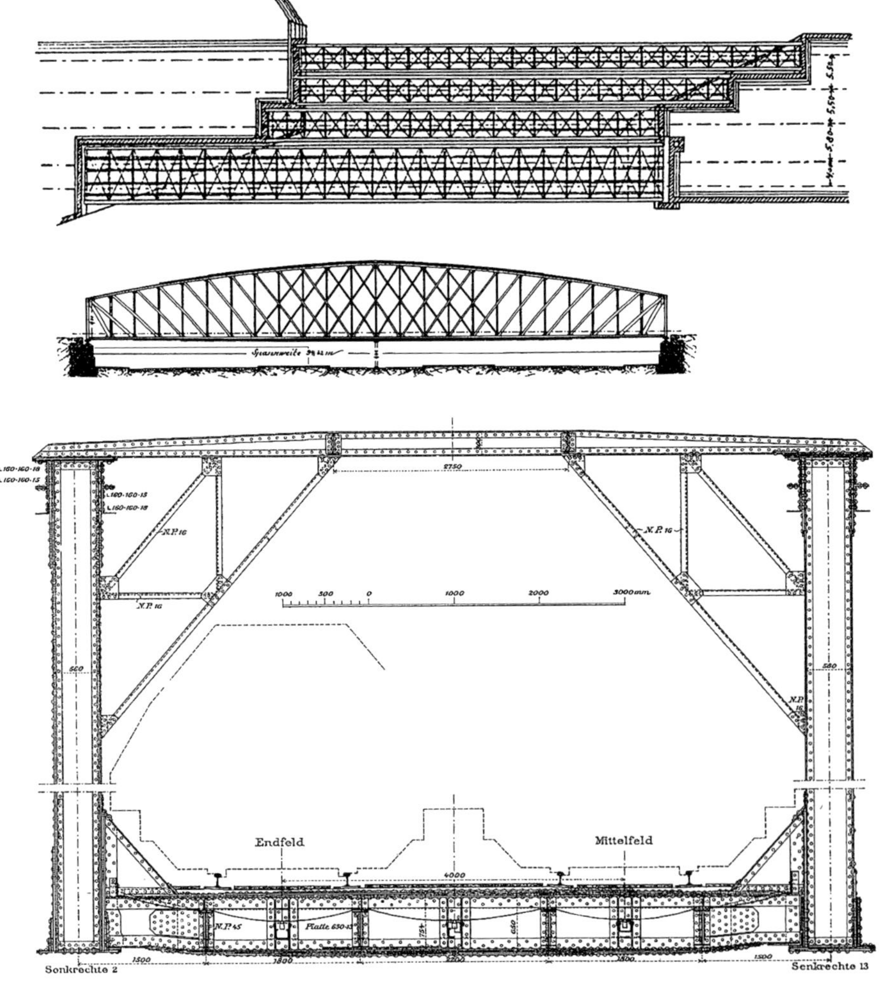

Grundriss, Längsschnitt und Querschnitt, 1896

„Schwestern" sind ihre über Portalrahmen miteinander verbundenen Fachwerkwände als Halbparabelträger konstruiert: Gerade Untergurte sind über senkrechte Pfosten mit gekrümmten Obergurten verbunden, die den Momentenverlauf aufgreifen. Dieser seinerzeit bei der Eisenbahn weit verbreitete Brückentyp versprach nicht nur Stahlersparnis, sondern verursachte als Trogbrücke auch geringeren Aufwand an Dammschüttungen hinsichtlich der seitens der Stadt geforderten Durchfahrtshöhen. Für die Füllung der Tragwände wählte man das seit den 1860er Jahren gebräuchliche zweiteilige Pfostenfachwerk. Dessen gedoppelte und jeweils über zwei Felder reichende Zugstreben aus Flussstahl überlagern sich im Mittelbereich des ansonsten aus Puddelstahl gefertigten Trägers mit den Gegendiagonalen.

In der Folge erfuhren die Liesenbrücken mehrfach umfassende Ertüchtigungsmaßnahmen, zuletzt 1940–42 durch die Firma Steffens & Nölle. Mit der Stilllegung des Stettiner Bahnhofs verloren sie 1952 ihre Funktion für den Fernverkehr. Die beiden westlichen, durch den Krieg stark beschädigten Brücken wurden 1956/57 durch dreifeldrige Vollwandkonstruktionen für die S-Bahn ersetzt. Die beiden ungenutzten Fachwerkbrücken überdauerten, mitten im Grenzgebiet gelegen, die Teilung Berlins. Seit 2013 setzt sich eine Initiative für ihren Erhalt ein. Aktuell liegt für die große Liesenbrücke der ungewöhnliche Vorschlag zum Einbau eines Bürogebäudes vor.

Bereits zu ihrer Erbauungszeit galt die große Liesenbrücke als eine der bedeutenden Eisenbahnbrücken Preußens. Heute ist das seit 1991 denkmalgeschützte Bauwerk die größte noch erhaltene Halbparabelträger-Brücke des 19. Jahrhunderts in Deutschland.

Blick von Süden in den Überbau, 1896

Blick von der Gartenstraße, 2020

Grundlegende Literatur

[Carl] Bathmann: Neuere Eisenbahnanlagen im Norden Berlins. In: Glasers Annalen für Gewerbe und Bauwesen 40 (1897), S. 223ff.; Larissa Sabottka: Die eisernen Brücken der Berliner S-Bahn. Berlin 2003, S. 177ff., 408ff.

17

GLIENICKER BRÜCKE

Kunstvoll repariert

(A3)

Lage Königstraße, 14109 Berlin-Wannsee/ Berliner Straße, 14467 Potsdam
Bauzeit [a] 1905–08; [b] 1947–49
Tragwerksplanung [a] Preuß. Ministerium d. öff. Arbeiten (Leitung: Paul Gerhardt?); [b] Hans Dehnert
Gestaltung [a] Hochbauabt. Preuß. Ministerium d. öff. Arbeiten (Eduard Fürstenau)
Ausführung [a] Gesellschaft Harkort unter der Bauleitung von Wasserbauinspektor Oskar Born; [b] *Hebung*: Beuchelt & Co.; *Stahlbau*: Krupp-Druckenmüller; *Tiefbau, Fahrbahn, Notbrücke*: Siemens-Bauunion

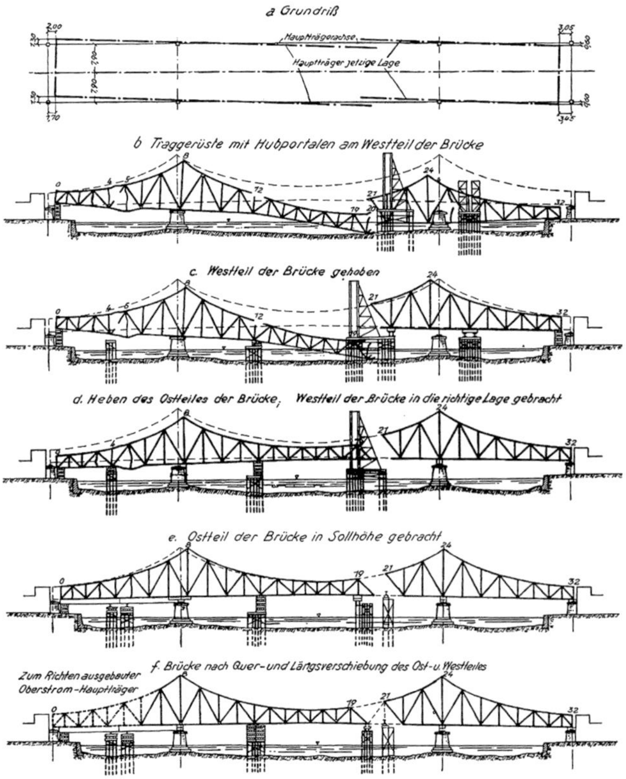

Abfolge des Wiederaufbaus, 1947–49

Hölzerne Jochbrücken hatten seit dem 17. Jahrhundert hier zunächst den Havel-Übergang zwischen Berlin und Potsdam ermöglicht, bevor 1834 eine repräsentative Backsteinbrücke an ihre Stelle trat. Karl Friedrich Schinkel zugeschrieben, gerühmt als „ebenso köstlich wie wohlgeraten", fügte sich ihre ruhige, 177 m lange Bogenfolge idealtypisch in das rundum entstehende „Preußische Arkadien". Zu Anfang des 20. Jahrhunderts war sie dem stark gewachsenen Straßen- wie Schiffsverkehr nicht mehr gewachsen. Die Planungen für einen Neubau in Stahl stießen jedoch auf starken Widerstand der jungen Denkmalpflege. Als Kompromiss stand eine filigrane Hängebrücke zur Diskussion, die sich in der Konkretisierung aber als zu weich erwies.

Als die Brücke 1907 eröffnet wurde, war von der Hängebrücke lediglich die Silhouette eines nun „steif gefügten" Fachwerkträgers geblieben. Um diesen an derart prominenter Stelle doch noch zur „Architektur" zu machen, ergänzte man ihn durch großzügige Brückenköpfe mit Aussichtsplattformen und flankierenden Sandsteinskulpturen; zusätzlich kamen auf der Potsdamer Seite dem Stadtschloss entlehnte Kolonnaden und nicht zuletzt kleine Schmucktürmchen auf den vier Pylonen hinzu (die bereits 1931 wieder entfernt wurden). Das Tragwerk selbst ist eine solide Nietkonstruktion aus Thomasstahl, die Hauptträger laufen gelenklos über die drei Öffnungen durch, der Queraussteifung dienen die zu Rahmen versteiften Portale, die Profile sind aus Blechen und Winkeln gefügt.

Nachdem sie in den 1930er Jahren zu einer der meistfrequentierten Straßenbrücken Deutschlands geworden war, fiel die Brücke Ende April 1945 der Schlacht um Berlin zum Opfer; vermutlich ein Querschläger zündete eine der bereits angebrachten Sprengladungen. Der Wiederaufbau wurde zur eigentlichen großen Ingenieurleistung an der Glienicker Brücke. Unter schwierigen Bedingungen musste das mehrfach gebrochene und in Quer- wie Längsrichtung stark verschobene Ungetüm gehoben, gerichtet und repariert werden; zur Lastminderung entfernte man unter anderem die beidseits der Fachwerke auskragenden Gehsteige. Mit gerade einmal 180 t neuen Stahls gelang es schließlich, die Brücke – tragsicher bis zum heutigen Tag – wiederherzustellen.

Symbol der deutschen Teilung, Schauplatz spektakulärer Agentenaustausche, aufgenommen in die Welterbeliste der UNESCO: Die Glienicker Brücke hat viele Bedeutungsebenen. Bautechnikgeschichtlich beeindruckt sie vor allem durch eine kaum beleuchtete Facette von Ingenieurbaukunst – die kluge und ressourcenschonende Reparatur geschädigter Konstruktionen.

Grundlegende Literatur

Hans Dehnert: Die Wiederherstellung der Glienicker Brücke bei Potsdam. In: Bauplanung und Bautechnik 3 (1949), S. 375ff.; Thomas Blees: Glienicker Brücke. Berlin 1996; Michael Braun: Brückenhebung im Kalten Krieg. In: Bautechnik 95 (2018), S.167ff.

← Postkarte, 1910

Wiederaufbau, 1948

Blick von Südosten, 2019

18

PRINZREGENTENBRÜCKE

Pionierbau in Stahlbeton

B2

Lage Prinzregentenstraße, 12159 Berlin-Friedenau
Bauzeit 1906/07
Tragwerksplanung und Gestaltung Kgl. Eisenbahndirektion Berlin (John Labes [Leitung], Ernst Homann [Federführung]); AG für Beton- und Monierbau (Mathias Koenen [Leitung], Siegmund Hart [Federführung])
Ausführung AG für Beton- und Monierbau

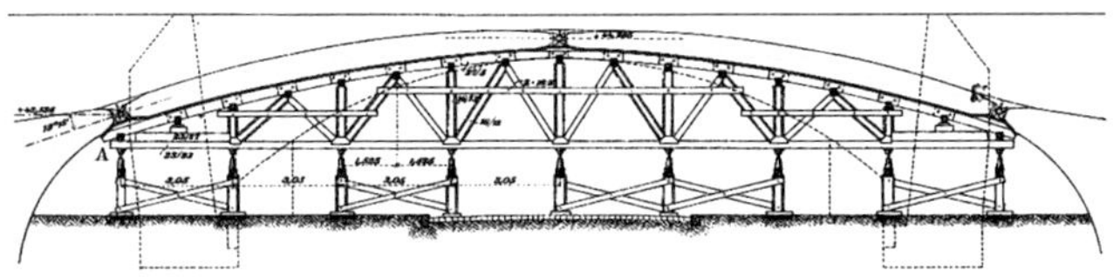

Querschnitt mit Lehrgerüst, 1906

Wegen der besonderen Beanspruchungen von Eisenbahnbrücken war man zu Beginn des 20. Jahrhunderts bei den Eisenbahnverwaltungen noch außerordentlich skeptisch gegenüber dem neuen Baustoff Stahlbeton; tatsächlich wusste man noch recht wenig über Rissbildungen und die mögliche Korrosion der Bewehrung. Der Brückendezernent der Eisenbahndirektion Berlin, John Labes, ließ daher umfangreiche Versuche durchführen und verfasste im Februar 1906 die „Vorläufigen Bestimmungen für das Entwerfen und die Ausführung von Ingenieurbauten in Eisenbeton im Bezirke der Eisenbahndirektion Berlin".

Genau zu dieser Zeit machte eine Erweiterung des Ringbahnhofs Wilmersdorf-Friedenau (heute Bundesplatz) zusätzliche Brücken über die Prinzregentenstraße nötig. Aufgrund der Anforderungen an Lichtraumprofil und Durchfahrtshöhe entschied man sich für den Bau von drei möglichst flachen Bogenbrücken in Stahlbeton. Diese wurden nördlich, südlich und zwischen zwei bereits bestehenden Steinbogenbrücken eingefügt; die Unterführung war damit insgesamt gut 40 m lang. Die Lichtweite der neuen Brücken lag mit 30 m deutlich über der der Steinbrücken.

Als Tragwerkstyp fanden mit gusseisernen Gelenken versehene Dreigelenkbögen Anwendung, weil sie gegenüber Temperaturdehnungen und Setzungen unempfindlicher sind als eingespannte Konstruktionen. Das Profil ihrer Innenlaibung nähert sich der Korbbogen-Form

Bewehrung vor Einbringen des Betons, 1906

an, wodurch die geforderte Mindest-Durchfahrtshöhe schneller erreicht wurde. Außerdem verschob man die Fußgelenke jeweils um nahezu 3 m in Richtung des Bogenscheitels. Mit dieser Maßnahme, die infolge der „architektonischen" Verkleidung der Konstruktion nicht mehr ablesbar ist, sollte eine gleichmäßige Auslastung des Bogens mit möglichst geringen Zugspannungen erreicht werden.

1990/91 wurden die nördlichen Brücken durch neue Stahlbetonbauten ersetzt. Von den drei ursprünglichen Stahlbetonbrücken blieb nur die südliche erhalten. Bis heute zeigt sie zur Friedenauer Handjerystraße ihren steinmetzmäßig bearbeiteten und mit Schmuckelementen versehenen Vorsatzbeton. Nach Aufgabe des über sie geführten Gleises im Jahr 2006 hat die Brücke nur noch ihr Eigengewicht zu tragen. Der aktuelle Erhaltungszustand ist gleichwohl problematisch.

Als erste größere Stahlbetonbrücke der Preußischen Eisenbahnverwaltung hatte die Prinzregentenbrücke große Bedeutung für die Einführung des Stahlbetons im deutschen Eisenbahnbrückenbau. Dennoch steht sie bislang nicht unter Denkmalschutz.

Scheitelgelenk aus Gusseisen, 2020

Blick von Süden, 2020

Grundlegende Literatur

[Siegmund] Hart: Eisenbahnbrücke in Eisenbeton im Zuge der Ringbahn bei Berlin. In: Deutsche Bauzeitung 42 (1908), Mitteilungen über Zement, Beton- und Eisenbetonbau, S. 42ff.; [Ernst] Homann: Die neue Eisenbahnbrücke über die Prinzregentenstraße in Wilmersdorf bei Berlin. In: Zeitschrift für Bauwesen 58 (1908), Sp. 59ff. u. Atlas, Bl. 19ff.; Sabine Kuban: Frühe Eisenbetonkonstruktionen in Berlin, 1880–1918. Diss. BTU Cottbus, 2020

19

STÖSSENSEEBRÜCKE

Die schöne Linie

A2/a3

Lage Heerstraße, 13595 Berlin-Wilhelmstadt
Bauzeit 1908/09
Tragwerksplanung Karl Bernhard
Gestaltung der Widerlager Johann Emil Schaudt
Ausführung *Überbau*: E. Belter & Schneevogl; *Unterbauten*: AG für Hoch- und Tiefbau

Grundlegende Literatur
Karl Bernhard: Stößensee- und Havelbrücke im Zuge der Döberitzer Heerstraße. In: Zeitschrift für Bauwesen 61 (1911), Sp. 321ff., u. Atlas, Bl. 28ff.; Philipp Struve: Die Verstärkung der Stößenseebrücke in Berlin-Charlottenburg. In: Der Stahlbau 7 (1934), S. 153ff.; Peter Rode, Michael Günther: Berliner Verkehrsorte im Wechsel der Zeiten: Der Pichelswerder und seine Brücken. In Verkehrsgeschichtliche Blätter 38 (2011), S. 157ff.

Anfang des 20. Jahrhunderts wurde die Charlottenburger Bismarckstraße zum Boulevard ausgebaut und bis zum Truppenübungsplatz Döberitz verlängert. Weil die angedachte geradlinige Führung beim Pichelswerder zu großen und kostspieligen Brücken geführt hätte, knickt der Straßenzug am heutigen Scholzplatz etwas nach Norden ab. Zudem überquerte man den Stößensee mit seinen tief reichenden Moorschichten nun mit einem 350 m langen Damm. Lediglich eine Schifffahrtsrinne sowie die Havelchaussee überwindet in rund 20 m Höhe eine 2 x 50 m weit gespannte Brücke.

Vier über Querverbände paarweise zusammengefasste Fachwerkträger, die jeweils durch zwei einhüftige Bogengurte unterstützt sind, bilden das Haupttragwerk. Die vermeintliche Symmetrie der ungewöhnlichen Brücke erweist sich rasch als Trugbild. Am steil abfallenden Ostufer mündet sie in ein verschiebliches, zugfest gesichertes Auflager auf mächtigen Mauerpfeilern, die in ein monumental inszeniertes Widerlager integriert sind. Nach Westen hingegen kragt sie knapp 30 m aus und geht dann – kaum erkennbar – in einen gelenkig angeschlossenen Schleppträger über, der den empfindlichen Damm nur gering belastet. Elementar für die Erscheinung des Bauwerks sind die anstelle eines konventionellen Mittelpfeilers eingesetzten Halbbögen: Am oberen Ende führen die Untergurte der Fachwerkträger subtil ihre Aufwärtsbewegung zu den Widerlagern fort, auf der Talsohle hingegen laufen sie in längsfesten Kipplagern zusammen und demonstrieren hierdurch anschaulich die dortige Konzentration des Großteils der Lasten.

Ab 1926 führte für 40 Jahre eine Straßenbahnline über die Stößenseebrücke. Heute wird sie täglich von rund 50 000 Fahrzeugen überquert. Folgerichtig war das grazile Bauwerk mehrfach Gegenstand von Instandsetzungs- und Ertüchtigungsmaßnahmen. Unter anderem wurden 1933/34 der Überbau verstärkt und das

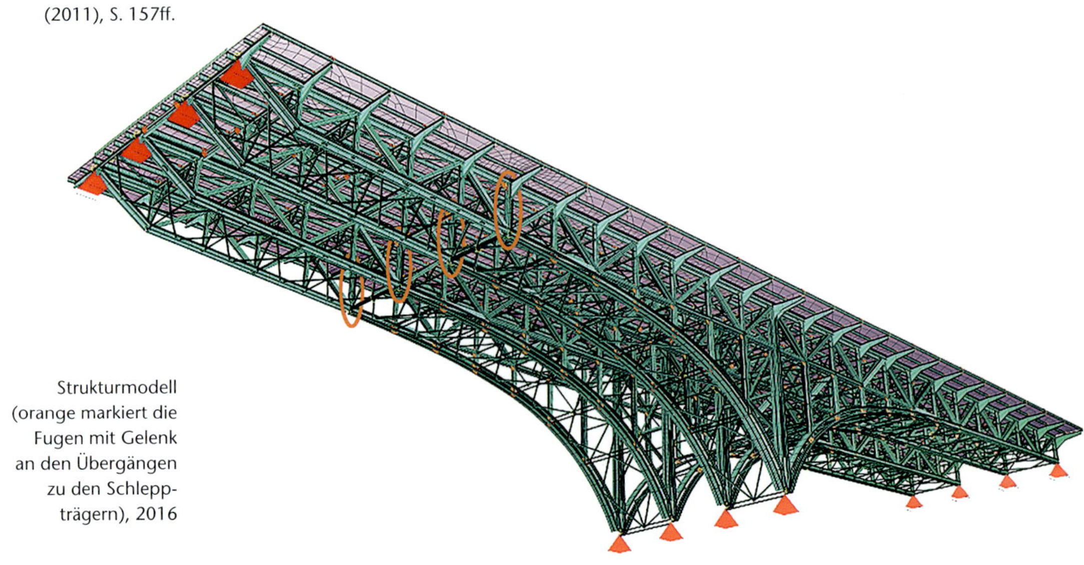

Strukturmodell (orange markiert die Fugen mit Gelenk an den Übergängen zu den Schleppträgern), 2016

← Blick über die Baustelle zum Damm, 1909

Blick von Süden, 1910

westliche Widerlager angehoben. Weitere größere Maßnahmen erfolgten 1974, 2001 und 2013, letztere verbunden mit dem Austausch der verschieblichen Lager an den Brückenenden.
Während die ebenfalls von Bernhard für die nahegelegene Havelquerung konstruierte Freybrücke 2015 abgerissen und durch einen Neubau ersetzt wurde, soll die Stößenseebrücke in den nächsten Jahren grundlegend instandgesetzt werden. So bleibt ein bedeutendes Ingenieurwerk erhalten, dessen unorthodoxe Gestalt die komplexe Tragstruktur überzeugend harmonisiert und das bis ins Detail Karl Bernhards Credo erkennen lässt, Baukunst einzig mit ingenieurmäßigen Mitteln erschaffen zu wollen.

Untersicht, 2020

20

BÖSEBRÜCKE

Schnörkellose Grenzgängerin

C1

Lage Bornholmer Straße, 10439 Berlin-Gesundbrunnen/ 10439 Berlin-Prenzlauer Berg
Bauzeit 1912–16
Tragwerksplanung Technisches Büro des Stadtbaurats Friedrich Krause (Fritz Hedde [Leitung], Karl Sievers, Georg Behrens, Karl Pohl, Henri Marcus, Erich Heinzel)
Gestaltung der Widerlager Richard Wolffenstein
Ausführung *Stahlbau*: Dortmunder Union; *Massivbau*: Helfmann u. Winkel; *Stahlbeton-Fahrbahntafel:* Müller, Marx u. Co.

Die Beseitigung niveaugleicher Kreuzungen von Straßen und Bahnanlagen wurde Anfang des 20. Jahrhunderts in Berlin eine immer drängendere Aufgabe. Zahlreiche Unterführungen und Brücken entstanden, darunter kostspielige Bauten wie die Swinemünder Brücke (1902–05), die Putlitzbrücke (1909–12; 1973–76 ersetzt durch Neubau) und die Hindenburgbrücke, die seit 1948 den Namen Bösebrücke trägt. Mit 138 m Gesamtlänge war letztere zwar kürzer als die anderen beiden „Millionenbrücken", als Bestandteil des wichtigsten Ringstraßenzugs im Berliner Norden mit 27 m aber wesentlich breiter.

Um möglichst flache Rampen zu erhalten, entwickelte man ein hochliegendes Tragwerk aus geschwungenen Fachwerkträgern, die über tief gelegene Kämpfergelenke hinweg in nahezu parallelgurtigen Seitenarmen auslaufen. In den Seitenfeldern sind 18 m vor den Endauflagern auf verborgenen Kipplagern im Obergurt Schleppträger eingehängt. Ein zusätzliches Gelenk im Scheitel diente der möglichst zwängungsfreien Montage und wurde danach geschlossen. In statischer Hinsicht ergab sich so ein 87 m weit gespannter Zweigelenkrahmen mit auf seitlich überstehenden Riegeln angehängten Gerberträgern. Drei oben- und zwei untenliegende Portalrahmen steifen die beiden Fachwerktragwände aus. Wegen ihres ungewöhnlich großen Abstands von 16,50 m bestehen diese ebenso wie die Hänger der Fahrbahn aus hochwertigem Nickelstahl, der bis dahin vor allem in den USA gebräuchlich war. Die Fahrbahntafel wurde wegen der aggressiven Rauchgase in Stahlbeton ausgeführt und lagerte auf einem System aus

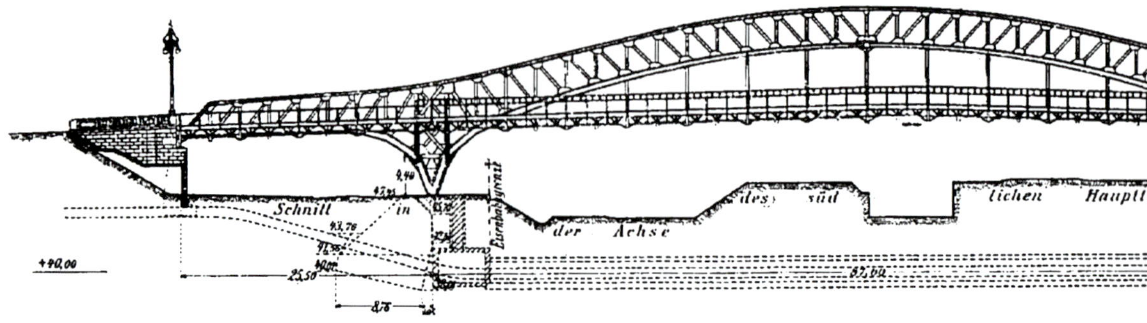

Längsschnitt, 1915

Längs- und beidseitig über die Achsen des Haupttragwerks auskragenden Querträgern.

1934/35 kam der von der Brücke erschlossene S-Bahnhof Bornholmer Straße hinzu. Direkt an der Sektorengrenze gelegen, wurde er 1961 mit dem Bau der Mauer wieder geschlossen. Die Brücke bildete in den folgenden Jahrzehnten den Grenzübergang Bornholmer Straße. Schon bald nach der Wiedervereinigung machte 1991–95 eine erste Sanierung das lange Zeit nur gering belastete Bauwerk wieder voll nutzbar. Zur Senkung des Spannungsniveaus im Stahltragwerk wurde 2015–17 der historische Fahrbahnbeton durch einen leichteren ersetzt.

Bekannt ist die Bösebrücke heute vor allem als Ort der Grenzöffnung am Abend des 9. November 1989. Das in weiten Teilen im Originalzustand erhaltene, robust konstruierte und sorgfältig detaillierte Bauwerk repräsentiert aber auch einen einschneidenden Paradigmenwechsel im städtischen Brückenbau: Anstelle applizierter Ornamente sollte nun eine einfache und klare Gestalt mit eleganter Linienführung das Auge des Betrachters erfreuen.

Blick über die Fahrbahn nach Westen, 2009

←← Auf Hilfskonsolen ruhende Stütze vor dem Absetzen

Grundlegende Literatur

Die neue Hindenburg-Brücke über die Stettiner- und Nordbahn in Berlin. In: Deutsche Bauzeitung 49 (1915), S. 475ff.; Hans-Dieter Sachse, Wilhelm Schlottke: Geschichte der Bösebrücke in Berlin. In: Stahlbau 65 (1996), S. 474ff.; Thomas Klähne: Bewertung einer alten genieteten Stahlbrücke – Die Bösebrücke in Berlin. In: Stahlbau 78 (2009), S. 203ff.

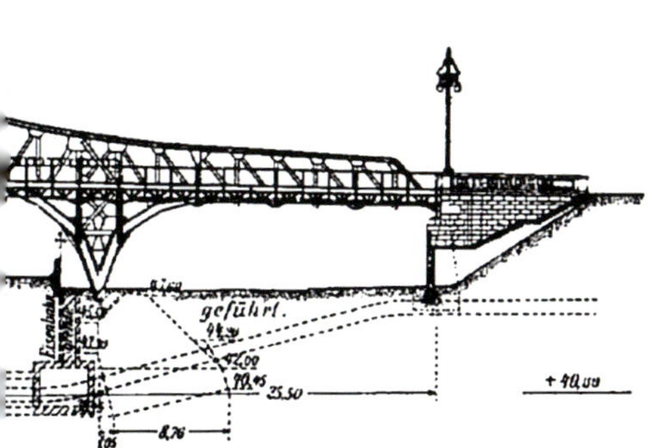

Blick von Süden, 1915

21

ABTEIBRÜCKE

Treptower Sonderweg

D2/h3

Lage Alt-Treptow 6, 12435 Berlin-Alt-Treptow
Bauzeit 1915/16
Tragwerksplanung Friedrich Edler von Emperger; Ellmer & Co.
Gestaltung Hochbauamt Neukölln
Ausführung Ellmer & Co.

Detailschnitt mit Bewehrung, 1916

Zwischen der Halbinsel Stralau und Treptow befand sich einst eine Sandbank in der Spree. Im Verlauf des 19. Jahrhunderts wurde darüber eine Insel aufgeschüttet, auf der seit 1897 das Inselrestaurant „Abtei" zur Einkehr einlud. Da die Insel lediglich mittels Fähren erreichbar war, unternahm der Pächter mehrere Versuche, eine feste Verbindung zum Treptower Park einzurichten.

1913 erwarb die Stadt Neukölln das Eiland und zwei Jahre später schrieb man den Bau einer Stahlbeton-Bogenbrücke aus. Den Auftrag erhielt die Stettiner Firma Ellmer & Co. mit einem Entwurf, bei dem zwei rund 76 m weit gespannte Bogenrippen die aufgeständerte Fahrbahn in elegantem Schwung von Ufer zu Ufer trugen.

Die eingespannte Konstruktion folgt einem ungewöhnlichen Konzept des Wiener Stahlbeton-Pioniers Fritz v. Emperger. Wegen der wesentlich höheren Belastbarkeit auf Druck und der hiermit verbundenen Möglichkeit zur Konzipierung schlankerer Tragglieder wollte er dem von Flusseisen bzw. Stahl verdrängten Gusseisen neue Geltung im Bauwesen verschaffen. Dessen Nachteile – größere Sprödigkeit, geringere Zugfestigkeit sowie höhere Knickgefahr – sollte ein spiralförmig bewehrter und beim Lastabtrag mitwirkender Betonmantel aufheben. Den gusseisernen Kern bilden in Treptow über Muffen miteinander verbundene Röhren mit Durchmessern von 17 cm und Längen

Kolorierte Ansicht von Osten, um 1918

von 2 m, die paarweise übereinander in den Bogenrippen angeordnet sind. Zwei Turmbauten über den Widerlagern überdrücken den Bogenschub durch ihre Eigenlast. Ihre dem seinerzeitigen Ambiente der Treptower Ausflugslokale geschuldete, mittelalterliche Anmutung steht dabei in merkwürdigem Kontrast zur hochmodernen Erscheinung der Stahlbetonbrücke.

Den Zweiten Weltkrieg überstand der Bau ohne Beschädigungen und ermöglichte so weiterhin den Zugang zur Abteiinsel, die 1949 in Insel der Jugend umbenannt wurde. Ende der 1970er Jahre erfolgten erste größere Reparaturen, die unter anderem wegen der Nutzung durch schwere Fahrzeuge notwendig wurden. Eine weitere, umfassende Sanierung erfolgte in den Jahren 1992 bis 1994.

Zu ihrer Zeit zählte die während des Ersten Weltkriegs unter Einsatz von Kriegsgefangenen errichtete Abteibrücke zu den am weitesten gespannten Massivbogenbrücken. Von den Brücken nach „System Emperger" sollte sie keine mehr übertreffen. Zugleich ist sie heute vermutlich das letzte erhaltene Beispiel dieser Bauart in Deutschland.

Blick von Südwesten, 2020

Blick in die Aufständerung, 2020

Grundlegende Literatur

P[eter] Brändlein: Die neue Brücke über die Spree zwischen der Abtei-Insel und Treptow. In: Bauwelt 7 (1916), Nr. 48, S. 9ff.; Fritz v. Emperger: Betonbrücken aus umschnürtem Gußeisen. In: Zeitschrift des Österreichischen Ingenieur- und Architekten-Vereines 69 (1918), S. 339ff.; Michael Braun: Die Abteibrücke in Berlin. In: Bautechnik 91 (2014), S. 828ff.

22

EHEMALIGE AUTOBAHNBRÜCKE ÜBER DEN TELTOWKANAL

Erst geschweißt, dann genietet

(A3)

Lage Albrechts Teerofen, 14109 Berlin-Wannsee
Bauzeit [a] 1939; [b] 1950/51; [c] 1953/54
Tragwerksplanung [a] Oberste Bauleitung der Reichsautobahnen Berlin, Gutehoffnungshütte; [b] und [c] Fachgruppe Brückenbau beim Senator für Bau- und Wohnungswesen (Leitung: Heinz Stiller)
Gestaltung [a] Oberste Bauleitung der Reichsautobahnen Berlin
Ausführung [a] *Stahlbau*: Gutehoffnungshütte; [b] *Stahlbau*: Steffens & Nölle (Federführung), Krupp-Druckenmüller, Dellschau; *Massivbau*: Polensky & Zöllner; [c] *Stahlbau*: Krupp-Druckenmüller (Federführung), Dellschau, H. Gossen; *Massivbau*: Max Hamann

Ende der 1930er Jahre wurde die AVUS ausgebaut und über einen Zubringer an den Berliner Ring der neuen Reichsautobahnen angeschlossen. Zur Überquerung des Teltowkanals sowie der anliegenden Aue errichtete man eine stählerne Balkenbrücke von 2 x 62,50 m Spannweite mit konstruktiv voneinander getrennten Richtungsfahrbahnen. Jeweils vier geschweißte Vollwandträger bildeten das Haupttragwerk der gelenklos durchlaufenden Überbauten. Die Mittelpfeiler erhielten ebenso wie die Widerlager eine Verkleidung mit Naturstein.

Nachdem die Wehrmacht 1945 die beiden Überbauten über dem Kanal gesprengt hatte, schlossen amerikanische Pioniere die westliche Richtungsfahrbahn zunächst mittels einer Notkonstruktion. Unter der Ägide des West-Berliner Brückenbauamts erfolgte dann nach dem Ende der Berlin-Blockade zuerst die Wiederherstellung der östlichen, zwei Jahre später der westlichen Fahrbahn. Die noch

Blick von Westen, 2013

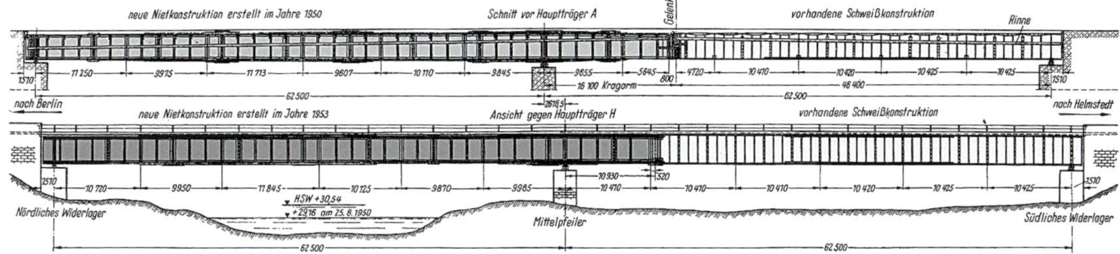

Längsschnitt östlicher Überbau (oben) und Ansicht westlicher Überbau (unten), 1954

← Hebung des erhaltenen östlichen Überbaus, 1950

nutzbaren Tragwerksteile über der Aue wurden hierbei mit genieteten Blechträgern einer im Krieg nicht mehr montierten Kranbahn der Spandauer Deutsche Werke AG vervollständigt. Auf der Ostseite überspannen diese nun nicht nur den Kanal, sondern kragen noch 16 m über die Aue aus, wo der Rest des alten Überbaus als Schleppträger gelenkig angeschlossen ist. Der weniger beschädigte westliche Überbau wurde nur um gut 10 m beschnitten und konnte mit dem neuen Abschnitt biegesteif wieder zu einem Durchlaufträger verbunden werden. Über den alten Teilen wurde die aus Buckelblechen mit Betonaufbau bestehende Fahrbahnkonstruktion wiederhergestellt, während die neuen Bereiche eine Stahlbetonplatte erhielten.

Unmittelbar über der im Teltowkanal verlaufenden Grenze zwischen West-Berlin und der DDR gelegen, war die Brücke zunächst in die Grenzübergangsstelle Dreilinden integriert. Da die Autobahn auf dem Weg nach West-Berlin noch einmal über das Gebiet der DDR verlief, wurde die Trasse jedoch 1969 verlegt, wodurch die Brücke ihre Aufgabe verlor. 2010 erwarb ein Investor gemeinsam mit den Resten des alten Kontrollpunkts ihren südlichen Teil.

Seit 2006 steht das geschichtsträchtige Bauwerk unter Denkmalschutz, sein Zustand allerdings ist desolat. Seit 50 Jahren praktisch unangetastet, ist es ein Zeitdokument von weit über Berlin hinausreichender Bedeutung sowohl für den Brückenbau der Reichsautobahnen als auch für den findungsreichen Wiederaufbau der direkten Nachkriegszeit.

Grundlegende Literatur

Hermann Kohlstock, Wilhelm Petran: Der Wiederaufbau der Autobahnbrücke Dreilinden bei Berlin. In: Die Bautechnik 31 (1954), S. 273ff.

Untersicht nördlicher Brückenabschnitt, 2016

23

DISCHINGERBRÜCKE

Kühn gespannt

A2/a2

Lage Ruhlebener Straße, 13581 Berlin-Spandau
Bauzeit [a] 1955/56; [b] 1980/81
Tragwerksplanung [a] *Vorentwurf*: Fachgruppe Brückenbau der Senatsverwaltung für Bau- und Wohnungswesen (vmtl. Hanns Heusel); *Ausführungsplanung*: Dyckerhoff & Widmann
Ausführung [a] Dyckerhoff & Widmann; Grün & Bilfinger (*Senkkästen*)

Vorbau des östlichen Brückenteils, 1956

Bereits zu Beginn des 20. Jahrhunderts gab es Planungen zur Verlängerung der Charlottenburger Chaussee über die Havel zum Südrand der Spandauer Altstadt. Erst Ende der 1930er Jahre begannen konkrete Vorarbeiten, die jedoch kriegsbedingt bald wieder eingestellt wurden. Im Sommer 1954 griff man die Idee neuerlich auf, konzipierte das Bauwerk nun aber in der noch neuen Spannbetonbauweise sowie aus Kostengründen zunächst nur in halber Breite.

Die Tragstruktur folgte einem von der Dyckerhoff & Widmann KG (Dywidag) 1950 bei der Ulmer Gänstorbrücke erstmals umgesetzten Konzept, das in Berlin auch schon bei der Föhrer, Rohrdamm- und Sieversbrücke Anwendung gefunden hatte. Haupttragelemente sind zwei in Längsrichtung vorgespannte Hohlkästen, die über eine quer vorgespannte und beidseitig auskragende Fahrbahnplatte zu einem Flächentragwerk verbunden sind. Bei einer Spannweite von 94 m ist der Überbau im Scheitel lediglich 1,40 m hoch. Er bildet den Riegel eines Rahmens, dessen Stiele in Senkkästen verborgen und zur Minimierung des Horizontalschubs in Druck- und (ebenfalls vorgespannte) Zugglieder aufgelöst wurden. Im Fall der Dischingerbrücke haben letztere jeweils die Breite des darüber liegenden Hohlkastens, während die Druckstützen unter beiden Hohlkästen durchlaufen. Da sich die Spannglieder mit dem Dywidag-Spannsystem über Muffenverbindungen verlängern ließen, konnte die Brücke im Freivorbau errichtet werden; durch den Einsatz zweier hölzerner Hilfsjoche wurde diese Option allerdings nicht in letzter Konsequenz ausgereizt.
Nach der Eröffnung schuf man auf dem südöstlichen Widerlager einen kleinen Schmuckplatz mit Treppenanlage. Die zugehörige Uferpromenade entstand erst Mitte der 1980er Jahre. Zuvor war 1980/81 auf der Nordseite die zweite Brückenhälfte errichtet und anschließend der schon bestehende Teil saniert und ertüchtigt worden. Baulich befindet sich die elegante Brücke heute in einem ordentlichen Zustand, weshalb von ihrem zu Beginn der 2010er Jahre im Rahmen des Havelaus-

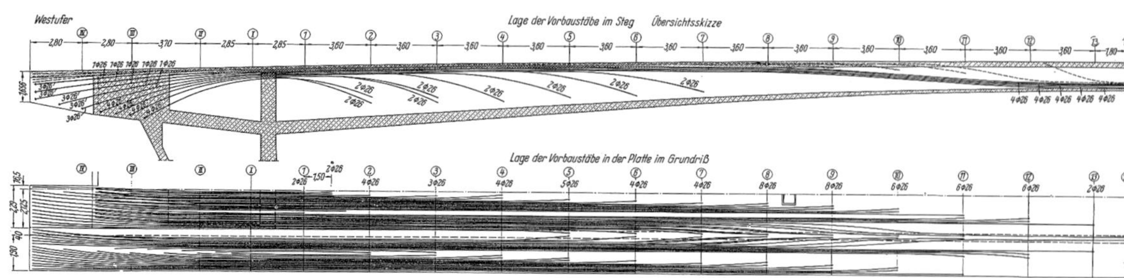

Spannbewehrung der Außenträger mit Vorbauabschnitten, 1957

baus geplanten Ersatz durch einen Neubau vorerst abgesehen wurde.
Zum Zeitpunkt der Errichtung galt das Bauwerk mit seiner sehr geringen Konstruktionshöhe ($h/l = 1/67$) und einer Kühnheitszahl (l^2/f) von 590 als weltweit kühnster Vertreter seiner Bauart. Mit der Namensgebung würdigte man den kurz zuvor in Berlin verstorbenen Pionier des Schalen- und Spannbetons, Franz Dischinger. Obgleich der bedeutendste Berliner Brückenbau der direkten Nachkriegszeit, steht die Dischingerbrücke nicht unter Denkmalschutz.

Blick von Westen, 2020

Untersicht nach Südosten, 2020

Grundlegende Literatur

Hanns Heusel: Die Dischingerbrücke in Berlin. Ein im freien Vorbau errichtetes vorgespanntes Rahmentragwerk. In: Beton- und Stahlbetonbau 52 (1957), S. 202ff.; Eckhard Thiemann u. a.: Berlin und seine Brücken. Berlin 2003, S. 129f.

STAHL- UND SPANNBETON

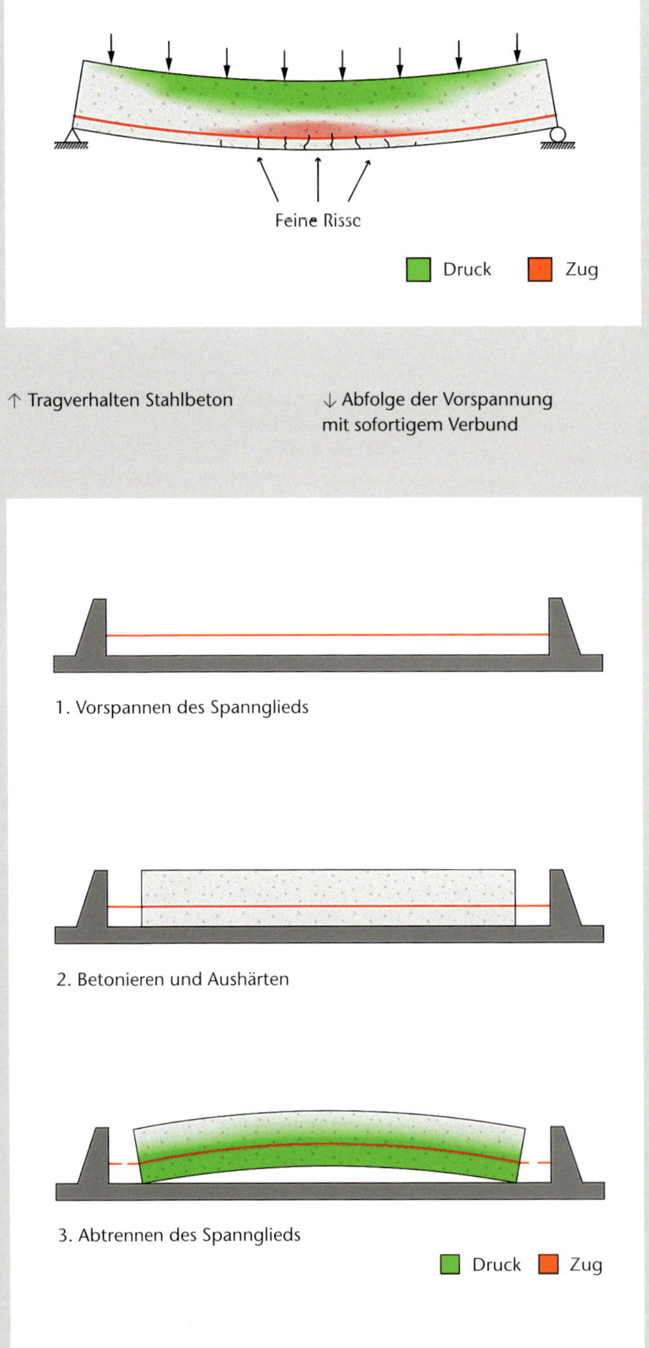

↑ Tragverhalten Stahlbeton

↓ Abfolge der Vorspannung mit sofortigem Verbund

Die [23] **Dischingerbrücke** gehört zu den ersten Spannbetonbrücken, die in den 1950er Jahren in Berlin erbaut wurden. Aber, was ist das eigentlich – Spannbeton?

Dass man mit Balken aus Stein keine großen Spannweiten überbrücken kann, mussten schon die alten Griechen erfahren: Die Länge ihrer aus Marmor gebildeten Architrave war auf etwa 6 bis 7 m begrenzt – ging man darüber hinaus, rissen sie auf und stürzten ein. Naturstein hat eben nur eine gute Druck-, aber keine große Zugfestigkeit, und dies gilt ebenso für den „künstlichen Stein" Beton. Mitte des 19. Jahrhunderts entsteht in Frankreich die Idee, dem Beton mit einbetonierten Stahlstäben zu helfen. Der „bewehrte" *Stahlbeton* ist erfunden.

Die Aufgabenverteilung ist einfach: Dort, wo der Querschnitt eines belasteten Trägers zusammengedrückt wird (bei einem einfachen Balken beispielsweise im oberen Bereich), bietet der Beton den notwendigen Widerstand; dort aber, wo Zug aufritt (beim Balken im unteren Bereich), sichert der Stahl die Aufnahme der Zugspannungen. Die Reibung und vor allem die Profilierung der Stahleinlagen sorgen dafür, dass diese im Beton nicht einfach hin- und her rutschen, sondern das Ganze als ein „Verbundwerkstoff" zusammenwirkt.

Gegen Ende des 19. Jahrhunderts entwickelten die Bauingenieure erste theoretische Modelle, um die Tragfähigkeit des Stahlbetons nicht mehr nur aus Erfahrungswerten kalkulieren zu können. Pionierarbeit leistete hier der Berliner Regierungsbaumeister Mathias Koenen, der 1887 im neuen Reichstag erste Stahlbetondecken einbauen ließ und dazu ein Berechnungsverfahren vorschlug, das fortan die Bemessung des Stahlbetons maßgeblich bestimmen sollte.

Vom eigentlichen Tragpotenzial des Betons wird beim Stahlbeton freilich viel verschwendet. Im Zugbereich ist er nahezu nutzlos und reißt sogar mit feinen Rissen auf. Zudem stoßen die bewehrten Balken bei Spannweiten von mehr als 40 m an ihre Grenzen: Sie können kaum noch über ihr Eigengewicht hinausgehende Belastungen tragen, und man müsste mehr Stahl einlegen, als überhaupt hineinpasst. Hier setzt die seit den 1920er Jahren entwickelte Idee des *Spannbetons* an: Warum die Bewehrung nicht anspannen, den Beton dadurch im gefährdeten Bereich zusammenpressen und ihm gleichsam eine Reserve gegen die zu erwartenden Zugspannungen geben? Erhält der Spannbetonträger dann seine Belastung, nutzt er diese Reserve, reißt (bei *voller Vorspannung*) nicht mehr auf und trägt auch im unteren Bereich zum Lastabtrag des Gesamtsystems bei. Nutzt man dazu noch Spezialstähle, die hohe Vorspannkräfte ermöglichen, lassen sich damit neue, ungeahnte Spannweiten erreichen.

Für die Herstellung gibt es mehrere Möglichkeiten. Bei der *Vorspannung mit sofortigem Verbund* werden die Spanndrähte oder -litzen bereits vor dem Betonieren unter Nutzung von Ankerpunkten angespannt. Nach dem Erhärten des Betons wird die Verankerung gelöst, der Spannstahl will sich wieder zusammenziehen und setzt über Reibung den umgebenden Beton über die ganze Länge unter Druck. Das Verfahren wird vornehmlich für die Herstellung von Fertigteilen genutzt. Bei der *Vorspannung mit nachträglichem Verbund* hingegen werden die Spannglieder zunächst spannungslos in kleinen Spannkanälen verlegt und erst nach dem Betonieren angespannt; nur an ihren Enden pressen sie sich gegen den Beton. Bei der *externen Vorspannung* schließlich ordnet man die Spannelemente außerhalb des Betons an.

Auch die Entwicklung des Spannbetons ist eng mit Berlin verbunden. Neben dem Franzosen Eugène Freyssinet gilt der 1933 an die Technische Hochschule in Charlottenburg berufene Franz Dischinger als einer der beiden Pioniere. Systematisch untersuchten sie die vielen Tücken, die der Bauweise innewohnen, vor allem die unangenehme Eigenart des Betons, sich der Vorspannung durch Kriechen (unter Last) und Schwinden (beim Abbinden) zu entziehen.

Seit den 1950er Jahren setzte sich der Spannbeton mehr und mehr durch, bis 1990 wurden allein in Berlin etwa 135 vorgespannte Brücken gebaut. Die frühen Anwendungen waren häufig noch mit Mängeln behaftet. So erwiesen sich einige der hochfesten Betonstähle im Nachhinein als sprödbruchgefährdet, auch waren sie aufgrund von Ausführungsmängeln oft unzureichend geschützt. Inzwischen hat man viel gelernt. Mit verfeinerten Regelwerken und verschärfter Qualitätssicherung gehört der Spannbeton heute zum Standardrepertoire des konstruktiven Ingenieurbaus und ist zur meistverbreiteten Bauweise im Straßen- und Eisenbahnbrückenbau geworden. Erst die Zukunft wird freilich zeigen, ob sich die heutigen Spannbetonbrücken tatsächlich auch langfristig bewähren.

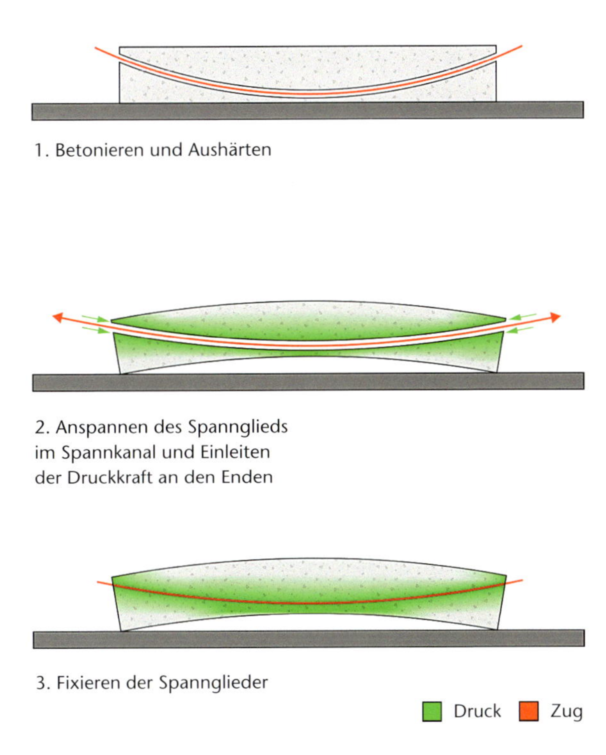

Abfolge der Vorspannung mit nachträglichem Verbund

Literatur zum Weiterlesen

Fritz Leonhardt: Vorlesungen über Massivbau, Teil 5: Spannbeton. Berlin u. a. 1980; Berliner Brücken – Katalog zur Ausstellung. Berlin 1991

KRONPRINZENBRÜCKE
Spaziergang der Kräfte

C2/e2

Lage Reinhardtstraße, 10117 Berlin-Mitte/ Konrad-Adenauer-Straße, 10557 Berlin-Tiergarten
Bauzeit 1992–96
Tragwerksentwurf und Gestaltung Santiago Calatrava
Tragwerksplanung PSP Prof. Sedlacek & Partner
Ausführung *Stahlbau*: Victor Buyck Stahlbau; *Tiefbau*: Bau Union Süd, Hofmann & Maculan, Polensky & Zöllner sowie Schälerbau

Schon vor mehr als 300 Jahren hatte noch etwas stromabwärts eine Jochbrücke mit schwimmenden Baumstämmen das westliche Wassertor der Stadt gesichert. 1877–79 gehörte die Unterbaumbrücke dann zu den ersten Holzbrücken, die von der Stadt Berlin durch einen Neubau in Stahl ersetzen wurden. Konstruktiv unterschied sich das nun Kronprinzenbrücke geheißene Bauwerk deutlich von der wenig später entstandenen [14] **Admiralbrücke** und auch der etwas älteren [25] **Marschallbrücke**: Nicht nur die stählernen Bögen bildeten hier das Haupttragwerk (für eine lediglich aufgeständerte Fahrbahn), vielmehr waren Bögen und Längsträger durch Ausfachungen zu Bogenfachwerken verbunden.

Mit der Teilung der Stadt geriet die Brücke ins Niemandsland der Sektorengrenze; 1972 ließ die DDR sie abtragen. Nach dem Mauerfall jedoch wurde der Wiederaufbau gerade dieses im künftigen Regierungsviertel gelegenen Spreeübergangs zum Symbol für das neue Zusammenwachsen Berlins. Aus dem 1991 dafür ausgelobten Wettbewerb ging Santiago Calatrava als Sieger hervor.

Der Entwurf griff nicht nur die Anmutung der alten dreifeldrigen Bogenbrücke auf (wobei die Mittelöffnung mit 44 m

Blick von Osten, 2020

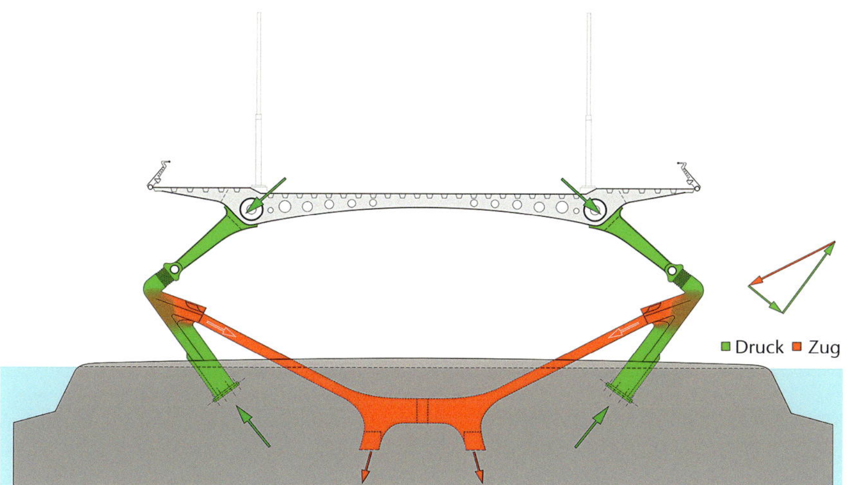

Lastfluss in der „Pfeilerpyramide"

lichter Weite deutlich vergrößert ist), sondern auch deren strukturelle Grundidee: Wieder tragen nicht allein die (hier geneigten) Bögen, vielmehr beteiligen sich auch die darüber gelegenen und mehr als 1 m dicken Rohre am Lastabtrag. Sie werden verbunden durch geneigte Ständer, die bogenartig direkt in die nun als orthotrope Platte konzipierte Fahrbahntafel übergehen. Die spektakulären Strompfeiler sind in „Pfeilerpyramiden" aufgelöst, in denen die Druck-Komponenten durch gewaltige Stahlguss-Teile abgetragen und die aus dem Schub resultierenden Zugkräfte durch stählerne Zugbänder in einen Stahlbeton-Fundamentbalken rückverankert werden.
Die ungewöhnliche Struktur barg zahlreiche Herausforderungen – von der schwierigen Bemessung der bis zu 17 t schweren Gussbauteile über das ausgefeilte Lagerungskonzept bis hin zur schweißtechnischen Optimierung in Hinblick auf die Ermüdungsfestigkeit. Komplex war auch die Montage, bei der das in 16 Modulen aus Belgien angelieferte Tragwerk nach dem Zusammenbau auf Pontons und einer Verschiebebahn als Ganzes in die finale Position eingebracht wurde.
Bis zur Ausführungsreife hatte Calatravas Entwurf diverse statische und konstruktive Änderungen erfahren. Die große Geste aber blieb – ein Stahl gewordener Lastfluss. Nicht nur wegen des „Spazierenführens der Kräfte" erfuhr er freilich auch Kritik. Die unverzichtbaren schweren Leitbauwerke schmälern ebenso die Eleganz wie das inzwischen desolate Beleuchtungssystem mit zahlreichen Sonderanfertigungen, die sich als sehr anfällig und schwer reparabel erwiesen haben.

↓ Werkstattzusammenbau der Haupttragelemente, 1995

↓ Untersicht, 2020

Grundlegende Literatur
Hans Eisel u. a.: Realisierungswettbewerb Wiederaufbau Kronprinzenbrucke. In: Stahlbau 65 (1996), S. 522ff.; Reiner Hartmann u. a.: Besonderheiten der Fertigung und Einschwimm-Montage des Stahlüberbaus der Kronprinzenbrücke in Berlin. In: Stahlbau 65 (1996), S. 368ff.; Eckhard Thiemann u. a.: Berlin und seine Brücken. Berlin 2003, S. 76f.

25

MARSCHALLBRÜCKE
Construction parlante

C2/e2

Lage Luisenstraße/Wilhelmstraße, 10117 Berlin-Mitte
Bauzeit [a] 1881/82; [b] 1997–99
Tragwerksplanung und Gestaltung [a] Technisches Büro der städt. Baudeputation, Abt. Tiefbau (Leitung: Paul Gottheiner); [b] Pichler Ingenieure mit Benedict Tonon
Geländer und Dekor [a] Kunstschmiede Puls
Ausführung [b] Porr Technobau, Krupp Stahlbau Berlin

Im Zuge der Erweiterung der Wilhelmstraße Richtung Norden war hier 1820 zunächst ein (als Steinbrücke dekorierter) hölzerner Übergang über die Spree gebaut worden. 1881/82 wich er einer reich dekorierten eisernen Bogenbrücke, die die Spree in drei Schwüngen überquerte. Deren südliches Feld wurde in den letzten Tagen des Zweiten Weltkriegs zerstört, doch schon bald in vereinfachter Form wiederaufgebaut. 1995 ging dann aus einem Wettbewerb die Marschallbrücke in ihrer heutigen Fassung hervor.

Ihre zunächst rätselhafte Konzeption erklärt sich aus dem Ziel eines Ausgleichs zwischen verkehrlichen, statischen und denkmalpflegerischen Interessen. Während die nördliche Brückenöffnung zumindest äußerlich erhalten blieb, wurden der südliche Strompfeiler abgetragen und die angrenzenden Felder zu einer einzigen, etwa 39 m weiten Öffnung zusammengefasst. Der Überbau der Straßenbrücke verläuft nun als ein durchgehender Träger über die beiden ungleichen Öffnungen hinweg. Gewahr wird man seiner nicht: Die Ansicht prägen beidseits vorgelagerte Gehwegbrücken, die von der Straßenbrücke konstruktiv vollständig entkoppelt sind.

Im nördlichen Feld werden diese von den besterhaltenen der historischen Zweigelenkbögen getragen. Sie ähneln denen der Kreuzberger [14] **Admiralbrücke**, übertreffen jene aber noch an Schlankheit: Mit nur 53 cm hatten sie im Scheitel die geringste Konstruktionshöhe aller da-

Blick von Südwesten, 2020

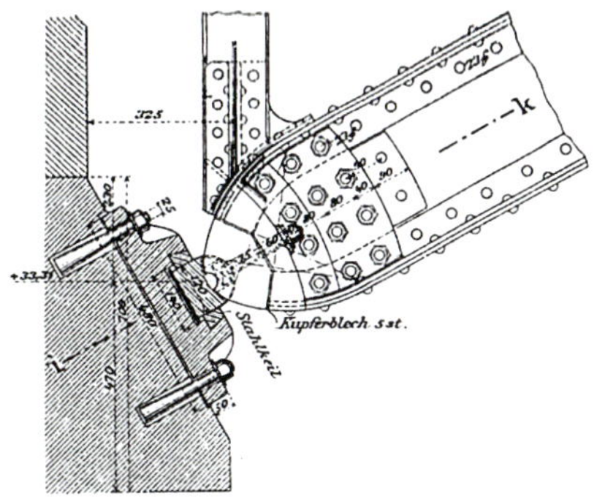

Konstruktion des historischen Kämpfergelenks

Blick von Westen, vor 1896

← Auflager am Strompfeiler, 2020

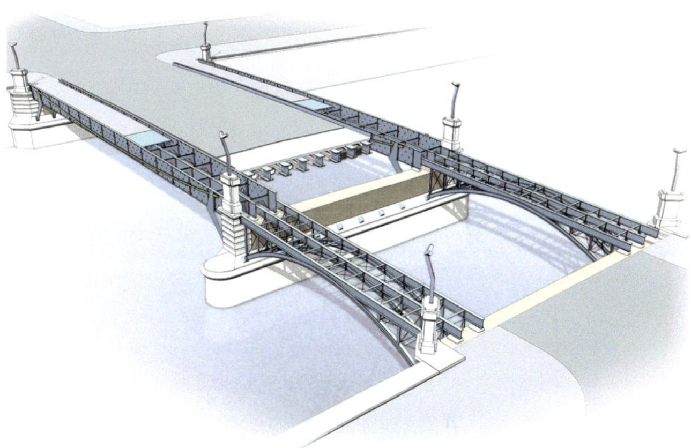

Aufbau der neuen Brücke

mals in Berlin errichteten eisernen Bogenbrücken. Geschuldet war der Rekord dem Kampf um jeden Zentimeter an Durchfahrtshöhe – und eben dieser bestimmte nun auch den Entwurf der beiden neuen Fußgängerbrücken über der großen Öffnung. Zur Minimierung der Höhe sind deren Stahlträger durch beidseits angelagerte Spannglieder und angeschweißte Rahmenschwerter doppelt versteift. Letztere wirken wie eine elastische Einspannung und kontern im (vertikal verschieblichen) Fußpunkt zugleich den Schub der historischen Bögen. Auch für die Straßenbrücke wurde die Minimierung der Konstruktionshöhe zum entscheidenden Entwurfsparameter; zum Einsatz kamen Verbundfertigteilträger des Systems Preflex mit vorgespannten Beton-Zuggurten.
Mit ihrer offensiven Gegenüberstellung der Bautechnik aus zwei Jahrhunderten steht die Marschallbrücke damit nicht nur für den klugen Dialog zwischen Alt und Neu, sondern auch für eine sich mutig erklärende „sprechende Konstruktion“. Die nicht mehr genutzten historischen Bogenträger überspannen im Übrigen heute am Deutschen Technikmuseum den Landwehrkanal als Teil des 2001 eröffneten Anhaltersteg.

Grundlegende Literatur

Die Strassen-Brücken der Stadt Berlin. Berlin 1902, Bd. 1, S. 67f., Bd. 2, Tf. 5f.; Gerhard Pichler, Roland Guggisberg: Marschallbrücke – Ersatzbau im historischen Kontext. In: Stahlbau 66 (1997), S. 797ff.; Eckhard Thiemann, Dieter Descyk: Als die Brücken im Wasser knieten. Zerstörung und Wiederaufbau Berliner Brücken. Berlin 2015, S. 72f.

26

MINNA-TODENHAGEN-BRÜCKE

Schwebende Massen

D3

Lage Minna-Todenhagen-Straße, 12439 Berlin-Niederschöneweide/ 12459 Berlin-Oberschöneweide
Bauzeit 2013–17
Objekt- und Tragwerksplanung Ingenieurbüro Grassl
Gestaltungsberatung Schultz-Brauns & Reinhart Architekten
Ausführung Glass-Ingenieurbau Leipzig; ZSB Zwickauer Sonderstahlbau; Matthäi Bauunternehmen

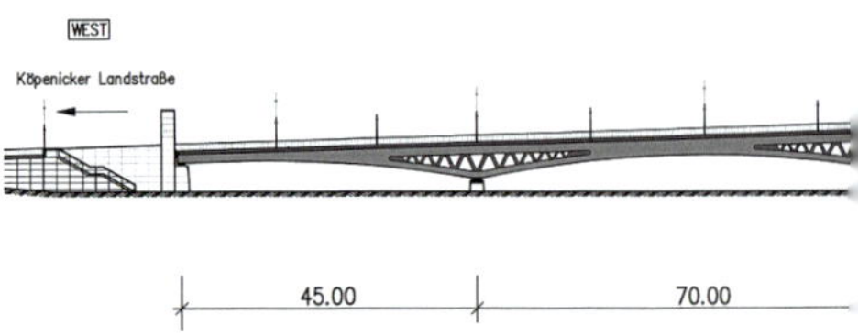

Längs des Britzer Verbindungskanals soll eine Süd-Ost-Verbindung (SOV) künftig als kreuzungsarme Tangentialstraße zur Verbesserung der Verkehrsverhältnisse beitragen. Ihren Endpunkt bildet eine neue Spreequerung für die südöstlich der Kernstadt gelegenen Stadtteile, denen zuvor zwischen Elsen- und Stubenrauchbrücke lediglich eine Personenfähre für die Flussquerung zur Verfügung stand.

Mit fünf unterschiedlich weiten Öffnungen überbrückt das rund 460 m lange Bauwerk neben der Spree auch ein infolge jahrzehntelanger Nutzung durch die chemische Industrie stark kontaminiertes Gelände. Anders als bei zahlreichen jüngeren Berliner Großbrücken ist die Hauptöffnung nicht als Stabbogen konzipiert, sondern bildet als Deckbrücke einen organischen Bestandteil des Brückenzugs.

Das aus zwei Überbauten mit knapp 4 m lichtem Abstand bestehende Tragwerk wirkt wie eine Bogenkonstruktion, ist aber als durchlaufender Balken mit stark variierenden Bauhöhen konzipiert. Beide Überbauten verfügen über jeweils zwei mit Diagonalstäben gefüllte Stahl-Fachwerkträger aus verschweißten Hohlprofilen, deren Ober- und Untergurte in den Feldmitten sowie an den Widerlagern verschmelzen und so einen markanten Rhythmus erzeugen. Statisch wirken sie im Verbund mit den beidseitig auskragenden Stahlbeton-Fahrbahnplatten, die zudem als Scheiben den Großteil der in Querrichtung auftretenden Lasten abtragen. Für die ebenfalls in Stahlbeton ausgeführten Unterbauten fanden unterschiedliche Gründungsarten Anwendung. Während das östliche Widerlager

Blick von Südwesten, 2020

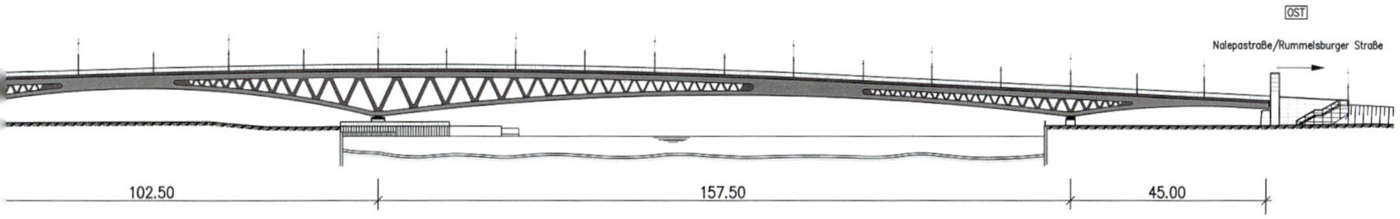

Ansicht, 2017

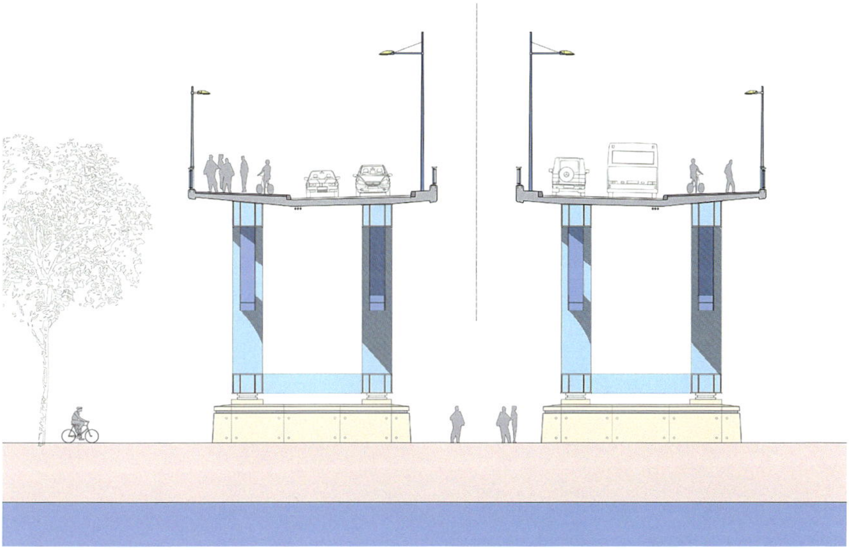

Querschnitt im Bogenscheitel, 2017

sowie beide Flusspfeiler flach gegründet sind, wurden Pfeiler und Widerlager auf der Niederschöneweider Seite mit Großbohrpfählen tiefgegründet, um möglichst wenig des dortigen kontaminierten Erdreichs anzutasten.

Nach der Eröffnung im Dezember 2017 erfolgten sukzessive noch Restarbeiten, etwa die Anbringung emblematischer Lichtstelen über den Widerlagern. Bislang ist die Brücke nur gering ausgelastet. Ihre auf 37 000 Fahrzeuge pro Tag ausgelegte Kapazitätsgrenze wird sie vermutlich erst nach Fertigstellung der SOV erreichen.

Mit ihrer 157,50 m weiten Hauptöffnung ist die Minna-Todenhagen-Brücke die weitest gespannte im Stadtgebiet und zählt insgesamt zu den längsten Brücken Berlins. Als zeitgenössische Interpretation des Stahlfachwerks leistet sie mit ihrer Melange aus kraftvoller Masse und schwebender Leichtigkeit einen bemerkenswerten neuen Beitrag zum Berliner Stahlbrückenbau.

Grundlegende Literatur

Robert William Smith: Neue Spreebrücke in Berlin. In: Brückenbau 9 (2017), S. 163ff.

Verschub des südlichen Überbaus der Hauptöffnung, 2015

WEITE RÄUME

WEITE RÄUME
Von Bögen, Bindern und Rahmen

Neben dem Brückenbau ist die Schaffung großer stützenfrei bedachter Hallen eine der klassischen Herausforderungen für Baumeister und Bauingenieure. Im engeren Sinne werden hier unter „weiten Räumen" solche verstanden, deren Tragstrukturen durch die lineare Reihung gleicher Binder oder ebener Flächentragwerke charakterisiert sind.

Anfänge – Vom Holz zum Eisen, von Reithallen zum Lokomotivbau

In Berlin sind es um 1800 zunächst Reit- und Exerzierhallen für die königliche Familie und das preußische Militär, die durch aus vielen kurzen Brettern gebildete „Bohlendächer" auf sich aufmerksam machen. Vor allem Carl Gotthard Langhans und David Gilly propagieren sie als neue, kostengünstige Variante zu traditionellen Hänge- und Sprengwerkskonstruktionen. Den Auftakt bildet 1791 die auf dem Gelände der heutigen Staatsbibliothek Unter den Linden errichtete Reithalle des Regiments Gens d'armes. Mit ihren knapp 19 m weit gespannten, bis

Reithalle des Regiments Gens d'armes vor dem Abriss, 1902

zum Boden herunter reichenden Bohlenbindern wird sie zum Vorbild zahlreicher Reithallen in Berlin und darüber hinaus. Nicht immer freilich ist solch ein „Nurdach" auch äußerlich erkennbar: In der Reithalle des Prinzen Albrecht (1831) etwa verbirgt Karl Friedrich Schinkel die spitzbogigen Bohlenbinder hinter hohen Wänden und einem aufgesetzten, flach geneigten Dach.

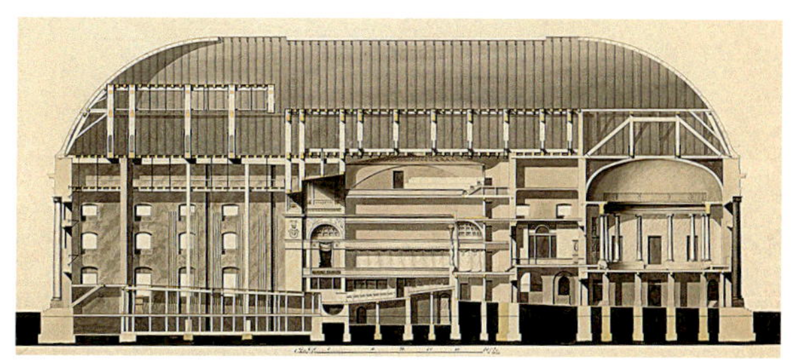

Bohlendach des Schauspielhauses auf dem Gendarmenmarkt, Präsentationszeichnung, 1800

Das mit 2770 m² größte in Preußen ausgeführte Bohlendach entwirft Langhans schon 1800–03 für das damalige Schauspielhaus auf dem Gendarmenmarkt; ein Jahrzehnt zuvor hat er die Bauweise an der deutlich kleineren Kuppel über dem [106] **Tieranatomischen Theater** bereits erkundet. Die schlanken Bohlenbögen des im Berliner Volksmund eher abfällig „Koffer" getauften Schauspielhaus-Daches sind 36 m weit gespannt, zusätzliche Hängewerke übernehmen den Lastabtrag aus den Decken über Zuschauerraum und Bühne. Wie viele Bohlendächer zeigt es bald konstruktive Schwächen, doch bereits 1817 fällt es einem der gefürchteten Theaterbrände zum Opfer.

Auch in den frühen Industriebau findet die Bauweise Eingang, wie etwa in der 1804 gegründeten Königlichen Eisengießerei an der Panke. Zunehmend aber finden hier Eisentragwerke Verwendung. Herausragende Bedeutung kommt dabei dem Eisengießer und Maschinenbauer August Borsig zu, der in den 1840er Jahren seine eigenen Werkshallen nutzt, um Prototypen neuartiger Mischtragwerke aus Guss- und Schmiedeeisen (und zu Beginn auch noch Holz) zu erproben. Die mit „Englischen Bindern" versehene Lokomotivmontage auf dem Stammgelände an der Chausseestraße (1844) ist hierfür ein beeindruckendes Beispiel. Konstruktionsgeschichtlich am bedeutsamsten indes ist die um 1848 entstandene große Tonnenhalle in Borsigs neuem Puddel- und Walzwerk Moabit (1847–49). Ihre 21 m weit gespannten Gitterbögen mit unter der Hallensohle angeordnetem Zugband definieren weltweit erstmals einen Typus, der besonders für große Bahnhofs- und Ausstellungshallen rasch in ganz Europa Verbreitung finden wird.

Lokomotivmontage im Borsigwerk Chausseestraße, um 1865

Tonnenhalle im Borsig'schen Puddel- und Walzwerk Moabit, Aufnahme am heutigen Standort in Eberswalde, 2011

Schwermaschinenhallen der Kaiserzeit

Zwei Jahrzehnte später greift auch Johann Wilhelm Schwedler das Prinzip des Gitterbogens auf – zunächst für die 1867 errichtete Halle des (ehem.) Ostbahnhofs, schon bald darauf dann für eines der großen Retortenhäuser, in denen Kohle zu Gas verkokt wird. Die 33 m weit gespannten Bögen der Retortenhalle der Imperial Continental Gas Association am Landwehrkanal in Kreuzberg ähneln indes nur noch äußerlich jenen des Borsig'schen Werks. Schwedler hat ihnen drei Gelenke eingebaut und das damit statisch bestimmte Tragwerk präzise berechenbar gemacht – sei es auf Grundlage der 1864 erstmals erschienenen „Graphischen Statik" Karl Culmanns und des daraus entwickelten „Cremona-Plans", sei es analytisch auf Basis des 1863 publizierten „Ritter'schen Schnittverfahrens".
Im Industriebau finden derartige „Nurdach-Hallen" mit Gitterbögen im Weiteren jedoch kaum Verwendung. Hier etabliert sich neben der ausgedehnten Flachbauhalle (wie etwa dem im folgenden Kapitel vorgestellten **[47] Siemens-Kabelwerk**) die in der Regel dreischiffige Schwermaschinenhalle als viel genutzter und vielfach modifizierter Haupttypus. In den oft mit Galerien versehenen Seitenschiffen werden die Halbzeuge vorbereitet, die Endmontage der Lokomotiven, Kessel, Turbinen etc. erfolgt im hohen, mit einer Kranbahn ausgestatteten Mittelschiff. In der Regel eher sparsam dekorierte Backsteinfassaden prägen ihr Äußeres und allgemein die Berliner Industriebau-Architektur der Zeit. Als wohl älteste Beispiele sind die **Germaniahalle** am Rande des ehemaligen Borsig-Geländes in Tegel (1872) und die **Bohrwerkstatt der Geschützgießerei Spandau** (1871–74) zumindest noch in Teilen erhalten. Erstere zeigt den gerade in der Frühzeit typischen basilikalen Aufbau mit flacheren, eingeschossigen Seitenschiffen, letztere hingegen verweist mit ihrem abgewinkelten Mansarddach auf einen Typus, der in der Folge aufgrund besserer Belichtung und niedrigerer Schneelast zunehmend Verbreitung finden wird. Ein prominentes Beispiel ist die großflächig verglaste Maschinenbauhalle der Werkzeugmaschinenfabrik Ludwig Loewe in Moabit (1897/98); noch

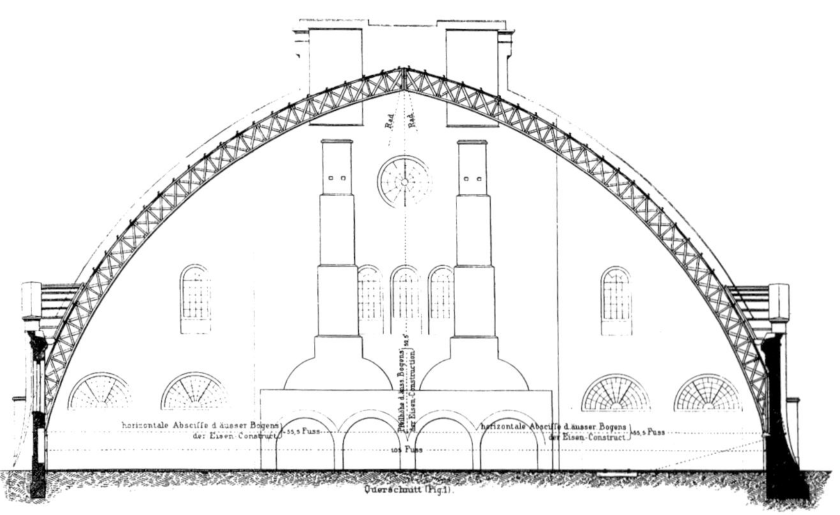

Retortenhalle der Imperial Continental Gas Association, Querschnitt, 1872

Maschinenbauhalle der Werkzeugmaschinenfabrik Ludwig Loewe, im Bau, 1898

erhalten sind etwa die Mansarddächer der **Montagehallen von Orenstein und Koppel** (1900–11) in Spandau oder der zu einem großflächigen Komplex aneinandergereihten [45] **Borsighallen** in Tegel (1896–98).

Eine ausgetüftelte Variante entwickelt Carl Scharowsky 1891/92 für die Montagehalle der Schwartzkopff'schen Maschinenbau AG im Wedding in Anlehnung an das Strukturprinzip der kurz zuvor in Schottland vollendeten Forth Bridge. Mächtige Auslegeträger kragen von den Seitenschiffen in die zentrale Halle hinein, der eingehängte Schwebeträger lässt sich zur besseren Entlüftung über einen Schneckenantrieb anheben. Wenig später wird Schwartzkopff das Kragträgerprinzip für eine weitere, noch größere Werkhalle leicht verändert wieder aufgreifen. Ein nochmal anderes Dach- und Belichtungskonzept zeigt die **Montagehalle der Union-Elektricitäts-Gesellschaft** (1896/97) in Moabit; kräftige Seg-

Werkstatthalle der Schwartzkopff'schen Maschinenbau AG, im Bau, vor 1900

Montagehalle der Union-Elektricitäts-Gesellschaft, um 1900

mentbögen mit quer liegenden Oberlicht-Raupen bestimmen hier das Mittelschiff. Ganz ähnlich strukturiert auch der Siemens-Ingenieur Karl Janisch 1907 die Eisengießerei am Standort Nonnendammallee – nun aber nicht mehr in Stahl: Das mehrschiffige Rahmentragwerk ist die wohl erste in Stahlbeton ausgeführte Industriehalle Berlins.

Längst ist die Elektroindustrie zum Motor für die weitere Entwicklung des Hallenbaus geworden. Ihre veränderten Produktionsabläufe fordern nun Alternativen zum basilikalen Aufbau, und zudem binden die großen Unternehmen zunehmend Hausarchitekten ein, die über viele Jahre auch an den Hallen neue Formen der Industriearchitektur erkunden. Das wohl berühmteste Beispiel dafür ist die 1908/09 errichtete [31] **AEG-Turbinenhalle**, doch auch andere Zeugnisse dieses neuen Gestaltungswillens entstehen noch in der Kaiserzeit, verwiesen sei nur auf die von Bruno Buch gestaltete **RABOMA-Maschinenfabrik** (1914/15) in Wittenau.

RABOMA-Maschinenfabrik, 2020

Zu Beginn des 20. Jahrhunderts ist der noch in viele Stadtgemeinden zergliederte Berliner Raum zum bedeutendsten Industriezentrum des Kontinents geworden – und die Architektur eben dieser Industriebauten prägt nun entscheidend das Gesicht ganzer Stadtquartiere.

Weite Räume jenseits der Industriearchitektur

Schon ab Mitte des 19. Jahrhunderts kommen weitgespannte Stahltragwerke zunehmend auch für Bauaufgaben jenseits des Industriebaus zur Anwendung. 1861 etwa zeigen die 25 m weit gespannten Sichelbinder über der Haupthalle der Neuen Börse noch eine Mischkonstruktion aus Guss- und Puddeleisen, zugleich aber sorgfältig ausgebildete Walzenlager zur Vermeidung von Temperaturzwängungen. Seit Ende der 1860er Jahre sind es dann nicht nur die Perronhallen der zweiten Generation der Berliner Fernbahnhöfe, in denen der Stahlbau seine ganze Reife entwickelt, sondern auch vollverglaste Pflanzenhäuser unterschiedlicher Ausrichtung. 1872–74 errichtet eine Aktiengesellschaft unweit des Charlottenburger Schlosses für ein großes Vergnügungslokal das Palmenhaus Flora; dessen 38 m weite Dreigelenkbögen sind im Scheitel durch ein spezielles Federgelenk verbunden, um übermäßige Verdrehungen abzudämpfen. Nur wenige Jahre später baut man ein ähnlich beeindruckendes Stahl-Glas-Dach über dem Wintergarten im Central-Hotel (1879). Zwei noch erhaltene Beispiele werden mit der 1883 begonnenen [28] **Lichthofüberdachung im Museum für Naturkunde** sowie dem 1907 fertiggestellten [30] **Tropenhaus im Botanischen Garten** in diesem Kapitel genauer vorgestellt.
Auch jenseits der Stahl-Glas-Bauten entstehen im Jahrzehnt vor dem Ersten Weltkrieg markante Stahlhallen, zum Teil mit noch größeren Spannweiten. Zu vorläufigen Rekordhaltern werden der Sportpalast in Schöneberg (1909/10) mit 53 m und die Automobil-Ausstellungshalle I am heutigen Messedamm (1914)

Palmenhaus Flora, um 1880

Drehbare Luftschiffhalle in Biesdorf, um 1912

mit knapp 50 m. Eine gewaltige Stahlhalle ganz anderer Art schließlich wächst 1910 in Biesdorf in die Höhe. Die drehbare Luftschiffhalle der Siemens-Schuckertwerke ist eine technische Meisterleistung: Auf der Basis von Dreigelenkbögen entwickelt der Tragwerksplaner Otto Leitholf eine 135 m lange räumliche Struktur, die sich in jede beliebige Windrichtung drehen lässt und als „modernste Halle ihrer Zeit“ gerühmt wird.

Die Zwischenkriegszeit – Vollwandbinder, Zweigelenkrahmen, höherfeste Stähle und richtig groß

Schon mit der AEG-Montagehalle für Großmaschinen im Brunnenviertel, der heutigen [32] **Peter-Behrens-Halle**, hat sich 1911 eine Entwicklung angedeutet, die für die Zwischenkriegszeit charakteristisch wird: Vollwandbinder treten an die Stelle der Fachwerke. Beim **Bahnhof Friedrichstraße** trifft dies ganz wörtlich zu, als 1923 die bisherigen Fachwerkbögen durch vollwandige Stahlrahmen ersetzt werden. Sind es hier noch Dreigelenk-Strukturen, entfalten in den 1930er Jahren die Zweigelenkrahmen der **S- und Fernbahnhallen am Bahnhof Zoo** mit ihren mächtigen horizontalen Riegeln eine neue, strenge Eleganz. Freilich sind sie nicht die ersten. Schon 1926 findet man ähnliche Konstruktionen in der Turbinenhalle des [89] **Kraftwerks Klingenberg**, und auch Gerhard Mensch hat bereits 1928 für die [34] **AEG-Großtransformatorenhalle** in Oberschöneweide ebensolche Rahmen entwickelt, die zu ihrer Zeit zu den größten ihrer Art in Deutschland gehören. Nur wenige Jahre später setzen die Zweigelenkbinder der Omnibushalle Zehlendorf (1936/37) mit einer Verdoppelung der Spannweite auf gut 60 m neue Maßstäbe. Um die ebenso langen Zugbänder, wie vom Entwerfer gewünscht, ohne jedes störende Spannschloss einbringen zu können, werden sie nach umfangreichen Vorversuchen erstmals (und zudem erst auf der Baustelle) elektrisch stumpf verschweißt. Die ästhetische Qualität der schlanken Binder unterstreicht ein Vergleich mit der 1927/28 errichteten Omnibushalle Treptow (heute [33] **Arena Berlin**), in der noch mächtige, 8,50 m hohe Halbparabel-Fachwerkbinder zum Einsatz gekommen sind.

Keine Rolle spielen gestalterische Gesichtspunkte auch beim durch eine Unterdecke verkleideten Dachtragwerk der für die Olympischen Spiele errichteten Deutschlandhalle. Noch 1935 entfaltet sich hier eine nun allerdings weitgehend im hochfesten Baustahl St 52 ausgeführte Fachwerkstruktur. Als eine der seinerzeit größten Mehrzweckhallen der Welt wird sie in nur neunmonatiger Bauzeit vollendet; stützenfrei überspannt das Dachtragwerk einen Raum von 60 x 95 m, für den Lastabtrag in den Stahlbeton-Unterbau benötigt es lediglich acht Auflagerpunkte.

Weite Räume nach 1945

Schon 1943 wird das Meisterwerk durch eine Brandbombe zerstört; der Wiederaufbau mit Dywidag-Fachwerkbindern in Spannbeton (1956/57, 2011 abgerissen) steht exemplarisch für die neue Bedeutung des Spannbetonbaus im Nachkriegshallenbau. Nicht nur hier führt er allerdings auch immer wieder zu Problemen, im Mai 1980 bitter belegt durch den Einsturz der West-Berliner Kongresshalle (heute [58] **Haus der Kulturen der Welt**). Generell zeigen die nach 1945 in Berlin entstandenen „weiten Räume" eine große Breite konstruktiver Lösungen, die sich – nicht nur hier – nur noch schwer auf wenige Entwicklungslinien verdichten lässt. Im Folgenden wird sie an zehn Bauten exemplarisch aufgezeigt – bis hin zum 70 x 80 m weit spannenden Hauptdach der 2008 eröffneten [43] **Mercedes-Benz Arena**, für das nicht nur mit der Wahl der früher St 52 genannten Stahlsorte S 355, sondern auch mit der Auflagerung auf lediglich vier Punkten die mit der Deutschlandhalle gelegte Traditionslinie fortgeschrieben worden ist.

Omnibushalle Zehlendorf, im Bau, 1936

Dachtragwerk der Deutschlandhalle, im Bau, 1935

Wiederaufbau Deutschlandhalle, 1957

27

RINGKAMMER-OFENHALLE DER KPM

„Sauber" konstruiert

B2/d3

Lage Wegelystraße 1, 10623 Berlin-Charlottenburg
Baujahr 1871
Tragwerksplanung wahrsch. Berliner Maschinenbau-Actien-Gesellschaft vormals L. Schwartzkopff
Gesamtplanung Kgl. Porzellan-Manufaktur (Gustav Möller [Leitung], Emil Boethke)
Ausführung wahrsch. Berliner Maschinenbau-Actien-Gesellschaft vormals L. Schwartzkopff

Die Königliche Porzellanmanufaktur KPM entwickelte ab 1868 an der Spree in Charlottenburg einen neuen Produktionsstandort. Für den kontinuierlichen Betrieb der Ringkammer-Öfen benötigte sie einen großen, stützenfreien und gut zu belüftenden Hallenraum mit einer „feuersicheren" Dachkonstruktion. Die Entscheidung fiel zugunsten von Puddelstahl.

Das von massiven Wänden aus Klinkermauerwerk umfasste Bauwerk hat eine Grundfläche von etwa 23 x 48 m. Beidseits der Längsachse erstrecken sich zwei Reihen von je elf Ofenzellen. Zur Belüftung ist im First ein Oberlichtband mit großen Lüftungsklappen aufgesetzt.

Den Kern des Dachtragwerks bilden 14 Fachwerkbinder mit einer Spannweite von 22,60 m. Die Obergurte sind geneigt, die Untergurte polygonal gekrümmt. Für fast alle Fachwerkstäbe kamen T-Profile zur Anwendung. In den Knotenpunkten sind sie zum Anschluss an die beidseitigen halbkreisförmigen Knotenbleche ausgeklinkt. Zur Erhöhung der Steifigkeit in Hallenlängsrichtung erhielten die Pfetten kopfbandartige Streben, vor allem aber wurden in jedem zweiten Feld in der Dachebene und zwischen den Randpfosten Diagonalverbände aus Rundeisen angeordnet.

Vermutlich wegen der hohen thermischen Belastungen widmete man der Konstruktion der Auflager besondere Aufmerksamkeit. Die Untergurte sind hier mit den leicht geneigten Randpfosten über beidseitige Knotenbleche verbunden; durch ein weiteres, den Flanschen aufgenietetes Flachblech entsteht ein abgerundeter Fußpunkt, der sein Gegenstück in einer gusseisernen Auflagerpfanne findet. Das eigentliche Gelenk jedoch bildet ein kräftiger Bolzen. Eines der beiden Lager ist jeweils im Mauerwerk verankert, das andere läuft auf vier Walzen, wie es seit etwa 1850 im Brückenbau üblich geworden war.

Bei Bombenangriffen im November 1943 nur geringfügig beschädigt, wurde die Halle mit ihrer Ofenanlage bis 1963 genutzt. Es folgten Leerstand und Verfall, bevor alle KPM-Gebäude schließlich von 1998 bis 2003 umfassend saniert wurden. Seit 2006 beherbergt die Ofenhalle die Verkaufsgalerie der KPM.

Ihr filigranes Dachtragwerk war eine der ersten aus Puddelstahl errichteten Konstruktionen dieser Art in Berlin. Als klares

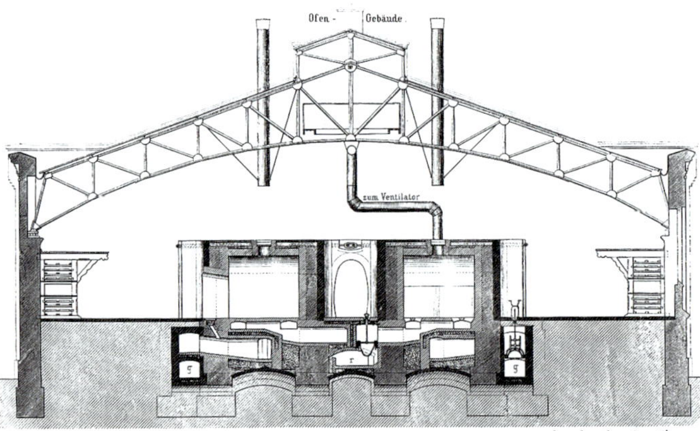

Querschnitt, 1873

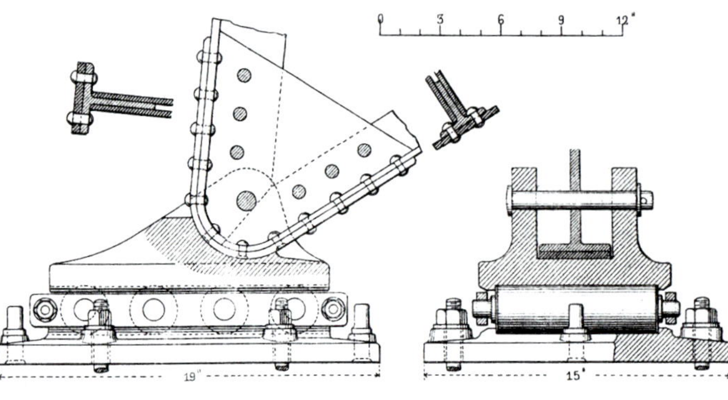

Ausbildung des verschieblichen Auflagers, 1873

Blick in den Dachraum, 2005

Ständerfachwerk mit definierten Fest- und Gleitlagern ist es konsequent auf die Schaffung eines statisch bestimmten und damit „sauber“ berechenbaren Systems ausgerichtet. Ähnliche Binder fanden in den nachfolgenden Jahrzehnten vielfache Anwendung. Heute ist das als Einzeldenkmal geschützte Bauwerk eine der letzten Industriehallen aus den 1870er Jahren in Berlin. *IP*

Grundlegende Literatur

[Gustav] Möller: Die Verlegung der Königlichen Berliner Porzellan-Manufaktur. In: Zeitschrift für Bauwesen 23 (1873), Sp. 269ff., Atlas, Bl. 34ff.; Helmut Engel: Baudenkmal Königliche Porzellan-Manufaktur Berlin. Zur Geschichte eines Staatsbetriebes. Berlin 2004; Ines Prokop: Vom Eisenbau zum Stahlbau – Tragwerke und ihre Protagonisten in Berlin 1850–1925. Berlin 2012, S. 335ff.

Gesamtansicht von Osten, 2010

28

ÜBERDACHUNG DES LICHTHOFS IM MUSEUM FÜR NATURKUNDE

Doppelt verglaste Saurierwelt

C2/e1

Lage Invalidenstraße 43, 10115 Berlin-Mitte
Bauzeit 1883–89
Tragwerksplanung *Stahlbau*: Richard Cramer; *Massivbau*: Mathias Koenen
Gestaltung August Tiede
Ausführung Baufirma Wessel; *Stahllieferanten*: u. a. Völklinger Hütte

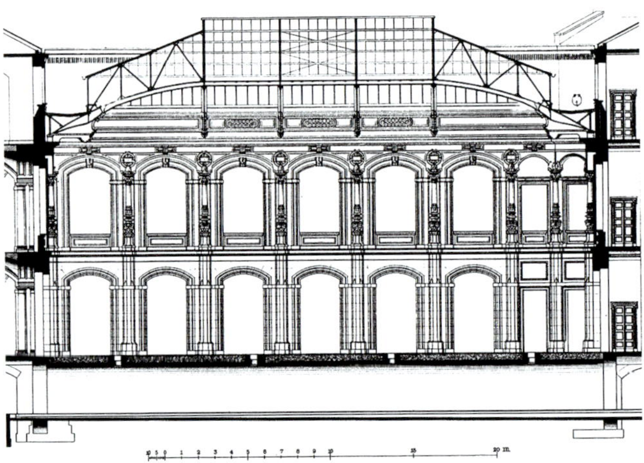

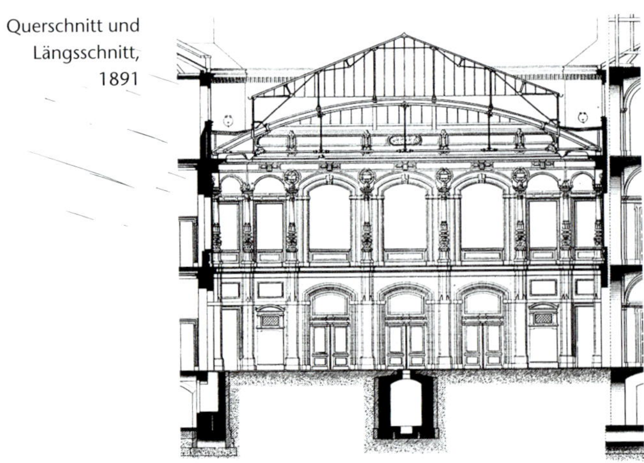

Querschnitt und Längsschnitt, 1891

Seit den 1870er Jahren fanden in Berlins großen öffentlichen Bauten zentrale überdachte Lichthöfe zunehmend Verbreitung. Die in der Regel vollflächig verglasten zweischaligen Überdachungen lassen sich drei verschiedenen Tragwerkstypen zuordnen: a) oberes Wetterschutzdach tragend, b) untere Staubschutzdecke tragend oder c) beide Konstruktionsebenen tragend. Für die Tragwerksplanung vieler dieser Konstruktionen zeichnete der Bauingenieur Richard Cramer verantwortlich. Nach dem Umbau des Alten Museums und dem Neubau des Völkerkundemuseums war das Naturkundemuseum sein dritter großer Museumsbau in Berlin. Das gesamte Gebäude ist nach damaligem Verständnis „feuersicher" ausgeführt, und so war auch für die Lichthofüberdachung eine Stahlkonstruktion gefordert; lediglich die durch massive Dachdecken abgeschirmten Dachstühle bestehen aus Holz. Der 24 x 33 m große Lichthof liegt im vorderen Bereich der mehrflügeligen Anlage. Auf ersten Entwürfen sind die Dachbinder noch als Fachwerke mit reich verzierten, bogenförmigen Untergurten dargestellt. Ausgeführt wurde ein abgewalmtes Wetterschutzdach, das gemäß Tragwerkstyp b) auf einer flach gebogenen, in den Randbereichen sphärisch gekrümmten Staubschutzdecke aufgeständert ist. In der (kürzeren) Haupttragrichtung sind vier parabelförmige Vollwandbinder angeordnet, für die 40 cm hohe Stegbleche mit jeweils zwei L-Profilen als Ober- und Untergurt zu „Blechträgern" vernietet wurden. Den Bogenschub dieser Druckbögen nehmen mehrfach abgehängte Zugbänder auf. Rechtwinklig zu den Hauptträgern ergänzen an den Giebelseiten je zwei Nebenträger sowie zwei Gratträger das eigentliche Dachtragwerk. Das über der Staubschutzdecke dem Auge entzogene Wetterschutzdach ist ein einfaches aufgeständertes System aus unterspannten Hauptsparren, Pfetten und Zwischensparren.
Seit seiner Eröffnung im Jahr 1889 wurde das Museum nahezu durchgängig gemäß seiner ursprünglichen Bestimmung genutzt. Bekannt ist der Lichthof vor allem durch die hier seit den 1930er Jahren ausgestellten riesigen Dinosaurier-Skelette.

Lichthof, 2020

Luftangriffe im Zweiten Weltkrieg überstand er nahezu unbeschädigt. Von 2005 bis 2009 wurde das Dachtragwerk saniert. Die filigrane und differenziert konstruierte Lichthofüberdachung im Naturkundemuseum repräsentiert anschaulich den in den 1880er Jahren erreichten soliden Standard des Bauens mit Puddelstahl. Sie ist eine von wenigen in Berlin noch existierenden Lichthofüberdachungen des ausgehenden 19. Jahrhunderts und die einzige im Original erhaltene Konstruktion, bei der die untere Schale tragend und das obere Wetterschutzdach aufgeständert ist. *IP*

Grundlegende Literatur

F[riedrich] Kleinwächter: Das Museum für Naturkunde der Universität Berlin. In: Zeitschrift für Bauwesen 41 (1891), Sp. 1ff., Atlas, Tf. 1ff.; Ines Prokop: Vom Eisenbau zum Stahlbau – Tragwerke und ihre Protagonisten in Berlin 1850–1925. Berlin 2012, S. 423ff.; Jutta Helbig: Das Berliner Museum für Naturkunde. Baden-Baden 2019

← Detail Hauptträger, 2005

Eingangsfront, 2020

29

HALLE DES HERMANN-VON-HELMHOLTZ-BAUS DER PTB

Stahlbau für den Arbeitsschutz

B2/d3

Lage Fraunhofer Straße 11/12, Kohlrauschstraße 2/12, 10587 Berlin-Charlottenburg
Bauzeit [a] 1903; [b] 1906–08
Tragwerksplanung unbekannt
Gesamtplanung Reichsministerium des Inneren (Johann Hückels [Federführung], Gottfried Rockstrohen)
Ausführung Lauchhammer AG

Grundlegende Literatur
Otto Kamecke: Die Baulichkeiten der ständigen Ausstellung für Arbeiterwohlfahrt. In: Gewerblich-Technischer Ratgeber 3 (1903/04), S. 1ff.; Jürgen Böttcher, Horst Franke: Ehemaliges Arbeitsschutzmuseum. In: Stahlbau 66 (1997), S. 360ff.; Ines Prokop: Vom Eisenbau zum Stahlbau. Berlin 2012, S. 380ff.

Bereits in den 1880er Jahren war in Berlin die Idee einer ständigen „Ausstellung für Arbeiterwohlfahrt" aufgekommen. Mit der zweiten industriellen Revolution hatte sich in den Fabriken das Arbeitstempo und damit verbunden die Unfallgefahr enorm erhöht; die Unfallverhütung war zu einer der zentralen Aufgaben der Arbeitsfürsorge geworden. 1899 bewilligte der Reichstag schließlich Geld für einen festen Ausstellungsbau.

Der Gebäudekomplex besteht aus einem mehrgeschossigen massiven Verwaltungsbau, einem Hörsaal und einer auf kreuzförmigem Grundriss entwickelten Ausstellungshalle. Letztere, 1903 errichtet, ist aus ingenieurtechnischer Sicht von besonderem Interesse. Etwa 5 m breite, umlaufende Galerien gliedern sie in zwei Ebenen und erhöhen die Ausstellungsfläche von rund 1600 m² im Erdgeschoss um weitere gut 800 m². Insbesondere durch großflächig verglaste Dachschrägen ist die Halle sehr gut belichtetet.

Umgeben von massiven Backsteinwänden, bildet eine genietete Skelettkonstruktion aus Flussstahl das innere Tragwerk der Halle. Ihre Hauptschiffe werden von filigranen Fachwerkbindern mit Strebenfachwerk aus L-Profilen überspannt. Die dreifach geknickten Obergurte verweisen auf die typischen Mansarddächer im Industriehallenbau des späten 19. Jahrhunderts, die Untergurte sind jedoch in Form eines

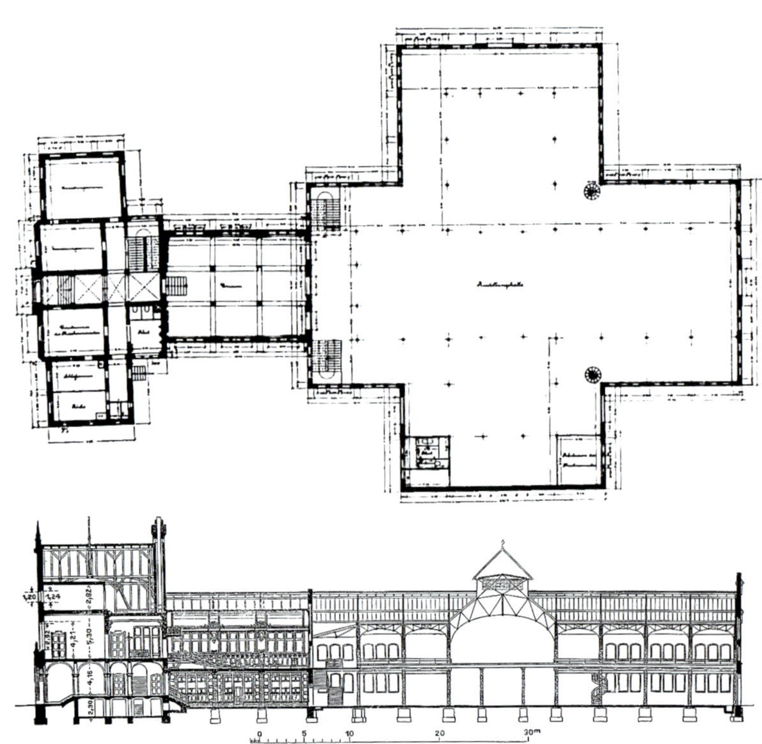

Grundriss Erdgeschoss und Längsschnitt, 1903

Korbbogens gekrümmt. Sie geben dem Stahltragwerk ein wesentlich gefälligeres Aussehen und heben die Halle deutlich vom Industriebau ab. Die größte Spannweite von etwa 17 m erreichten die Fachwerkträger über der Vierung von Längs- und Querschiff. Für die Querträger kamen ebenfalls Fachwerke mit korbbogenförmigen Untergurten zur Anwendung. Die bauzeitlich typischen Gitterstützen sind aus U-Profilen und Flachblechen zusammengesetzt. Der Horizontalaussteifung dienen neben den Außenwandscheiben auch die umlaufenden Galerien.

Die Halle wurde ab 1906 an ihrem nördlichen Ende um etwa 900 m² erweitert. 1927 erfolgte die Umbenennung in „Deutsches Arbeitsschutzmuseum". 1943 brannte sie aus, stand nach dem Krieg dann teilweise leer und war vom Abriss bedroht. 1982 wurde sie unter Denkmalschutz gestellt, und schließlich nach langen Auseinandersetzungen 1995–2000 für die Physikalisch-Technische Bundesanstalt PTB instandgesetzt. Mit ihrem für die Bauzeit charakteristischen Tragwerk gehört die Halle des ehemaligen Arbeitsschutzmuseums zu den herausragenden Denkmalen des Berliner Eisen- und Stahlbaus: Sie ist eines der wenigen in Deutschland zwischen 1900 und 1925 in Stahl errichteten Ausstellungsgebäude und heute das einzige noch erhaltene Zeugnis dieser Bauart. *IP*

Blick in die Ausstellungshalle, 1903

Blick in die sanierte Halle, 2005

30

GROSSES TROPENHAUS IM BOTANISCHEN GARTEN

Der Stahl muss draußen bleiben

B3

Lage Botanischer Garten Dahlem, 14195 Berlin-Lichterfelde
Bauzeit 1904–07
Tragwerksplanung Neubauamt für den Botanischen Garten (August Hertwig), evtl. Heinrich Müller-Breslau (baustatische Prüfung)
Gesamtplanung Neubauamt für den Botanischen Garten (Leitung: Alfred Koerner)
Ausführung Belter & Schneevogl

Bevor er mit den Planungen für die Schauhäuser des neuen Botanischen Gartens in Dahlem begann, bereiste Alfred Koerner Ende des 19. Jahrhunderts die wichtigsten botanischen Gärten Europas. Für Dahlem entwickelte er das Tropenhaus über einer Grundfläche von etwa 29 x 60 m als bedeutendstes Bauwerk. Als Vorbilder für seinen Entwurf dienten Koerner andere große Pflanzenhäuser, etwa in Frankfurt (1869), Laeken (1874–76) und Schönbrunn (1880–82), aber auch die Berliner „Flora" (1872–74). Konsequent ordnete er die stählerne Tragkonstruktion außerhalb der gläsernen Klimahülle an, wodurch Kältebrücken vermieden und somit die Korrosionsgefahren durch Kondenswasser deutlich gemindert werden konnten.

Aus Koerners Entwürfen entwickelte der Bauingenieur August Hertwig ein dreigliedriges Tragsystem. Die Einfach-Verglasung wurde von hölzernen Sprossen eingefasst (Tertiär-Struktur), welche die Lasten auf Z-förmige Pfetten und I-förmige Sparren übertrugen (Sekundär-Struktur). Sechs Dreigelenkbögen mit ca. 30 m Spannweite sowie in vier Ebenen angeordnete Fachwerk-Pfetten bildeten die

Montage der Dreigelenkbögen

Primär-Struktur. Hertwig berechnete das aus Flussstahl gefertigte Tragwerk sehr genau und stufte die aus Kleinprofilen zusammengesetzten Querschnitte differenziert ab. Neuartig gegenüber Vorgängerbauten war die Kombination der filigranen Fachwerkbögen im oberen Bereich mit schlanken Vollwandprofilen im Fußbereich. Über den Fußgelenken verliehen am Steg aufgesetzte Winkel und Bleche den Stützen einen Hauch von Jugendstil. Die Fachwerk-Pfetten übernahmen neben dem Lastabtrag und der Aussteifung auch die Lasten der in drei Ebenen umlaufenden Wartungsgänge. An den beiden Giebeln schlossen jeweils vier radial angeordnete Halbbögen den Großraum ab.

← Blick in die Halle vor der Einrichtung, vmtl. 1906

Fußgelenk, 2005

Lediglich die Gläser und Holzsprossen fielen 1943 Fliegerbomben zum Opfer; 1963–66 wurden sie in einer ersten Instandsetzung durch Acrylglas ersetzt. Ein Jahrhundert nach der Erbauung erfolgte ab 2006 eine Grundinstandsetzung, die unter anderem auf die energetische Verbesserung der Außenhülle abzielte. Die Ertüchtigung des Stahltragwerks für die durch die neue Verglasung erhöhten Eigenlasten gelang durch geschickte Kopplung des historischen Tragwerks mit einem neuen Sprossentragwerk einschließ-

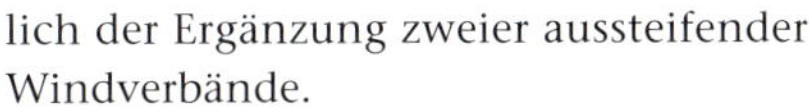

lich der Ergänzung zweier aussteifender Windverbände.

Das Dahlemer Tropenhaus ist eines der größten freitragenden Gewächshäuser der Welt. Die nach außen verlegte Tragkonstruktion hat sich bis heute bewährt. Sie bildete den krönenden Abschluss der jahrzehntelangen Entwicklung und Verbreitung des statisch bestimmten Dreigelenk-Fachwerkbogens im Berliner Stahlbau, an dessen Stelle dann zunehmend statisch unbestimmte und vollwandige Rahmentragwerke treten sollten. *IP*

Tragwerk im Giebelbereich, 2020

Grundlegende Literatur

Alfred Koerner: Der neue Botanische Garten in Dahlem bei Berlin. In: Zeitschrift für Bauwesen 59 (1909), S. 201ff., Atlas, Bl. 25ff.; Sanierung des Großen Tropenhauses im Botanischen Garten Berlin. In: Bautechnik 86 (2009), S. 517f.; Ines Prokop: Vom Eisenbau zum Stahlbau. Berlin 2012, S. 242f., 401ff.

31

EHEMALIGE TURBINENHALLE DER AEG

Ein Industriebau schreibt Geschichte

B2/d2

Lage Ecke Berlichingenstraße/Huttenstraße, 10553 Berlin-Moabit
Bauzeit [a] 1908/09; [b] 1939–41
Tragwerksplanung [a] Karl Bernhard
Gestaltung [a] Peter Behrens; [b] Schallenberger & Schmidt
Ausführung [a] *Stahlbau*: Dortmunder Union; *Massivbau*: Czarnikow & Co.

Die Turbinenhalle ist eines der bekanntesten Industriedenkmale Berlins. In jedem guten Architekturhandbuch zu finden und zumeist mit dem Architekten Peter Behrens in Verbindung gebracht, ist der gestalterisch wie ingenieurtechnisch herausragende Bau auch ein Meisterwerk des Bauingenieurs Karl Bernhard.

Die 1883 in Berlin zunächst als Deutsche Edison-Gesellschaft für angewandte Elektricität gegründete und im Jahr 1888 in Allgemeine Elektricitäts-Gesellschaft umbenannte AEG war um 1900 bereits zum Weltkonzern aufgestiegen. Im Sommer 1907 hatte sie Peter Behrens als künstlerischen Beirat angestellt. Neben dem Werbe- und Produktdesign wurde der architektonische Autodidakt bald schon auch mit Bauplanungen der AEG betraut. Im Herbst 1908 erhielt er den Auftrag für eine neue große Halle zum Bau von Turbodynamos. Den konstruktiven Entwurf und die bautechnische Durchbildung entwickelte der Zivilingenieur Karl Bernhard „nach architektonischen Grundgedanken des Professors Peter Behrens" (Bernhard 1910).

Die Halle besteht aus einem gut 25 m breiten Hauptschiff sowie einem knapp 13 m breiten zweigeschossigen und unterkellerten Seitenschiff. Von den geplanten 207 m Hallenlänge wurden zunächst 127 m ausgeführt. Maßgebend für den Entwurf waren vor allem zwei Vorgaben: eine geforderte Kran-Hubhöhe von 14 m und die für jene Zeit außergewöhnlich große Kranlast von 100 t.

Für das Haupttragwerk der großen Halle konzipierte Bernhard einen asymmetrischen Dreigelenk-Rahmen, der den ästhetischen Ansprüchen von Behrens und der AEG gerecht wurde. Während das Kämpfergelenk an der Berlichingenstraße auf einem 1,80 m hohen Betonsockel markant die Fassade prägt, ruht sein Gegenstück auf der anderen Seite in Traufhöhe auf der Rahmenkonstruktion der Seitenhalle. Durch ein hier zusätzlich angeord-

Entwurfsperspektive von Peter Behrens, 1908

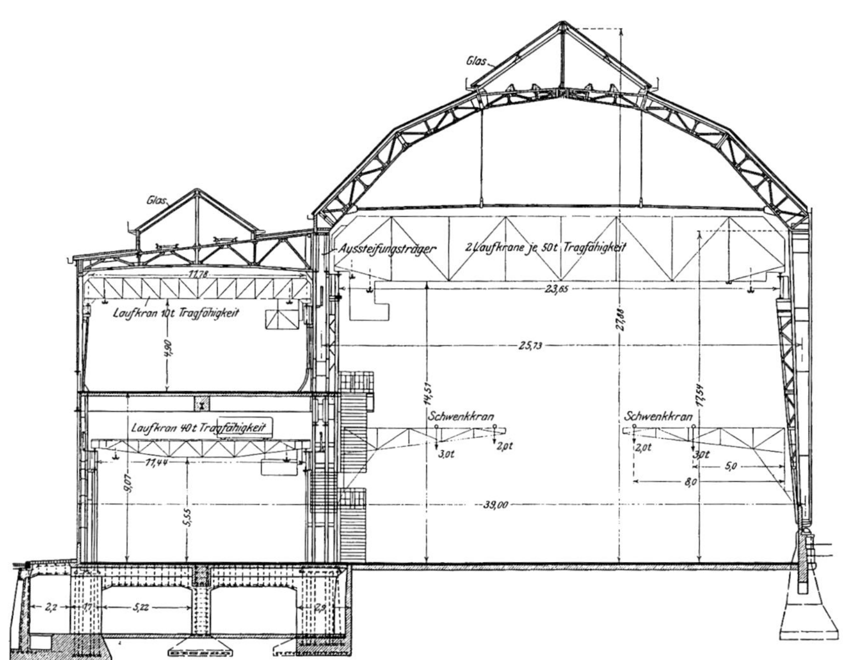

Querschnitt, 1911

netes Zugband gewinnt das Tragwerk deutlich an Steifigkeit. Die Kraft im Zugband des einfach statisch unbestimmten Systems ermittelte Bernhard mit dem in den 1880ern von Heinrich Müller-Breslau entwickelten Kraftgrößen-Verfahren.

Die mansardartige Dachform war um 1900 recht üblich und zehn Jahre zuvor schon bei den [45] **Borsighallen** verwendet worden. „Um das verwirrende Netzwerk der üblichen Binderkonstruktion zu vermeiden" (Bernhard 1910), minimierte Bernhard die Konstruktionshöhe der Fachwerkbinder und näherte ihre Schwerachse so weit wie möglich der Stützlinie an, wodurch die Füllstäbe sehr schlank werden konnten. Die Rahmenstiele an der Längsfront zur Berlichingenstraße wurden als Vollwandstützen ausgeführt. Sie verjüngen sich nach unten, jedoch sind nur die inneren Gurte geneigt, die äußeren verlaufen senkrecht. Für die Längsaussteifung wurden im Inneren in jedem zweiten Feld zusätzliche Aussteifungsträger angeordnet.

Die Längsfassade unterstreicht eindrücklich den hohen gestalterischen Anspruch der beiden Entwerfer: Pfeilerartig treten die Vollwandstützen aus der (von Peter Behrens angeregten) schräg gestellten Verglasung hervor und geben der Längsfront, verstärkt durch die offensiv zur Schau gestellten Kämpfergelenke, eine klare Struktur. Doch während die Konstruktionssprache hier und auch im ge-

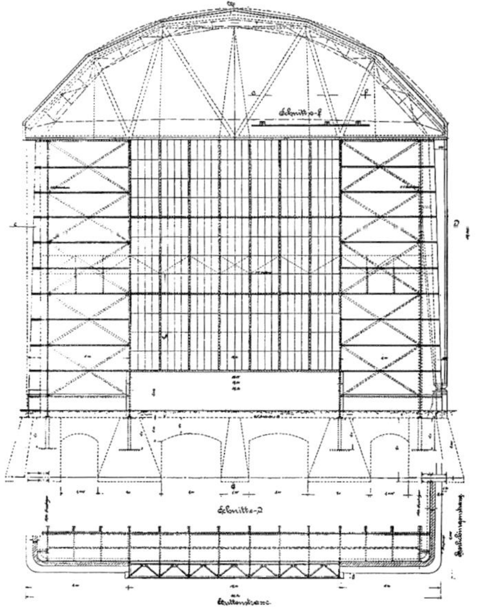

Konstruktion der Giebelwand

Montage der Stahlkonstruktion, 1909

samten Inneren der Halle einer strengen und ablesbaren konstruktiven Logik folgt, zeigt sich die Giebelfront an der Huttenstraße anderen Leitgedanken verpflichtet. Auch deren Tragwerk ist aus stählernen Riegeln und Pfosten aufgebaut, dünne Betonverblendungen suggerieren jedoch einen massiven Baukörper. Behrens' verkleidende Gestaltung der Giebelwand verleitete gar einige Autoren dazu, die Turbinenhalle als „Eisenbetonbau" zu bezeichnen – eine Beschreibung, die bis heute gelegentlich zitiert wird. Beachtung verdient auch das Tragwerk der Seitenhalle. Karl Bernhard zerlegte das an sich vierfach statisch unbestimmte System des Doppelrahmens in zwei Einzelsysteme: in einen oberen, einfach statisch unbestimmten Winkelrahmen mit Pendelstütze und einen unteren, beidseitig eingespannten Rahmen. Beide berechnete Bernhard nach den „Neueren Methoden der Festigkeitslehre" seines Lehrmeisters Müller-Breslau.

Turbinenfertigung, 1910

→ Südöstliche Gebäudeecke, 2008

Kämpfergelenk an der Berlichingenstraße, 2020

Zur Eröffnung gehörte die Turbinenhalle zu den größten Berliner Industriehallen. Im Jahr 1939 wurde sie nach Plänen der Architekten Schallenberger & Schmidt in Richtung Norden verlängert. Seit 1956 steht sie unter Denkmalschutz, 1978 wurde sie saniert. Heute gehört sie zum Siemens-Konzern und wird nach wie vor im Sinne ihrer ursprünglichen Bestimmung zur Fertigung von (nun Gas-)Turbinen genutzt.

In der Geschichte des Stahlbaus markiert die Turbinenhalle den Beginn einer neuen Epoche, in der vollwandige Querschnitte die Gitter- und Fachwerkträger des 19. Jahrhunderts sukzessive ablösten und in der auch statisch unbestimmte Rahmentragwerke vermehrt zur Anwendung kamen – eine Entwicklung, die unter anderem in der [32] **Peter-Behrens-Halle** und der [34] **ehemaligen AEG-Großtransformatorenhalle** fortgeschrieben wurde. Architekturgeschichtlich gilt die Turbinenhalle als bedeutende Wegbereiterin der Moderne. Zugleich ist sie über den seit Anbeginn ausgetragenen Konflikt um die Einordnung der jeweiligen Planungsanteile von Behrens und Bernhard ein zentrales Beispiel für das kontinuierliche Tauziehen zwischen Architekten und Ingenieuren um die Deutungshoheit im modernen Industriebau. Inzwischen gilt es als gesichert, dass der überwiegende Planungsanteil an der Halle wohl dem Bauingenieur Karl Bernhard zuzuschreiben ist. Die mehrfach geknickten Rahmenbinder wurden im Übrigen zu einem Markenzeichen von Bernhards Industriebauten. *IP*

Grundlegende Literatur

Karl Bernhard: Die neue Halle der Turbinenfabrik der Allgemeinen Elektrizitäts-Gesellschaft in Berlin. In: Zentralblatt der Bauverwaltung 30 (1910), S. 25ff.; Karl Bernhard: Die neue Halle für die Turbinenfabrik der Allgemeinen Elektricitäts-Gesellschaft in Berlin. In: Zeitschrift des VDI 55 (1911), S. 1625ff.; Ines Prokop: Vom Eisenbau zum Stahlbau – Tragwerke und ihre Protagonisten in Berlin 1850–1925. Berlin 2012, S. 351ff.

PETER-BEHRENS-HALLE

Eleganz der Arbeit

C1/e1

Lage Gustav-Meyer-Allee 25, 13355 Berlin-Gesundbrunnen
Bauzeit [a] 1911/12; [b] 1927/28
Tragwerksplanung [a] Breest & Co. (?), Redlich & Krämer
Gesamtplanung [a] Peter Behrens; [b] Ernst Ziesel
Ausführung [a] *Stahlbau*: Dortmunder Union; *Massivbau*: Held & Francke

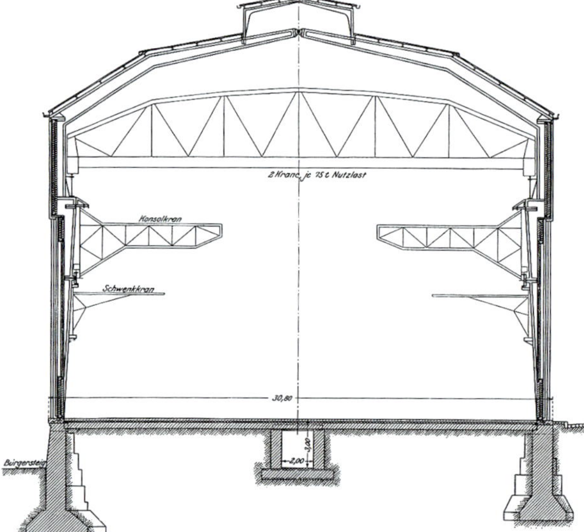

Querschnitt, 1913

Blick von Süden auf die Baustelle, 1912

Direkt neben dem Humboldthain entwickelte die Allgemeine Elektricitäts-Gesellschaft (AEG) ab Mitte der 1890er Jahre von der Brunnenstraße aus schrittweise einen neuen Fabrikkomplex. Dessen südwestlicher Teil entstand ab 1908 unter der künstlerischen Leitung von Peter Behrens. Den räumlichen Abschluss bildete eine längs der Hussitenstraße gelegene Halle für die Montage besonders großer Maschinen von rund 137 m Länge und 30 m Breite, die sich teilweise an die ebenfalls neu errichtete Fabrik für Bahnmaterial anlehnte. Das Bauwerk erinnert in mancher Hinsicht an die kurz zuvor errichtete [31] **Turbinenhalle**. Wie dort bilden bogenartig gebrochene Dreigelenkrahmenbinder das Primärtragwerk, wobei man die Binder hier als gedoppelte Vollwandkonstruktionen ohne Zugband ausführte und die Dachfläche erstmals in einer Berliner Industriehalle vollständig verglaste. Erneut kamen enorm leistungsfähige Laufkrane, nun sogar für 150 t Gesamtlast, zur Anwendung. Ihre Fachwerkträger greifen weit in den Dachraum aus und liegen hierdurch bei nahezu identischen Raumhöhen deutlich höher als bei der Turbinenhalle. Unterhalb der Hauptkrane ließen sich so neben Schwenkkranen auch noch verfahrbare Konsolkrane anordnen. Grundstücksstreitigkeiten führten dazu, dass die Montagehalle erst Ende der 1920er Jahre zur Voltastraße hin auf ihre vorgesehene Länge von rund 177 m gebracht werden konnte. Die AEG nutzte den Bau bis zur Aufgabe des Standorts Anfang der 1980er Jahre. In der Folge wurde die Halle als Bestandteil des Technologie- und Innovationsparks Berlin (TIB) unter Leitung der Architektengemeinschaft Fehr + Partner bis zum Jahr 2003 sukzessive saniert. Heute dient sie dem Institut für Bauingenieurwesen der TU Berlin als Versuchshalle.

Als einer der größten Hallenräume seiner Zeit zählt das denkmalgeschützte Bauwerk zu den herausragenden Berliner Ingenieurleistungen der späten Kaiserzeit. Anders als die Aufmerksamkeit heischende Turbinenhalle war die ehemalige Montagehalle der AEG-Großmaschinenfabrik darüber hinaus ein folgenreicher Schritt in Richtung einer „sachlichen" Architektursprache. Neben ihrem lichtdurchfluteten, ruhigen Innenraum gilt dies insbesondere für die elegante Fassade an der Hussitenstraße. Deren tektonischer Aufbau aus vor- und zurückspringenden Linien und Flächen zeigt sich stets der strengen Logik der zugrundeliegenden Ingenieurkonstruktion verpflichtet. Nicht wenige vermeinen hier die Handschrift von Behrens' damaligem Mitarbeiter Ludwig Mies van der Rohe zu erkennen.

Grundlegende Literatur

Die neue Halle der AEG für die Herstellung großer elektrischer Maschinen. In: Zeitschrift des Vereines Deutscher Ingenieure 57 (1913), S. 1199f., 1281; Tilmann Buddensieg mit Henning Rogge u. a.: Industriekultur. Peter Behrens und die AEG 1907–14. Berlin 1979, D73ff.; Stanford Anderson: Peter Behrens and a New Architecture for the Twentieth Century. Cambridge (Mass.), London, 2002, S. 156ff.

↑ Innenraum, 1913

↓ Blick von Norden, 2015

33

ARENA BERLIN

Beeindruckender Pragmatismus

C2/g3

Lage Eichenstraße 4–6, 12435 Berlin-Treptow
Bauzeit 1927/28
Tragwerksplanung Friedrich Haltern
Gesamtplanung Franz Ahrens
Ausführung *Stahlbau*: C. H. Jucho

Hallenraum nach Westen, 1928

Nach der bereits zuvor eingeführten elektrischen Straßenbahn eroberten seit 1906 auch motorisierte „Kraftomnibusse" die Berliner Stadtlandschaft. Für die stetig zahlreicheren und immer größeren Fahrzeuge benötigte die Allgemeine Berliner Omnibus AG (ABOAG) neue Betriebshöfe, die mit großen stützenfreien Hallen ein möglichst freies Rangieren erlaubten. Der Betriebshof Treptow war auf die Revision von etwa 160 Omnibussen ausgelegt. Diese wurden dort nachts für den täglichen Einsatz gereinigt und instand gehalten. Nach umfangreichen Wirtschaftlichkeitsberechnungen entschied man sich für eine stützenfreie Halle von 100 x 70 m mit einer Durchfahrtshöhe von 4,50 m. Für Arbeiten am Fahrgestell der Busse gab es Arbeitsgruben, zahlreiche große Oberlichter sorgten für eine gute Belichtung. Für den Brandschutz wurde eine Sprinkleranlage eingebaut.

Obwohl in den 1920er Jahren Vollwandbinder und vor allem auch Rahmentragwerke längst üblich geworden waren, kamen hier für die gewaltige Spannweite von 70 m schlichte, in Achsabständen von 20 m angeordnete Halbparabel-Fachwerkträger zur Anwendung. Ausschlaggebend waren baustatische und wirtschaftliche Gründe. So erschwerten der schlechte Baugrund und die direkte Lage an der Spree eine sichere Aufnahme der Horizontalschübe etwa von Dreigelenkbögen oder auch die Anordnung von Zugbändern im Boden der Halle. Die gewählten Fachwerkträger ruhen stattdessen schubfrei auf je einem festen und einem beweglichen Auflager. Jeder Binder wiegt rund 105 Tonnen; der resultierende Stahlverbrauch von etwa 86 kg/m^2 war vergleichsweise niedrig und lag unter dem bei einer vollwandigen Ausführung zu erwartenden Wert. Insgesamt erwies sich die Fachwerkvariante als um etwa ein Viertel preiswerter als eine Lösung mit Vollwandbindern. Hinzu kamen die vergleichsweise kurze Lieferzeit, eine optimale Flächenausnutzung sowie die einfache Möglichkeit der Abhängung von Rohren, Laufkatzen etc. Die durchaus erkannten gestalterischen Nachteile der Fachwerkbinder wurden dafür in Kauf genommen. Im Februar 1928 konnte die Halle in Betrieb gehen. Nach dem Zweiten Weltkrieg diente sie zeitweilig als Flüchtlingslager. Seit dem Mauerbau 1961 lag sie im Ost-Berliner Grenzgebiet, wurde jedoch bis 1993 weiterhin als Busdepot genutzt. Danach übernahm ein Kulturverein die Trä-

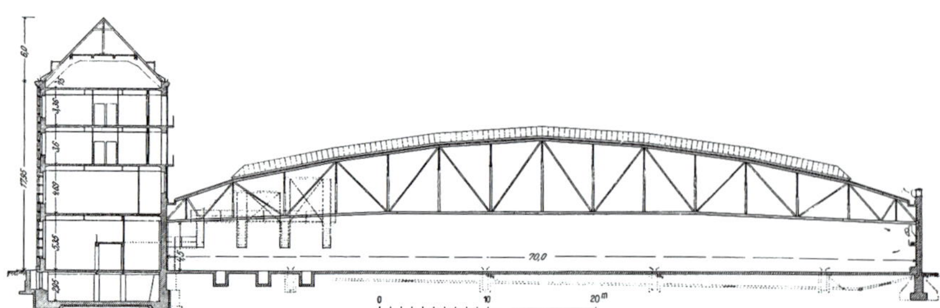

Querschnitt, 1931

Blick von Westen, 2020

gerschaft und organisierte erste kulturelle Veranstaltungen. Im Jahr 2000 umfassend saniert, zählt sie heute zu den populärsten Veranstaltungsstätten der Stadt. Seinerzeit war sie die größte freitragende Halle Berlins – und so ist der ehemalige Betriebshof Treptow nicht nur ein bedeutendes Zeugnis der Verkehrsgeschichte, sondern auch der Bautechnikgeschichte der Stadt. *IP*

Grundlegende Literatur

[Gotthard] Quarg: Über die Wirtschaftlichkeit großer Spannweiten im Garagenbau. In: Die Bautechnik 6 (1928), S. 315ff.; Otto Riedrich: Die neuen Betriebshöfe für Kraftomnibusse der Berliner Verkehrs-A.-G. In: Deutsche Bauzeitung 65 (1931), Beilage Konstruktion und Ausführung, S. 53ff.

Hallenraum nach Nordwesten, 1995

34

EHEMALIGE GROSS-TRANSFORMATORENHALLE DER AEG

Stilvolles Kraftpaket

D3

Lage Edisonstraße 1–8, 12459 Berlin-Oberschöneweide
Bauzeit 1928/29
Tragwerksplanung Bauingenieurbüro Gerhard Mensch
Gesamtplanung Ernst Ziesel
Ausführung Krupp-Druckenmüller

Grundlegende Literatur
E[rich] Heideck: Eine neue Fabrikationshalle der AEG. In: Der Bauingenieur 10 (1929), S. 900ff.; E[rich] Heideck: Neuzeitliche Hallenbauten der Allgemeinen Elektrizitäts-Gesellschaft Berlin. In: Der Industriebau 21 (1930), S. 132ff.; Denkmaltopographie Bundesrepublik Deutschland: Denkmale in Berlin. Bezirk Treptow-Köpenick, Ortsteile Nieder- und Oberschöneweide. Petersberg 2003, S. 91–96

Auf der Suche nach Expansionsmöglichkeiten hatte die AEG Mitte der 1890er Jahre begonnen, einen neuen Standort in Oberschöneweide zu erschließen. In den folgenden Jahrzehnten entstanden dort unter Mitwirkung bedeutender Architekten wie Peter Behrens, Jean Krämer und Ernst Ziesel richtungsweisende Produktionsstätten.
Eine davon war die neue Großtransformatorenhalle. Transformatoren waren in den 1920er Jahren immer größer und schwerer geworden. Ergänzend zu den bisherigen Hallen für deren Fertigung in Gesundbrunnen ließ die AEG deshalb in Oberschöneweide auf einer Fläche von 93,50 x 33 m eine neue, auf die gewachsenen Ansprüche ausgelegte Produktionsstätte errichten. Rechtwinklig zu einer bereits bestehenden Halle angeordnet, durchdrang sie diese am nordwestlichen Ende und konnte so deren Gleisanbindung mit nutzen. Zwei in 11 m und 16 m Höhe übereinander liegende Kranbahnen ermöglichten Lasttransporte bis zu 200 t. Die großflächige Verglasung an den Längsseiten sicherte eine optimale Belichtung und ließ den Bau klar und modern erscheinen.
Für das Haupttragwerk wählte Gerhard Mensch vollwandige genietete Zweigelenkrahmen. Die flach geneigten Riegel und die Ausbildung der Rahmenecken entsprachen neuester Stahlbaupraxis; die Auflagergelenke lagen in Fußbodenhöhe, wobei auf ein Zugband verzichtet wurde. Zur Aussteifung des Tragwerks in Längsrichtung wählte Mensch statt der üblichen Diagonalverbände zweigeschossige Aussteifungsrahmen zwischen den ersten drei giebelseitigen Bindern. Die Außenwände sind vor das Haupttragwerk gesetzt und als Stahlfachwerke mit einer 25 cm dicken Ausmauerung ausgefüllt. Spätere Anbauten beeinträchtigten nachhaltig das

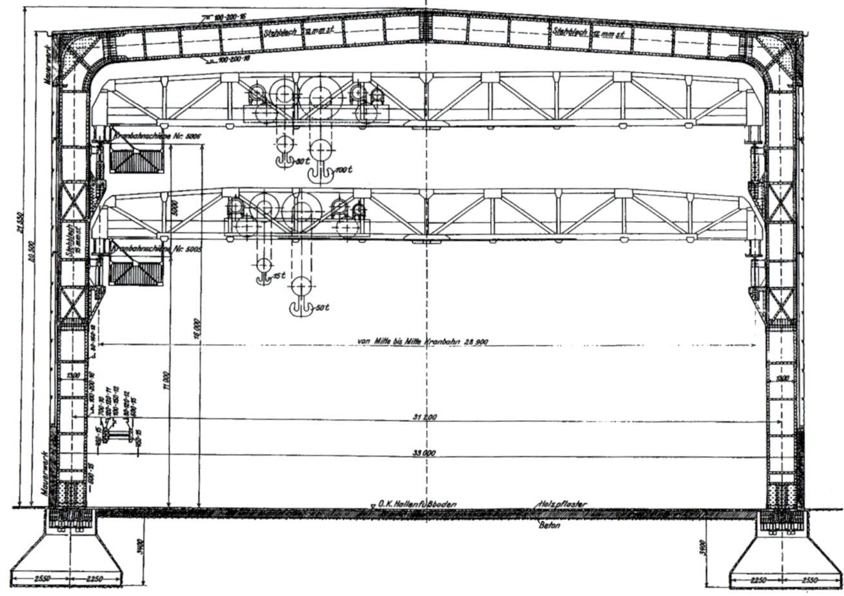

Querschnitt, 1929

Innenraum, 2020

starke architektonische Gesamtbild. Im Zweiten Weltkrieg wurde die Halle kaum beschädigt. Ab 1949 konnte die Produktion – nun unter der Ägide des VEB Transformatorenwerks TRO – für weitere 40 Jahre fortgeführt werden. In den 1990er Jahren stand das zwischenzeitlich denkmalgeschützte Bauwerk zeitweilig leer, im Jahr 1995 folgte eine Sanierung. Gegenwärtig dient es verschiedenen kleineren Firmen vornehmlich als Lager.

Gefeiert als „eines der schönsten Ingenieurbauwerke“ seiner Zeit gehörte die AEG-Großtransformatorenhalle mit einer Stützweite von 31,20 m zu den damals größten ihrer Art in Deutschland; die Kranbahnen galten als die leistungsfähigsten von ganz Berlin. Bautechnikgeschichtlich bezeugt sie eindrücklich die Möglichkeiten der genieteten Vollwandrahmen im Industriebau. Im Wirken von Gerhard Mensch für die AEG, die ihm in den 1920er Jahren sämtliche Tragwerksplanungen für Oberschöneweide übertragen hatte, bildet sie unstrittig einen der Höhepunkte. *IP*

← Blick von Südwesten, 1930

Blick von Südwesten, 2020

35

HALLE 25 DER MESSE BERLIN

Noblesse in Spannbeton

A2/b3

Lage Messegelände, 14055 Berlin-Westend
Baujahr 1957
Tragwerksplanung Ed. Züblin (Federführung: Volker Hahn, Hans-Peter Werse)
Gesamtplanung Abt. VI Hochbau beim Senator für Bau- und Wohnungswesen (Federführung: Bruno Grimmek)
Ausführung Ed. Züblin, Wayss & Freytag

Blick über die Baustelle, 1957

Blick von Süden kurz vor der Fertigstellung, 1957

Der Wiederaufbau des im Zweiten Weltkrieg teilweise stark zerstörten Messegeländes war für das Wirtschaftsleben im von seinem Hinterland abgeschnittenen West-Berlin von essenzieller Bedeutung. Nach der Wiederherstellung von sechs Ausstellungshallen entstand 1957 auf der Grundlage eines 1950 entwickelten Erweiterungsplans im Südwesten des Geländes ein neuer, zur Präsentation von Gütern der Schwerindustrie vorgesehener Hallenbau. Er war mit einer Ausstellungsfläche von 7500 m² der bis dahin größte auf dem Messegelände und verfügte über einen eigenen Gleisanschluss fur Schwertransporte. Die Baukosten in Höhe von 4,8 Mio. DM wurden aus dem von der Bundesregierung aufgelegten Aufbaukredit für (West-)Berlin finanziert.

Die nach einem Entwurf von Baudirektor Bruno Grimmek errichtete 150 m lange Halle hat eine lichte Höhe von 15,70 m. Ihre architektonische Gestalt ist durch

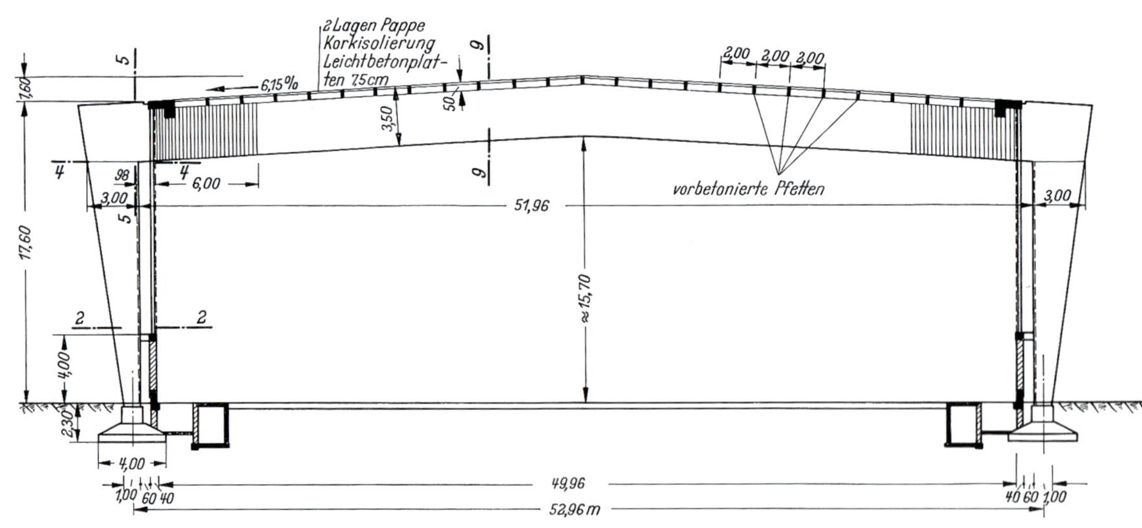

Querschnitt, 1957

Innenraum, 2020

den Takt der keilförmigen Stützen der im Abstand von 12,50 m angeordneten Stahlbetonrahmen bestimmt. Die auf der Innenseite glatt durchlaufenden Wände sind in einen Mauerwerkssockel und ein 13 m hohes gläsernes Lichtband unterteilt. Zwei große Schiebetore an den Längsseiten ermöglichen das Einfahren der Ausstellungsstücke.
Die Tragwerksplanung lag bei der Ed. Züblin AG, die Bauleitung bei Walter Simon und Klaus Dau, Prüfingenieur war Werner Koepcke. Für die Spannweite von 53 m wählten die Ingenieure Spannbeton-Binder mit T-Profil, die nach dem System Freyssinet mit Einzelspanngliedern und 50 t Spannkraft vorgespannt wurden. In die Riegel wurden 14 und in die Stützen jeweils 9 Spannglieder eingebracht. Die Ausführung als Zweigelenkrahmen verringerte den Horizontalschub und ermöglichte es, auf Zugbänder zu verzichten; die Gründungskosten konnten dadurch niedrig gehalten werden. Eine Dehnungsfuge in der Mitte teilt die Halle in zwei Hälften, die jeweils an den Enden durch längslaufende Stahlbeton-Wandscheiben ausgesteift sind; auch das massive Kragdach trägt zur Längssteifigkeit bei. Als Pfetten wurden Fertigteile aufgebracht.
Das als Halle XII „Berlin" eingeweihte Bauwerk war eine der ersten mit Spannbeton-Rahmen errichteten Großhallen in Deutschland. Es begeistert noch heute durch die nüchterne Eleganz der aus der Konstruktion heraus entwickelten Architektursprache. Nach wie vor als Ausstellungshalle genutzt, bildet es gemeinsam mit den anderen seit den 1920er Jahren auf dem Messegelände errichteten Ausstellungshallen ein beeindruckendes Ensemble der Konstruktions- und Architekturgeschichte des jüngeren Hallenbaus.

Grundlegende Literatur

Bruno Grimmek: Die neue Messehalle XII – Halle Berlin. In: Bauwelt 48 (1957), S. 906f.; Volker Hahn, Hans-Peter Werse: Vorgespannte Zweigelenkrahmen als Hallenbinder. In: Beton- und Stahlbetonbau 52 (1957), S. 222ff.; Bauwerke und Kunstdenkmäler von Berlin – Stadt und Bezirk Charlottenburg, Bd. 1, Teil 2. Berlin 1961, S. 542, 548f.

36

WELLBLECHPALAST

Dynamos Leichtbau

D1/h1

Lage Konrad-Wolf-Straße 39, 13055 Berlin-Alt-Hohenschönhausen
Bauzeit 1963/64
Tragwerksplanung Hutní projekt Praha (Josef Zeman)
Gesamtplanung Entwurfsbüro 110 (D) (Walter Schmidt [Leitung], Heinz Büttner, Horst Jekosch, Jürgen Giesemann); Entwurfsbüro Hochbau II (Heinz Tellbach)

Als Heimstatt des neu gegründeten SC Dynamo Berlin entstand ab Mitte der 1950er Jahre auf dem Gelände eines kriegszerstörten Wohngebiets das „Sportforum Weißensee“. Die Planung der zahlreichen Sportanlagen oblag einem eigens eingerichteten Entwurfsbüro, das ebenso wie der Sportclub dem Ministerium für Staatssicherheit zugeordnet war.

Anfang der 1960er Jahre sollte eine zunächst als Freiluftanlage betriebene Eissportfläche wetterfest gemacht werden. Hierfür übernahm man als „Wiederverwendungsprojekt“ den Entwurf des Dachtragwerks der Eishockeyhalle im tschechischen Kladno. Dieses besteht aus gekrümmten, 75 cm hohen Fachwerkbindern aus Rohr- und Walzstahl, die zu einem rautenförmig strukturierten Lamellengewölbe mit Zugband von 58,28 m Spannweite verbunden wurden. In Längsrichtung eingezogene Fachwerk- und Rohrpfetten dienen der Aussteifung und als Auflager für die Dachdeckung. Ihre Anzahl wurde in Berlin verdoppelt, da man das Dach nicht mit Wellblech, sondern mit weicheren gewellten Kunststoffplatten eindeckte. Außerdem wurden die Bindersegmente aus Sicherheitsgründen nun mit hochfesten Schrauben verbunden. Anders als in Kladno besteht in Berlin zudem der Unterbau ebenfalls aus stählernen Stützen und Riegeln. Seine Außenwände wurden bis zur Höhe des Gewölbeansatzes mit doppeltem „Copilit“-Profildrahtglas versehen, in den Giebelwänden kamen darüber transluzente Polyesterwellplatten zum Einsatz.

Versehen mit Nebenbauten und Zuschauertribünen, diente die Eisporthalle bis zur Eröffnung der heutigen [43] **Mercedes-Benz Arena** im Jahr 2008 als Spielstätte des SC Dynamo und seines Nachfolgers EHC Eisbären Berlin. Die Fassaden sowie

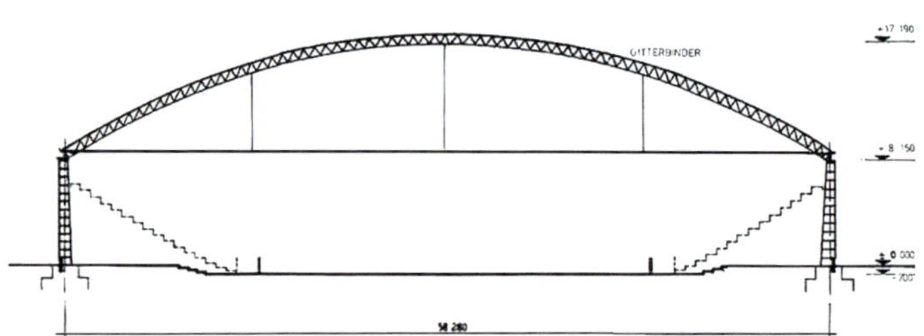

Querschnitt, 1966

Montage der vorgefertigten Tragwerkelemente, 1963

Nachtansicht von Westen, 1963

Innenraum, 2020

die Dacheindeckung wurden im Rahmen mehrerer Sanierungsmaßnahmen in den 1990er und 2000er Jahren erneuert und deutlich verändert. Eine Tragwerksertüchtigung im Hinblick auf die heutigen Anforderungen bezüglich Schnee- und Windlasten soll in den nächsten Jahren erfolgen.

Gemeinsam mit den nebenan zu Beginn der 1970er Jahre unter abermaliger Mitwirkung Josef Zemans errichteten Mehrzweckhallen ist der nicht unter Denkmalschutz stehende Wellblechpalast ein bedeutendes Beispiel für Typenprojektierung und internationalen Bautechnologietransfer innerhalb des Warschauer Pakts. Sein leichtes Lamellendach verfügt über ein Stahlgewicht von lediglich gut 20 kg/m^2 und stellt einen eigenständigen Entwicklungsschritt in der Weiterentwicklung dieses Tragwerkstypus dar, dem auf West-Berliner Seite kontrapunktisch die Stahlbeton-Rautennetzdächer der Sporthallen Schöneberg (1952–54) und Charlottenburg (1962–64) gegenüberstehen.

Grundlegende Literatur

Josef Zeman: Leichte stählerne Rohrkonstruktionen für Überdachungen von großen Räumen. In: Bauplanung – Bautechnik 19 (1965), S. 285ff.; Walter Schmidt: Neubauten im Sportforum Berlin. Eissportanlagen. In: Deutsche Architektur 15 (1966), S. 461ff.; Josef Zeman: Eine Serie von bogenartigen in der ČSSR entwickelten Konstruktionen in Lamellenbauweise. In: IVBH Berichte der Arbeitskommissionen (1971), Nr. 9, S. 191ff.

ERIKA-HESS-EISSTADION

Schlicht abgehängt

C1/e1

Lage Müllerstraße 185, 13353 Berlin-Wedding
Bauzeit 1965–67
Tragwerksplanung Werner Torge
Gesamtplanung Od Arnold
Ausführung vmtl. Beton- und Monierbau AG

Blick über die Baustelle, um 1966

Blick von Westen, um 1967

Querschnitt, 1968

Anfang der 1960er Jahre begannen erste Planungen für den Bau einer „Volkseisbahn" im Wedding. Als mit der Aufgabe der Straßenbahn im Westteil der Stadt die Bahnmeisterei Sellerstraße überflüssig wurde, entschloss man sich zur Errichtung der Anlage auf deren direkt an der Mauer gelegenem Grundstück.

Der nach mehreren Umarbeitungen schließlich umgesetzte Entwurf umfasste zwei rund 2,50 m eingetiefte Eisflächen von jeweils 30 x 60 m mit einem dazwischen gelegenen Funktionsgebäude. Eine der beiden Eislaufbahnen war für die öffentliche Nutzung unter freiem Himmel im Winterhalbjahr vorgesehen. Die andere Fläche wurde mit Tribünen sowie einem rund 50 x 70 m messenden Dach versehen und sollte ganzjährig für Vereinssport und Wettkämpfe zur Verfügung stehen.

Prägendes Element der Anlage sind fünf nebeneinander gereihte Pyramidenböcke aus Stahlbeton, die sich knapp 20 m über das Gelände erheben. Die Fußpunkte benachbarter Bockstreben vereinigen sich jeweils an den unterirdisch gelegenen Auflagern und werden über Zugbänder mit ihren gut 55 m entfernt gelegenen Gegenstücken verspannt. Ebenfalls in Hallenquerrichtung werden die Bockstreben auf halber Höhe exakt oberhalb der Ränder der Eisfläche von Stahlbetonträgern durchdrungen, die nach außen jeweils noch rund 10 m auskragen. Abspannungen mit Stahlseilen von den Pyrami-

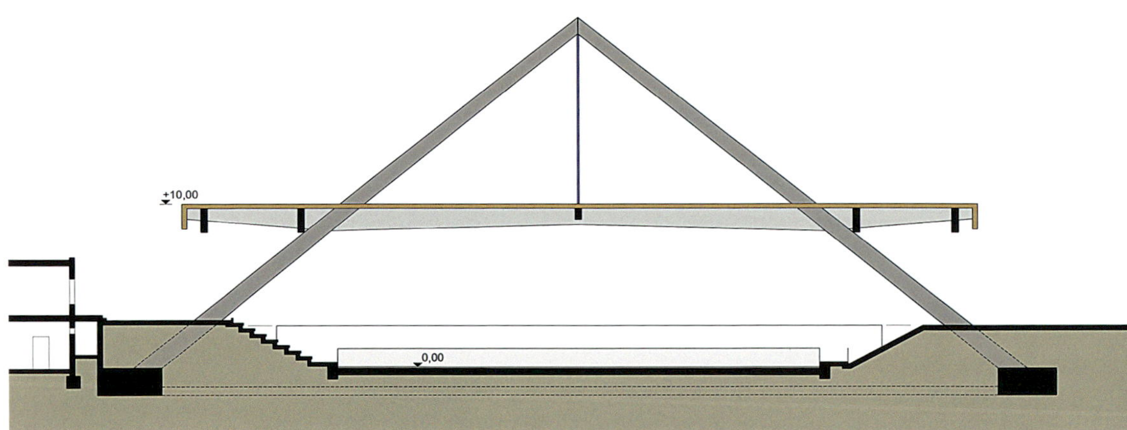

Innenraum, 2020

denspitzen sorgen in Trägermitte für ein drittes Auflager. In Hallenlängsrichtung werden die leicht gevouteten Hauptträger durch fünf Längsträger miteinander verbunden, darüber liegt die Unterkonstruktion des flachen Dachs.

Zunächst zu allen Seiten hin offen, wurde das Eisstadion Wedding 1983/84 nach Entwurf des bereits für den Ursprungsbau verantwortlichen Architekten Od Arnold zu einer geschlossenen Mehrzweckhalle umgebaut. 1987 erhielt es im Andenken an die kurz zuvor verstorbene Weddinger Bezirksbürgermeisterin den heutigen Namen. Eine Dachsanierung erfolgte zuletzt 2004.

Das nicht denkmalgeschützte Bauwerk zählt zu den prägnantesten Berliner Beispielen eines vom Tragsystem ausgehenden Architekturkonzepts. Die ursprüngliche Wirkung eines gleichsam schwerelos über der Eisfläche schwebenden Dachs wurde durch die Umbauten allerdings stark beeinträchtigt. Ehemals von außen wie innen ablesbar, ist die Logik des unkonventionellen Tragwerks infolge der Einhausung der Eisfläche, der Erweiterung der Funktionsbauten und der Anbringung umfangreicher Lüftungsrohrleitungen unter der Decke heute nur noch schwer nachzuvollziehen.

Grundlegende Literatur

Od Arnold: Eisstadion in Berlin-Wedding. In: Bauwelt 59 (1968), S. 187ff.; Frieder Roskam: Bauten für Sport und Spiel. Gütersloh 1970, S. 182f.; Berlin und seine Bauten, Teil VII, Bd. C: Sportbauten. Berlin 1997, S. 96ff., 195.

38

BVG-REPARATURHALLE INDIRA-GANDHI-STRASSE

Leichtes Dach, starke Form

D1/h1

Lage Indira-Gandhi-Straße 98, 13053 Berlin-Alt-Hohenschönhausen
Bauzeit 1965/66
Tragwerksplanung VEB Industrieprojektierung Berlin (Rudolf Knippel, Karlheinz Reitzig, Hermann Kißig, Volkmar Wurzbacher)
Gestaltung VEB Industrieprojektierung Berlin I (*Entwurf*: Horst Schoebel, Bernhard Altenkirch; *Ausführungsprojekt*: Günter Franke)
Ausführung VEB Ingenieurhochbau Berlin

Nach der Teilung der Stadt war der Ost-Berliner Omnibusbetriebshof in der Weißenseer Puccinistraße Anfang der 1950er Jahre hoffnungslos überlastet. 1958 begannen daher an der Lichtenberger Straße (heute Indira-Gandhi-Straße) Bauarbeiten für einen neuen Betriebshof. Um einen zentralen Platz wollte man hier neben einer Abstellhalle noch eine Halle für Instandsetzung sowie eine für Wäsche und Revision nach einheitlichem Konzept anordnen. Schlussendlich wurde nur letztere 1960/61 nach dem ursprünglichen seriellen Entwurf mit Spannbeton-Kragbindern umgesetzt; die Abstellhalle wurde nie gebaut und für die Reparaturhalle entwickelte man bereits 1959 ein Alternativprojekt, um einen stützenfreien Innenraum zu ermöglichen.

Der wegen Materialengpässen erst Jahre später begonnene Bau bildet die östliche Begrenzung des zentralen Hofs. Je sieben expressiv geformte Stahlbetonscheiben rahmen längsseitig eine Halle mit einer Grundfläche von 50 x 129 m, dazwischen sind ein- und zweigeschossige Anbauten für ergänzende Nutzungen angeordnet. In

Perspektive Vorentwurf, um 1959

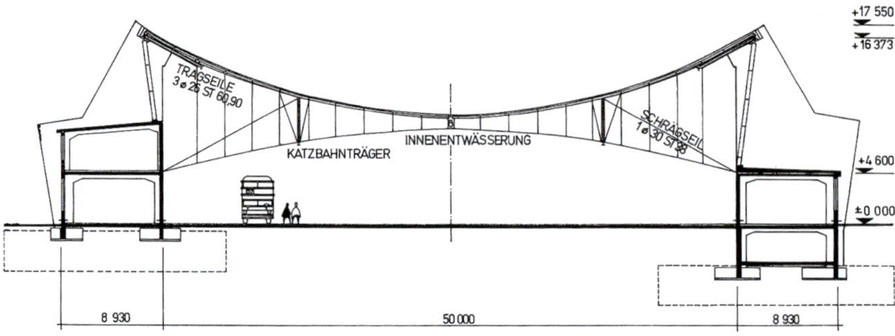

Querschnitt, 1966

Querrichtung spannt sich ein einfach gekrümmtes Hängedach, dessen Form an den großzügig verglasten Schmalseiten ablesbar ist. Das Hauptelement der Konstruktion bilden Seilbinder aus Rundstahl, auf denen 2,50 x 5,40 m große Dachelemente aufliegen. Die Binder bestehen aus parabelförmig verlaufenden Traggliedern, die über vertikale Hängestangen mit gegensinnig gekrümmten Spanngliedern verbunden sind. Letztere sind in 4,50 m Höhe an den Nebenbauten verankert und übernehmen die Aufgabe, windinduzierte Schwingungen des verhältnismäßig leichten Dachs zu verhindern. Die Tragglieder sind über unterspannte Horizontalträger an die Binderscheiben angeschlossen und tragen zusätzlich zwei Fachwerkträger mit Katzbahnen von je 1,5 t Tragkraft. Ergänzende Schrägseile wirken Punktlasten entgegen, die aus dem Betrieb der Katzbahnen resultieren.

Montage der aus Längs- und Querträgern gebildeten Dachelemente, 1965

Weil die als nördlicher Abschluss gegenüber der 1963 eingeweihten Wasch- und Revisionshalle vorgesehene Abstellhalle nicht ausgeführt wurde, blieb der zentrale Platz des Betriebshofs unvollendet. 1997 wurde das Dach der denkmalgeschützten Reparaturhalle saniert. Bis heute versieht sie als Halle 2 auf dem größten Omnibus-Betriebshof der Berliner Verkehrsbetriebe ihren Dienst. Ihre von den knapp 18 m hohen Binderscheiben geprägte Gestalt ist ein herausragendes Beispiel für die gelungene Verschmelzung von Tragwerk und architektonischer Idee. Unter Mithilfe der Deutschen Bauakademie als erstes leichtes Hängedach der DDR umgesetzt, kündet die Konstruktion zudem von dem seinerzeitigen Willen der ostdeutschen Bauingenieure, dem maßgeblich von Frei Otto befeuerten internationalen Trend zu seilverspannten Dachtragwerken eigenständige Lösungen hinzuzufügen.

Innenraum, 2008

Grundlegende Literatur

Horst Schoebel, Bernhard Altenkirch: „Hängende Dächer". In: Deutsche Architektur 8 (1959), S. 146ff.; Hermann Kißig u. a.: „Hängedachkonstruktion der Omnibusreparaturhalle in Berlin-Weißensee". In: Bauplanung – Bautechnik 19 (1965), S. 499ff.; Oskar Büttner, Erhard Hampe: Bauwerk, Tragwerk, Tragstruktur, Bd. 2. Berlin (Ost) 1984, S. 276f.

39

NEUE NATIONALGALERIE

Nur scheinbar einfach

C2/e2

Lage Potsdamer Straße 50, 10785 Berlin-Tiergarten
Bauzeit 1965–68
Tragwerksplanung Ingenieurbüro Dienst und Richter
Gesamtplanung Ludwig Mies van der Rohe
Ausführung *Stahlbau*: Krupp-Druckenmüller mit Dellschau Stahlbau, Peiner Stahlbau und Steffens & Nölle; *Massivbau*: Hochtief; *Hebung des Dachs*: Gleitschnellbau

Blick von Süden, 2004

Die Geschichte des Kulturforums, auf dem nur wenige Jahre nach dem Mauerbau und unweit der bereits vollendeten Philharmonie mit der Neuen Nationalgalerie eine zweite Architekturikone entstand, ist unmittelbar mit der politischen Konfrontation im Kalten Krieg verbunden. Der DDR-Lesart von West-Berlin als „Pfahl im Fleisch des Sozialismus" setzte die Bundesrepublik das „Schaufenster der freien Welt" entgegen, das gerade auch in der Architektur durch Bauten von internationaler Ausstrahlung überzeugen sollte. Zu einem der spektakulärsten wurde Mies van der Rohes Museumsbau – eine betont moderne Antwort auf den Verlust der nun im Ostteil der Stadt gelegenen (Alten) Nationalgalerie auf der Museumsinsel.

Der Baukörper ist architektonisch, funktional und konstruktiv strikt in zwei Zonen unterteilt. Der Museumsbereich entfaltet sich auf der unteren Ebene in herkömmlicher Stahlbetonkonstruktion und läuft im Westen in einen Garten aus. Darüber erhebt sich kontrastierend das minimalistische Stahltragwerk der gestalterisch dominierenden Ausstellungshalle. Beide Geschosse basieren auf demselben, streng quadratischen Raster; sein Grundmodul von 3,60 m x 3,60 m ist aus der Kassettierung des Daches abgeleitet.

Mit dessen Trägerrost-Konstruktion betraten die Ingenieure in vieler Hinsicht Neuland. Lediglich von acht eingespannten Stützen an den Rändern getragen, überdeckt sie bei nur 1,80 m Höhe eine Fläche von 64,80 m im Quadrat. Mies hatte für das mächtige Stahldach nicht nur jedwede Schraubverbindung ausgeschlossen, sondern auch genau berechnete Überhöhungen gefordert, um ein Durchhängen unbedingt zu vermeiden: Optisch gerade, doch kalkuliert verbogen – so einfach, so schwer. Zudem mussten Temperaturverformungen sowie aus der Schweißhitze der insgesamt 14 km langen Schweißnähte resultierende Längenänderungen berücksichtigt werden. Es gelang, die Berechnung des vielfach statisch unbestimmten Systems auf ein Gleichungssystem mit zwölf Unbekannten zu reduzieren, das sich auf einem Zuse-Rechner am Mathematischen Institut der TU Hannover lösen ließ. Ein Meisterwerk war auch die Montage, bei der das gesamte, etwa 1250 t schwere Tragwerk zunächst auf der Decke des Unterbaus verschweißt und dann in etwa neun Stunden mit den zunächst angehängten Stützen im „Lift-Slab-Verfahren" auf 8,70 m angehoben wurde.

Ungeachtet aller Attitüde von industrieller Konstruktion charakterisieren somit Sonderanfertigungen und mühsames Handwerk die scheinbar so einfache Ausstellungshalle – und doch konnten die mit 26 Mio. DM veranschlagten Gesamtkosten seinerzeit sogar unterschritten werden. Eine Grundinstandsetzung unter der Verantwortung von David Chipperfield Architects passte den Bau ein halbes Jahrhundert später mit großer Sorgfalt den veränderten Erfordernissen des heutigen Museumsbetriebs an.

Ansicht vom Garten, 1968

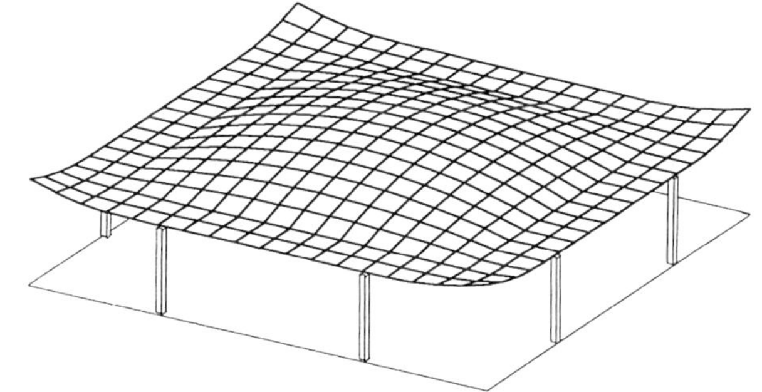

Geplante Überhöhung der Dachplatte, vergrößert dargestellt

Heben des Daches, 1967

Grundlegende Literatur

Heinz Oeter, Hansjürgen Sontag: Das Stahldach der Neuen Nationalgalerie in Berlin. In: Der Stahlbau 37 (1968), S. 106ff.; Karlheinz Roik, Gerhard Sedlacek: Statische Untersuchungen für die Dachkonstruktion der Neuen Nationalgalerie in Berlin. In: Der Stahlbau 37 (1968), S. 115ff.; Michael Staffa, Christian Hartmann: Less is more? In: Gabriele Wachter (Hg.): Mies van der Rohes Neue Nationalgalerie in Berlin. Berlin 1995

40

INTERNATIONALES CONGRESS CENTRUM BERLIN

Haus in Haus ganz groß

B2/c3

Lage Messedamm 11, 14055 Berlin-Westend
Bauzeit 1975–79
Tragwerksplanung Manfred F. Manleitner, Horst Spandow, Hans Joachim Stegemann; Ingenieurbüro Gerhard Bartels
Gesamtplanung Ralf Schüler, Ursulina Schüler-Witte
Ausführung *Generalübernehmer*: Neue Heimat Städtebau; *Massivbau*: Strabag (Federführung) u. a.; *Stahlbau*: Krupp Industrie- und Stahlbau (Federführung) und Peiner Stahlbau

---

Um die steigende Zahl von Tagungen und Kongressen in West-Berlin bewältigen zu können und zugleich Synergieeffekte mit der Messe Berlin zu befördern, ließ das Land Berlin 1975–79 am nordöstlichen Rand des Messegeländes mit dem ICC eines der größten Kongressgebäude der Welt errichten. Mit seinen Dimensionen von 320 m Länge, 80 m Breite und 40 m Höhe sowie seiner exponierten Lage ist es eine der zentralen Landmarken der Stadt und prägt das in über einem Jahrhundert gewachsene Messequartier. Ein dreigeschossiges Brückenbauwerk verbindet es mit dem Messegelände.

Die Positionierung am Schnittpunkt von Stadtautobahn und AVUS führte zu der zentralen Planungsvorgabe, den gesamten Innenbereich schalltechnisch sowohl vom Baugrund als auch von der Außenhülle zu entkoppeln. Die Antwort war ein Haus-in-Haus-Konzept. Das „innere Haus" ist ein komplexes Stahlbetontragwerk mit fast 60 m langen, vorgespannten Querwandschotten als Hauptträgern. 14 m hoch und 2,20 m breit, sammeln sie die gesamten Lasten des „inneren Hauses" und leiten sie in den Viertelspunkten in den Unterbau ab. Die Auflagerlasten betragen bis zu

Luftbild, 2012

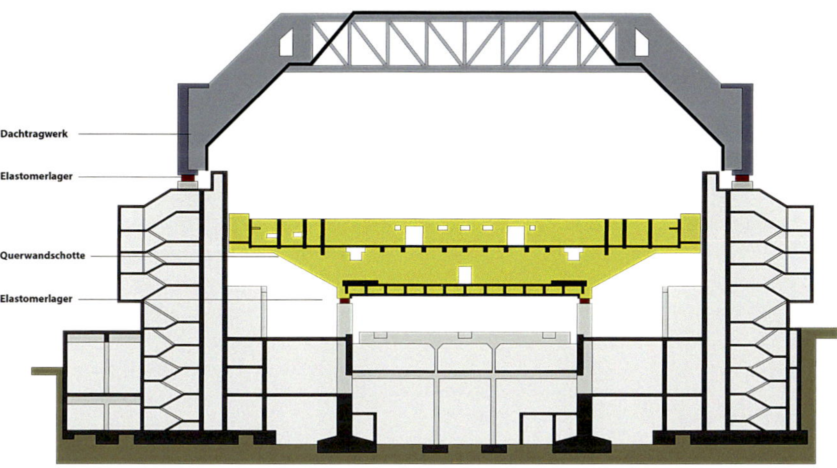

Aufbau der Tragstruktur

Grundlegende Literatur

Berlin und seine Bauten, Teil IX: Industriebauten, Bürohäuser. Berlin u. a. 1971, S. 53f.; Gerhard Bartels: ICC Berlin, Konstruktion und Technik. In: Neue Heimat, Monatshefte für neuzeitlichen Wohnungsbau (1979), Heft 3, S. 68f.; Ursulina Schüler-Witte: Ralf Schüler und Ursulina Schüler-Witte. Eine werkorientierte Biographie der Architekten des ICC. Berlin 2015, S. 56–127

60 MN (etwa 6000 t). 33 cm hohe Elastomerlager gewährleisten die akustische und schwingungstechnische Trennung. Das „äußere Haus" aus Dach und Außenwänden ist als Stahltragwerk ausgeführt. Zwölf jeweils 60 m frei spannende Querrahmen enden auf zwei mächtigen Fachwerk-Längsträgern. Diese finden ihre ebenfalls durch Elastomerlager entkoppelten Stützpunkte in den acht vorgelagerten Treppenhauskernen. Nicht weniger spektakulär als die Konstruktion war der Bauprozess: So kam für die gigantischen Querschotten ein eigens konstruiertes, verfahrbares Schalgerüst zur Anwendung, und noch während des Rohbaus im Innenbereich wurden die Dachbinder auf einer provisorischen Verschiebebahn in ihre finale Position eingeschoben (anschaulich zeigt dies ein heute im Internet einsehbarer Film zum Bau des ICC, der von der Strabag in Auftrag gegeben wurde).

Seinerzeit mit Baukosten von knapp einer Milliarde DM der bis dahin teuerste Bau Deutschlands, entwickelte sich das ICC in den folgenden Jahrzehnten zu einem der gefragtesten Kongressstandorte weltweit. Wegen der hohen Betriebs- und Sanierungskosten wurde es jedoch 2014 geschlossen. Seit 2019 steht es unter Denkmalschutz; die aktuellen Planungen sehen die Entwicklung zu einem multifunktionalen Veranstaltungsort vor. Mit seinen Ausmaßen, seiner ausgefeilten Konstruktion und technischen Ausstattung setzte es ebenso Maßstäbe wie mit der gelungenen Synthese von Architektur und Technik zu einer einzigartigen Stadtskulptur.

Einschieben der Dachbinder, Mai 1977

Blick vom Messedamm, 2012

41

VELODROM

Fachwerkwunder im Apfelhain

C2/g1

Lage Paul-Heyse-Straße 26, 10407 Berlin-Prenzlauer Berg
Bauzeit 1993–97
Tragwerksplanung Ove Arup & Partners Ltd. (Federführung: Paul Nuttall), Arup GmbH
Gesamtplanung Dominique Perrault, Architects Perrault & Partners, Rolf Reichert; *Partnerbüros*: RPM, SSP
Ausführung *Stahlbau*: Krupp Stahlbau Berlin, IMO Leipzig (Montage); *Massivbau*: Wolff & Müller

Luftbild der Baustelle von Südwesten, 1995

Um der Bewerbung für die Olympischen Spiele 2000 Nachdruck zu verleihen, wurden im Sommer 1992 Architekturwettbewerbe für den Neubau diverser Sportstätten ausgerichtet, die zugleich die Stadtsanierung im Ostteil Berlins befördern sollten. Eines der Vorhaben war der Ersatz der auf dem ehemaligen Schlachthofgelände gelegenen Werner-Seelenbinder-Halle durch ein Schwimmstadion und eine Radsporthalle. Trotz der letztendlichen Vergabe der Spiele an Sydney wurde das bereits begonnene Projekt in etwas verringertem Umfang fortgeführt.

Dominique Perrault entwarf für die wenig anheimelnde Umgebung ein um rund 5 m erhöhtes Parkgelände. Rad- und Schwimmsporthalle sind darin versenkt und sollen über ihre mit Edelstahl-Gewebe verkleideten Dächer künstliche Seen evozieren. Das kreisrunde Dach des Velodroms weist einen beeindruckenden Durchmesser von 142 m auf. Bis zu 12000 Zuschauer finden darunter Platz.

Die eigentliche Arena ist eine Stahlbetonkonstruktion mit zahlreichen vorgefertigten Elementen. Um mit der Sohle nicht ins Grundwasser zu geraten, musste die darüber schwebende Dachscheibe infolge ihrer vorgegebenen oberen Begrenzung möglichst flach ausfallen. Gewählt wurde eine gut 4 m hohe stählerne Fachwerkstruktur, die statisch als punktgelagerte Kreisplatte mit Randeinspannung wirkt. 48 Radialbinder sind über umlaufende Nebenträger miteinander verbunden und münden im Zentrum in einen räumlichen Ring, der ein Oberlicht umschließt. Ein Ringbinder überführt in 57,60 m Abstand vom Kreismittelpunkt die Lasten in 16 Stahlbetonstützen, während senkrechte Zugglieder die gut 7,50 m überkragenden Enden der Radialbinder nach außen hin

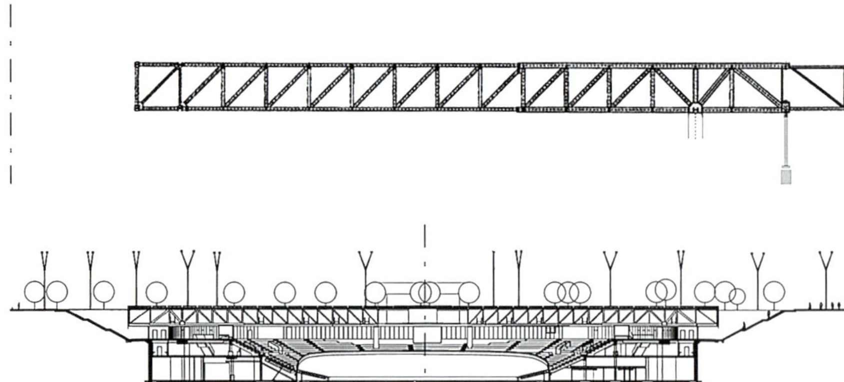

Querschnitt (unten) und vergrößerte Ansicht eines Kragträgers (oben)

Innenraum, 2019

abspannen. Das Velodrom wurde Anfang 1997 mit einem Sechstage-Rennen eröffnet, zwei Jahre später war auch die anliegende Schwimm- und Sprunghalle im Europasportpark (SSE) fertig. Die multifunktional konzipierte Halle wird seitdem für unterschiedlichste Veranstaltungen genutzt. Nur leidlich angenommen wird der als Streuobstwiese angelegte Park, von dessen ehemals 450 französischen Apfelbäumen über 300 dem rauen Berliner Klima und Vandalismus zum Opfer fielen. Dennoch hat die Konzeption auch nach knapp drei Jahrzehnten kaum etwas von ihrer Faszination eingebüßt. In keinem zweiten öffentlichen Berliner Bauwerk erfährt man die Kraft von Ingenieurkonstruktionen derart unmittelbar wie im Innenraum des Velodroms, der in einem Durchmesser von 115,20 m völlig stützenfrei gehalten ist.

Grundlegende Literatur

Mike Banfi u. a.: „Radsporthalle, Berlin". In: The Arup Journal 32 (1997), Nr. 4, S. 3ff.; Walter Habermann, Johann Kohlegger: „Stahlkonstruktion für die Radsporthalle Berlin". In: Stahlbau 66 (1997), S. 469ff.; Thomas Michael Krüger: Velodrom Landsberger Allee Berlin. Berlin 2000

Blick von Südosten, 2014

42

LESESAAL DER STAATSBIBLIOTHEK UNTER DEN LINDEN

Feinmechanik hinter Neobarock

C2/f2

Lage Unter den Linden 8, 10117 Berlin-Mitte
Bauzeit 2004–12
Tragwerks- und Fassadenplanung Glaskubus Werner Sobek
Tragwerksplanung Massivbau CRP Bauingenieure
Gesamtplanung HG Merz Architekten
Ausführung Arge Schälerbau Berlin, Ingenieurbau-Gesellschaft und Bleck & Söhne; *Fassaden*: MBM

Verschweißte Fertigteile der Decke

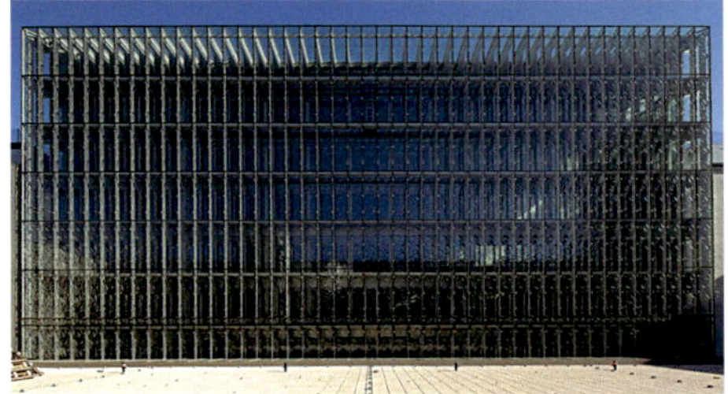

Fassade, 2012

Die 1903–14 nach Plänen Ernst von Ihnes errichtete Staatsbibliothek gehört zu den bedeutendsten Bibliotheksbauten der Welt. Ihre monumentale neobarocke Fassade fügt sich als markanter Baustein in das historische Panorama Unter den Linden. Leitidee des Ihne'schen Entwurfs war die Inszenierung einer repräsentativen axialen Raumfolge, die von der Lindenhalle über den Brunnenhof und die große Treppenhalle in ein Vestibül führte, um schließlich im Lesesaal als Herz des Hauses ihren imposanten Abschluss zu finden – gekrönt von einer der seinerzeit größten Kuppeln der Welt.
Im Zweiten Weltkrieg wurde die Kuppel zerstört, die übrigen Repräsentationsräume jedoch blieben weitgehend erhalten. Der 2004 begonnene Wiederaufbau revitalisierte die große Achse, vollendete sie nun aber mit einem kubischen Glaskörper als neuem Lesesaal. Das riesige Implantat, das in den Abmessungen etwa der Kubatur des Vorgängerbaus entspricht, ist denkmalpflegerisch eine durchaus spannende Lösung: Ein hochmoderner Neubau, und doch wird man seiner von der Straße kaum gewahr.
Dem neuen Stahlbeton-Sockel schob man drei zusätzliche Tiefgeschosse unter. Dazu musste in 13,50 m Tiefe durch Hochdruckinjektion (HDI) zunächst eine Dichtsohle geschaffen werden. Eine zweite, auf 500 Kleinbohrpfählen gelagerte Stahlbetonsohle bildet die eigentliche Gründung und verhindert ungleiche Setzungen des

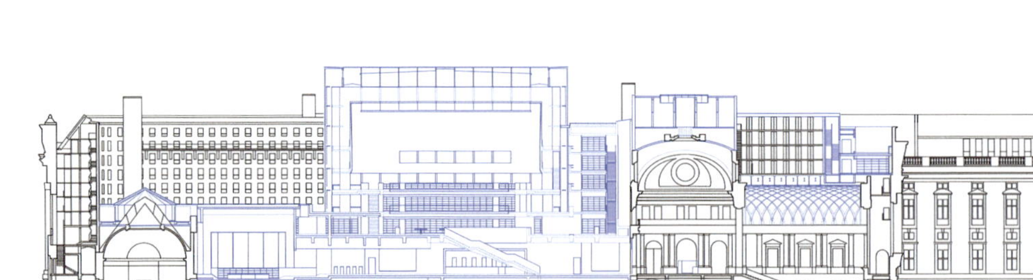

Längsschnitt entlang der Hauptachse

Blick in den Lesesaal, 2016

empfindlichen, insgesamt 36 m hohen Baukörpers. Um den Lichtfluss so wenig wie möglich zu beeinträchtigen, ist das Tragwerk von Decke und Wänden betont schlank gehalten. Logistische Gründe gaben den Ausschlag für eine Struktur aus rund 400 Stahlbetonfertigteilen. Bei deren Montage war eine im Bauwesen extreme Maßgenauigkeit gefordert: Die maximale Lotabweichung durfte auf 20 m Höhe gerade einmal 10 mm (0,05 %) betragen. Erreicht wurde dies durch eine Fügetechnik, bei der die Fertigteile über speziell entwickelte Einbauteile miteinander verschweißt sind. Ungewöhnlich ist auch die Fassade, deren Lasten von einer separaten Stahlkonstruktion im Inneren der zweischaligen Verglasung abgetragen werden. Letztere besteht aus ca. 570 äußeren und 800 inneren Scheiben, die nach Entwürfen des Glaskünstlers Jo Schöpfer unter Druck heißverformt wurden; ergänzt wird sie durch eine Innenhaut aus transluzentem textilem Gewebe.

Automatisch reguliert der Aufbau nicht nur tagsüber den Lichtfluss, sondern macht den High-Tech-Kubus auch des Nachts zum leuchtenden Kern der neuen, alten Staatsbibliothek – für deren Gesamtinstandsetzung im Übrigen zahlreiche weitere technische Herausforderungen gemeistert werden mussten.

Grundlegende Literatur

Matthias Vollmer (Red.): Architekturwettbewerb Staatsbibliothek zu Berlin. Ein neuer Lesesaal für das Haus Unter den Linden. Berlin 2001; Barbara Schneider-Kempf (Hg.): Der neue Lesesaal der Staatsbibliothek zu Berlin. Kultur. Architektur. Forschung. Berlin 2013; Daniela Lülfing: Phönix aus der Asche. Die Sanierung des Hauses Unter den Linden der Staatsbibliothek zu Berlin. In: Zeitschrift für Bibliothekswesen und Bibliographie 65 (2018), S. 8ff.

43

MERCEDES-BENZ ARENA

Ein Amerikaner in Berlin

C2/g2

Lage Mercedes-Platz 1, 10243 Berlin-Friedrichshain
Bauzeit 2006–08
Tragwerksplanung LAP Berlin
Gesamtplanung HOK SVE mit JSK Berlin
Ausführung *Generalunternehmer*: HBM und Müller Altvatter; *Stahlbau*: Haslinger Stahlbau und Stahlbau Queck mit IMO Leipzig (Montage)

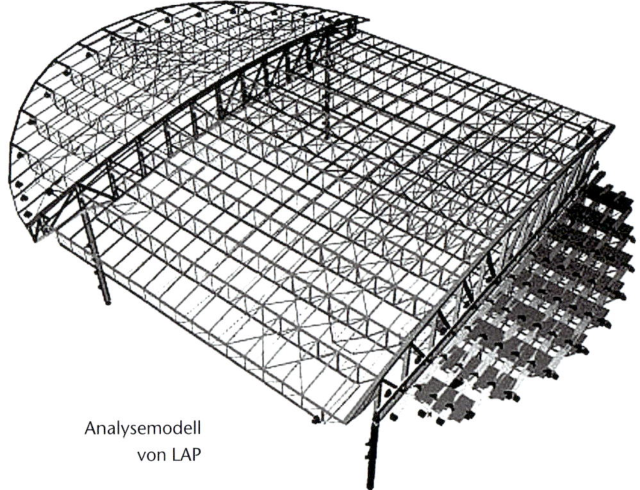

Analysemodell von LAP

1999 übernahm die Anschutz Entertainment Group die Profimannschaft des seinerzeit noch im [36] **Wellblechpalast** residierenden Eishockeyclubs Eisbären Berlin. Bald entwickelte man Pläne zum Bau einer „Berlin National Arena" auf einem ehemaligen Bahnareal zwischen Ostbahnhof und Oberbaumbrücke. Weil das Land Berlin nach der gescheiterten Olympiabewerbung eigene Ambitionen auf eine große Mehrzweckhalle aufgegeben hatte, integrierte es das Vorhaben in das kontrovers diskutierte Stadtentwicklungsprojekt „Mediaspree".

Mit einer abgerundeten und leicht nach außen geneigten Glasfassade dominiert das gut 160 m lange und 130 m breite Bauwerk den südlich zur Spree hin gelegenen Mercedes-Platz. Die primär für Eishockey- und Basketballspiele sowie Konzerte genutzte Halle bietet je nach Veranstaltungstyp bis zu 17 000 Zuschauern Platz. Garant ihrer Nutzungsflexibilität ist nicht zuletzt das weitgespannte Dachtragwerk.

In drei abgetreppte Teilbereiche aufgegliedert, wird die Dachkonstruktion durch enge Vorgaben hinsichtlich Stützenanzahl und der Verwendung von Stahlfachwerkträgern aus Standardprofilen geprägt. Über dem niedrigen Bühnenteil befindet sich ein Verbundtragwerk, in Haupt- und Südteil hingegen bilden bis zu 70 m weit ge-

Luftbild der Baustelle von Süden, 2007

Innenraum, 2019

spannte Längsträger mit Querstreben und vorgespannten Auskreuzungen räumlich wirkende Tragstrukturen. Dies ist nicht nur für die Ableitung von Windkräften von Vorteil, sondern ermöglicht auch eine flexible Aufnahme der erheblichen Zusatzlasten von bis zu knapp 500 t, die aus Videowürfel, Bedienungsstegen, Scheinwerfern, Lautsprechern und Ähnlichem resultieren. Ihre Auflager finden die drei Dachteile zum einen auf Stahlbetonscheiben am nördlichen und südlichen Hallenrand und zum anderen beidseits des Hauptdachs auf zwei rund 77 m weit gespannten Haupttträgern von unterschiedlicher Gestalt. Diese ruhen auf bemerkenswert schlanken Rundstützen aus hochfestem Stahlbeton der Güte C 70/85. Die Ableitung der Horizontalkräfte erfolgt über die aus Stahlbetonfertigteilen hergestellten Zuschauerränge.

Erst in den letzten Jahren wurde die bis 2015 als „O_2 World Berlin" firmierende Halle städtebaulich in einen „Entertainment District" eingebunden. Dies hat dem architektonisch eher medioker ausgefallenen Bauwerk fraglos gutgetan. In ingenieurtechnischer Hinsicht ist die zweitgrößte Multifunktionshalle Deutschlands ein ausgesprochen prägnantes Beispiel für einen auf Robustheit sowie Funktionalität optimierten, nachgerade amerikanischen Pragmatismus im Ingenieurbau.

Blick vom Mercedes Platz, 2020

Grundlegende Literatur

Bernd Hettlage: O_2 World Berlin. Berlin 2008; Hans-Peter Andrä u.a.: Das Dachtragwerk der O_2 World in Berlin. In: Stahlbau 78 (2009), S. 232ff.

IN DIE FLÄCHE GEBAUT

IN DIE FLÄCHE GEBAUT
Additive Tragstrukturen

„In die Fläche gebaut" – der Titel steht für weiträumige Hallenbauten, deren Tragstrukturen additiv in die Fläche entwickelt werden und die sich im Prinzip beliebig in beide Hauptrichtungen ausdehnen lassen. Charakteristisch sind die Reihung gleicher Tragwerks-Module, das flächendeckende Stützenraster und die vornehmlich von oben konzipierte Belichtung.

Industriebau – Ausgangspunkt und Hauptanwendungsfeld

Es ist der Industriebau, aus dem – wie schon für die „weiten Räume" – für die Entwicklung der in die Fläche gebauten Hallen die wichtigsten Anstöße kommen. Ihr Aufkommen ist eng mit der Verbreitung der Dampfmaschine verbunden, deren Energie sich über Transmissionswellen und -riemen recht einfach in die Fläche verteilen lässt. Die in Berlin seit den späten 1850er Jahren nachweisbaren Pionierbauten kommen im internationalen Vergleich eher spät, wenn man bedenkt, dass Christian Peter Beuth und Karl Friedrich Schinkel schon 1826 in England derartige Hallenkomplexe bestaunt und dokumentiert haben. Gleichwohl werden mit ihnen nun auch hier die Grundlagen eines Strukturtyps geschaffen, der im Grundsatz bis in die heutige Zeit Gültigkeit behalten soll.

Als vermutlich erstes Beispiel kann die Teppichfabrik Praetorius und Protzen (1857) gelten, errichtet auf seinerzeit noch unbebautem Terrain am Luisenstädtischen Kanal gegenüber dem Krankenhaus Bethanien. Dem dreigeschossigen Hauptgebäude ist für die Teppich-Weberei ein etwa 1 800 m² großer Flachbau angelagert, dessen Höhe und Stützenraster vornehmlich durch die Dimensionen

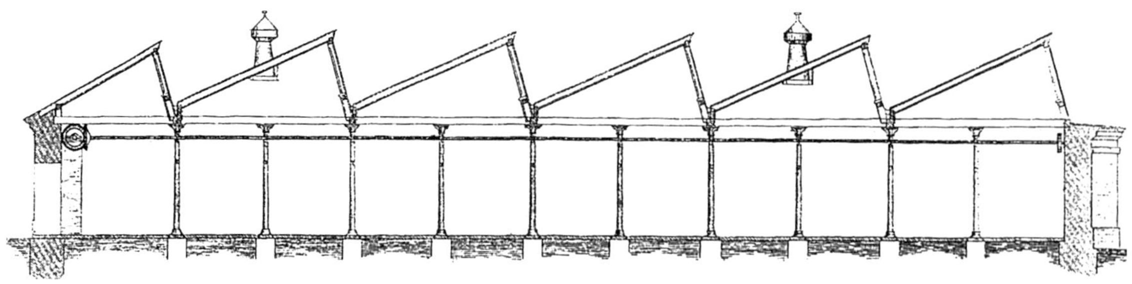

Weberei der Teppichfabrik Praetorius und Protzen, Schnitt

der Webstühle bedingt sind. Ausgesteift durch kräftige Außenwände mit zusätzlichen Pfeilervorlagen, tragen etwa 4 m hohe, in einem Raster von 6,30 x 6,30 m angeordnete Gussstützen ein hölzernes Sheddach; über die kurze Seite ist zusätzlich jeweils eine Stütze als weitere Lagerung der Antriebswellen eingeschoben. „Ein solches Bauwerk [sei] in der Residenz noch nicht vorhanden", betont die 1859 dazu erschienene Publikation, um dann minutiös die neuartige Struktur („in England Shed genannt") zu beschreiben. Explizit werden die Vorteile hervorgehoben – die sehr gute Belichtung, die Möglichkeit, durch Fortschreibung der Struktur die Produktionskapazitäten zu erweitern, ohne die Produktion selbst zu stören, sowie die im Vergleich zum Stockwerksbau bessere Beherrschung der Maschinenschwingungen. Dies alles dürfte der Grund für die rasche Ausbreitung in den folgenden Jahrzehnten sein. Schrittweise werden dabei die simplen Holzkonstruktionen durch Eisentragwerke ersetzt. Als Beispiele genannt seien die neue Dreherei im Borsig-Werk an der Chausseestraße (1874) sowie das Anfang der 1860er Jahre entstandene zentrale Werkstattgebäude der Artillerie-Werkstatt Spandau. Deren insgesamt etwa 11 000 m^2 große Fertigungshalle zeigt nun Sheds mit unterspannten Sparren, zudem sind bei den auf Höhe der Stützenköpfe angeordneten Riegeln Gitter- und Walzträger an die Stelle der bisher üblichen Holzbalken getreten.

Ausstellungspalast Moabit

Ganz anders „in die Fläche" gedacht ist der vergleichbar große Ausstellungspalast Moabit, der 1883 auf dem Gelände der vier Jahre zuvor begründeten großen „Gewerbeausstellung" an der Invalidenstraße errichtet wird. Als additiv zu verwendendes Grundmodul nutzen die Dresdener Ingenieure Pröll und Scharowsky hier einen typisierten Pavillon auf quadratischem Grundriss (19 x 19 m), der jeweils vom leichten Stahlfachwerk eines Klostergewölbes mit Laterne bedeckt wird. Das seriell konzipierte und fein detaillierte Tragwerk erweist sich nicht nur als flexibel nutzbar, sondern auch als die kostengünstigste Variante.

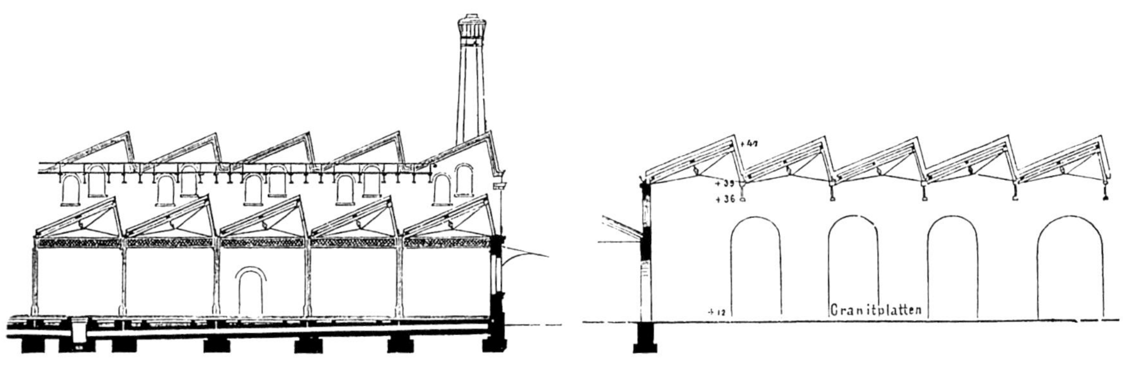

Metallarbeiter-Werkstatt und Schmiede der Artilleriewerkstatt Spandau, Längsschnitte

Siemens-Schaltwerk, Flachbauhalle, 1967

Immer neue Rekorde – AEG und Siemens

Um die Jahrhundertwende ist es wieder die dynamisch expandierende Berliner Elektroindustrie, die auf neu erschlossenen Arealen mit nun reinen Stahltragwerken „in die Fläche baut". Als prototypisch für diesen Modernisierungsschub kann die große Halle der AEG-Großmaschinenfabrik (1895/96) auf dem neuen Gelände am Weddinger Humboldthain gelten. Die Fachwerkbinder des mit Oberlichtbändern versehenen Daches ermöglichen es, den Abstand der Fachwerkstützen auf 15 m auszuweiten; anstelle der zuvor üblichen Transmissionswellen (die nun durch dezentral an den Maschinen angebrachte Elektromotoren abgelöst sind) tragen sie Kranbahnen. Mit mehr als 20 000 m² Grundfläche ist die Halle zu ihrer Zeit nicht nur die wohl größte Berlins, sondern vor allem auch ein Musterbeispiel für die Übernahme modernster Organisations- und Fabrikationsmethoden aus den USA. Nur ein Jahr später wird die AEG das Strukturkonzept auf dem parallel erschlossenen Standort in Oberschöneweide für den fünfschiffigen **Hallenblock I des Kabelwerks Oberspree** (1897) übernehmen.

Auch Siemens setzt im schrittweisen Ausbau der Spandauer Siemensstadt für diverse Produktionszweige auf Flachbauhallen unterschiedlicher Bauart. Zu den beeindruckendsten gehören mit gut 17 000 m² der **Flachbau des Dynamowerks** (etwa 1906/07), der dann mehr als doppelt so große **Flachbau des Schaltwerks** (ab 1916) sowie vor allem die in Teilen noch erhaltene, aber vom Abriss bedrohte Flachbauhalle des **[47] Siemens Kabelwerks Gartenfeld**. Letztere fasziniert nicht nur durch ihre sonst unerreichte Ausdehnung von gut 64 000 m², sondern auch durch die äußerst leichte Konstruktion. 1922 gibt ein Großbrand, der weite Bereiche im Nordosten der Halle zerstört, den Anstoß für einen weiteren Entwicklungsschritt: Der nun teilweise in Stahlbeton ausgeführte Wiederaufbau steht prototypisch für die allmähliche Öffnung auch des Industrie-Flachhallenbaus für den neuen Baustoff, eine Öffnung, die nach dem Zweiten Weltkrieg dann unter anderem in der Entwicklung von Fer-

AEG-Großmaschinenfabrik, Blick aus der Meisterstube, 1899

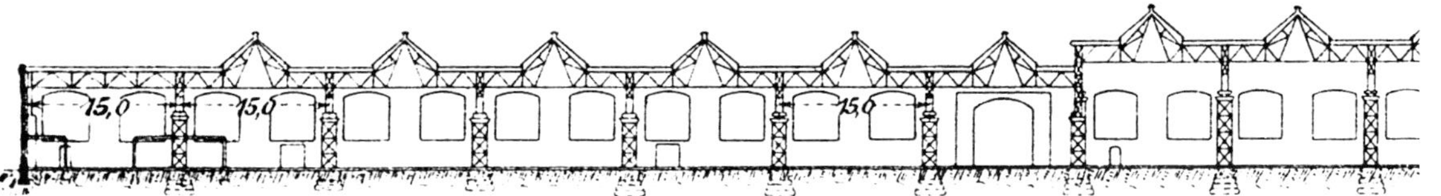

AEG-Großmaschinen-fabrik, Längsschnitt

tigteil-Bauweisen fortgeschrieben wird. Als ein neueres Beispiel in Stahl wird im Katalog im Übrigen die 1961 wiederaufgebaute Produktionshalle der [51] **Knorr-Bremse AG** vorgestellt.

Betriebshöfe der Straßenbahnen

Die meisten der industriell genutzten Flachbauhallen sind heute nicht mehr erhalten. Ganz anders stellt sich die Situation bei den vielen Betriebshöfen des öffentlichen Nahverkehrs dar, die mit der Elektrifizierung der Straßenbahnen als neue Bauaufgabe aufkommen. In weitgehend ähnlicher Konstruktion lässt die Große Berliner Straßenbahn AG in wenigen Jahren um 1900 acht derartige Höfe errichten. Stets werden mehrere parallel angeordnete Hallenschiffe von umlaufenden, oft gotisierend dekorierten Klinkermauern zusammengefasst, die flachen Satteldächer sind von sparsamen Fachwerkbindern getragen. Noch erhalten aus dieser ersten Phase sind etwa der **ehemalige Betriebshof X** an der Belziger Straße in Schöneberg (1898/99), der **ehemalige Betriebshof I** an der Pankower Allee in Reinickendorf (1899/1900) oder der ehemalige Betriebshof XII an der Moabiter Wiebestraße (1899–1901), die heutige [46] **Classic Remise**. Letztere wird bereits 1924 ihrer bauzeitlichen Zinnen und Rundbogenfriese entkleidet. Verantwortlich für diesen „versachlichenden" Umbau zeichnet Jean Krämer als Haus-Architekt der im Jahr zuvor gegründeten Berliner Straßenbahn-Betriebs-GmbH. Zumeist in Zusammenarbeit mit dem Bauingenieur Gerhard Mensch entwirft Krämer in den folgenden Jahren fünf neue Betriebshöfe für die Gesellschaft, die als Meilensteine moderner Verkehrsarchitektur gelten können: weit gespannte Hallenbauten mit unterschiedlichen Tragstrukturen, konstruktiv stets gekennzeichnet durch kräftige Vollwandbinder und -rahmen und gestalterisch beeindruckend durch die im Dialog

Straßenbahndepot Pankower Allee, im Bau, 1899

Betriebshof Tempelhof, Blick in die Halle, 1992

Betriebshof
Müllerstraße, 1992

mit der Konstruktion entwickelte Formensprache. Wenn auch teilweise überformt, sind sie weitgehend noch heute anzufinden – so etwa der **ehemalige Betriebshof Tempelhof** (1924/25) mit seinen mächtigen, auch das Äußere dominierenden „Tudor"-Dreigelenkbögen der Haupthalle oder der heute für Omnibusse genutzte **Betriebshof Müllerstraße** (1925–27), dessen dreischiffige Halle durch abgewinkelte Dreigelenkrahmen bestimmt wird und mit der umgebenden Wohnanlage als eines der Hauptwerke expressionistischer Architektur in Berlin gilt. Für die 97 x 102 m große Halle des **[50] ehemaligen Betriebshofs Westend** entwickelt Mensch, verbunden mit aufwendigen Verformungsberechnungen und begleitenden Messungen, einen Trägerrost aus gevouteten Längs- und Querbindern, der im Inneren von lediglich sechs Stützen getragen wird.
Seit Mitte der 1920er Jahre entsteht auch für die Wartung der Berliner Omnibus-Flotte eine Reihe neuer Großgaragen mit beeindruckenden Stahltragwerken. Den betrieblichen Erfordernissen des nicht-spurgebundenen Verkehrs stehen freilich Zwischenstützen buchstäblich im Wege, selbst wenn sie in größeren Abständen angeordnet sind. Im Ergebnis favorisiert man für die Busdepots daher stützenfreie Einzelhallen mit Spannweiten von bis zu 70 m wie im Fall des ehemaligen Busdepots in Treptow, der heutigen [33] **Arena Berlin**.
Gleichermaßen spurgebunden wie die Straßenbahn indes ist die ab 1926 vom Dampf- auf den Elektrobetrieb umgestellte Berliner S-Bahn („Stadtschnellbahn"). So kann es nicht verwundern, dass die Reichsbahn wiederum auf einen „in die Fläche gebauten" zentralen Betriebshof setzt – den ab 1926 in zwei Bauabschnitten errichteten Hallenkomplex des Reichsbahn-Ausbesserungswerks, heute **[49] S-Bahn-Hauptwerkstatt Berlin-Schöneweide**.

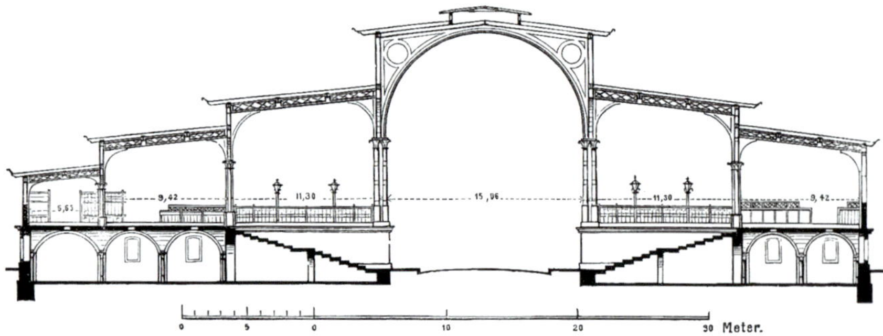

Markthalle am
Schiffbauerdamm

Markthallen

Zentralmarkthallen am Alexanderplatz, um 1890

Blumengroßmarkthalle vor dem Umbau zur W. Michael Blumenthal Akademie, 2011

Ein dritter Bereich, in dem ausgedehnte Hallenbauten zum Standardtypus avancieren, sind die Handelsplätze unterschiedlicher Couleur zur Lebensmittelversorgung der bereits in den 1870er Jahren auf über eine Million Einwohner anwachsenden Stadt Berlin. Anders als etwa in Paris oder London gibt es hier lange Zeit keine überdachten Märkte. Erst 1866/67 macht eine vom Architekten Friedrich Hitzig gegründete Immobilien-Gesellschaft mit der sogleich über 5000 m^2 großen Markthalle am Schiffbauerdamm den spektakulären Auftakt; er soll sich nicht als nachhaltig erweisen, schon 1868 muss die Gesellschaft Konkurs anmelden. Hitzigs basilikale Halle mit jeweils drei abgetreppten Seitenschiffen, Gussstützen und stählernen Dachbindern greift räumlich und strukturell nicht nur die Bauweise europäischer Vorbilder wie etwa des Viehhofs in La Villette bei Paris (1863–69) auf. Sie definiert auch den Bautypus für die beiden 1879 errichteten Verkaufshallen des neuen Zentral-Vieh- und Schlachthofs im Nordosten der Stadt – die Hammel- und die [44] **Rinderauktionshalle**. Mit jeweils mehr als 15 000 m^2 Fläche sind sie zu ihrer Zeit die größten Eisenbauten Berlins. In den 1880er Jahren entsteht dann ein flächendeckendes Netz 14 kommunaler Markthallen, von denen heute etwa noch die **Markthalle Neun** in Kreuzberg erhalten ist. Verteilerfunktion übernehmen die beiden Zentralmarkthallen am Alexanderplatz (1883–86), mit eigenem Gleisanschluss ausgestattete Skelettbauten aus Gusseisen und Stahl.

Nach der Teilung der Stadt setzen drei für die Versorgung West-Berlins neu geschaffene Großmarkthallen mit beeindruckenden Stahlbetonkonstruktionen neue Akzente. Der zunächst als Lagerhalle genutzte **Fleischgroßmarkt** (1959) im Wedding erhält ein Sheddach aus vorgefertigten Schalenelementen, die 77 Felder des nahe gelegenen [52] **Fruchthofs** (1963–65) werden von vierseitigen Klostergewölben überdacht, die für die Shed-Belichtung leicht aus der Horizontalen gekippt sind; in Kreuzberg schließlich entwickelt man für die **Blumengroßmarkthalle** (1963–65) eine dritte Spielart von Stahlbeton-Sheds. Die Bauten stehen exemplarisch für die neue Konzentration großer Flachbauhallen im Bereich des Handels. In der engagierten Gestaltung aber sind sie eher Ausnahmen. Für zahllose Baumärkte, Lebensmitteldiscounter, Teppichhäuser etc. werden nun und bis heute unter Nutzung standardisierter Fertigteile weitläufige Komplexe errichtet, die konstruktiv recht einfach „gestrickt“ sind. Nennenswerte Akzente vermögen sie in der Regel nicht mehr zu setzen.

44

EHEMALIGE RINDERAUKTIONSHALLE

Satteldach auf vielen Stützen

D2/h2

Lage August-Lindemann-Straße 9, 10247 Berlin-Prenzlauer Berg
Bauzeit 1879
Tragwerksplanung Büro des Stadtbaurats für Hochbau (Federführung: August Lindemann)
Gesamtentwurf Büro des Stadtbaurats für Hochbau (Leitung: Hermann Blankenstein)
Ausführung Maschinenfabrik Cyclop, Mehlis & Behrens

Innenraum, 1897

Mitte der 1870er Jahre begannen Planungen für einen zentralen städtischen Vieh- und Schlachthof der neuen Reichshauptstadt, die bereits auf mehr als eine Million Einwohner angewachsen war. In Anlehnung an Vorbilder in Wien, Paris und London entstand schließlich 1879–81 im Nordosten Berlins vor der damaligen Stadtgrenze, gleichwohl durch die Ringbahn gut angebunden, der neue „Zentral-Vieh- und Schlachthof". Die Rinder- und die baugleiche Hammelauktionshalle waren die größten und zugleich einzigen vollständig eisernen Hallen auf dem weitläufigen Gelände. Von der Hammelhalle zeugen heute nur noch Teile des Tragwerks als freistehende „Skulptur"; die Rinderhalle hingegen ist nahezu vollständig erhalten. Für deren Skelettstruktur entwickelte Stadtbauinspektor Lindemann einen „Baukasten" weniger gleicher oder (bei den unterschiedlich langen Gussstützen) leicht zu modifizierender Konstruktionsteile. Aus diesen ließen sich die baustatisch und konstruktiv sehr einfachen Systeme zusammensetzen und auf einem Grundriss-Raster von etwa 7 x 8 m vielfach aneinanderreihen. Über dem erhöhten Hauptschiff stützen filigrane, aus L-Profilen gebildete Binder mit geradem Ober- und gebogenem Untergurt in regelmäßigem Abstand eine stählerne Firstpfette, auf der hölzerne Sparren ihr oberes Auflager finden. Ein standardisiertes Tragwerk aus gewalzten Doppel-T-Profilen für Hauptträger und Pfetten überdacht die Seitenschiffe. Die hohen Gussstützen des Hauptschiffs sind aus zwei

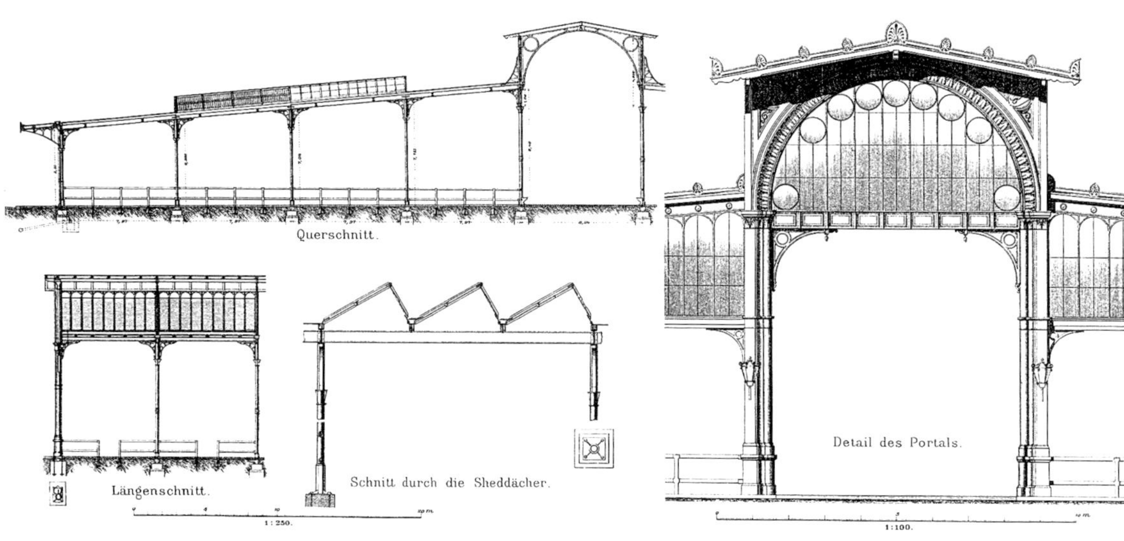

Schnitte, Detail des Portals, 1885

Blick von Nordwesten, um 1885

mit Zapfen und Bolzen verbundenen Teilen zusammengesetzt, die kürzeren in den Seitenschiffen sind einteilig. Bemerkenswert ist zum einen der vollständige Verzicht auf Zuganker und zum anderen die Teileinspannung aller 320 Stützen in Köcherfundamenten. Letztere sicherte gemeinsam mit den kopfbandartigen Konsolen am Stützenkopf die Windaussteifung der damals noch zu allen Seiten offenen Halle.
Am 1. März 1881 wurde der Vieh- und Schlachthof offiziell eröffnet. Da die Händler in den Auktionshallen über Zugluft klagten, baute man schon bald Umfassungswände ein. Den Zweiten Weltkrieg überstand die Rinderhalle nahezu unbeschädigt. Von 1945 bis 1991 folgten unterschiedliche Nutzungen, danach langer Leerstand. Seit 2011 werden in dem sanierten Bauwerk Zweiräder verkauft.
Bei der Eröffnung gehörten die Rinderhalle und ihre baugleiche „Schwester" mit Grundflächen von 217 x 72 m flächenmäßig zu den größten Eisenbauten Berlins. Heute ist sie eine der letzten weitestgehend erhaltenen Hallen des ehemaligen Zentral-Vieh- und Schlachthofs. Konstruktiv steht sie mit der Kombination von Gussstützen und Walzträgern und deren konsequenter Standardisierung exemplarisch für sämtliche „in die Fläche gebauten" Berliner Markthallen des späten 19. Jahrhunderts. *IP*

Grundlegende Literatur

Hermann Blankenstein, August Lindemann: Der Zentral-Vieh- und Schlachthof zu Berlin. [...] Berlin 1885; Georg Osthoff: Der Central-Vieh- und Schlachthof in Berlin. In: Zentralblatt der Bauverwaltung 5 (1885), S. 311ff.; Ines Prokop: Vom Eisenbau zum Stahlbau [...]. Berlin 2012, S. 186ff., 362ff.

Innenraum, 2020

45

HALLEN DER EHEMALIGEN BORSIG-WERKE

Flussstahl hinter Backsteingotik

B1

Lage Am Borsigturm 2, 13507 Berlin-Tegel
Bauzeit 1896–98
Tragwerksplanung Baubüro der Firma A. Borsig (Federführung: Wilhelm Metzmacher); Steffens & Nölle
Gestaltung Reimer & Körte
Ausführung Steffens & Nölle

Gegen Ende des 19. Jahrhunderts beschloss die Firma A. Borsig, eines der bedeutendsten Maschinen- und Lokomotivbauunternehmen Deutschlands, die gesamte Produktion an einem neuen Standort weit vor der Stadt zusammenzuführen. Ernst Borsig, einer der drei für das Unternehmen verantwortlichen Enkel des Firmengründers, besuchte daraufhin mit einigen seiner Ingenieure vergleichbare Industrieanlagen im In- und Ausland, um die neuesten Entwicklungen des Industriebaus berücksichtigen zu können.

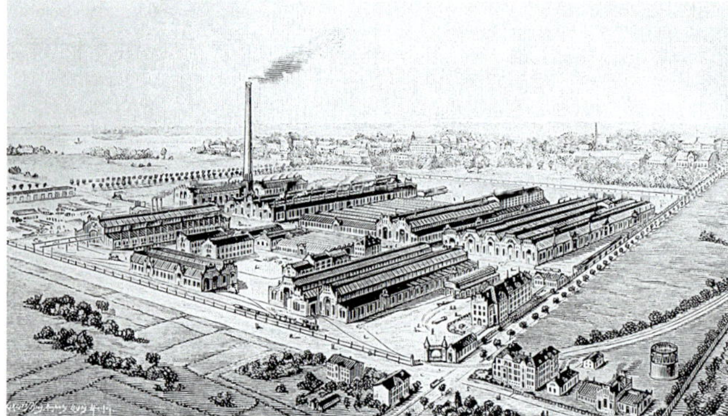

Vogelperspektive der Werksanlage, um 1898

Baustelle der Eisengießerei, 1896

1896 begann die Bebauung eines 14 ha großen Areals am Tegeler See. Fast alle Produktionshallen wurden entlang einer zentralen Werksstraße angeordnet, wobei sich das riesige Bauvolumen nur durch konsequente Standardisierung umsetzen ließ. Der Leiter des Borsig'schen Baubüros, Wilhelm Metzmacher, entwickelte daraufhin funktionale Stahlkonstruktionen. Deren Modernität erschloss sich freilich erst im Inneren, weil die Außenwände betont traditionsverbunden in Anlehnung an die märkische Backsteingotik gestaltet waren.

Im Einzelnen erforderten die verschiedenen Produktionsprozesse unterschiedliche Hallentypen. Das Spektrum reichte von basilikalen Ausführungen über die additive Reihung gleicher Schiffe bis hin zu Flachbauhallen mit Sheds. Die Hauptschiffe wurden in der Regel von Mansarddächern mit 18 m Spannweite überdeckt, Binder und Stützen einheitlich im Abstand von 6 m getaktet. Ausgeführt als statisch bestimmte Nietkonstruktionen aus L- und U-Profilen, ließen sich die Fachwerkbinder graphostatisch mittels „Cremonaplänen" einfach berechnen und hinsichtlich des Stahlverbrauchs minimieren. In Hallenquerrichtung bis zu 2 m breite Gitterstützen trugen die Kranbahnen und sicherten zugleich die Queraussteifung, in Längsrichtung kamen neben Doppelstützen auch Ausfachungen unter den Kranbahnen zur Anwendung.

Ungeachtet der wechselvollen Firmengeschichte wurde das Terrain in den folgenden Jahrzehnten weiter bebaut, unter anderem mit dem [64] **Borsigturm**. Im Zweiten Weltkrieg erlitten fast 80 % der Bausubstanz schwere Zerstörungen. Mit dem bis in die 1960er Jahre andauernden Wiederaufbau zogen auf dem Gelände neue Nutzer ein. Seit 1999 sind Teile der ehemaligen Kesselschmiede und der Montage als Einkaufszentrum öffentlich zugänglich; die Tragwerksplanung für die

Werksstraße, 1900

Konversion verantwortete das Ingenieurbüro Prof. Polónyi & Fink.
Auch wenn heute nur noch ein Teil der historischen Hallen erhalten ist, sind sie doch ein beeindruckendes Zeugnis einer der großen Berliner Hochtechnologie-Produktionsstätten der Kaiserzeit. In ihrer konstruktiven Ausführung zeigen die Hallen den auf statischer Berechnung beruhenden und materialminimierten reifen Stahlbau der Jahrhundertwende. Durch die Verwendung von Fluss- statt Puddelstahl wurde hier ein besonderer, wegweisender Akzent gesetzt, zudem gehören die Fachwerkbinder der Mansarddächer in die direkte Ahnenreihe der berühmten [31] **AEG-Turbinenhalle**. *IP*

Grundlegende Literatur

Jürgen Lampeitl: Die ehemaligen Borsigwerke in Tegel. In: Stahlbau 66 (1997), S. 357ff.; Miron Mislin: Industriearchitektur in Berlin 1840–1910. Berlin 2002, S. 368ff.; Ines Prokop: Vom Eisenbau zum Stahlbau [...]. Berlin 2012, S. 341ff.

Hallen der ehemaligen Kesselschmiede, nach Umbau zum Einkaufszentrum, 2020

VOM GUSSEISEN ZUM STAHL – EISENWERKSTOFFE IM BAUWESEN

Im Sinne von „technischem Eisen“ bezeichnet der Oberbegriff *Eisen* eine große Bandbreite an Eisen-Kohlenstoff-Legierungen. Die Höhe des Kohlenstoffanteils, aber auch Begleitelemente wie Mangan, Phosphor, Silizium und Schwefel bestimmen wesentlich deren sehr unterschiedliche, zum Teil gar gegensätzliche Eigenschaften. Diese Vielfalt prägt auch die die im Laufe der letzten 300 Jahre für das Bauwesen entwickelten Eisenwerkstoffe. Allen gemein ist ihre Herkunft aus dem *Roheisen*, das im ersten Schritt der Produktionskette aus dem Eisenerz durch Verhüttung im Hochofen gewonnen wird. Aufgrund der Erhitzung mit Holzkohle oder Koks hat es einen hohen Kohlenstoffgehalt von 3 bis 5 %. Der großen Druckfestigkeit steht eine nur geringe Zugfestigkeit gegenüber, zudem reagiert das Material auf wachsende Beanspruchung nicht mit plastischen Verformungen, sondern bricht spröde. Durch den hohen Anteil an Kohlenstoff ist die Schmelztemperatur von Roheisen relativ niedrig, und so lässt es sich als *Gusseisen erster Schmelzung* direkt in vorbereitete Formen vergießen. Alternativ wurde es in Europa schon seit dem 18. Jahrhundert durch ein nochmaliges Aufschmelzen (zum Beispiel im Kupolofen) zu *Gusseisen zweiter Schmelzung* verfeinert; eben darauf beruhte der weit über Preußen hinaus renommierte Berliner Eisenkunstguss der Schinkelzeit, von dessen hoher Qualität heute noch etwa das [109] **Kreuzbergdenkmal** zeugt. Wird das Roheisen in einem zweiten Schritt durch *Frischen* wieder entkohlt, entstehen Eisenwerkstoffe, die sich nachträglich schmieden oder walzen lassen. Sie sind nicht mehr spröde und haben eine deutlich höhere Zugfestigkeit. Die Menschen haben im Laufe der Geschichte ganz unterschiedliche Verfahren erfunden, um die zunächst *Schmiedeeisen* genannten Erzeugnisse in immer größeren Mengen und besserer Qualität zu gewinnen. Da ihr Kohlenstoffgehalt in der Regel weit unter der Grenze von 2 % liegt, lassen sie sich nach heutiger Terminologie sämtlich unter dem Begriff *Stahl* zusammenfassen. Die Namen der verschiedenen Frischverfahren stehen dabei bis heute für verschiedene Arten und Eigenschaften der erzeugten Stahlsorten. Das erste Tor zur späteren Massenproduktion er-

Erzeugung von Puddelstahl: Puddler am Puddelofen, o. D.

← Erzeugung von Flussstahl: Thomasbirne in Blasstellung, Hoesch, Dortmund, um 1900

Erzeugung von Elektrostahl: Lichtbogenofen beim Abstich, Hoesch, Dortmund, nach 1936

öffnete 1784 die Erfindung des *Puddelofens* in England. Erst einige Jahrzehnte später auch auf dem Kontinent eingeführt, sollte das *Puddelverfahren* von da an bis zum Ende des 19. Jahrhunderts die dominierende Technologie der Erzeugung schmiedbaren Eisens bleiben, schon bald begleitet von der Entwicklung zunehmend verfeinerter Walzverfahren. Nicht nur der Eiffelturm ist noch aus *Puddelstahl* gebaut, auch in Berlin bestimmt letzterer noch bis zur Jahrhundertwende weitestgehend den Stahlbau – von den Schwedlerkuppeln wie über dem [86] **Fichtebunker** bis zu den Brückenzügen der [2] **Stadtbahn** und den frühen [13] **Yorckbrücken**.

So bahnbrechend das Puddeln in seiner Zeit auch gewesen war, stellte es doch ein äußerst zeit- und kraftaufwendiges Verfahren dar, das zur Entkohlung ein stundenlanges Verrühren der Roheisenmasse im Puddelofen erforderte. Weltweit suchten Eisenhüttenleute deshalb bereits seit Mitte des 19. Jahrhunderts nach Alternativen. Vor allem das *Siemens-Martin-Verfahren* (1865) und das *Thomas-Verfahren* (1878) sind hier als Meilensteine zu nennen. Bei letzterem wurde Luft mit hohem Druck in das in der *Thomasbirne* schon vorgeheizte Roheisen eingeblasen und damit der Kohlenstoff in kürzester Zeit nahezu vollständig verbrannt. Den etwa acht Stunden Handarbeit für eine Charge Puddelstahl stand ein nur noch 15-minütiger Brennvorgang für eine deutlich größere und homogenere Charge *Thomasstahl* gegenüber. Wegen der Erhitzung bis in den flüssigen Zustand wurden dieser und weitere ähnlich erzeugte Eisenwerkstoffe schon bald auch zusammenfassend als *Flussstähle* bezeichnet. Aufgrund verschiedener Schwierigkeiten verzögerte sich ihre Massennutzung zunächst, ab etwa 1900 aber setzten sie sich in erstaunlich kurzer Zeit durch und sollten von da an auch in Berlin für Jahrzehnte den Grundstoff allen Stahlbaus bilden.

In den 1920er Jahren eröffnete das *Lichtbogenverfahren* dann erstmals die Möglichkeit, die notwendige Wärme zur Verbrennung des Kohlenstoffs mittels eingeführter Graphitelektroden durch elektrischen Strom zu erzeugen. Die endgültige Ablösung der Siemens-Martin- und Thomasstähle aber brachte erst das 1949 zur Betriebsreife entwickelte *Linz-Donawitz-Verfahren*, bei dem zum Frischen anstelle von Luft nun reiner Sauerstoff eingeblasen wurde. Es bestimmt bis heute wesentlich die Stahlerzeugung.

Literatur zum Weiterlesen

Beratungsstelle für Stahlverwendung (Hg.): Stahlfibel. Düsseldorf 1980; Ines Prokop: Vom Eisenbau zum Stahlbau [...]. Berlin 2012, S. 26ff.

46

CLASSIC REMISE BERLIN

Wiegmann-Polonceau 2.0

B2/d2

Lage Wiebestraße 29–39, 10553 Berlin-Moabit
Bauzeit [a] 1899–1901; [b] 1924; [c] 2002/03
Tragwerksplanung [b] Gerhard Mensch
Gesamtplanung [a] Technische Abteilung der Großen Berliner Straßenbahn AG (Leitung: Joseph Fischer-Dick)
Gestaltung [b] Jean Krämer; [c] Dinse Fest Zurl Architekten
Ausführung *Stahlbau*: [a] Maschinenfabrik Cyclop, Mehlis & Behrens; *Massivbau*: [b] Wittling und Güldner

Gesamtansicht von Südosten, um 1910

Ab 1898 elektrifizierte die Große Berliner Straßenbahn AG ihr gesamtes Streckennetz. Für die neuen Fahrzeuge wurden die alten Betriebshöfe mit ihren oft mehrstöckigen Pferdeställen durch neue Hallenkomplexe in bis dahin ungekannter Größe ersetzt. Innerhalb von fünf Jahren entstanden acht derartige Anlagen. Der Betriebshof XII in der Wiebestraße war bei seiner Eröffnung 1901 der größte seiner Art in Europa.

Die etwa 120 m lange, vierschiffige Halle konnte auf insgesamt 24 Gleisen gut 320 Straßenbahnwagen aufnehmen. Für eine optimale Belichtung sorgten großzügige Oberlichtraupen, die sich nahezu über die gesamte Hallenlänge erstreckten. Unter den gemauerten Außenwänden stach die Einfahrtsseite mit ihren großflächigen Rundbogen-Toren, Zinnen und Rundbogenfriesen im gotischen Stil besonders hervor.

Für das Dachtragwerk kamen Wiegmann-Polonceau-Binder mit gebrochenem Obergurt zur Anwendung. Sie erlaubten eine Verglasung des oberen, steileren Bereichs der Dachfläche für das Oberlichtband. Für die Spannweite von ca. 23 m waren die filigranen Fachwerke eine bewährte, statisch bestimmte, konstruktiv einfache und preiswerte Lösung. Im Abstand von 5,75 m ruhen sie auf Mauerwerkspfeilern.

1924 ersetzte man die flach geneigten, holzverschalten Dachbereiche durch Steineisendecken; wegen der erhöhten Lasten mussten die Fachwerkbinder verstärkt werden. Unter der Vorgabe einer modernisierenden Versachlichung verloren die Fassaden dabei ihre gotisierenden Schmuckelemente.

Blick von Südwesten auf die ehemalige Einfahrtsseite, 2009

Innenraum einer der Hallen, 2009

Bis zur Stilllegung der Straßenbahn in West-Berlin im Jahre 1964 wurde die Halle durchgängig im Sinne ihrer ursprünglichen Bestimmung genutzt. Danach diente sie als Lager und in Teilen auch als Atelierhaus für Künstler. 1996 wegen Einsturzgefahr geschlossen, stand sie in der Folge mehrere Jahre leer. Nach einer umfassenden Instandsetzung und Sanierung beherbergt sie seit 2003 ein weit über die Grenzen Berlins hinaus bekanntes Zentrum für Oldtimer, das seit 2010 unter dem Namen „Classic Remise" firmiert.

Der ehemalige Betriebshof an der Wiebestraße ist ein bedeutendes Zeugnis aus der Anfangszeit des elektrischen Straßenbahnverkehrs um 1900 und der dafür entwickelten ersten Generation von Wartungshallen. In der Kombination filigraner Stahlfachwerke mit gotisierenden Backsteinwänden nahmen die Erbauer Traditionslinien des Berliner Industriebaus auf, die erst kurz zuvor etwa auch beim Bau der **[45] Borsighallen** in Tegel fortgeschrieben worden waren. *IP*

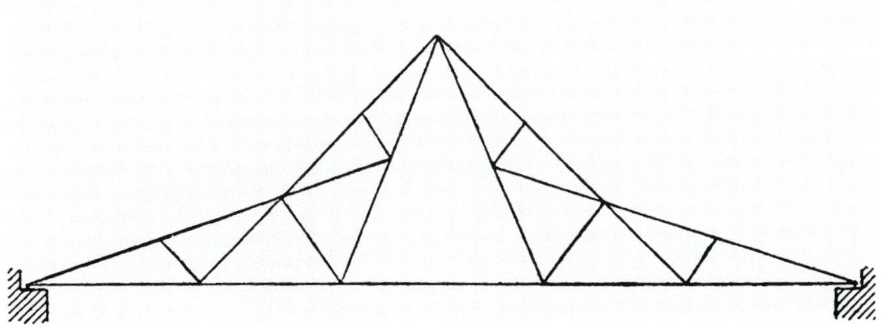

↓ Wiegmann-Polonceau-Träger mit gebrochenem Obergurt, Darstellung 1903

Grundlegende Literatur

Die große Berliner Straßenbahn. Denkschrift. Berlin 1911, S. 241; Berlin und seine Bauten, Teil X, Bd. B (1): Anlagen und Bauten für den Verkehr – Städtischer Nahverkehr. Berlin u. a. 1979, S. 227ff., 264; Bernd Hettlage: Classic Remise. Berlin 2013

47

EHEMALIGES SIEMENS-KABELWERK GARTENFELD

64 000 Quadratmeter konsequent seriell

A1/b1

Lage Gartenfelder Straße 28, 13599 Berlin-Siemensstadt
Bauzeit [a] 1910/11, [b] 1913, [c] 1918, [d] 1923
Entwurf und Tragwerksplanung [a] und [b] Siemens-Bauabteilung (Leitung: Karl Janisch), Julius Nagy; [c] und [d] Siemens-Bauabteilung (Leitung: Hans Hertlein)
Ausführung [a] und [b] vmtl. Steffens & Nölle

Stahlbeton-Kreuzgang im Bau, 1911

Blick in die Halle, 1912

Zum Ende des 19. Jahrhunderts arbeiteten etwa 10 000 Menschen für den Siemens-Konzern. Nur wenige Jahre später sollten es bereits über 60 000 sein. Ungeachtet stetiger Erweiterungen konnten die beengten Standorte in Kreuzberg und Charlottenburg die Produktionsbedürfnisse nicht mehr erfüllen. Wie zur gleichen Zeit etwa auch Schwartzkopff oder Borsig ([45] **Borsighallen**), entschloss sich das Unternehmen deshalb zu einem weitreichenden Schritt: Ab 1897 erwarb es Grundstücke „auf der grünen Wiese" nahe Spandau und begann damit, die gesamte Produktion sukzessive an den später „Siemensstadt" genannten neuen Standort umzusiedeln. Als eine der letzten Erwerbungen kam 1910 für die flächenintensive Kabelfertigung das am heutigen Berlin-Spandauer-Schifffahrtskanal gelegene Gut Gartenfeld hinzu. Schon Ende 1911 konnte dort nach weniger als einem Jahr Bauzeit die gut 64 000 m² große Flachbauhalle des Kabelwerks vollendet werden. Gruppiert um einen asymmetrisch angeordneten Kreuzgang, der die Fläche in vier unterschiedlich große Quadranten teilte, waren unter einem Dach sämtliche Produktionsbereiche vereint.

Das von Karl Janisch und dem mit der Baufirma Steffens & Nölle verbundenen Ingenieur Julius Nagy verantwortete Stahltragwerk besticht durch die stringente Reduktion auf nur wenige Grundbausteine. Im Raster von 12 x 6 m tragen schlanke Pendelstützen einen leichten Fachwerk-Trägerrost, der die Lasten der darüberliegenden, immer gleichen hölzernen Sheddächer aufnimmt. Örtlich sind die Stützen für die Aufnahme von Kranbahnen verstärkt; in Teilbereichen machte der moorige Baugrund einen Bodenaustausch und die Gründung auf Stahlbetonpfählen erforderlich. Die Horizontalaussteifung erfolgt durch die massiven Außenwände und den Kreuzgang, der als zweigeschossiges Rahmentragwerk in Stahlbeton ausgeführt wurde.

„Er holte ein Minimum an Gewicht heraus“ – so würdigte der für den weiteren Ausbau verantwortliche Hans Hertlein später explizit den Ingenieur Julius Nagy. Die Leichtigkeit hatte ihren Preis: Noch während des Baus fielen 1911 Teile des Tragwerks einem Sturm zum Opfer, und 1922 bot es einem Brand in einem Teilbereich kaum Widerstand; der Wiederaufbau 1923 erfolgte nun zum Teil in Stahlbeton. Schon zuvor waren im Übrigen zunächst eine kleine Erweiterung in gleicher Bauweise und danach am Kanalufer ein viergeschossiger Stockwerksbau hinzugekommen.

Zur Zeit seiner Errichtung galt das Siemens-Kabelwerk als größte Fabrikhalle Europas. Durch konsequente Reduktion hatten Janisch und Nagy eine streng modularisierte und materialminimierte Produktionshalle entwickelt, die zum Inbegriff serieller Bauproduktion und eines „in die Fläche gebauten“ Strukturkonzepts wurde. Gegenwärtig allerdings droht dem Wunderwerk der vollständige Verlust. Nach Kriegszerstörungen und einem Teilabriss schon seit 2012 nur noch etwa zur Hälfte erhalten, sollen bald auch die verbliebenen Bereiche einer „Das Neue Gartenfeld“ betitelten „Smart City“ weichen.

Neu errichteter Hallenbereich in Stahlbeton, 1923

Luftbild von Westen, um 1925

Grundlegende Literatur

Wolfgang Ribbe, Wolfgang Schäche: Die Siemensstadt. Berlin 1985, S. 725ff.; Werner Hildebrandt u. a.: Historische Bauwerke der Berliner Industrie. Berlin 1988, S. 184ff.; Thorsten Dame (Hg.): Elektropolis Berlin. Petersberg 2014, S. 183f.

Luftbild mit bereits erheblich reduzierter Ausdehnung, 2019

48

BELGIENHALLE
Kriegsbeute in Stahl

A1/b1

Lage Gartenfelder Straße 14, 3629 Berlin-Siemensstadt
Bauzeit 1917/18
Gesamt- und Tragwerksplanung Siemens-Bauabteilung (Leitung: Hans Hertlein)
Ausführung unbekannt

Auf seinem Gartenfelder Areal ließ der Siemens-Konzern 1917/18 ein eigenständiges Metallwerk errichten, in dem Halbzeuge für die weitere Verarbeitung im nahe gelegenen [47] **Kabelwerk** vorbereitet wurden. Die 135 m lange, dreischiffige Halle zeigt den im Industriebau der Zeit verbreiteten basilikalen Querschnitt. Der Höhenunterschied ermöglichte es, im Hauptschiff neben dem Oberlichtband zusätzliche Fensterbänder in den „Obergaden" anzuordnen. Das Ständerwerk der Außenwände ist durch Ziegel ausgefacht und an den Längsseiten von weiteren Fenstern für die Belichtung der Seitenschiffe unterbrochen.
Entgegen dem ersten Eindruck stammt die Halle nicht „aus einem Guss". Während die Seitenschiffe in Berlin gefertigt wurden, stand das Stahltragwerk des Hauptschiffs ursprünglich im Nordosten Frankreichs. Aufgrund des kriegsbedingten Stahlmangels ließ die deutsche Heeresleitung seinerzeit in den besetzten Gebieten, vor allem in Belgien und Frankreich, Industriehallen demontieren, um sie heimischen Rüstungsunternehmen zum Wiederaufbau zur Verfügung zu stellen. Die Haupthalle des neuen Metallwerks hatte Hans Hertlein, der seit 1915 die Siemens-Bauabteilung leitete, in der nordfranzösischen Industriestadt Valenciennes ausgesucht. Firmenintern wurde sie fortan irrtümlich als „Belgienhalle" bezeichnet.

Das 24 m weite Hauptschiff wird von einfachen „Englischen Bindern" mit Ständern und fallenden Diagonalen überspannt; zusätzliche seitliche Streben sichern kopfbandartig die Queraussteifung. Die vergitterten Kastenstützen sind unterhalb der Fensterbänder verbreitert und tragen hier zusätzlich die Kranbahn. Die Seitenschiffe wurden durch Galerien in jeweils zwei Etagen unterteilt, die Decken sind als Bimsbeton-Kassetten ausgeführt, auf der oberen Decke war ursprünglich ein einfaches Holzdach mit Pappdeckung aufgeständert. Das Hauptschiff hingegen wurde aus Brandschutzgründen mit Falzziegeln auf stählernen Dachlatten eingedeckt.

„In die Fläche gebaut" wurde das Metallwerk erst durch mehrere Erweiterungen der Belgienhalle; 1929 umfasste der Hallenkomplex schließlich acht Schiffe mit einer Fläche von gut 17 000 m². Nach Kriegsschäden im Zweiten Weltkrieg und der anschließenden Demontage des Ma-

Wiederaufbau des demontierten Stahltragwerks, 1917

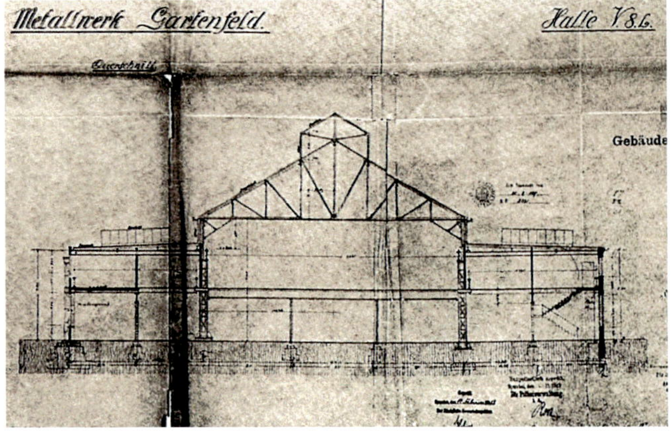

Schnitt mit ergänzten Seitenschiffen, 1918

schinenparks sukzessive wiederaufgebaut, wurde er 1998 gemeinsam mit dem benachbarten Kabelwerk an die Firma Pirelli verkauft und 2002 stillgelegt. Anders als jenes ist die heute denkmalgeschützte „Belgienhalle“ nicht vom Abriss bedroht, sondern soll in das hier neu entstehende Stadtquartier integriert werden.

Konstruktionsgeschichtlich in der Zeit ihrer Errichtung in Berlin eher schon überholt, ist die Belgienhalle vor allem ein beredtes Zeugnis für die im Ersten Weltkrieg verbreitete Praxis der Translozierung ganzer Industrieanlagen aus den besetzten Gebieten ins deutsche Reichsgebiet.

Blick in die Belgienhalle, 2020

Hallenkomplex des Metallwerks, rechts die Belgienhalle, um 1930

Grundlegende Literatur

Hermann Schmitz: Siemensbauten [...] von Hans Hertlein. Berlin 1929, S. 58ff.; Wolfgang Ribbe, Wolfgang Schäche: Die Siemensstadt. Berlin 1985, S. 715f., 765ff.; Wolfgang Schäche u. a.: Siemensbauten in Siemensstadt, Teil 1: Industriegebäude. Berlin 1994, S. 72ff.

49

S-BAHN-HAUPTWERKSTATT BERLIN-SCHÖNEWEIDE

Modernstes Bahnwerk seiner Zeit

D3

Lage Adlergestell 133/149, 12439 Berlin-Niederschöneweide
Bauzeit [a] 1926/27; [b] 1930–32
Tragwerksplanung [a] und [b] Reichsbahndirektion Berlin [Federführung: vmtl. Erich Zorn]
Gestaltung Reichsbahndirektion Berlin [Federführung: Fritz Hane]
Ausführung *Stahlbau*: [a] und [b] C. H. Jucho, Ernst Pfeffer, Dortmunder Union, Hein, Lehmann & Co., D. Hirsch, Krupp-Druckenmüller, Gossen; *Massivbau*: [a] und [b] Polensky & Zöllner

Errichtung des ersten Bauabschnitts mit Wagen- und Werkstatthalle und Verwaltungsgebäude, 1927

Längsschnitt mit Windportalen, 1927

1926 begann die Umstellung der Berliner S-Bahn auf den elektrischen Betrieb. Als zentrale Hauptwerkstatt für die Wartung und Reparatur der neuen Triebwagenzüge errichtete man das Reichsbahn-Ausbesserungswerk (RAW) Schöneweide. Es ermöglichte eine hochmechanisierte und fließende Wartung der S-Bahn-Wagen, bei der die Züge in einem auf sechs Tage limitierten und standardisierten Regeldurchlauf repariert und gewartet wurden. Das Kernstück des RAW bildet ein 1926–32 in zwei Bauabschnitten auf zehn Schiffe ausgebauter Hallenkomplex. Er besteht aus den zunächst errichteten Wagen- und Werkstatthallen (mit einer Grundfläche von 153 x 182 m) sowie der Lackiererei (72 x 159 m). Ein den Hallen vorgelegter mehrgeschossiger Kopfbau (ca. 190 x 10 m) nimmt die Lager-, Sozial- und Büroräume auf. 1938/39 und 1951/52 entstanden weitere Sozialbauten.

Die flach geneigten Hallendächer mit quer liegenden Oberlichtraupen werden von stählernen Fachwerkbindern getragen, die ihre Lasten auf kräftige Walzprofilstützen abtragen. Die Dachbinder liegen in den Oberlichtern, die als bewehrte Hohlsteindecke ausgeführte Dachdecke ist in Höhe ihrer Untergurte angeordnet. Dadurch konnte die Gesamthöhe der Hallen minimiert und eine erhebliche Heizkostensenkung erreicht werden. Während die Jochweiten und damit der Binderabstand mit 12 m konstant gehalten und lediglich am Anschluss zum Kopfbau auf 14 m erhöht sind, schwanken die Breiten der Schiffe und damit die Feldweiten der Binder zwischen 17,50 und 25 m. Zur Aufnahme der Windkräfte wurden in jeder Stützenreihe drei Windportale angeordnet, zwischen ihnen ist die gewaltige Dachfläche jeweils durch eine Dehnfuge unterteilt.

Die im ersten Bauabschnitt errichteten Stahltragwerke wurden noch herkömmlich genietet. Für den Erweiterungsbau der Lackiererei setzte die Reichsbahn 1931/32 erstmals bei einem Stahlhochbau auf Schweißverbindungen. Vergleichende Untersuchungen zeigten, dass sich dadurch im Fall der Kranbahnen bis

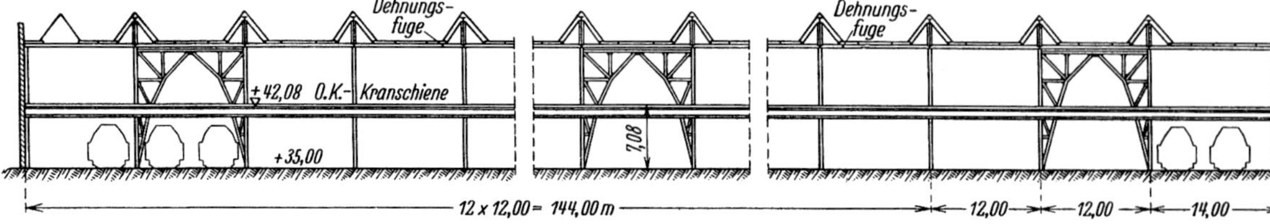

zu einem Drittel an Stahl einsparen ließ. Auch bei den Dach- und Bodenbelägen wurde in Bezug auf - Wärme- und Schalldämmung mit verschiedenen Materialien (etwa Xylolith-Platten und „Fama-Belag“) erfolgreich experimentiert. Obwohl das RAW im Zweiten Weltkrieg schwer beschädigt und anschließend die technische Ausrüstung demontiert wurde, konnten ab 1949 zunächst (Ost-Berliner) U-Bahnzüge und ab 1954 Straßenbahnzüge gewartet werden. Seit 1995 dient es als Hauptwerkstatt der S-Bahn Berlin GmbH wieder primär der Reparatur und Wartung von S-Bahn-Wagen. Mit seiner in mehrfacher Hinsicht innovativen Hallenkonstruktion galt das RAW Schöneweide als modernstes Bahnwerk seiner Zeit und diente vergleichbaren Anlagen im In- und Ausland als Vorbild. Seit 1978 ist es als Denkmal geschützt, bis heute wird es im ursprünglichen Sinne genutzt.

Geschweißtes Windportal in der Lackiererei, 1932

Grundlegende Literatur

Erich Zorn: Der Bau des Reichsbahn-Ausbesserungswerks Berlin-Schöneweide. In: Bautechnik 10 (1932), S. 399ff.; Gerhard Otto: Entwicklung und Aufgabe des Reichsbahn-Ausbesserungswerks Berlin-Schöneweide. In: Glasers Annalen für Gewerbe und Bauwesen 122 (1938), S. 145ff.; S-Bahn Berlin GmbH: Berliner S-Bahn. 70 Jahre Hauptwerkstatt Schöneweide. Berlin 1997.

Blick in die Wagenhalle, 2005

50

HALLE DES EHEMALIGEN STRASSENBAHNBETRIEBSHOFS CHARLOTTENBURG

Kalkuliert in Bewegung

B2/c3

Lage Königin-Elisabeth-Straße 23, 14059 Berlin-Westend
Bauzeit 1929/30
Tragwerksplanung Bauingenieurbüro Gerhard Mensch
Gestaltung Jean Krämer
Ausführung *Stahlbau*: Breest & Co. (Federführung), H. Gossen, Krupp-Druckenmüller, Berliner Stahlbau

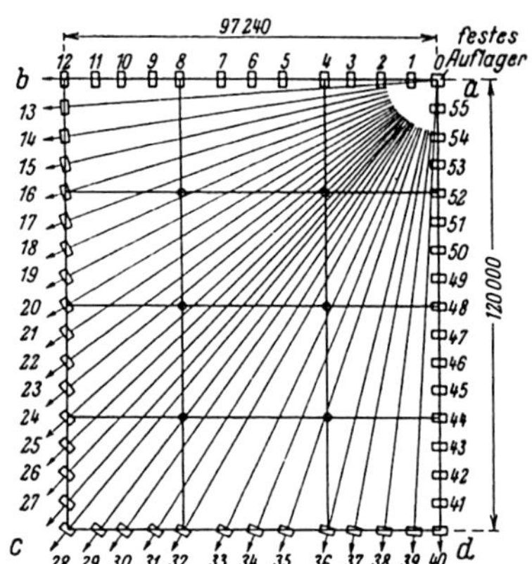

Ausrichtung der verschieblichen Lager, 1935

Der Betriebshof Charlottenburg bildete den Abschluss des Ausbaus der Berliner Straßenbahn zwischen 1920 und 1930. Zugleich war er ein Höhepunkt der Zusammenarbeit von Jean Krämer und Gerhard Mensch, die in dieser Zeit nahezu alle neuen Straßenbahndepots in Berlin planten.

Die rund 98 x 120 m große Haupthalle wird an drei Seiten von schmalen Anbauten eingefasst und reicht aufgrund des ansteigenden Geländes bis zu sieben Meter in das Erdreich. Um den Betriebshof gegebenenfalls auch für Autobusse nutzen zu können, war ein Stützenabstand von mindestens 30 m gefordert worden. Die Haupthalle wurde zu zwei Dritteln als unbeheizt und offen geplant. Daher stellten die wechselnden Temperaturen und die damit verbundenen Ausdehnungen der gewaltigen Stahlkonstruktion eine zentrale Herausforderung für die Tragwerksplanung dar – insbesondere, weil das gesamte Dach ohne Dehnungsfugen ausgebildet werden sollte.

In der Haupthalle bilden durchgehende, bis zu 1,50 m hohe Vollwandbinder einen Rost im Raster von 30 x 30 m; in der

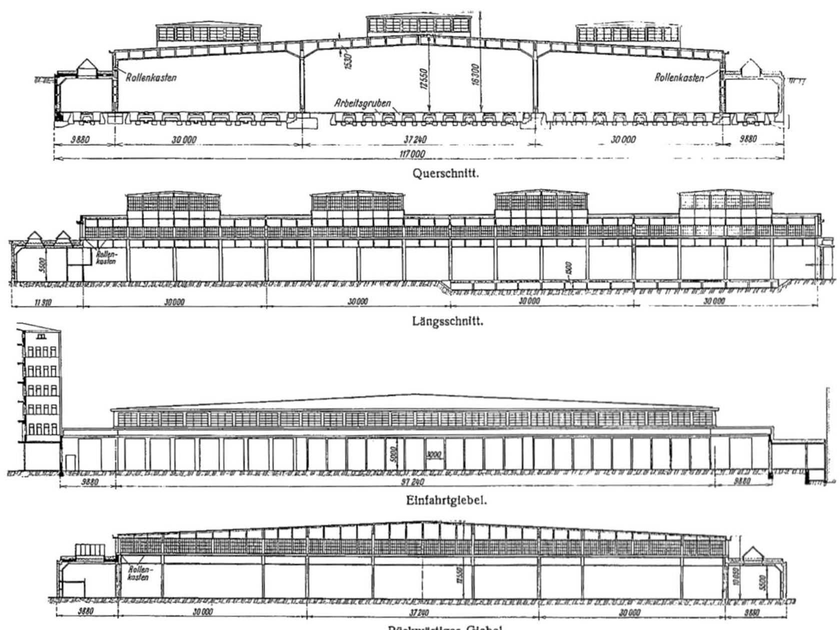

Schnitte und Ansichten, 1935

Mitte ist die Breite auf nahezu 38 m vergrößert. Ergänzend zu den umlaufenden Fensterbändern sorgen zwölf Dachaufsätze von je 15 x 16 m für die Belichtung in der Fläche. Der gewaltige Trägerrost lagert an der Einfahrtsseite auf Stützen zwischen den Toren, an den übrigen Seiten auf den Rahmen der umgebenden Anbauten; letztere tragen zugleich den Erddruck der höher liegenden Höfe ab. Sechs Pendelstützen im Inneren bilden zusätzliche Zwischenauflager. Lediglich ein einziges dieser Lager in einer der Ecken ist dabei als Fixpunkt, alle anderen hingegen sind verschieblich ausgebildet. Gerhard Mensch griff damit ein eher im Brückenbau übliches Konzept auf und stellte genaue Berechnungen zu den notwendigen Lagerwegen an. Die mit 74 mm ermittelte maximale Längenänderung über die Diagonale der Halle konnte er später durch Messungen bestätigen.

Den Zweiten Weltkrieg überstand die Halle nahezu unbeschadet und ging rasch wieder in Nutzung. 1967 wurde sie als letzter verbliebener Betriebshof der West-Berliner Straßenbahn geschlossen. Wie andere ehemalige Depots diente sie in der Folge zunächst als Lagerraum und stand später sogar leer. Seit 2001 jedoch erfüllen ein Verbrauchermarkt und ein Zweiradhändler die großen Flächen mit neuem Leben.

Aus heutiger Sicht beeindruckt die Halle nicht nur durch ihre radikal einfache Rost-Struktur und die Lagerung der fast 12 000 m² großen Dachfläche im Inneren auf lediglich sechs Stützen, sondern auch durch die konsequente lagertechnische Antwort auf die thermischen Herausforderungen. Das großartige Tragwerk setzt einen markanten Akzent in der Entwicklung der Straßenbahnhallen vom filigranen Fachwerk- zum komplexen Vollwandbinder. Es kann als eines der Meisterwerke Gerhard Menschs gelten. *IP*

Innenansicht, 1931

↓ Innenansicht mit Zweiradcenter, 2020

Grundlegende Literatur

A[lfred] Wedemeyer: Neuer Straßenbahn-Betriebsbahnhof Nr. 16 in Berlin-Charlottenburg. In: Deutsche Bauzeitung 65 (1931), Beilage Konstruktion und Ausführung, S. 121ff.; G[erhard] Mensch: Der Straßenbahnhof 16 der Berliner Verkehrs-Gesellschaft in Charlottenburg. In: Stahlbau 8 (1935), S. 1ff.; Ines Prokop (vorm. Tetzlaff): Gerhard Mensch. Bauingenieur zwischen Moderne und Nationalsozialismus. Masterarbeit TU Cottbus 2001

51

PRODUKTIONSHALLE DER KNORR-BREMSE AG

Aller guten Dinge sind drei

D1

Adresse Georg-Knorr-Straße 4, 12681 Berlin-Marzahn
Bauzeit 1961–63
Tragwerksplanung VEB Stahlbau Plauen, Abt. Projektierung/Statik (Erich Bräutigam, Dieter Falk); VEB Hochbauprojektierung Berlin
Ausführung VEB Stahlbau Plauen

Blick von Nordwesten auf die Baustelle, 1962

In den ersten Jahren des Zweiten Weltkriegs errichtete die Firma Hasse & Wrede an der heutigen Landsberger Allee eine neue Werkzeugmaschinenfabrik. Deren zentrales Bauwerk, eine von Randbauten gefasste Stahlhalle mit Sheddach, war ursprünglich für ein Ausbesserungswerk in Marienfelde entwickelt worden. Zur Steigerung der Rüstungsproduktion plante die aus der Reichsbahnbaudirektion Berlin hervorgegangene *Baugruppe Pückel* das Gebäude aber kurzerhand für den neuen Zweck um.

1945/46 demontierte die Rote Armee den kaum beschädigten Hallenbau und verfrachtete ihn Richtung Sowjetunion. Auf der verbliebenen Stahlbeton-Bodenplatte entstand einige Jahre später zunächst eine kleinere Holzhalle für die Nachfolgefirma VEB Berliner Drehautomatenwerk. Nach deren Integration in den VEB Berliner Werkzeugmaschinenfabrik begannen Anfang der 1950er Jahre Bauarbeiten für eine Stahlbetonhalle mit Schalensheds, die aber bald schon wieder aufgegeben wurden. Erst ein Jahrzehnt später entstand dann, nach dem mittlerweile dritten Bauprojekt für diesen Ort, die heutige Produktionshalle als Stahlkonstruktion.
Insgesamt 253 Stützen gliedern die rund 184 x 187,50 m große Fläche in zehn mit Kranbahnen versehene Schiffe von je 18 m Breite, die im Norden gegen eine angefügte Querhalle in Zweigelenkrahmen-Konstruktion laufen. Die Stützen der Haupthalle sind überwiegend gelenkig gelagert, in zwei Reihen sind sie zur Aussteifung eingespannt. Ihre Einzelfundamente stammen in Teilen vom Vorgängerbau oder gehen auf den unvollendeten Wiederaufbau zurück; andere mussten infolge hierdurch verursachter Zerstörungen neu betoniert werden. Von besonderem Interesse ist die Ausbildung der Sheds. In ihren um gut 25° aus der Senkrechten gekippten Fensterebenen verlaufen die Fachwerk-Binder des Hallendachs. Die quer dazu liegenden Sparren sind als bemerkenswert schlanke, unterspannte Biegeträger ausgebildet, die ihre Lasten teilweise in angeschweißte Parabelverbände abgeben.
Nach der Wiedervereinigung erwarb mit der Knorr-Bremse AG der Mutterkonzern von Hasse & Wrede die Werksanlage. Zwischenzeitliche Überlegungen zu einem Teilabriss der Halle wurden nicht umgesetzt, vielmehr wurde sie zusammen mit der Randbebauung 1999–2004 unter Leitung des Planungsbüros JSK um-

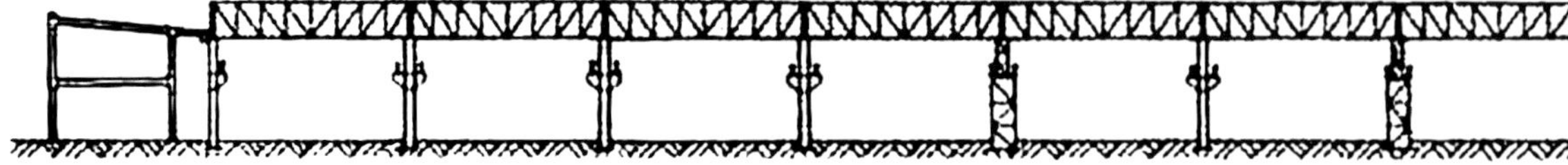

Querschnitt, 1962

fassend saniert und im Inneren farbig gefasst. Eine mittig eingefügte Trennwand ermöglicht seitdem differenzierte Nutzungen.

Mit knapp 35 000 m² überdachter Fläche ist die Knorr-Bremse-Produktionshalle nicht nur eine der größten Shedhallen Berlins, auch ihre außerordentlich leichte Dachkonstruktion und die stringente Standardisierung machen sie zu einem bedeutenden Berliner Zeugnis der Tätigkeit von Ingenieuren im Industriebau. Gemeinsam mit dem bis heute im russischen Rjasan existenten „Original" spiegelt sie so in besonders anschaulicher Weise deutsche Industriegeschichte der letzten 80 Jahre wider.

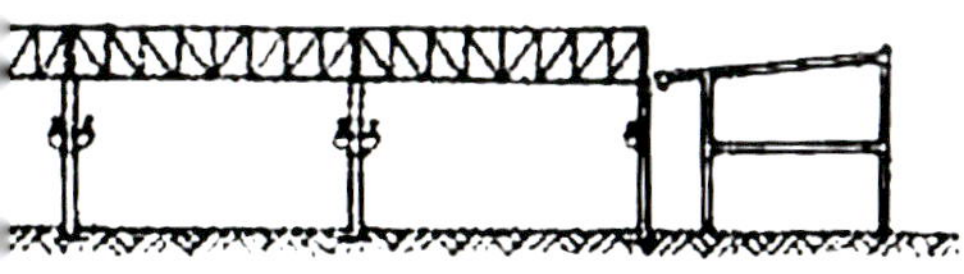

Grundlegende Literatur

Erich Bräutigam, Dieter Falk: Wiederaufbau einer Produktionshalle in Stahl. In: Bauplanung – Bautechnik 16 (1962), S. 449ff.; Helmut Engel (Hg.): Standort Berlin Marzahn. Historische Knorr-Bremse – Industriekomplex im Wandel. Berlin 2001; Dietrich Worbs: Einblicke in die Berliner Denkmal-Landschaft. Berlin 2002, S. 333ff.

Innenraum nach Norden, 1992

Luftbild von Südosten, 2018

52

FRUCHTHOF BERLIN
Geschickt gekippt

B2/d2

Lage Beusselstraße 44 n–q, 10553 Berlin-Moabit
Bauzeit 1963–65
Tragwerksplanung Wilhelm Fuchssteiner
Gesamtentwurf Abteilung Hochbau des Senators für Wohnungswesen (Bruno Grimmek [Leitung] mit Werner Klenke)
Ausführung ARGE Beusselstraße (Julius Berger, Gottlieb Tesch, Hochtief, Beton- und Tiefbau Mast)

Die gegen Ende des 19. Jahrhunderts errichteten Zentralmarkthallen am Alexanderplatz entsprachen rasch nicht mehr den Anforderungen für die Versorgung einer Millionenmetropole. Bereits vor dem Ersten Weltkrieg entwickelte man daher erste Pläne für einen Großmarkt auf den beim Bahnhof Beusselstraße gelegenen „Gebauer-Wiesen". Ebenso wie spätere Planungen wurden sie aber nicht umgesetzt.

Nach dem Zweiten Weltkrieg formierten sich die Händler im Westteil der Stadt neu und richteten unter anderem in den ehemaligen Askania-Werken in Mariendorf einen eigenen Fruchthof ein. Als dieser von Kündigung bedroht war, setzte schließlich doch noch eine gezielte Entwicklung des von Ringbahn und Wasserstraßen begrenzten Grundstücks an der Beusselstraße ein. Einen ersten Großbau erstellte man 1959 am Westende des Geländes mit einer großen Lagerhalle in Stahlbeton, deren Sheddach aus Fertigteil-Schalen bestand. Sie wurde später zum Fleischgroßmarkt umgebaut.

Eine noch interessantere Stahlbetonkonstruktion entstand anschließend auf einer deutlich größeren Grundfläche von rund 115 x 190 m mit der Halle für den Obst- und Gemüsegroßmarkt. Während ihre für Büronutzung vorgesehenen Randbauten dem Vorbild des älteren Nachbarbauwerks verpflichtet blieben, erhielt sie ein Dachtragwerk aus 77 Schalen in der nur selten verwendeten Form von Klostergewölben. Sehr ungewöhnlich ist deren Kippung um 16° aus der Horizontalen, mittels derer eine Shedhalle erzeugt wird. Jeweils 17,30 x 16,35 m groß, im Mittel rund 10 cm stark und lediglich mit Baustahlgewebe bewehrt, entstanden die Schalen auf verfahrbaren Lehrgerüsten. Gelagert sind sie auf Fertigteilstützen, die in Köcherfundamenten stecken. Im nördlichen Hallenteil gründen diese auf mehreren Hundert bis zu 14 m langen Rammpfählen, da sich hier ehemals das Bett des Westhafenkanals befand.

Eine umfangreiche Sanierung, bei der unter anderem der Fußboden neu aufgebaut wurde, erfolgte in den Jahren 2007/08. Anders als die ebenfalls mit Betonschalendächern errichteten Großmarkthallen in Frankfurt am Main, Leipzig oder Hamburg dient der Fruchthof weiterhin vollständig seinem ursprünglichen Zweck. In der öffentlichen Wahrnehmung steht er allerdings im Schatten dieser ungleich

Blick von Südwesten über die Baustelle, 1964

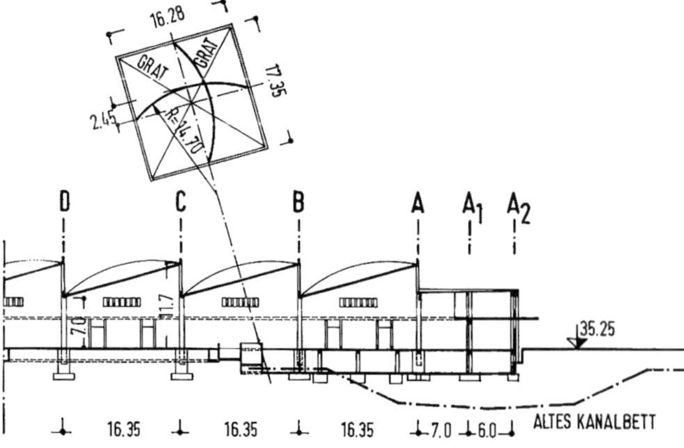

Teilquerschnitt mit Aufsicht einer Gewölbeschale, 1978

berühmteren Bauten und ist nicht denkmalgeschützt. Seine aus dem Gebot größter Sparsamkeit entwickelte Konzeption ist dessen ungeachtet ausgesprochen bemerkenswert.

Innenraum nach Südwesten, 2020

Luftbild, 2018

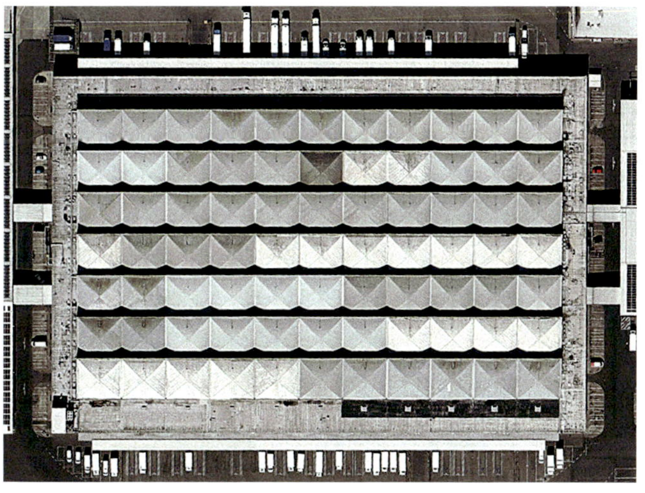

Grundlegende Literatur

Werner Jacob: Der neue Großmarkt von Berlin. In: Der Deutsche Baumeister 24 (1963), S. 1058f.; Berliner Großmarkt GmbH (Hg.): Großmarkt Berlin, Beusselstrasse. Düsseldorf 1965; Berlin und seine Bauten, Teil VIII, Bd. A: Bauten für Handel und Gewerbe – Handel. Berlin u. a. 1978, S. 145ff.

SCHWUNGVOLL BESCHIRMT

SCHWUNGVOLL BESCHIRMT
Gewölbe, Kuppeln und Schalen in Berlin

75 Jahre nach Kriegsende hebt Ende Mai 2020 ein Kran die krönende Laterne auf die rekonstruierte Schloss-Kuppel über dem Humboldt-Forum. Im Zusammenklang mit der Kuppel des direkt benachbarten Doms und jener des in Sichtweite gelegenen Bode-Museums evoziert sie eine Ahnung längst vergangener imperialer Zeiten.
Größere Ansammlungen von Kuppeln sind in den Zentren historischer Metropolen keine Seltenheit. Unmittelbar verständlich markieren sie nach außen hin als „Stadtkronen“ wichtige Orte. Im Inneren sind sie großartig raumbildend und ermöglichen seit jeher besonders weit gespannte Räume, weil in ihren doppelt gekrümmten Tragstrukturen in der Regel kaum Biegung auftritt. Vielmehr soll der Lastabtrag im Idealfall überwiegend durch der Geometrie der Form folgende Druck- und Zugkräfte erfolgen, sodass ein sogenannter Membranspannungszustand vorherrscht.

Gewölbe und Kuppeln aus Mauerwerk und Holz

Ein- oder zweifach gekrümmte Tragwerke haben bereits im mittelalterlichen Berlin zahlreich Anwendung gefunden. Zwar entstanden auf dem heutigen Stadtgebiet keine berühmten Kathedralen, dennoch haben sich aus Hoch- und Spätgotik in der **St. Marienkirche** in Mitte, der Spandauer [104] **St.-Nikolai-Kirche** oder der heute von der Humboldt-Universität genutzten **Heilig-Geist-Kapelle** einige interessante Backsteingewölbe erhalten. Ein Totalverlust ist leider das bautechnisch besonders anspruchsvolle Schlingrippengewölbe der Erasmuskapelle im ehemaligen Berliner Schloss aus der Mitte des 16. Jahrhunderts.

Erasmuskapelle im Berliner Schloss, um 1900

Ein gutes Jahrhundert später entsteht nicht weit davon entfernt im Lustgarten auf Johann Gregor Memhardts Neuem Lusthaus Berlins erste

Bethlehemskirche, Ansicht, Querschnitt, Horizontalschnitte, 1915

auf städtebauliche Wirkung abhebende Kuppel. Über ihre Bauweise ist nichts bekannt. Vermutlich bestand sie ebenso aus Holz wie die späteren großen Kuppeln in der Friedrichstadt von Bethlehems- (auch Böhmische Kirche, 1735–37, Durchmesser 15,70 m), Dreifaltigkeits- (1737–39, Durchmesser 22 m) und Hedwigskirche (1747–54/1773). Letztere gilt seinerzeit mit deutlich über 30 m Spannweite als größte Kuppel in den deutschen Landen. In Bezug auf das Tragwerk sind diese im Zweiten Weltkrieg untergegangenen Meisterwerke der Zimmermannskunst allerdings eigentlich keine Kuppeln. Ihre raumgreifenden, aus dem Dachstuhlbau entlehnten Konstruktionen erzeugen innen und außen lediglich die entsprechenden Bilder. Einem Kuppeltragwerk im eigentlichen Sinne nahe kommt erst die 1789/90 errichtete Bohlenkonstruktion des [106] **Tieranatomischen Theaters**.

In den folgenden Jahrzehnten entstehen in Berlin auch einige gemauerte Massivkuppeln. Erwähnung verdient die mehr als 20 m weit gespannte Rotunde im [111] **Alten Museum** (1823–30). Sie tritt nach außen allerdings ebenso wenig in Erscheinung wie ihr kleineres Pendant in der **Alten Nationalgalerie** (1867–76) oder die zahlreichen und teils sehr originellen Massivkuppeln im [73] **Neuen Museum**. Berlins wohl größtes Bauwerk dieser Art ist mit gut 32 m Durchmesser die **Innenkuppel des Doms** (1897/98).

Kriegsbeschädigter Dom mit zerstörter Eisenkonstruktion der Schutzkuppel über der erhaltenen Innenkuppel, um 1947

Schnitt durch die Schlosskapelle, um 1850

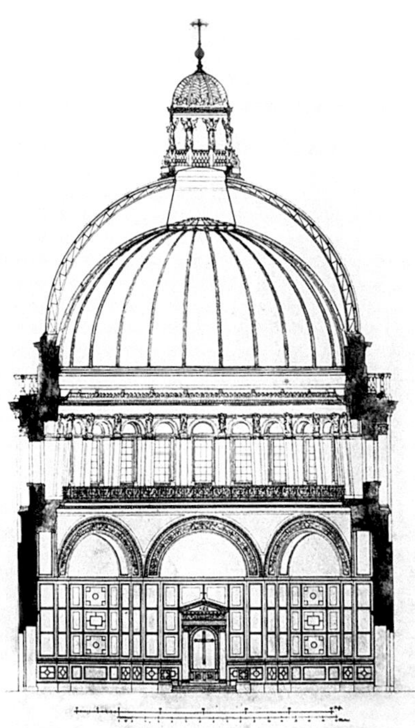

Stählerne Kuppeln des 19. Jahrhunderts

Nahebei entsteht 1847 die von August Borsig entwickelte doppelschalige Kuppel der Schlosskapelle. Während die Innenkuppel mit ihrem gusseisernen Traggerüst noch Anklänge an die in der ersten Hälfte des 19. Jahrhunderts verbreiteten Gusskuppeln erkennen lässt, weist die äußere Schutzkuppel mit ihren 24 fachwerkartig vernieteten Bogensparren aus Schmiedeeisen in die Zukunft des Kuppelbaus. In einem Zeitalter, in dem die Bedeutung der rechnungsmäßigen Erfassung von Tragwerkszuständen kontinuierlich ansteigt, verfügen derartige Tragstrukturen, wie sie in Berlin schon 1834 bei der drehbaren Kuppel der Königlichen Sternwarte erstmals umgesetzt werden, über den Vorteil einer recht einfachen Analyse mittels der ebenen Statik. Folgerichtig finden solche stählernen Kuppeltragwerke in der Stadt in zahlreichen Varianten Anwendung. Teilweise werden die Kuppeln dabei auch mit geraden Sparren als Zeltdächer ausgeführt, etwa bei den jeweils knapp 40 m weit gespannten Kuppeln des Zirkus Otto (1855) oder des National-Panoramas (1880/81). Häufig ist der Grundriss polygonal, etwa achteckig bei der 40 m weit gespannten Außenkuppel über dem Lesesaal der Staatsbibliothek (1913/14) oder viereckig beim 1882/83 errichteten Ausstellungspalast in Moabit. Berlins berühmteste Kuppel über rechteckigem Grundriss entsteht 1890 über dem Reichstag allerdings mittels eines von Hermann Zimmermann ersonnenen räumlichen Fachwerks.

Schnitt durch die Kuppel der Neuen Synagoge, 1866

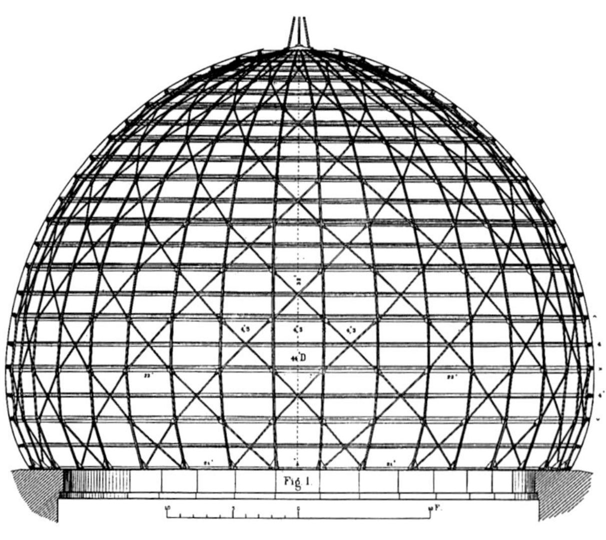

Den entscheidenden Schritt, Stahlkuppeln mit räumlicher Tragwirkung zu konzipieren, hat Johann Wilhelm Schwedler zu diesem Zeitpunkt längst vollzogen. 1863 konstruiert er für so unterschiedliche Zwecke wie die Neue Synagoge in der Oranienburger Straße und einen Gasbehälter in der Holzmarktstraße die ersten „Schwedler-Kuppeln“: Stabwerksschalen, in denen radial gekrümmte Sparren und horizontale Ringe durch Andreaskreuze zu steifen Systemen zusammengebunden werden. Sämtliche Konstruktionsteile liegen in der sphärisch gekrümmten Dachfläche. Ein großer Vorteil ist die vergleichsweise einfache Montage, weil die Konstruktion am Boden vormontiert werden kann. Wegen ihres außerordentlich geringen Stahlverbrauchs werden sie bis weit ins 20. Jahrhundert hinein eingesetzt und erreichen in Bauten wie dem Gasbehälter Nr. IV der Gasanstalt Danziger Straße (1889) oder dem als Zeltkuppel konzipierten Gasbehälter I der Gasanstalt Tegel (1903/04) Durchmesser von mehr als 65 bzw. 75 m. Wie bei den anderen Stahlkuppeln haben die Zeitläufte – und insbesondere der Zweite Weltkrieg – das überlieferte bauliche Erbe dieses in Berlin entwickelten und außerordentlich folgenreichen Tragwerkskonzepts dramatisch dezimiert. Nur wenige Schwedler-Kuppeln sind noch im Original erhalten, darunter jene des [86] **Fichtebunkers** und des [53] **Rundlokschuppens Pankow**. Erhalten ist auch die große Schutzkuppel über dem Eingang des [54] **Bode-Museums,** deren weiterentwickeltes Schwedler'sches Konzept vom Vorbild der rund 36 m Durchmesser aufweisenden ehemaligen Außenkuppel des Berliner Doms (1897/98) angeregt ist.

Fertig montiertes Dach des Gasbehälters I der Gasanstalt Tegel zu Beginn der Aufmauerung der Behälterwand, 1903

Lösungen in Stahlbeton

Die dem Holz- und Stahlbau eigene Auflösung von Tragstrukturen in Rippen und Ringe kennzeichnet auch die nach 1900 durchgeführten Versuche zum Bau weitgespannter Kuppeln mit dem noch jungen Baustoff Stahlbeton. Eine bedeutende Leistung selbst im internationalen Maßstab ist die über 28 m weit gespannte Kuppel der Friedrichstraßenpassage (1907–09), von der seit ihrem Abriss in den 1980er Jahren heute nur noch der zwischenzeitlich als Kunsthaus Tacheles genutzte Kopfbau an der Oranienburger Straße zeugt. Gar 38,60 m Durchmesser weist die achteckige Innenkuppel über dem ehemaligen Großen Lesesaal der Staatsbibliothek (1913/14) auf; ihre kriegsbeschädigten Reste werden 1975 gesprengt. Mit einem erstaunlich hohen Grad an Vorfertigung nimmt letztere bereits spätere Montagebauweisen vorweg, wie sie etwa bei der Kuppel der Kongresshalle am Alexanderplatz (1962/63, heute **Berlin Congress Center**) zum Einsatz kommen.

Derartige Versuche der Vorfertigung sind Reaktionen auf die Komplexität der Schalungen bei Stahlbetonrippenkuppeln. Deutlich besser entsprechen dem amorphen Charakter des flüssig verarbeiteten Baustoffs die sogenannten Glatt- oder Vollkuppeln mit gleichmäßig flächig verteiltem Beton. Mit Hilfe der Zugkräfte aufnehmenden Bewehrungseisen weisen derartige Rotationschalen eine den Schwedler-Kuppeln vergleichbare Tragwirkung auf. Wegen ihrer außerordentlichen Leistungsfähigkeit bei minimiertem Materialverbrauch zählen sie von Anbeginn zum Standardrepertoire der Stahlbetonbauweise. Da zunächst

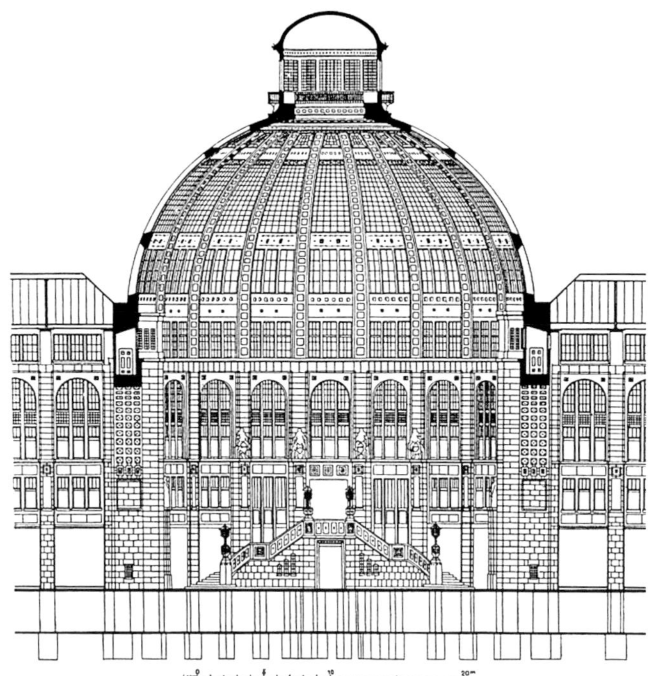

Schnitt durch die Kuppel der Friedrichstraßenpassage, 1909

keine geeigneten Berechnungsmethoden vorliegen, sind ihre Spannweiten anfangs allerdings noch überschaubar, etwa bei den übereinander angeordneten Behälterkuppeln im **Reservoirturm der ehemaligen Gasanstalt II** (1889–91) in Charlottenburg. Sukzessive wagt man sich wie bei der Synagoge Fasanenstraße (1910/12) aber an größere Spannweiten oder experimentiert wie bei den [55] **Karlshorster Flugzeughangars** mit Ersatzbaustoffen für den Beton.

Den Durchbruch erlebt die Schalenbauweise in den 1920er Jahren auf der Basis neuer, insbesondere von der Firma Dyckerhoff & Widmann ausgearbeiteter Berechnungs- und Konstruktionskonzepte. Trotz mancher schmerzhaften Verluste, wie dem Zeiss-Planetarium am Zoo (1926) oder der Synagoge Prinzregentenstraße in Wilmersdorf (1928/29), verfügt weltweit wohl keine andere Stadt über ein ähnlich umfangreiches und zugleich so vielfältiges Erbe an Stahlbetonschalen aus den Pionierjahren dieser Bauweise. Unter den anfangs nahezu durchweg von Dyckerhoff & Widmann errichteten Rotationsschalen stechen der unorthodox geformte [95] **Trudelwindkanal** in Adlershof und die [91] **Faulbehälter des Klärwerks Ruhleben** hervor. Während der aus einzelnen Kragschalen zusammengesetzte [56] **Kuppelsaal im Haus des Deutschen Sports** keine Kuppeltragwirkung aufweist, ist dies bei der für den Wiederaufbau der [57] **St. Hedwigs-**

Planetarium der Stadt Berlin (1926)

Kathedrale aus vorgefertigten Segmenten zusammengesetzten Kuppel wieder der Fall. Bemerkenswerterweise greift man bei diesem prominentesten Schalenbau der frühen DDR direkt auf ein Dyckerhoff & Widmann-Konzept zurück, wie es ein Jahrzehnt später in West-Berlin beim **Planetarium am Insulaner** (1963–65) nochmals von der Firma selbst umgesetzt wird.

Die Vielfalt des Stahlbeton-Schalenbaus

Neben Rotationsschalen, wie sie etwa beim **Zeiss-Großplanetarium** (1985–87) in Prenzlauer Berg noch bis in jüngere Zeit zum Einsatz kommen, erschließen sich die Stahlbetonschalen rasch auch andere Bauformen. Folgen die Zylinderschalen der **ehemaligen Opel-Autoreparaturhalle** (1917–19) in der Tempelhofer Bessemerstraße noch den traditionellen Regeln von Tonnengewölben, so verändern Pioniere des Stahlbetonschalenbaus wie Franz Dischinger und Ulrich Finsterwalder ihre Tragwirkung zu Flächentragwerken. Ein international einzigartiges Ensemble unterschiedlichster Zylinderschalen aus den 1930er Jahren zeigen die Windkanäle, Flugzeughangars und sonstigen Bauten im Umfeld des **Aerodynamischen Parks** in Adlershof. In der Folge finden aneinandergereihte Schalen vielfach Einsatz zur Überdachung größerer Flächen – ob in Form flacher Segmenttonnen wie bei der **Amerika-Gedenkbibliothek** (1952–54), als Shedhallen (ehemalige Produktionshalle (1941) im Komplex des [97] **Funkhaus Berlin**; ehemalige Blumengroßmarkthalle (1963–65, heute **W. Michael Blumenthal Akademie**)) oder gar als gekippte Klostergewölbe wie beim [52] **Fruchthof des Großmarkts**. Abgeleitet von den Zylinderschalen sind die aus ebenen Flächen zusammengesetzten Faltwerke. Diese erfahren insbesondere in der DDR umfassende Anwendung, sowohl bei spektakulären Kulturbauten wie der [59] **Fußumbauung des Fernsehturms**, aber vor allem auch bei ressourcenschonenden Systembauten. Letztere finden in den noch bis über das Ende der DDR hinaus errichteten Berliner **Volksschwimmhallen** mit Dächern aus vorgefertigten „VT-Falten“ eine besonders ein-

Flugzeughangar Adlershof, um 2000

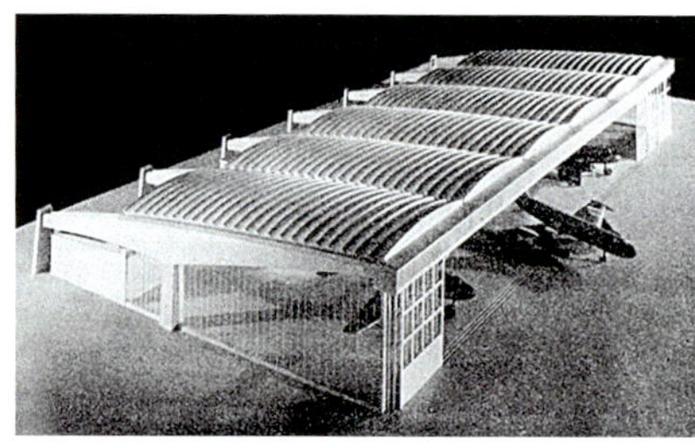

Flugzeughangar Schönefeld, zeitgen. Modellaufnahme

Gaststätte Ahornblatt als Motiv in der Briefmarkenserie „Sozialistischer Aufbau in der DDR“, 1973

prägsame Umsetzung. Auch Schalen mit gegensinnig doppelt gekrümmten Geometrien kommen als vorgefertigte Elemente zum Einsatz, besonders eindrucksvoll beim auf weit auskragenden Spannbetonbindern gelagerten Dach des **Hangars des Flughafens Berlin-Schönefeld** (1959–62). In Form von hyperbolischen Paraboloiden („HP-Flächen“) finden solche „antiklastisch“ geformten Schalen darüber hinaus für expressive Dächer spektakulärer Einzelbauten Verwendung, etwa im heutigen [58] **Haus der Kulturen der Welt.** Das West-Berliner Propagandabauwerk verfügt allerdings erst seit seinem Wiederaufbau in den 1980er Jahren über ein „richtiges“ HP-Schalendach. Von Anbeginn ist dies hingegen der Fall bei der Gaststätte „Ahornblatt“ auf der Ost-Berliner Fischerinsel (1969–73), die der berühmte Rügener Schalenbaumeister Ulrich Müther konzipiert. Obwohl es zu seinen emblematischsten Projekten zu zählen ist, wird das herausragende Bauwerk im Jahr 2000 abgerissen.

Gitterschalen und Membrantragwerke

Die hohen Kosten für die notwendigen Schalungen bringen, neben anderen Gründen, den Bau dünner Stahlbetonschalen in West-Berlin bereits um 1970 und in Ost-Berlin mit der Wende fast völlig zum Erliegen. Inwieweit neuartige Konzepte wie beim Dach der **Straßenbahnhaltestelle am Hauptbahnhof** (2015) eine Renaissance dieser Bauweise anstoßen können, bleibt fraglich. „Schwungvolle“ Flächentragwerke mit schalenartigem Tragverhalten entstehen heute nahezu ausschließlich als Gitterschalen. Bei diesen Tragwerken, die gewis-

Blick auf den Teufelsberg von Norden, 2007

sermaßen an die Tradition der Bohlendächer vom Ende des 18. Jahrhunderts anknüpfen, kommt als Baustoff neben Stahl regelmäßig auch Holz oder Stahlbeton zum Einsatz. Ausgehend von diversen **Speisesaaldecken im Spandauer Johannesstift** (1907–10) nach Art der Föppl'schen „Flechtwerkdächer“ finden sich in der Stadt Beispiele aus allen Phasen modernen Bauens. Stellvertretend genannt seien hier für tonnenartige Tragwerke nur die Glasdächer des [9] **Hauptbahnhofs,** für doppelt gekrümmte die geodätischen **Kuppeln auf dem Teufelsberg** (1965–70) oder die kunstvolle [63] **Überdachung des Schlüterhofs** im Deutschen Historischen Museum (2002/03).

Relativ selten Verwendung fanden in Berlin bislang hingegen die allein auf Zug belasteten Membran- oder Seilnetztragwerke. Während ihr großflächiger Einsatz im [62] **Dach des Olympiastadions** nur dem aufmerksamen Betrachter auffällt, treten einige dieser Konstruktionen, etwa das **Vordach über der Auffahrt im Ehrenhof des Bundeskanzleramts** (2001), mit ihren organisch-schwungvollen Formen dafür umso prominenter in Erscheinung. Besonders gilt dies für das spektakuläre [60] **Forumdach des Sony Centers**, dessen anspruchsvolle Ingenieurkonstruktion nachhaltig die heutige Berliner Stadtsilhouette mitprägt.

Berlin – eine Stadt der Kuppeln und Schalen

In den letzten Jahrzehnten haben sich sukzessive unter anderem die Kuppeln von **Dom** (1975–83), **Neuer Synagoge** (1990/91) und **Humboldtforum** (2015–20) wieder in das Stadtbild gesellt. Ihre neuen Ingenieurkonstruktionen stellen sich völlig in den Dienst der Wiederherstellung einer alten Erscheinung. Einen konträr zu dieser rückwärtsgewandten Geisteshaltung stehenden Weg ist man in formaler wie auch ingenieurtechnischer Sicht bei der neuen [61] **Reichstagskuppel** gegangen. Dass dies nicht unbedingt die schlechteste Wahl war, zeigt nicht zuletzt die anhaltende Popularität dieser heute weltweit wohl bekanntesten Berliner Ingenieurkonstruktion. Zugleich repräsentiert sie in hervorragender Weise jenen wagemutigen Erfinder- und Pioniergeist, der sich in unzähligen schwungvollen Berliner Bedachungen der letzten Jahrhunderte wiederfindet.

Die Rückkehr der Vergangenheit: Dom und Schloss im Jahr 2020

53

EHEMALIGER RUNDLOKSCHUPPEN PANKOW-HEINERSDORF

Schwedler auf Stelzen

C1

Lage Am Feuchten Winkel, 13189 Berlin-Pankow
Bauzeit 1891–93
Tragwerksplanung und Gesamtentwurf Bauinspektion Berlin des Eisenbahn-Betriebsamts Berlin-Stettin (Karl Bathmann [Leitung], Karl Horstmann)
Ausführung unbekannt

Den Bahnbetriebswerken kommt im komplexen System der Eisenbahn vor allem in Bezug auf Organisation und Betriebsführung eine Schlüsselrolle zu. Hier werden die Lokomotiven und Triebfahrzeuge gereinigt und gewartet. Zum Kern der Betriebswerke entwickelten sich in der zweiten Hälfte des 19. Jahrhunderts Rundlokschuppen mit innenliegender Drehscheibe. Unter anderem wegen der wachsenden Größen der Lokomotiven wurden sie jedoch bald schon zunehmend von Ringlokschuppen verdrängt, die um eine unter freiem Himmel gelegene Drehscheibe arrangiert waren.

Der Pankower Schuppen entstand im Zuge umfassender Erweiterungs- und Neugestaltungsmaßnahmen der Bahnanlagen im Norden Berlins, in deren Rahmen unter anderem auch die [16] **Liesenbrücken** errichtet wurden. Zur Aufnahme des gesamten bislang am Stettiner und am Nordbahnhof angefallenen Güterverkehrs richtete man bei Pankow einen neuen Rangierbahnhof ein, dem ein kleines Betriebswerk zugeordnet war. Letzteres erhielt neben einem Ring- auch einen Rundlokschuppen.

Die rund 21 m hohe Halle mit einem Gesamtdurchmesser von 63 m ist in 24 Segmente aufgeteilt; 22 dienten als Wartungsstände, zwei wurden zur Ein- und Ausfahrt genutzt. Die Drehscheibe ist mit einem Durchmesser von ca. 17 m auf die damaligen Standardlokomotiven ausge-

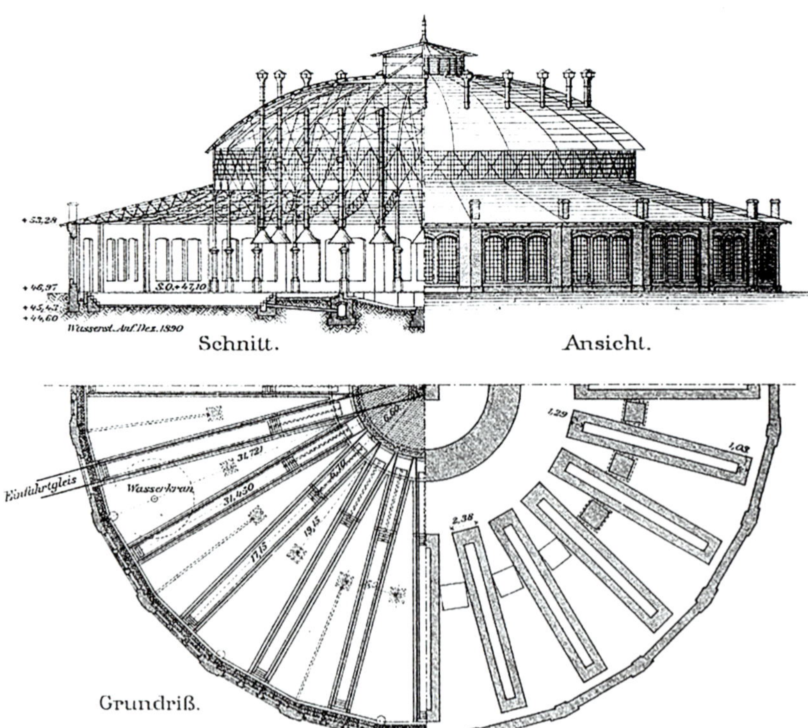

Ansicht und Grundriss, 1903

richtet. Das konstruktionsgeschichtliche Schmuckstück der Halle bildet eine Schwedlerkuppel über dem gut 38 m weiten Zentralraum, die hier mit einem als Laterne ausgebildeten Lüfteraufsatz versehen ist. Sie gibt ihre Vertikallasten – vermittelt durch die Pfosten des Oberlichtbandes – direkt auf Gussstützen zwischen den 24 Segmenten ab. Die leicht geneigte Dachhaut des umgebenden Schleppdachs wird von radial angeordneten Fischbauchträgen getragen.
1997 wurde der Güterbahnhof Pankow-Heinersdorf mit dem Bahnbetriebswerk stillgelegt. Seitdem ist der denkmalgeschützte Rundlokschuppen zunehmendem Verfall preisgegeben, zudem wurde er in den letzten Jahren zum Spielball im Rahmen der Diskussionen um die städtebauliche Entwicklung des Geländes. Ein ähnliches Schicksal hat ein bereits 1881 in Betrieb genommener, in den Abmessungen ähnlicher Rundlokschuppen auf dem Gelände des 1994 stillgelegten Bahnbetriebswerks Rummelsburg.
Obwohl die Schwedler'schen Kuppeln im letzten Drittel des 19. Jahrhunderts breite Anwendung fanden, zählen die beiden vernachlässigten Konstruktionen zusammen mit der der Kuppel über dem [86] **Fichtebunker** zu den nur noch wenigen erhaltenen Beispielen dieser konstruktionsgeschichtlich so bedeutsamen Bauweise in Berlin. Als Rundlokschuppen sind sie heute deutschlandweit die letzten ihrer Art.

← Blick von Süden, 1984

Innenraum, 2019

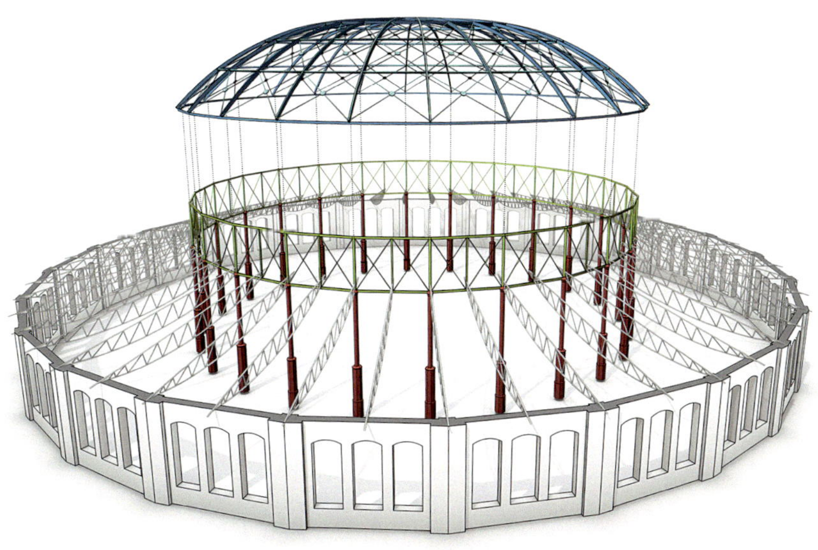

Aufbau des Dachtragwerks: Schwedlerkuppel, Oberlichtband, Gussstützen, Fischbauchträger

Grundlegende Literatur

[Karl] Bathmann: Die Entwicklung der Eisenbahnanlagen im Norden von Berlin seit dem Jahre 1890. In: Zeitschrift für Bauwesen 53 (1903), Sp. 283ff., Atlas, Bl. 39; Berlin und seine Bauten, Teil X, Bd. B (2): Fernverkehr. Berlin 1984, S. 84f., 187; Wilfried Wolf: Es läuft nicht rund – im Rundlokschuppen. In: BK Baukammer Berlin (2016), Nr. 4, S. 11ff.

54

HAUPTKUPPEL DES BODE-MUSEUMS

Das Runde muss ins Eckige

C2/f2

Lage Am Kupfergraben, 10117 Berlin-Mitte
Bauzeit 1903/04 (Gesamtbau 1897–1904)
Tragwerksplanung Ludwig Mann; Prüfingenieure: Heinrich Müller-Breslau, Hermann Boost
Gestaltung Ernst von Ihne
Ausführung vmtl. Hein, Lehmann & Co. unter der Bauleitung von Max Hasak

Das Bode-Museum entstand an der Wende zum 20. Jahrhundert als viertes Haus der Berliner Museumsinsel auf ihrer westlichen, durch die 1882 eröffnete Trasse der Stadtbahn nun abgetrennten Spitze. Der keilförmige Grundriss des zunächst Kaiser-Friedrich-Museum genannten Bauwerks entwickelt sich entlang einer repräsentativen Raumfolge in der Mittelachse. Die Eingangshalle wird von einer großen zweischaligen Kuppel bekrönt. Deren massive, im Scheitel mit einem Opaion versehene Innenkuppel ist umgeben von einer stählernen Außenkuppel, die erstere vor Niederschlag und den Belastungen aus Wind und Schnee schützt. Ihre wesentlich größere Höhe macht sie zugleich zu einer stadtbildprägenden Dominante. Ernst von Ihne hatte zunächst eine deutlich flachere, vom Straßenniveau aus kaum wahrnehmbare Kuppel vorgesehen. Den Ausschlag für die erst spät vollzogene grundlegende Revision gab offenbar der Bau des nur wenige hundert Meter entfernten Berliner Doms. Dessen kurz zuvor errichtete hochaufragende Kuppel (1897/98) erhielt durch die Planänderung über dem Bode-Museum nun ein weltliches Pendant mit einem zudem ganz ähnlichen Stahltragwerk.

Grundstruktur mit Schwedlerkuppel, Kragträgern und Zuggurt

Seinen Kern bildet ein aus zwölf mehrfach abgewinkelten Rippen, umlaufenden Ringen und vollflächigen Auskreuzungen gebildetes Tragwerk, das einer großgliedrigen, hohen Schwedlerkuppel ähnelt, aber als Raumfachwerk verstanden und berechnet wurde. Anders als zu erwarten übernimmt nicht der darunterliegende Tambour den Lastabtrag. Hinter ihm verborgene mächtige Kragträger fangen die beidseits ankommenden Rippen ab und konzentrieren sämtliche Lasten auf die Vierungspfeiler des in den Grundriss eingeschriebenen Quadrats. Die Sicherung der Schubkräfte übernimmt ein zusätzlich umlaufender Zuggurt aus sich überschneidenden Fachwerkträgern. Konstruktion und Berechnung des gut 28 m weit gespannten komplexen Tragwerks sind mit drei namhaften Persönlichkeiten des zeitgenössischen Bauingenieurwesens verbunden. Für die Statik zeichnete der junge Ludwig Mann verantwortlich, der dann 1909 mit einer wegweisenden Dissertation zur „Statischen Berechnung steifer Vierecknetze" promoviert und 1910 an die TH Breslau berufen werden sollte. Die Prüfung oblag Heinrich Müller-Breslau und seinem Schüler Hermann Boost, die beide als Ordinarien an der TH Charlottenburg wirkten und die Kon-

← Kaiser-Friedrich-Museum mit Monbijou-Brücke, 1905

Abfangträger über Vierungspfeiler, im Hintergrund Fachwerkträger des Zuggurts, 2020

struktion der hier als Vorbild genutzten Domkuppel entwickelt hatten.
Im Zweiten Weltkrieg erheblich geschädigt, wurde das Bode-Museum in den 1950er und 1960er Jahren schrittweise instandgesetzt und wiedereröffnet. Der heutige Zustand resultiert aus einer 2000–05 durchgeführten Generalsanierung, bei der die historische Kuppelkonstruktion (nach genauen Untersuchungen der Ingenieurgruppe Bauen) unverändert erhalten werden konnte.

Grundlegende Literatur

M[ax] Hasak: Das neue Kaiser-Friedrich-Museum in Berlin. In: Zentralblatt der Bauverwaltung 24 (1904), S. 529ff.; Josef Seiler, Klaus Stiglat: Kuppel des Bodemuseums auf der Museumsinsel. In: Stahlbau 66 (1997), S. 366ff.; Thomas Winner: Ein Jahrhundert preußische Konstruktionskunst. Bautechniken für die Berliner Museumsinsel. Diss. BTU Cottbus-Senftenberg, 2019, S. 286ff., 368ff.

Stahltragwerk der Schutzkuppel

DIE BERLINER SCHULE DER BAUSTATIK

Heinrich Müller-Breslau (1851–1925)

Die durch Emil Winkler (1835–1888) an der 1879 gegründeten Königlich Preußischen Technischen Hochschule zu Berlin erstmals institutionalisierte Baustatik entwickelte sich unter dessen Nachfolger Heinrich Müller-Breslau (1851–1925) insbesondere durch seine engagierten Auseinandersetzungen mit dem am Dresdner Polytechnikum tätigen Otto Mohr (1835–1918) zu einer eigenen technikwissenschaftlichen Schule: der Berliner Schule der Baustatik. Ihr bald weltweites Renommee ist unmittelbar verbunden mit dem technisch-wirtschaftlichen Aufstieg des wilhelminischen Deutschland und der Entwicklung Berlins zur internationalen Metropole.

Die wissenschaftliche Seele dieser Schule bildete das von Müller-Breslau in den Jahren 1885 bis 1893 geschaffene Kraftgrößenverfahren, eine allgemeine Theorie statisch unbestimmter Stabtragwerke. Mit ihm schloss Müller-Breslau nicht nur die Disziplinbildungsperiode der klassischen Baustatik (1825–1900) ab, sondern prägte gemeinsam mit seinen Schülern auch international die anschließende Konsolidierungsperiode (1900–1950). Zu jenen zählten so bedeutende Ingenieurpersönlichkeiten wie Karl Bernhard (1859–1937), Hermann Boost (1864–1941), Ludwig Mann (1871–1959), August Hertwig (1872–1955) und Hans Reissner (1874–1967). Indem sie als Technikwissenschaftler **und** Beratende Ingenieure wirkten, bemächtigte sich die klassische Baustatik in Gestalt der Berliner Schule des Konstruierens im Ingenieurbau.

Nach dem Tode Müller-Breslaus im Jahr 1925 führte August Hertwig das Werk seines Lehrers fort. Als die braune Provinz sich anschickte, die Metropole Berlin zu erobern, setzte auch der lange Abschied der Berliner Schule der Baustatik von der internationalen Bühne ein.

Mit dem 1938 zur Emigration gezwun-

Karl Bernhard (1859–1937)

→ Hermann Boost (1864–1941)

→→ Ludwig Mann (1871–1959)

→→→ August Hertwig (1872–1955)

genen Hans Reissner verlor sie einen ihrer glänzendsten Vertreter. Ihr unmittelbarer Einfluss reichte bald nicht mehr wesentlich über die deutschsprachigen Länder hinaus, doch zumindest gelang es Hertwig, sie an der TH Berlin weiterzuführen. Eindrucksvoll scheint ihre Wirkmächtigkeit nochmals auf in ihrem Einfluss auf Konrad Zuses (1910–1995) Automatisierung des Rechnens nach 1935, die schließlich 1941 mit Unterstützung Alfred Teichmanns (1902–1971) in Berlin zum ersten funktionsfähigen, programmgesteuerten Rechner führte.

Nach dem Zusammenbruch Nazideutschlands integrierte Teichmann als Ordinarius für Baustatik an der neugegründeten Technischen Universität Berlin die Theorie II. Ordnung in die gesamte Stabstatik im Sinne Müller-Breslaus. Seine zunehmende wissenschaftliche Vereinsamung, aber auch die Verdrängung seines Forscherlebens im „Dritten Reich" sind symbolischer Ausdruck der mit der Spaltung im Jahre 1948 anhebenden Isolation West-Berlins. Mit Teichmanns Emeritierung Ende der 1960er Jahre ging auch die Berliner Schule der Baustatik in den Ruhestand. Erst mit der durch die Studentenbewegung induzierten gesellschaftlichen Reformbewegung fanden Lehre und Forschung an der TU Berlin wieder Anschluss an den internationalen Stand der zwischenzeitlich in der Strukturmechanik aufgehobenen Baustatik. Ihre jüngeren Vertreter übernahmen die „Kalkülisierung" der Baustatik und ihre Vollendung zur Matrizenstatik durch John Argyris (1913–2004) in den späten 1950er Jahren. Eingeleitet hatte diese Mechanisierung des Berechnungsprozesses schon Müller-Breslau – und so erweist sich die Berliner Schule der Baustatik im Rückblick als ein historisch-logischer Grundstein der modernen Computerstatik. *KEK*

Literatur zum Weiterlesen

H[ermann] Boost u. a.: Festschrift, Heinrich Müller Breslau gewidmet nach Vollendung seines sechzigsten Lebensjahres. Leipzig 1912; Karl-Eugen Kurrer: Geschichte der Baustatik – auf der Suche nach dem Gleichgewicht. 2. stark erw. Aufl., Berlin 2016.

←← Hans Reissner (1874–1967)

← Konrad Zuse (1910–1995)

Alfred Teichmann (1902–1971)

55

FLUGZEUGHANGARS DER EHEMALIGEN FLIEGERSTATION BERLIN-FRIEDRICHSFELDE

Leichte Kuppeln, schwer gerahmt

D2

Lage Köpenicker Allee 121/153, 10318 Berlin-Karlshorst
Bauzeit 1917–19
Tragwerksplanung Gebr. Rank (Leitung: Oberingenieur Max Schulz; Statik und Konstruktion: Alfred Manger, Peter Spengler)
Gestaltung Franz Rank (?)
Ausführung Gebr. Rank sowie eine bislang unbekannte Baufirma

Innenraum eines Hangars mit Brandspuren, 2018

Im Verlauf des Ersten Weltkriegs nahm die militärische Bedeutung der erst kurz zuvor eingeführten Motorfliegerei deutlich zu. Zur Entlastung des Flugplatzes Johannisthal richtete man ab 1917 auf einem Gelände, das zuvor teilweise von den Siemens-Schuckert-Werken für den Bau und die Erprobung von Luftschiffen genutzt worden war, die „Fliegerstation Berlin-Friedrichsfelde" ein.

In kurzer Zeit wurden sechs nahezu identische Flugzeughangars errichtet, von denen heute fünf noch vollständig und einer fragmentarisch erhalten sind. Ihre stützenfreie Grundfläche entsprach mit jeweils rund 66 x 22 m den seinerzeitigen Vorgaben für „Normalflugzeughallen" in standardisierter stählerner Fachwerkkonstruktion. Die Karlshorster Hangars entstanden aber nach Entwurf der Münchner Baufirma Gebr. Rank in stahlsparender Massivbauweise.

Die Dachfläche jeder Einheit ist in drei Quadrate gegliedert, in die jeweils flache Kalottenkuppeln eingeschrieben sind. Zur Gewichtsreduzierung bestehen sie aus Lochziegeln, die man ringweise auf einer Holzschalung stehend im Mörtelbett verlegte und an den Außenseiten in Ring- und Meridianrichtung bewehrte. Aus Stahlbeton fertigte man hingegen sowohl die Druckringe für die Scheitelöffnungen als auch die zur Aufnahme des horizontalen Schubs bestimmten Zugringe an den Kuppelrändern. Letztere gehen

Blick auf einen Hangar von Osten, 1919 (?)

an den Innenseiten in oktogonal geführte Abfangträger über, welche die Lasten auf die unterschiedlich ausgebildeten Seiten des Quadrats abtragen – gewaltige Zweigelenkrahmen im Übergang zu den Nachbarquadraten, Vierendeelträger über den stützenfreien Toröffnungen oder aber gemauerte Wandscheiben an den Außenseiten des Hangars.

Nach dem verlorenen Krieg konnte man die Demontage der Flugzeughallen verhindern, musste sie aber infolge der Vorgaben des Versailler Vertrags 1920 anderen Nutzungen zuführen. Viele Jahre wurden sie von Handwerksbetrieben, der Preußischen Versuchsanstalt für Wasserbau und Schiffbau und deren Nachfolgeorganisationen sowie der Roten Armee genutzt. Die beiden nördlich der Straße „Am alten Flugplatz" gelegenen Hallen befinden sich bis heute im Besitz der russischen Präsidialverwaltung, die restlichen Hangars erwarb 2011 ein privater Investor, um sie im Rahmen der Entwicklung der „Gartenstadt Karlshorst" zu Wohnzwecken umzunutzen. Aufgrund jahrelangen Leerstands verfallen letztere jedoch zunehmend und sind ungeachtet ihres Denkmalstatus akut vom Abriss bedroht. Es steht zu hoffen, dass eine kreative Konversionslösung gefunden wird: Die Karlshorster Hallen sind nämlich herausragende Beispiele für den frühen Hangarbau und das stahlsparende Bauen im Ersten Weltkrieg. Sowohl im Hinblick auf die Konstruktion der Kuppelschalen als auch auf das unkonventionelle Tragkonzept sind aus jenen Jahren in Deutschland keine vergleichbaren Bauten erhalten.

Luftbild von Süden, 2020

Grundlegende Literatur

Hartwig Schmidt, Gerhard Pichler: Die Flugzeughallen des ehemaligen Militärflughafens Berlin-Friedrichsfelde. In: Beton- und Stahlbetonbau 99 (2004), S. 682ff.; Manfred Fuehrer: Die „Wasserung" einer Flugzeughalle. Zur Geschichte des Wasserbau-Versuchswesens in Berlin. In: Verkehrsgeschichtliche Blätter 43 (2016), S. 126ff.; Christina Czymay: Oldest surviving hangars with shallow domes (1918). In: Ine Wouters u. a. (Hg.): Building Knowledge, Constructing Histories, Bd. 1. Leiden 2018, S. 191ff.

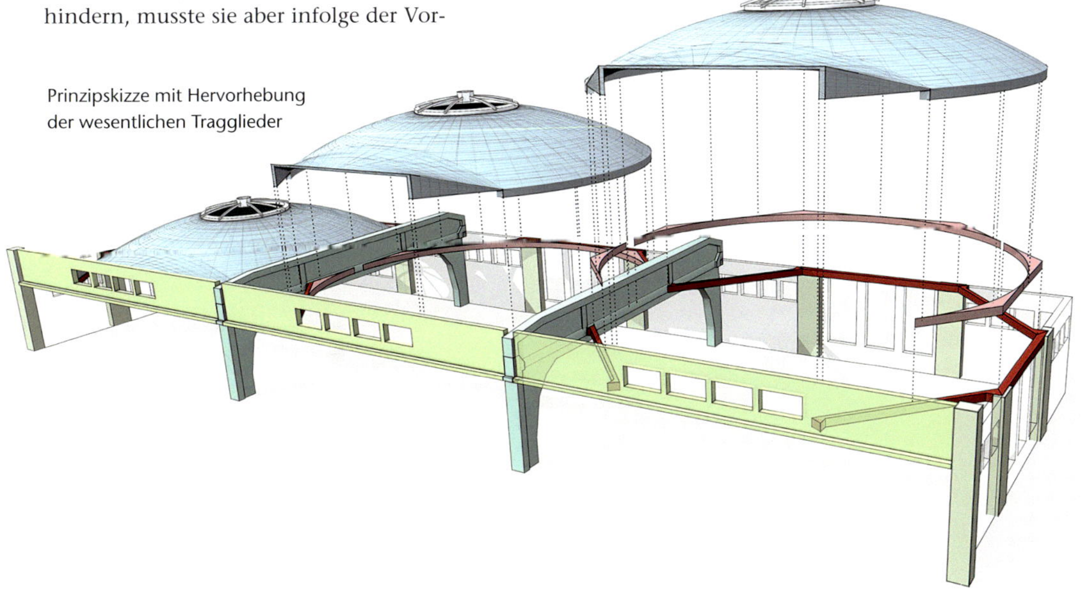

Prinzipskizze mit Hervorhebung der wesentlichen Tragglieder

56

KUPPELSAAL IM HAUS DES DEUTSCHEN SPORTS

Béton brut für Olympia

A2/b2

Lage Adlerplatz, 14053 Berlin-Westend
Bauzeit 1935/36
Tragwerksplanung Dyckerhoff & Widmann (Leitung: Ulrich Finsterwalder)
Gesamtplanung Werner March
Ausführung Dyckerhoff & Widmann

Innenraum beim olympischen Fechtturnier, 1936

Schnitt und Deckenuntersicht, 1936

1926 begannen nach Entwurf von Werner March nordöstlich des damaligen Deutschen Stadions die Bauarbeiten für das Deutsche Sportforum, das der kurz zuvor gegründeten Deutschen Hochschule für Leibesübungen als Heimstatt dienen sollte. Aufgrund wirtschaftlicher Schwierigkeiten nur teilweise umgesetzt, wurde das Projekt ab 1933 abermals von March im Hinblick auf die Olympischen Spiele überarbeitet und weitergeführt. Der Ostflügel der U-förmigen Anlage wurde hierbei als „Haus des Deutschen Sports“ für die Reichssportführung entwickelt und erhielt eine zentrale Halle für größere Veranstaltungen.

Der Saal hat einen elliptischen Grundriss mit Achsenlängen von 36,90 und 43,50 m. Ansteigende Sitzstufen für rund 1100 Zuschauer entwickeln sich nach Art eines griechischen Theaters um eine kreisrunde „Orchestra“. Dahinter schließt eine leicht erhöhte Bühne an, die sich über einen von Kolonnaden gesäumten Umgang mit Glasfront in die Landschaft öffnet.

Über den gesamten Raum wölbt sich eine nach außen nicht hervortretende Stahlbetonkuppel von gut 15 m Höhe mit rundem Oberlicht. Überdacht wird Letzteres von einer zweiten, kleineren „Glaseisenbetonkuppel“ über kreisrundem Grundriss, in die mehrere Tausend Prismengläser eingelassen sind. Beide Kuppelmittelpunkte liegen direkt über dem Zentrum der runden Aufführungsfläche, die um rund 5 m längs der kurzen Ellipsenachse verschoben ist. Die hierdurch gleich mehrfach verzogene Raumhülle des Saals ist in mehrere Sektoren zerlegt, die durch 6 cm starke und mit kräftigen

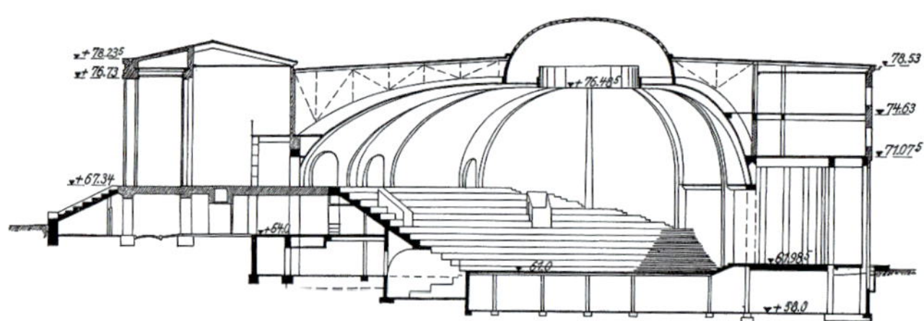

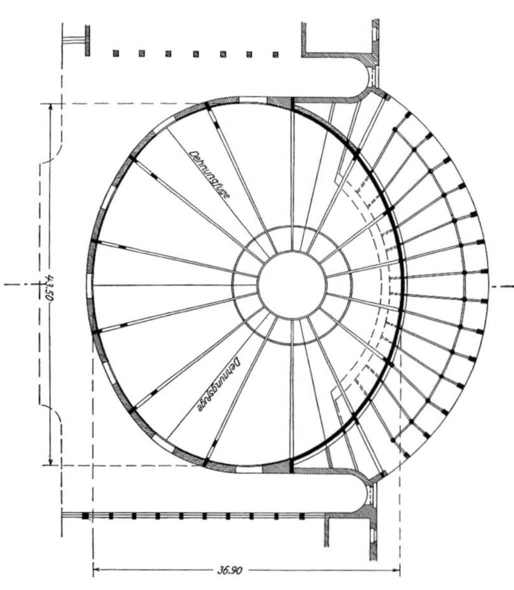

Blick über die Zuschauertribünen, 2014

Rippen ausgesteifte Schalen gebildet werden. Wegen der komplexen Geometrie wurden sie unabhängig voneinander als im Fundament eingespannte Kragarme und damit ohne Kuppeltragwirkung konzipiert.

Bei den Olympischen Spielen 1936 fanden im Kuppelsaal die Fechtwettbewerbe statt. Während des Zweiten Weltkriegs diente er vorübergehend als Fernsehstudio, anschließend wurde er wie das restliche Sportforum bis 1994 von der britischen Militärverwaltung genutzt. Seitdem hat man den denkmalgeschützten Saal sukzessive neuen Nutzungen zugeführt, unter anderem werden hier seit 2009 wieder regelmäßig Fechtveranstaltungen durchgeführt. Eine umfassende Sanierung ist für die nächsten Jahre geplant.

Weitgehend im Originalzustand überliefert, zeigt der Kuppelsaal ein für seine Zeit ungewöhnlich weites Vordringen der unverkleideten Ingenieurkonstruktion in den Repräsentationsbau. Seine verzerrte Geometrie und expressive Formgebung sowie die rohe Ästhetik seiner Betonoberflächen machen ihn zu einer der bemerkenswertesten Raumschöpfungen der NS-Zeit.

Grundlegende Literatur

Neues Bauen in Eisenbeton. Berlin 1937, S. 37 u. 51f.; Werner March: Das Sportforum auf dem Reichssportfeld. In: Baugilde 19 (1937), S. 41ff.; Thomas Schmidt: Werner March – Architekt des Olympia-Stadions, 1894–1976. Basel u. a. 1992, S. 51f.

Fassade von Westen, 2014

57

KUPPEL DER ST. HEDWIGS-KATHEDRALE

Montagebau nach Westrezept

C2/f2

Lage Bebelplatz, 10117 Berlin-Mitte
Bauzeit 1951–54
Tragwerksplanung Herbert David
Gesamtplanung Felix Hinssen mit Karl Erbs
Ausführung VEB Bau Berlin

Als Symbol religiöser Toleranz im protestantischen Preußen ließ Friedrich II. („der Große") zwischen 1747 und 1773 in prominenter Lage am heutigen Bebelplatz die am Vorbild des römischen Pantheons orientierte katholische St. Hedwigskirche errichten. Ihr Prunkstück war eine als hölzerne Sprengwerkskonstruktion ausgeführte Kuppel mit einer lichten Weite von gut 31,50 m. Erst 1886/87 erhielt sie die aus Kostengründen zunächst nicht realisierte Laterne. Das Meisterwerk der Holzbaukunst wurde bei einem Bombenangriff in der Nacht des 1. März 1943 vollständig vernichtet.

Grundriss und Querschnitt nach den aktuellen Baumaßnahmen

Parallel zu ersten Sicherungsarbeiten begannen Ende der 1940er Jahre die Planungen für den Wiederaufbau der Kuppel, die nun feuersicher und zugleich stahlarm konzipiert werden sollte. Bauleiter Theodor Blümel besorgte das Einverständnis zur Übernahme des Konzepts einer Kuppel aus Stahlbeton-Fertigteilen, das der Ingenieur Hubert Rüsch kurz zuvor für den Wiederaufbau der Karlsruher Kirche St. Stephan entwickelt hatte. Die Berliner „Kopie" war allerdings doppelt so hoch und übertraf mit nun rund 38 m lichter Weite das badische Vorbild um knapp ein Drittel.

Der erforderliche Abtrag der stark geschädigten Mauerkrone schuf Platz für einen beweglich gelagerten Stahlbeton-Zugring. Ebenso wie der zunächst auf einem Montageturm gelagerte Druckring der Scheitelöffnung erhielt er Aussparungen zur Platzierung von 84 Kuppelsegmenten von je rund 23 m Länge. Diese waren lediglich 5 cm stark und deshalb für den Montagezustand durch Rippen versteift. Auf vier Matrizen wurden sie vor Ort gefertigt und mittels eines im Kreis laufenden Halbportalkrans montiert.

Eine zunächst erwogene Wiederherstellung auch der Laterne wurde verworfen. Bis 1957 versah man die Kuppel lediglich noch außen mit Kupferblech und im Inneren zwischen den Rippen mit schallschluckenden Homatonplatten. Letztere wurden in den 1970er Jahren ausgetauscht. Im Rahmen einer im Herbst 2018 angelaufenen Neugestaltung der seit 1930 als katholischer Bischofssitz fungierenden Kirche werden die inneren und äußeren Schichten abermals erneuert, außerdem soll das Oberlicht mit Klarglas versehen werden. Ungeachtet breiter Proteste vernichtet der Umbau die außergewöhnliche Innenraumgestaltung des Düsseldorfer Architekten Hans Schwippert aus den Jahren 1956–63. Die expres-

Platzierung der ersten Kuppelsegmente auf dem Montageturm, 1953

→↑ Fortführung der Segmentmontage in kreisförmiger Abfolge, 1953

→ Innenraum, 2015

siv zum Scheitel strebenden Kuppelrippen werden somit bald die einzigen sichtbaren Zeugen der Wiederaufbaugeschichte sein. Sie dokumentieren zugleich die ungewöhnliche Übernahme eines westdeutschen Konstruktions-Konzepts in der jungen DDR, bei der wichtige Erfahrungen im Hinblick auf den bald schon das ostdeutsche Bauwesen dominierenden Montagebau gesammelt wurden.

Grundlegende Literatur

Th[eodor] Blümel: Wiederaufbau der St.-Hedwigs-Kathedrale. In: Bauplanung und Bautechnik 8 (1954), S. 64ff.; Der Wiederaufbau der St. Hedwigs-Kathedrale in Berlin. In: Berliner Bauwirtschaft 5 (1954), S. 198ff.; Gerhard Bienert: Schalen- und Faltwerkdächer aus Stahlbetonfertigteilen. In: Ernst Lewicki (Koord.): Die Montagebauweise mit Stahlbetonfertigteilen und ihre aktuellen Probleme. Berlin 1955, S. 119ff.

58

HAUS DER KULTUREN DER WELT

Ehrlich währt am längsten

B2/e2

Lage John-Foster-Dulles-Allee 10, 10557 Berlin-Tiergarten
Bauzeit [a] 1956/57; [b] 1984–87
Tragwerksplanung [a] Severud-Elstad-Krueger Associates; *Ausführungsstatik*: Philipp Holzmann, Wayss & Freytag, Grün & Bilfinger; *Prüfingenieur*: Werner Koepcke; [b] Dyckerhoff & Widmann (Helmut Bomhard [Leitung], Udo Kraemer, Jürgen Mainz)
Gesamtplanung [a] Hugh A. Stubbins; [b] Hans-Peter Störl, Wolf Rüdiger Borchardt
Ausführung [a] Philipp Holzmann, Wayss & Freytag, Grün & Bilfinger; [b] Dyckerhoff & Widmann

„A shining beacon towards the east" sah Hugh A. Stubbins in der Berliner Kongresshalle, ein leuchtendes Fanal der freien Welt gen Osten. Schon seinen ersten Entwürfen im Frühjahr 1955 war eben dieses Leitbild eingeschrieben, das in der flügelgleich geschwungenen Form des Dachs seinen symbolträchtigen Ausdruck fand. Westliche Modernität schlechthin für einen neuen, starken Ort am Rande des Berliner Tiergartens – unweit der Ruine des Reichstags sollte er künftig internationalen Tagungen ebenso Raum bieten wie Sitzungen des Deutschen Bundestags als Bekenntnis zur Präsenz des Bundes in der bedrängten Halbstadt West-Berlin. Und über allem der Gedanke eines in Beton gegossenen Zeichens deutsch-amerikanischer Freundschaft, ausdrucksstark bis in die paritätische Finanzierung des Vorhabens durch die amerikanische Regierung und den Berliner Senat. Zur Grundsteinlegung im Oktober 1956 gab es eine Grußbotschaft von Präsident Eisenhower, ebenso wie dann zur von drei Symposien begleiteten Eröffnung im September 1957. Deren Themen – „Wissenschaft und Volksbildung", „Musik und bildende Künste" sowie „Theater" – gaben programmatisch der Idee und künftigen Nutzung des Hauses Ausdruck, die Liste der prominenten Teilnehmer reichte von Theodor W. Adorno und Boris Blacher bis hin zu Thornton Wilder. Ähnlich wie ein Jahrzehnt später Mies van der Rohe in der [39] **Neuen Nationalgalerie** hatte Stubbins die Hauptnutzflächen in einem quadratischen, teilweise in das Gelände versenkten Unterbau angesiedelt – von Tagungsräumen verschiedener Größe über Kongressbüros, Restaurant und Club bis hin zu einer Sparkasse. Darüber erhebt sich, umgeben von einer großzügigen Terrassenanlage, das Auditorium mit gut 1200 Plätzen. Zum Markenzeichen der von den Berlinern bald schon „Schwangere Auster" getauften Kongresshalle aber wurde das weit ausschwingende Dach mit seinen mächtigen, in zueinander geneigten Ebenen liegenden Randbögen.

Stubbins' Entwurf dafür orientierte sich an der State Fair Arena in Raleigh, North Carolina, für die 1951/52 das erste große freitragende Hängedach der Baugeschichte errichtet worden war. Wie in Raleigh sollte das sattelförmige Dach auch in Berlin frei zwischen den beiden Randbögen hängen. Während letztere dort aber durch die Fassade gestützt waren, sollten sie hier lediglich in zwei schlanken Widerlagern an den Enden ihre Auflager finden. Für das Hängedach war ein Seilnetz mit darauf ge-

Entwurf Stubbins, 1955

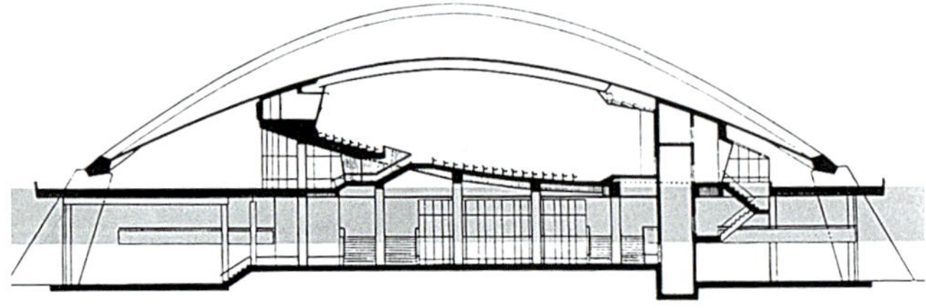

Längsschnitt, 1957

Bewehrung von Ringbalken und Auditoriumsdach, im Hintergrund die Reichstagsruine, 1957

legten Betonplatten vorgesehen; das Auditorium wäre zwar von jenem bedacht, konstruktiv aber völlig entkoppelt gewesen. Ein kühnes Konzept: Das derart konzipierte, gut 78 m weit gespannte Dachtragwerk war nichts anderes als ein gleichermaßen gewaltiger wie gewagter Waagebalken, gegen dessen Kippen bei ungleichen Schnee- und Windlasten allein die beiden Einspannungen an den Bogenkämpfern Widerstand boten. Mit den Mitteln der Zeit und in den vom Architekten vorgegebenen Abmessungen galt der Entwurf als nicht baubar. „Ein Dach, das auf zwei Punkten aufliegt, ist eine statische Absurdität", urteilte etwa Luigi Nervi. Es kam zu intensiven Diskussionen zwischen Stubbins' Tragwerksplaner Fred N. Severud, der schon das Tragwerk der Raleigh-Arena geplant hatte, und den verantwortlichen Ingenieuren auf der deutschen Seite. Um die große Geste dennoch verwirklichen zu können, machte man schließlich aus dem einen Hängedach schlicht zwei. Über den Auditoriumswänden wurde als zusätzliches Auflager ein in der Dachfläche verborgener Ringbalken platziert, der das Dach nun in zwei Bereiche unterteilte – in

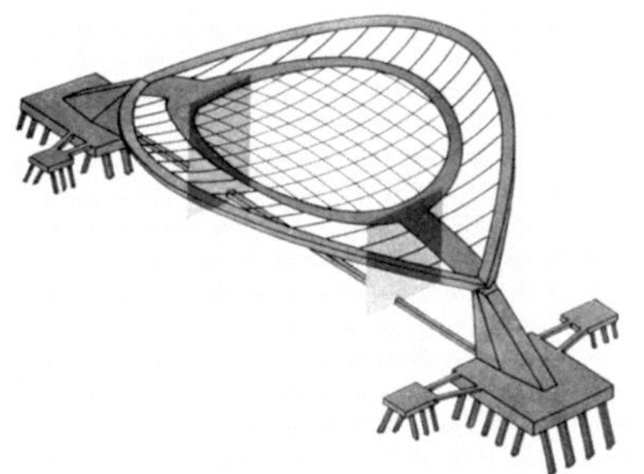

Tragstruktur mit Ringbalken, 1957

Eingestürzter Südbogen, 1980

eine innere Hyparschale über dem Saal sowie in den äußeren Abschnitt zwischen Ring und Bögen. Hier trugen jetzt einzelne, gut 2 m breite Plattenstreifen ihre Lasten balkengleich auf Ring und Bögen ab und hielten vor allem auch letztere in ihrer Lage. Die Dachschale war lediglich 7 cm stark und ebenso wie Bögen und Ringbalken vorgespannt. Die Fundamente wurden auf Pfählen gegründet, durch ein mit 1300 t vorgespanntes Zugband verbunden und erhielten wegen der großen Kippmomente noch zusätzliche Ausleger. Das Konzept war von Beginn an umstritten. „Noch nie hat es ein hängendes Dach mit einer solch teuren und umständlichen Konstruktion gegeben", urteilte etwa schon 1956 Frei Otto. Vor allem aber erwies sich das gegen den „natürlichen Lastfluss" konstruierte Tragwerk nicht als dauerhaft. Am 21. Mai 1980 riss der südliche Bogen schlagartig vom restlichen Dach ab und stürzte ein; ein Mensch kam ums Leben. Als Ursache wurden später korrosionsbedingte Brüche der Spannglieder in der äußeren Dachfläche ausgemacht, in der langjährige Zwängungen am Ringbalkenanschluss zu Rissen und Lastverschiebungen geführt hatten.

In der kontroversen Diskussion um einen Wiederaufbau setzte sich schließlich die „postkartengenaue" Wiederherstellung der äußeren Gestalt durch. Den offenkundigen Mängeln der bisherigen Lösung begegneten die Ingenieure mit einem grundlegend veränderten konstruktiven Konzept. Es ist durch eine konsequente Trennung in zwei einzelne Hänge-

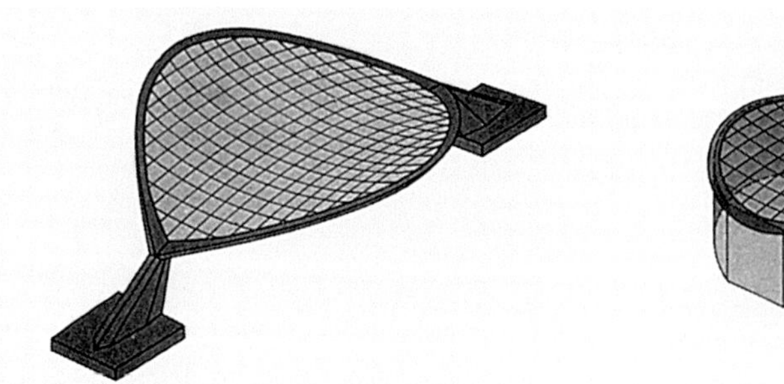

Entkoppelte Tragstrukturen von Haupt- und Auditoriumsdach, 1987

dächer gekennzeichnet. 90 cm über dem nun völlig eigenständigen Raumabschluss des Auditoriums schwebt frei die obere Hyparschale, der nur noch die Funktion des großen architektonischen Zeichens zukommt. Um sie tatsächlich verwirklichen zu können, bedurfte es diverser konstruktiver Modifikationen im Detail. Durch Halbfertigteile aus Leichtbeton sparte man ein Drittel an Gewicht ein, die geringere Steifigkeit des Materials machte das Tragwerk zugleich toleranter gegen mögliche neue Zwängungen. Die Widerlager wurden lastflussgerecht verbreitert und auf einer tieferen Flächengründung abgesetzt, das Zugband konnte entfallen. Am Auditorium mussten zudem Wände und Sohle verstärkt werden, und auch der Bauablauf wurde minutiös geplant.

Im Mai 1987 konnte die neue Halle eröffnet werden. Als „Haus der Kulturen der Welt“ hat sie sich zu einer festen Größe im Berliner Kulturleben entwickelt. Mit ihrer dramatischen Geschichte steht sie lehrbuchhaft für das Scheitern eines Konstruierens gegen den Lastfluss und die immanente Hybris hochmodernen Konstruktionsdenkens, aber ebenso für die Kraft der reinen Form des schließlich doch realisierten Hängedachs.

Grundlegende Literatur

Sigurd Fleckner: Das Tragwerk des Daches der Kongreßhalle Berlin. In: Beton- und Stahlbetonbau 52 (1957) S. 233ff.; Jörg Schlaich u. a.: Teileinsturz der Kongresshalle Berlin – Schadensursachen. Zusammenfassendes Gutachten. In: Beton- und Stahlbetonbau 75 (1980) S. 281ff.; H[elmut] Bomhard u. a.: Wiederaufbau der Kongreßhalle – Konstruktion und Bau. In: Bauingenieur 61 (1986), S. 569ff.; Die Kongresshalle. Geschichte, Einsturz, Wiederaufbau. Berlin 1987

Blick von Süden, 2020

Verlegen der Halbfertigteile zwischen den Spanngliedern, 1986

59

FUSSUMBAUUNG DES FERNSEHTURMS

Origami in Beton

C2/f2

Lage Panoramastraße 1A, 10178 Berlin-Mitte
Bauzeit 1968–72
Planung VE BMK Ingenieurhochbau Berlin (IHB), Betrieb Projektierung (Tragwerksentwurf und -planung: Rolf Heider, Gesamtplanung: Walter Herzog)
Ausführung VE BMK Ingenieurhochbau Berlin, Betrieb Industriebau

Modell des Faltwerk-Kontinuums, 1968

Dachuntersicht mit Zickzackfaltwerken, 1967

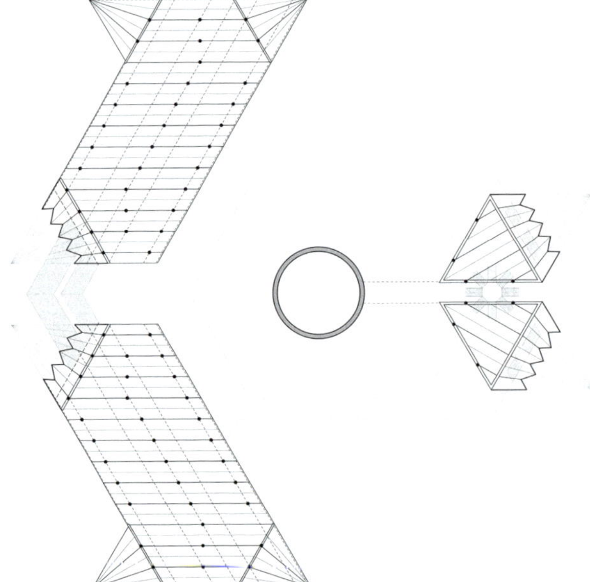

Mit der im Sommer 1964 gefällten Entscheidung, den seit langem geplanten [70] **Fernsehturm** inmitten des neu zu gestaltenden Ost-Berliner Stadtzentrums zu errichten, war eine bis dahin unbekannte Entwurfsaufgabe verbunden: Wie ließ sich der riesige Turmsockel von 30 m Durchmesser in den umgebenden Stadtraum vermitteln? Gefordert war eine Umbauung, die nicht abschreckte, sondern einlud, die für den Turmzugang ebenso Raum schuf wie für Gastronomie und Ausstellungen, die die vorgelagerte „barocke" Platzanlage mit einem leichten Querriegel abschloss und doch zur nahen Marienkirche respektvoll Distanz wahrte, und die nicht zuletzt mit Schaft und Kugel des Turms eine überzeugende Einheit zu bilden vermochte.

Ein erster Entwurf von 1964, der den Sockel mit einem zweigeschossigen Ring umgeben wollte, wurde als zu richtungslos verworfen. Der 1967 ausgearbeitete neue Entwurf beinhaltete nun einen richtungsgebenden Querriegel; um genügenden Abstand zur Marienkirche zu erhalten, war er beidseits der Mittelachse um jeweils 30° abgewinkelt. Aus dieser Winkelvorgabe leiteten die Planer ein hexagonales Raster ab, dessen Basiswinkel von 60° die gesamte Grundrissentwicklung prägt – sei es als gleichseitiges Dreieck für die Außenrampen und Kragdächer, sei es als aus zwei Dreiecken gebildetes Parallelogramm für die Geschossdecken und horizontalen Dachbereiche, sei es als Sechseck für die Stützenquerschnitte.

Der zweigeschossige Stahlbetonbau ist bestimmt durch sein expressives Dach aus Zickzack-Faltwerken, die an ihren Enden flügelgleich auf- und abschwingen. Spektakulär sind jene bis zu 22 m auskragenden Flügel, deren Spitzen nahezu provozierend 20 cm über dem Boden auslaufen. Ausgeführt mit nicht vorgespannter Bewehrung, schwankt die Stärke der Faltwerkscheiben zwischen 7 und 15 cm. Sie wurden noch ausschließlich händisch nach dem damals in der DDR bereits eingeführten Traglastverfahren als schräge Stahlbetonträger bemessen. Die dynamische Berechnung ergab für die Auskragungen eine erste Eigenfrequenz von etwa 3 Hertz, die später durch Messungen recht genau bestätigt werden konnte. Ulrich Müther, der „Schalenpapst" der DDR, unterstützte das Vorhaben, indem er dem IHB seinen Maschinenpark für eine Bauausführung in Spritzbeton zur Verfügung stellte.

Der erste Bauabschnitt konnte zur Einweihung des Fernsehturms im Oktober 1969 fertiggestellt werden, das Gesamtbauwerk war 1972 vollendet. Nach einer Grundinstandsetzung, die 2001/02 vor allem durch Schäden aus der seinerzeit noch unzureichenden Betonüberdeckung erforderlich wurde, ist der gestalterisch wie konstruktiv gleichermaßen beeindruckende Faltwerkbau technisch wieder in gutem Zustand. Ungeachtet des seit 1993 bestehenden Denkmalschutzes wird er gegenwärtig allerdings ärgerlicherweise durch respektlose Auf- und Einbauten und eine unglückliche Umzäunung der schwebenden Dachspitzen verunstaltet.

Grundlegende Literatur

Walter Herzog, Heinz Aust, Rolf Heider: Umbauung Fernsehturm Berlin. In: Deutsche Architektur 18 (1969), S. 143ff.; Herrmann Rühle (Hg.): Räumliche Dachtragwerke, Bd. 1. Berlin 1969, S. 51 ff., Gabi Dolff-Bonekämper, Stephanie Herold: Der Berliner Fernsehturm. In: Paul Sigel, Kerstin Wittmann-Englert (Hg.): Freiraum unterm Fernsehturm. Berlin 2015, S. 71ff.

↑ Betonieren mit Spritzbeton, 1968

↑ Schwebende Faltwerkspitze, 1973

Blick von Nordosten, 2020

60

DACH DES SONY CENTER FORUMS

Von Bergseilen und Luftstützen

C2/e2

Lage Potsdamer Straße 2/4, Bellevuestraße 1/5, 10785 Berlin-Tiergarten
Bauzeit 1995–2000
Tragwerksplanung Ove Arup & Partners USA (Entwurf: Ross Clarke, Federführung: Markus R. Schulte); *Glasstatik und Montageberechnung*: Zenkner & Handel (Erich Handel, Günther Zenkner)
Gesamtplanung Murphy/Jahn Architects
Ausführung *Generalunternehmer*: Hochtief; *Subunternehmer Forumdach*: Waagner-Biró Binder AG

Erst Inbegriff moderner Urbanität, dann in Trümmern und für Jahrzehnte leer geräumtes Niemandsland hinter der Mauer, nach deren Fall verkauft an Daimler-Benz und bald schon größte innerstädtische Baustelle Europas: Die Geschichte des Potsdamer Platzes ist reich an Dramatik. Die jüngste Bebauung an und über einem Geflecht gleichzeitig entstehender Tunneltrassen war gespickt mit technischen Herausforderungen. Viele davon lassen sich heute nur noch erahnen. Anders ist es beim Dach über dem Forum des Sony Centers – man steht und staunt nach wie vor. Schwungvoll beschirmt es den von vier umgebenden Gebäuden definierten, elliptischen Platz, und ungeachtet der Hauptspannweite von 102 m wirkt es licht und leicht. In stetem Rhythmus wechseln Flächen aus punktgelagertem Verbundsicherheitsglas mit tief durchhängenden Segeln aus mit Teflon beschichtetem Glasfasergewebe; 48 Segmente sind es insgesamt. Die hybride Dachhaut lässt etwa die Hälfte des einfallenden Lichts passieren, für die Erwärmung nicht zu viel, genug aber für die natürliche Belichtung der anliegenden Büros und Wohnungen. Rätselhaft erscheinen auf den ersten Blick Geometrie wie Konstruktion. Doch beiden liegt ein eigentlich einfaches Konzept zugrunde. Die Grundform ist ein hyperbolischer Kegel, in der Silhouette einem Vulkan vergleichbar, dessen Achse jedoch um 8° geneigt ist. Jeder Horizontalschnitt führt zu einer Ellipse, am Fußring entspricht sie dem Grundriss des Forums. Schaut man indes entlang der durch die hängende Stütze markierten geneigten Achse, erkennt man alle dazu senkrechten Schnitte als Kreise – das of-

Vorbereitung der Messung von Seilkräften, 1999

→ Montage der Segel, 1999

fene Rund in der Spitze ebenso wie die Linien, die von den Kanten der Glasplatten und den Nähten der Segeltuchflächen markiert werden.

Vier Haupttragglieder bestimmen die Konstruktion:

- die „Bergseile“ und „Talseile“ in der gefalteten Dachfläche,
- die 45 m lange und allein 100 t schwere, zur Öffnung hin aufgespreizte „Luftstütze“,
- die von deren Fußpunkt abgehenden „Luftstützenseile“ der Unterspannung
- und schließlich der mächtige Fachwerkring aus Rohrprofilen, der das Ganze als unterer Zugring zusammenhält, vor allem aber die Dachlast auf sieben Auflagerpunkte in den angrenzenden Bauten verteilt.

Zusammen trägt alles wie ein Speichenrad: Berg-, Tal- und Luftstützenseile bilden die Speichen, die Luftstütze die Nabe und der Fachwerkring die Felge. Unter Spannung gesetzt – hier durch das teleskopartige Ausfahren der Luftstütze bis zu einer Vorspannkraft von 1500 t – ergibt sich schließlich eine rein zugbeanspruchte Konstruktion. Wie beim Fahrrad knickt nichts mehr aus. Der Faszination dieses großen Theaters, dem lange und aufwendige Formfindungsprozesse und Berechnungen vorausgingen, kann man sich kaum entziehen. Längst ist das Dach nicht nur zum Wahrzeichen neuer Ingenieurbaukunst, sondern auch des neuen Potsdamer Platzes geworden.

Geometrie und Haupttragglieder, 1999

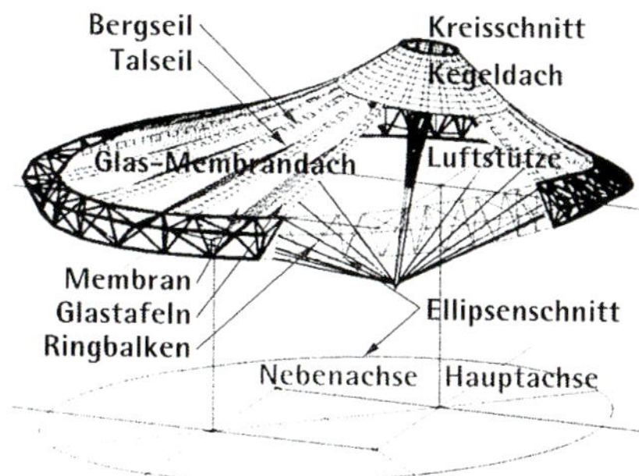

Blick in das Dach, 2020

Grundlegende Literatur

Joachim Lindner u. a.: Das Forumdach des Sony Centers am Potsdamer Platz in Berlin. In: Stahlbau 68 (1999), S. 975ff.; Ross Clarke u. a.: Forum Roof, Sony Center, Berlin. In: The Arup Journal 35 (2000), Nr. 2, S. 18ff.; Georg Küfner: Ein Paraplui gegen Regen und Schnee. In: Roland Horn: Stahl und Licht. Berlin 2000, S. 9ff.

61

REICHSTAGSKUPPEL

Die hat es in sich!

C2/e2

Lage Platz der Republik 1, 11011 Berlin-Tiergarten
Bauzeit 1996–98
Tragwerksplanung Leonhardt, Andrä und Partner
Gesamtplanung Sir Norman Foster and Partners
Ausführung ARGE Reichstagskuppel (GWB Götz, Waagner-Biró)

Bereits beim Bau des Reichstags (1884–94) waren Lage und Art der krönenden Kuppel Gegenstand heftiger Auseinandersetzungen gewesen. Erst 1888 fiel die Entscheidung, sie unmittelbar über dem Sitzungssaal zu errichten. Die vorgesehene Ausführung in Stein hätte jedoch die schon fertiggestellten schlanken Umfassungswände des Saales stark überlastet. Rettung brachte ein Alternativentwurf des damals im Reichseisenbahnamt tätigen Ingenieurs Hermann Zimmermann. Sein klug komponiertes stählernes Raumfachwerk war nicht nur leichter, sondern befreite die Wandscheiben durch eine ausgefeilte Anordnung von Gelenk- und Walzenlagern auch von jeder Querbeanspruchung. Als „Zimmermann-Kuppel" sollte die „geniale Tragwerksmaschine" (K. E. Kurrer) in die Geschichte der Baustatik eingehen.

Nach dem Reichstagsbrand Ende Februar 1933 nur notdürftig instandgesetzt und 1945 im Endkampf um Berlin weiter zerstört, wurden die Reste dieses Meisterwerks 1954 gesprengt. Der wenig später begonnene erste Wiederaufbau des Reichstags (1957–73) verzichtete auf eine neue „Krone". Auch Norman Foster, dessen Entwurf sich 1993/94 im Wettbewerb für den grundlegenden Umbau des Reichstagsgebäudes zum neuen Sitz des Deutschen Bundestags durchsetzen konnte, sprach sich zunächst explizit gegen eine Kuppel aus. Erst auf Druck des Bauherrn nahm er sie schließlich doch in die Planung auf.

Die neue Kuppel dient nicht mehr nur der Belichtung des Plenarsaals, sondern auch als Aussichtsplattform und Haustechnikzentrale. Ihr Haupttragwerk ist eine im Scheitel offene Stahlkonstruktion, die sämtliche Lasten aufnimmt und über Schleuderbetonstützen direkt in die Fundamente ableitet. 24 Bogenrippen bilden mit umlaufenden Ringen ein rotationssymmetrisches Rahmensystem. Die Ringe tragen nicht nur die schuppenartige Verglasung, sondern auch zwei gegenläufig versetzte Rampen, die sich an der Innenseite des Tragwerks zu einer Aussichtsplattform emporwinden. Ausgeführt als geschweißte Hohlkästen, stellten diese exzentrisch gestützten Kreisringe mit stetig wechselnder Krümmung höchste Anforderungen an die Planung. Auch die Aussichtsplattform ist im Inneren der Kuppel abgehängt; ein dazu verstärkter Zwischenring nimmt neben ih-

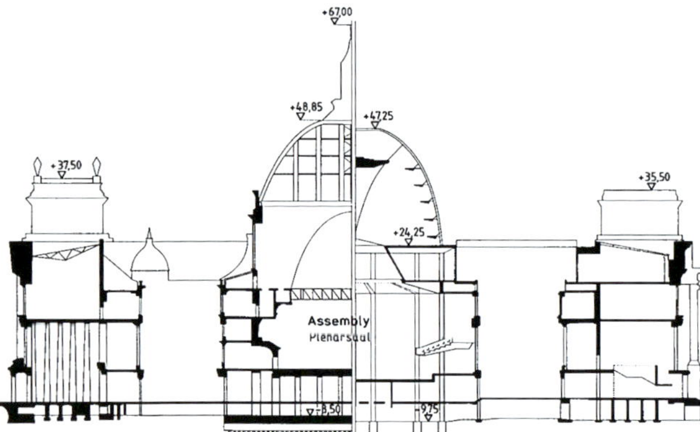

Schematische Schnitte durch den alten (links) und neuen (rechts) Reichstag im Vergleich

Reichstag mit Königsplatz, vor 1900

ren eigenen Lasten auch jene des mit ihr verbundenen spektakulären Lichtkonus auf. Gut 23 m hoch, oben zwölfeckig, unten kreisrund, lenkt dieser mit 360 Spiegeln diffuses Tageslicht in den Sitzungssaal und birgt zugleich die Haustechnik für dessen Entlüftung und Entrauchung; die Abluft wird durch thermischen Auftrieb nach oben geführt und entweicht durch die Scheitelöffnung.
Begehbar, offen und transparent, ist die zweite Reichstagskuppel zu einem ausdrucksstarken Symbol der neuen Berliner Republik geworden. Die im Wesentlichen vom Büro Leonhardt, Andrä und Partner verantwortete hochkomplexe Struktur steht der ersten Kuppel des Hermann Zimmermann nicht nach.

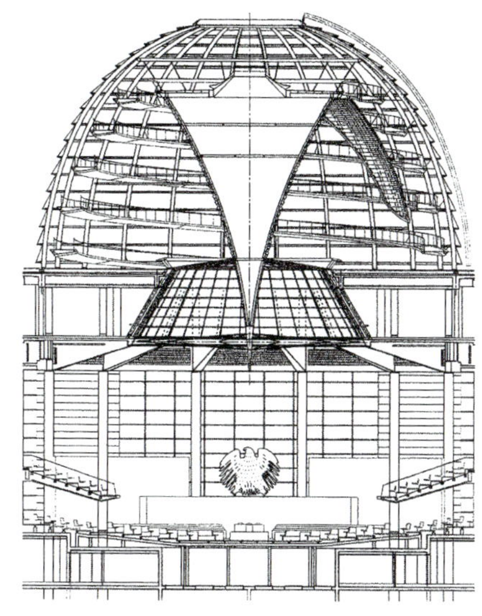

↑ Schnitt durch die neue Kuppel, 1999

↓ Blick in die Kuppel mit Rampe und Lichtkonus, 2006

Grundlegende Literatur

Hermann Zimmermann: Das Raumfachwerk der Kuppel des Reichstagshauses. In: Zentralblatt der Bauverwaltung 21 (1901), S. 201ff.; Roland Fink u. a.: Die neue Kuppel auf dem Reichstagsgebäude. In: Stahlbau 68 (1999), S. 563 ff.; Roland Fink u. a.: Der Umbau des Reichstagsgebäudes zum Sitz des Deutschen Bundestags in Berlin – Tragwerksplanung, Teil 2: Der Neubau. In: Bautechnik 76 (1999), S. 463 ff.

62

DACH DES OLYMPIASTADIONS

Himmelsscheibe über Muschelkalk

A2/b3

Lage Olympischer Platz 3, 14053 Berlin-Westend
Bauzeit 2000–04
Tragwerksplanung Krebs + Kiefer; *Membrankonstruktion und Gussknoten*: sbp
Gesamtplanung gmp Architekten (Entwurf: Volkwin Marg, Hubert Nienhoff; Projektleitung Dach: Martin Glass, Ivanka Perkovic)
Ausführung Walter Bau; *Stahlbau und Gussknoten*: DSD Dillinger Stahlbau; *Membranbau*: B & Hightex; *Glasbau*: MERO

Das Olympiastadion im Umfeld des „Reichssportfelds", 1936

Als 1931 die IX. Olympischen Sommerspiele an Berlin vergeben wurden, war das „Deutsche Stadion" von 1913 als zentrale Wettkampfarena vorgesehen. Hitler aber forderte einen weitaus größeren Neubau. Durch Absenkung des Unterrings um 12 m unter das Geländeniveau gelang es dem Architekten Werner March, die gewaltigen Dimensionen in einem Baukörper von maßvoller Eleganz zu bändigen. Die geplante Ausführung der umlaufenden Pfeilerkolonnade als verglaste Sichtbetonkonstruktion stieß jedoch auf das Missfallen des „Führers"; Albert Speer entwickelte daraufhin die NS-typische Muschelkalk-Verkleidung des Stahlbetontragwerks. Nach Abriss des alten Stadions und 28 Monaten Bauzeit stand die neue Wettkampfstätte 1936 für die Olympiade bereit.

In Vorbereitung der Fußball-Weltmeisterschaft 1974 erhielten die beiden Haupttribünen erstmals zwei Überdachungen, die vom Ingenieurbüro Prof. Polónyi/von Kalmar als Mero-Raumfachwerke konstruiert worden waren. Die Fußball-Weltmeisterschaft 2006 gab dann Anlass für eine umfassende Modernisierung der räumlichen und technischen Infrastruktur sowie die nun vollständige Überdachung der etwa 75 000 Sitzplätze. Aus dem Realisierungswettbewerb ging die Planungsgemeinschaft gmp'p mit einem Entwurf als Sieger hervor, der sich nicht nur durch großen Respekt vor dem Denkmal auszeichnete, sondern auch drei zentrale Forderungen hinsichtlich des etwa 300 x 230 m messenden Dachs erfüllte: Die Konstruktion überragte die flache Silhouette des Bestands lediglich um 5 m, minimierte die Sichteinschränkungen im Innenren und hielt die durch das Marathontor definierte Blickachse auf Maifeld und Glockenturm offen.

Da jedwede Ringlösung damit von vornherein ausgeschieden war, hatten die Planer ein Grundsystem umlaufend gleich-

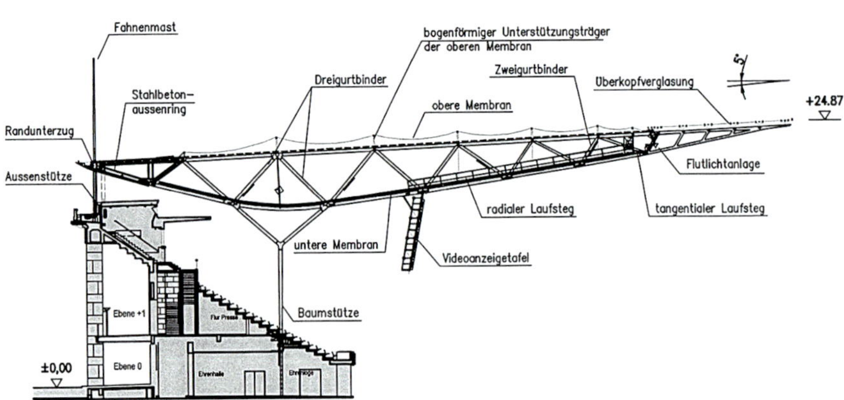

Aufbau des Kragträgers und Stützung im Oberring, 2003

bleibender Kragträger entwickelt. Die 76 Fachwerkbinder werden über dem Oberring durch einen durchlaufenden Dreigurtbinder gestützt und am Außenrand im Bestandsbeton rückverankert; zur Lagesicherung musste als Ballast ein zusätzlicher Stahlbetonring angeordnet werden. Der Dreigurtbinder gibt seine Lasten im Tribünenbereich über lediglich 20 sehr schlanke Baumstützen in die umfassend verstärkte Bestands-Unterkonstruktion ab. Die Konstruktion besteht im Wesentlichen aus mittels Gussknoten verbundenen Stahlhohlprofilen, die Dachhaut aus PTFE-beschichtetem Glasfasergewebe; der innere Dachrand wurde glasgedeckt. Die additive Bauweise ermöglichte eine abschnittsweise Montage bei laufendem Spielbetrieb.

Mit dem technisch anspruchsvollen Raumtragwerk ist es den Planern gelungen, den qualitätvollen Muschelkalk-Körper respektvoll ins 21. Jahrhundert weiterzubauen. Zurückhaltend im Äußeren, entfaltet das nahezu schwebende Dach im Inneren einen zeitgemäßen Gegenpol zur antikischen Arena, dessen Wirkung nachts durch ein „Ring of Fire" genanntes Belichtungssystem noch spektakulär verstärkt wird.

Grundlegende Literatur

Richard Stroetmann, Regine Schneider: Olympiastadion Berlin – Die neue Tribünenüberdachung. In: Stahlbau 72 (2003), S. 214ff.; Hartwig Schmidt: Von der Grunewald-Rennbahn zum Reichssportfeld. Zur Geschichte des Berliner Olympiastadions. In: Beton- und Stahlbetonbau 101 (2006), S. 446ff.

Blick durch das Stadion zum Marathontor, 2020

Bau des Stahlbetonrings, 2003

63

ÜBERDACHUNG DES SCHLÜTERHOFS IM DEUTSCHEN HISTORISCHEN MUSEUM

Konstruktion wird Gestalt

C2/f2

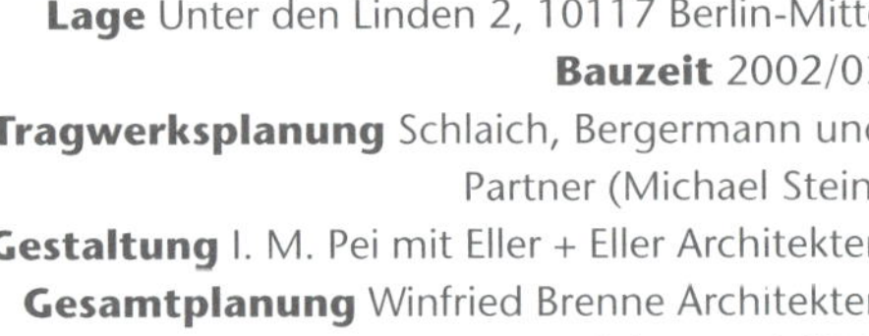

Lage Unter den Linden 2, 10117 Berlin-Mitte
Bauzeit 2002/03
Tragwerksplanung Schlaich, Bergermann und Partner (Michael Stein)
Gestaltung I. M. Pei mit Eller + Eller Architekten
Gesamtplanung Winfried Brenne Architekten
Ausführung MERO

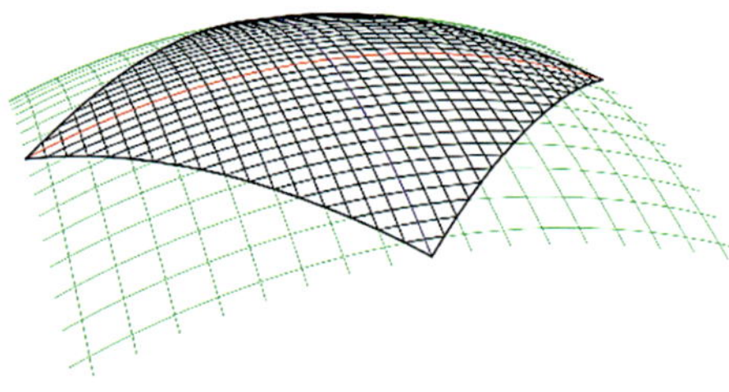

Struktur der Netzkuppel: Erzeugende und Leitlinie bestehen aus identischen Kreissegmenten

1701 hatte sich der Kurfürst von Brandenburg als Friedrich I. in Königsberg zum König in Preußen gekrönt. Zu einem der bedeutendsten Repräsentationsbauten in der nun königlichen Residenzstadt Berlin wurde das 1729 vollendete Zeughaus. Die Vierflügelanlage umrahmt einen nach Andreas Schlüter benannten Innenhof, in dem mit 22 Porträts sterbender Krieger seine wohl bedeutendsten Arbeiten angeordnet sind. Rechtzeitig ausgelagert, überstanden sie den Zweiten Weltkrieg unbeschädigt, vom ursprünglichen Gebäude selbst hingegen zeugen nach schweren Kriegszerstörungen und einer vollständigen Entkernung im Rah-

Schlüterhof mit zweitem Glasdach, 2014

men des Wiederaufbaus 1949–67 im Wesentlichen nur noch die barocken Fassaden.

Im 18. Jahrhundert zunächst Preußens größtes Waffenlager, verlor das Zeughaus später seine militärische Bedeutung. 1877–80 ließ Wilhelm I. es zu einer Ruhmeshalle der preußischen Armee umbauen. Erstmals wurde der Innenhof durch eine Stahl-Glas-Kuppel überdacht, die sich als flache böhmische Kappe respektvoll hinter den barocken Fassaden verbarg. Jeweils zwei Fachwerke in Längs- und Querrichtung bildeten die Hauptträger, Nebenträger gliederten die Teilflächen in kleine Quadranten mit aufgesetzten Oberlichtern. Im Zweiten Weltkrieg wurde die filigrane Konstruktion zerstört. Seine heutige Überdachung erhielt der Schlüterhof beim Umbau des Zeughauses zum Deutschen Historischen Museum (1994–2004). Mehr noch als zuvor war Demut vor der barocken Kubatur gefordert – möglichst zurückhaltend, transparent und flach sollte das neue Dach sein, und zudem seine Lasten in die steifen Ecken der Hofumbauung ableiten können. Schlaich, Bergermann und Partner (sbp) erarbeiteten eine 41 m im Quadrat messende Gitterschale, deren Stabnetz durch die diagonale Verschiebung eines Kreissegments (als Erzeugende) entlang eines identischen Kreissegments (als Leitlinie) bestimmt ist. Das gleichmaschige Netz bildet neuerlich eine böhmische Kappe, die nun aber mit einem Stich von nur 3,10 m (Pfeilverhältnis f/l = 0,076) sehr flach gehalten ist und – mit Hohlprofilen von 60 x 140 mm – relativ kräftige Stabquerschnitte erforderlich machte. Diagonalseile sichern die Gelenkstruktur, Randträger leiten die Lasten auf Punktlager in den Hofecken ab, die primär gestalterisch intendierte diagonale Orientierung unterstützt den gewünschten Lastfluss.

Lichthof mit erstem Glasdach, 1908

Konstruktion wird Gestalt – eindrucksvoll zeigt dies die für den Schlüterhof entwickelte Lösung. Die Schönheit und Vielfalt der Netzkuppeln aus dem Hause sbp demonstrieren in Berlin weitere Beispiele im [9] **Hauptbahnhof** und im Bahnhof Spandau (1998) ebenso wie im Flusspferdhaus des Zoologischen Gartens (1997) und über dem Atrium der DZ-Bank am Pariser Platz (1998).

Grundlegende Literatur

Der Umbau des Zeughauses in Berlin, Teil 2. In: Zentralblatt der Bauverwaltung 3 (1883), S. 101ff.; Jürgen Tietz: Deutsches Historisches Museum Berlin. Berlin 2004; Hans Schober: Transparente Schalen. Berlin 2015, S. 75, 200f., 235.

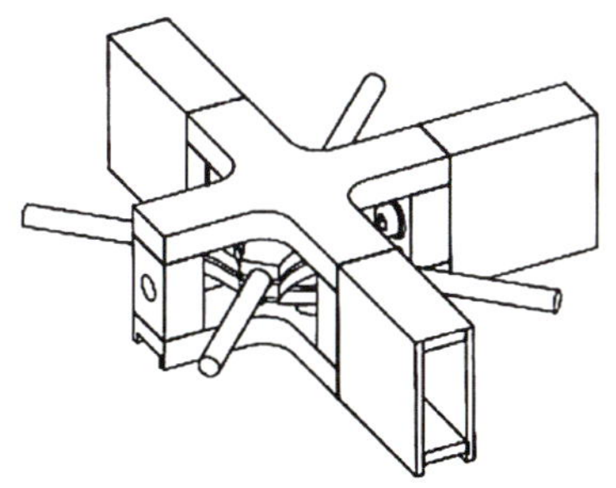

Stabnetzknoten, gebildet aus mit den Stabenden verschweißten Gussteilen, 2002

HOCH HINAUS

HOCH HINAUS
Masten, Türme, hohe Häuser

Die 1652 in Matthäus Merians *Topographia Germaniae* publizierte Ansicht der „Chur.Fürstl. Resi St. Berlin u Cölln" vermittelt einen guten Eindruck von der Silhouette der Doppelstadt gegen Ende des Dreißigjährigen Kriegs. Sie zeigt Berlin von Nordwesten, kurz bevor der Große Kurfürst es um 1665 mit Festungsanlagen zur Garnisonsstadt ausbauen lässt. Spitzen Nadeln gleich ragen gotische Kirchtürme in die Höhe, die bis ins 20. Jahrhundert zu den markanten Stadtmarken in der Mitte Berlins zählen – vom Turm der Marienkirche am linken Rand über die (zunächst nur eine) Turmspitze der hinter dem Renaissance-Stadtschloss verborgenen Nikolaikirche bis hin zum Turmaufsatz der Petrikirche rechts. Einzig die hier dominierende Domkirche an der Südostecke des Schlossbereichs mit ihrer markanten Doppelturmfassade wird Friedrich II. („der Große") bereits 1747 wegen Baufälligkeit abreißen lassen.

Schwierige Anfänge – Die Tücken des Baugrunds

Einen damaligen Reisenden dürfte diese Ansicht freilich wenig beeindruckt haben. Verglichen etwa mit den himmelragenden Türmen in zahlreichen Hansestädten ist das alles recht bescheiden: Im frühneuzeitlichen Berlin geht es noch nicht wirklich „hoch hinaus". Das ändert sich auch nicht, als Friedrich I. nach seiner Krönung im Jahr 1701 den Schlossbaumeister Andreas Schlüter mit Umbau und Aufstockung des in der Bildmitte dargestellten, zur Münze umgenutzten ehemaligen Wasserturms beauftragt. Als eines „von den schönsten Kunst-

Stadtansicht von Matthäus Merian, erschienen 1652

stücken der Welt" soll er mit einer Höhe von 300 Fuß (rund 90 m) alle anderen Türme der Stadt überragen. Schlüter lässt angeblich 7000 neue Gründungspfähle rammen, und doch zeigen sich mit wachsendem Baufortschritt zunehmend Risse. Ungeachtet einer zwischenzeitlichen Planänderung neigt sich der auf 60 m angewachsene Schaft 1706 schließlich um etwa 2,30 m aus dem Lot. Selbst zusätzliche Stützungen vermögen ihn nicht mehr zu stabilisieren. Im selben Jahr noch stürzt er ein, Schlüter ist fortan nur noch als Hofbildhauer genehm.

„Zweyter Deßein des neuen Müntz-Thurms in Berlin, welcher breiter in der Anlage gemachet ward, als der erste war, in der Hoffnung das Fundament dadurch zu verstärken", um 1705

Der Münzturm bleibt nicht das einzige prominente Bauvorhaben, das mit dem tückischen Baugrund in Spreenähe zu kämpfen hat. An sich sind die sandigen und kiesigen Ablagerungen des Warschau-Berliner Urstromtals, von dem die Spree noch als Überbleibsel kündet, auch für hohe Gründungslasten gut geeignet. Eingelagerte organische Schichten aus nacheiszeitlichen Seen und Mooren aber reduzieren teils drastisch die Tragfähigkeit. Für größere Bauwerke sind hier tiefe Pfahlgründungen oder gewaltige Substruktionen unverzichtbar; die spätere Bebauung der nahen Museumsinsel zeigt dies auf eindrucksvolle Weise. Schon Schlüter ist sich dessen im Prinzip bewusst, doch mit etwa 3 m sind seine Pfähle deutlich zu kurz: Erst in elf Meter Tiefe steht hier unterhalb einer dicken Torflinse tragfähiger Grund an.

Vermutlich trägt das Wissen um die Tücken des Baugrunds im seinerzeitigen Stadtgebiet maßgeblich dazu bei, dass in den nächsten 150 Jahren kaum neue Höhenakzente hinzukommen – zumal 1734 mit dem neuen, auf stattliche 108 m ausgelegten Petrikirchturm und 1781 mit dem Turm des Deutschen Doms auf dem Gendarmenmarkt zwei weitere Bauten noch während der Errichtung einstürzen.

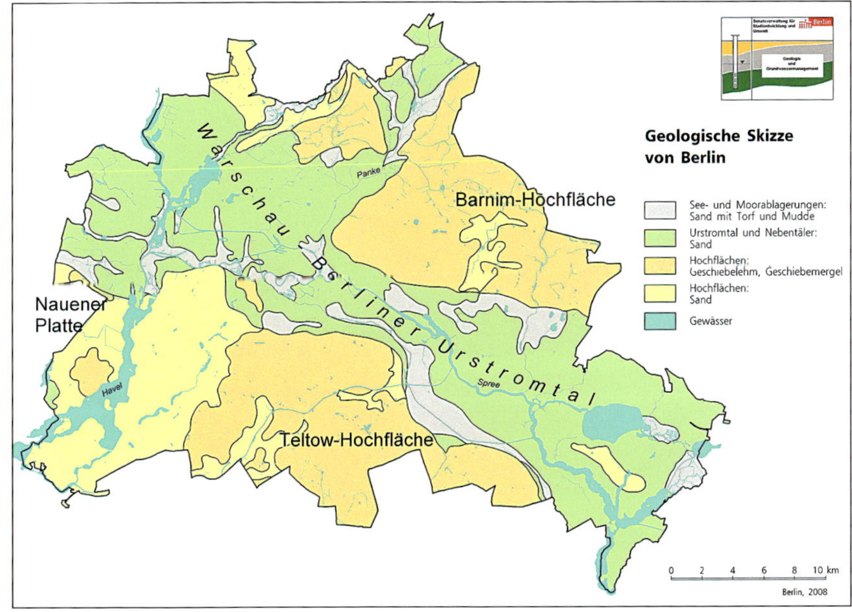

Geologische Skizze von Berlin, grau die kritischen Zonen mit Torf- und Muddelinsen, 2008

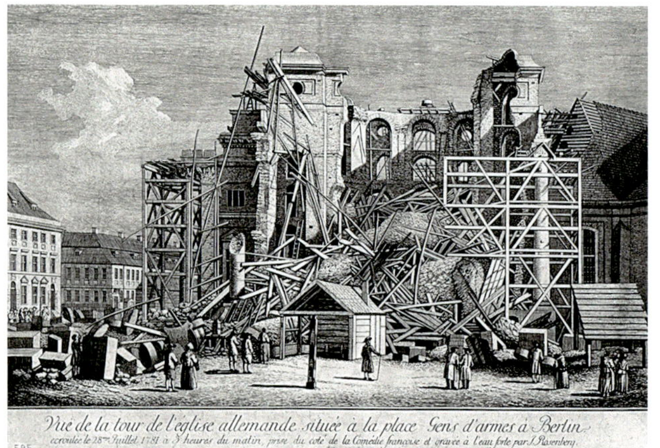

Baustelle des Deutschen Doms auf dem Gendarmenmarkt nach dem Einsturz, 1781

Auch wenn sich Berlin zur Hauptstadt einer europäischen Großmacht mausert und „die Linden“ mit Zeughaus, Bibliothek, Oper, Hedwigskirche und Brandenburger Tor zu einer der prachtvollsten Promenaden des Kontinents ausgebaut werden, bleibt doch alles mehr oder weniger auf gleicher Höhe.
Hoch hinaus wird allenfalls gedacht. In den 1830er Jahren etwa entwirft Wilhelm Stier im Rahmen der Diskussionen um einen neuen Dombau eine Basilika, deren Chorturm 140 m erreichen würde. Ende der 1860er Jahre schlägt August Hermann Spielberg über einem nun kuppelgekrönten Altarraum einen Turm vor, der mit etwa 175 m der gar weltweit höchste wäre.

Eisen und Stahl verändern die Stadtlandschaft

Tatsächlich gebaut aber werden zunächst ganz andere Türme: „Wohin man das Auge richtet, erblickt man thurmhohe, zugespitzte Schornsteine; ein weites Gebiet, bedeckt mit Obelisken, die der Pharao der Industrie erbauet hat“, heißt es 1854 in einem Bericht über die nördlich der damaligen Stadtgrenze gelegene Oranienburger Vorstadt. Ausgehend von der 1804 gegründeten Königlichen Preußischen Eisengießerei haben sich hier in wenigen Jahrzehnten über 30 Gießereien und Maschinenbaubetriebe angesiedelt. Begriffe wie „Feuerland“ oder „Birmingham der Mark“ geben der Faszination des dicht bebauten Gebiets Ausdruck, in dem die Fabriken von Egells (1826), Borsig (1837), Pflug (1839), Wöhlert (1842) und Schwartzkopff (1852) den Aufstieg Berlins zur um die Jahrhundertwende dann größten Industriemetropole des Kontinents begründen.
Und eben sie sind es auch, die zunächst mit Guss- und Schmiedeeisen den Weg für künftige Stahl- und Stahlbetonbauten mit zuvor ungeahnten Höhen bereiten. Den Auftakt macht August Borsig, der im April 1847 zusammen mit dem Ingenieur und Mathematiker Adolph Brix für die Schlosskuppel ein schmiedeeisernes Tragwerk entwirft, das im Scheitel auf eine Höhe von 60 m (mit Laterne und Kreuz 72 m) kommt. Um die Jahrhundertwende werden dann die Zimmermann-Kuppel über dem Reichstag (1890) insgesamt gut 74 m und die wuchtige Kuppel des nun tatsächlich realisierten Doms (1897/98) im Scheitel 75 m und in der Spitze des Kreuzes gar 114 m erreichen.

Borsigs Maschinenbau-Anstalt an der Chausseestraße, Gemälde von Karl Eduard Biermann, 1847

Türme und Ingenieurbauten der Kaiserzeit

← Die neue Petrikirche von Südwesten, unbekannter Künstler, 2. Hälfte 19. Jahrhundert

Altes Stadthaus, 1911

Die höchsten Bauten Berlins freilich sind nach wie vor die Kirchtürme. Seit der Zeit des Großen Kurfürsten wurden sie immer wieder umgebaut und auch erhöht. Zudem kommen viele neue hinzu, befördert unter anderem in den 1890er Jahren durch ein Kirchenbauprogramm für die neuen Stadtquartiere unter dem Patronat der Kaiserin Auguste Victoria. In der Regel erreichen diese Türme Höhen zwischen 50 und 80 m, einige aber ragen buchstäblich darüber hinaus. Schon 1847–53 hat der Neubau der Petrikirche einen neugotischen Turm mit stählernem Helm erhalten, dessen Höhe von 111 m ihn für Jahrzehnte zum höchsten Bauwerk Berlins macht. Erst 40 Jahre später übertrifft ihn der Turm der Kaiser-Wilhelm-Gedächtniskirche (1891–95) noch um zwei Meter.

An der Schwelle zum 20. Jahrhundert prägen indes nicht mehr nur Hof- und Kirchbauten das Höhenprofil der Stadt. Zum einen setzen die kommunalen Verwaltungen mit ihren Gebäuden selbstbewusst eigene „bürgerliche“ Höhenmarken, in der Stadt Berlin ebenso wie in den umgebenden Großgemeinden. Den Anfang macht das **Rote Rathaus** (1860–71), dessen Turm in der Spitze 94 m erreicht und damit respektlos die nahe gelegene Schlosskuppel überragt. Spätere Rathaus-Türme wie etwa in **Charlottenburg** (1899–1905, 89 m) oder **Schöneberg** (1911–14, 70 m) bleiben ebenso in dieser Liga wie das zur Entlastung des Roten Rathauses errichtete **Alte Stadthaus** (1902–11, 80 m). Zum anderen aber ragen nun auch erste originäre Ingenieurbau-

Gasbehältergebäude Augsburger Straße

ten weit über die kaiserzeitliche Wohnbebauung hinaus: die zunächst noch von gewaltigen Mauerwerkszylindern umgebenen, später lediglich noch in Stahlgerüsten geführten Teleskopbehälter der Gasanstalten. Zur ersten Gruppe zählen als Vertreter der letzten und größten Generation der 1888 entstandene Behälterbau an der Augsburger Straße mit einer Höhe von knapp 60 m oder auch die drei bis 1890 an der Danziger Straße errichteten Großbehälter, deren späte Sprengung zugunsten des Ernst-Thälmann-Parks 1984 für die DDR erstaunlich breite Proteste evozierte. Prototypisch für die zweite Gruppe stehen der rund 60 m hohe [88] **Teleskopbehälter Mariendorf** und der 78 m hohe **Gasometer Schöneberg** (1908–10), der zur Zeit seiner Errichtung mit einem Fassungsvermögen von 160 000 m³ zu den drei größten Gasbehältern Europas zählt.

←← Gasometer Schöneberg, 2011

Erste Hochhäuser, erste Skelettbauten

Nach dem Ersten Weltkrieg nimmt auch in Berlin die Diskussion über den Bau von Hochhäusern Fahrt auf. Einen ersten Höhepunkt bildet der 1921 ausgelobte Wettbewerb für ein Hochhaus am Bahnhof Friedrichstraße. Besonders eindrücklich ist der Entwurf eines gläsernen Hochhauses von Mies van der Rohe. Er verwurzelt sich derart nachhaltig im kollektiven Gedächtnis, dass 1927 ein weiterer Hochhausentwurf von Mies aus dem Jahr 1922 kurzerhand per Fotomontage an die Friedrichstraße versetzt wird. Noch freilich schiebt die Berliner Bauordnung der Umsetzung solcher Visionen einen Riegel vor, begrenzt sie doch bis 1925 die Bauhöhe im Stockwerksbau auf die 1887 festgeschriebene „Traufhöhe“ von 22 m und fünf Geschosse. Der bereits 1922–24 auf dem Tegeler Werksgelände errichtete, 65 m hohe [64] **Borsig-Turm**, das erste Hochhaus Berlins, wird deshalb als „Turmbauwerk“ deklariert. Konstruktiv bleibt der Pionierbau noch der im 19. Jahrhundert entwickelten Trägerbauweise verhaftet: Schwere Ziegelwände umgeben ein nur im Inneren tragendes Stahlgerüst. Das nur wenig später in Stahlbeton ausgeführte Rahmentragwerk des gut 75 m hohen Turms im [66] **Ullsteinhaus** bedarf nicht mehr der aussteifenden Wände, und nahezu zeitgleich entsteht mit dem zehngeschossigen [76] **Siemens-Schaltwerkhochhaus** zudem auch ein „echter“ Stahlskelettbau. Rasch folgen weitere Geschossbauten dieser Größenordnung wie etwa das [79] **Shell-Haus**. Mit Höhen über 22 m gelten sie nun offiziell als „Hochhäuser“ – in der Skyline der 1920 zu „Groß-Berlin“ zusammengeschlossenen Metropole setzen sie allerdings noch keine nennenswerten neuen Akzente.

WISSEN UND FORTSCHRITT
POPULÄRE MONATSSCHRIFT FÜR TECHNIK UND WISSENSCHAFT
Verlag: Industriebericht G. m. b. H., Berlin SW 48

Der gläserne Wolkenkratzer
Ein Vorschlag zur Bebauung des Platzes am Bahnhof Friedrichstraße, Berlin
Das Modell stammt von Architekt Mies van der Rohe. (Vergleiche den Aufsatz: Glasarchitektur, eine verwirklichte Utopie“.) Combiphot: Hajek-Halke.

Entwurf eines Glashochhauses von Ludwig Mies van der Rohe (1922) in einer Fotomontage von Heinz Hajek-Halke auf dem Innentitel der Zeitschrift *Wissen und Fortschritt*, 1927

Wettbewerbsentwurf zur Hochschulstadt Berlin (1937/38) von Otto Kohtz, der bereits in der Weimarer Zeit zahlreiche Hochhausvisionen für Berlin entwickelte

Utopien der 1930er Jahre

Ganz andere Dimensionen haben wenig später Albert Speer und „seine" Architekten in ihren Planungen für den Umbau Berlins zur „Welthauptstadt Germania" im Auge. Sowohl im Zentrum als auch an der Peripherie imaginieren sie gewaltige Hochhauslandschaften. Sie werden jedoch ebenso wenig umgesetzt wie die Große Halle, jener an das römische Pantheon angelehnte, ins Gigantische gesteigerte Versammlungsbau, unter dessen 290 m hoher Kuppel 150 000 bis 180 000 Besucher Platz finden sollen. Das etwa am Standort des heutigen Hauptbahnhofs verortete Vorhaben wird bereits sehr konkret geplant – so untersucht u. a. Franz Dischinger die Ausführung als zweischalige Stahlbetonkuppel –, und auch die Ausführung hat bereits begonnen, ehe die Arbeiten dem Zweiten Weltkrieg geschuldet eingestellt werden müssen. Die Realität des Stadtbilds ist da schon eher von eingestürzten als von hoch hinaus strebenden Bauten gekennzeichnet, zum wichtigsten „Beitrag" der NS-Zeit zur Höhenentwicklung der Stadt werden die nach 1945 angeschütteten Trümmerberge.
Einen gänzlich anderen Akzent in der Berliner Turmlandschaft soll 1935 nach den Vorstellungen des Ingenieurs Hermann Honnef der Prototyp eines Windkraft-

Modell der Großen Halle im Größenvergleich mit Reichstag und Brandenburger Tor, 1984

turms setzen, dessen Errichtung im Rahmen der Neugestaltung des Messegeländes erwogen wird. Honnef, der unter anderem schon 1924 am Sendeturm Königs Wusterhausen (s. u.) Erfahrungen mit höchsten Stahltragwerken machen konnte, propagiert in den 1930er Jahren visionäre Konzepte für bis zu 500 m hohe „Höhenwind-Kraftwerke". Der Berliner Prototyp ist als Aussichts- und Ausstellungsturm gedacht, an dem sich zugleich mit kleineren Generatoren erste Erfahrungen sammeln lassen. Bei der NS-Führung stößt die technisch hochumstrittene Idee als Option für eine autarke Energieversorgung zwar auf Gehör, dennoch wird Honnefs Projekt als Ganzes 1936 zunächst eine Abfuhr erteilt. Angesichts der kriegsbedingt wachsenden Versorgungsprobleme darf er ab 1941 auf dem Mathiasberg bei Velten nördlich von Berlin schließlich doch insgesamt fünf Prototypen von bis zu 36 m Höhe errichten. 1945 aber werden sie von der Roten Armee gesprengt. Erst 2008 soll Berlin tatsächlich eine erste große, mit Rotor nahezu 180 m hohe Windkraftanlage erhalten.

Höhenwind-Kraftwerk nach Hermann Honnef, 1930er Jahre

Masten und Türme für Funk, Fernsehen und Energie

Reale neue Höhenrekorde markieren frühzeitig hingegen jene Türme und Masten, die seit den 1920er Jahren im Zuge des raschen Bedeutungszuwachses des Rundfunks in Berlin und Umgebung errichtet werden. Direkt nachdem 1924 am Südostrand der Stadt in Königs Wusterhausen ein erster 255 m (!) hoher freistehender Sendeturm für den europäischen Funkdienst entstanden ist, wächst in Berlin der allein für den Rundfunk bestimmte [65] **Funkturm** mit knapp 147 m Höhe in den Himmel. Ergänzt wird er 1932/33 durch den Großrundfunksender Tegel: Mit 165 m ist dieser für einige Jahre nicht nur das höchste Bauwerk Berlins, sondern – ausgeführt in widerstandsfähiger Pechkiefer (Pitchpine) – kurzfristig sogar der höchste Holzbau der Welt.

Die meisten der für den Rund- wie für den Richtfunk zunehmend benötigten Antennen werden jedoch als abgespannte Maste konzipiert. Maßstäbe setzt hier die westlich von Berlin gelegene, für den Überseefunk zuständige Großfunkstelle Nauen als älteste heute noch bestehende Sendeanlage der Welt: Bereits um 1917 baut man dort zwei Stahl-Gittermasten mit Dreiecksquerschnitt, die, jeweils vierfach abgespannt, Höhen von 260 m erreichen. Auf Berliner Gebiet sind derartige Höhen zunächst nicht erforderlich; als höchste Sendeantenne entsteht hier um 1940 ein als Stahlrohr ausgeführter Mast von 170 m Höhe, der den wegen Baufälligkeit inzwischen teilweise zurückgebauten Tegeler Holzturm ergänzt.

Richtfunkanlage Berlin-Nikolassee, 1956

Nach 1945 jedoch bekommt der Bau hoher Sender für die isolierte Inselstadt West-Berlin ganz neue Bedeutung. Im Zeichen des Kalten Krieges ist eine ungestörte Kommunikation mit der Bundesrepublik über das Gebiet der DDR hinweg unverzichtbar. Während die bislang benannten Türme und Masten mit Ausnahme des Funkturms nach 1945 sämtlich demontiert wurden, sind die nun in West-Berlin entstehenden Anlagen teilweise noch heute in Funktion. Exemplarisch werden im Folgenden mit dem 212 m hohen [68] **Fernmeldeturm auf dem Schäferberg** und dem 230 m hohen Mast des [69] **Senders Scholzplatz** zwei Bauten näher vorgestellt. Nicht mehr erhalten hingegen sind unter anderem die drei 150 m hohen Masten der Richtfunkanlage Nikolassee (1951/52) und vor allem der Berliner Rekordhalter unter den Masten: Der 1977/78 errichtete, zunächst 344 m und später gar 358 m hohe Gittermast auf dem Gelände der Richtfunkanlage Frohnau wird nach der Wiedervereinigung obsolet und 2009 gesprengt. Längst hat ihm da freilich der 368 m hohe (Ost-) Berliner [70] **Fernsehturm** den Rang abgelaufen – als bis heute höchstes Bauwerk nicht nur Berlins, sondern ganz Deutschlands.
Auch die Geschichte der „thurmhohen" Schornsteine, die in der Oranienburger Vorstadt begann, ist in den letzten zwei Jahrhunderten zu damals unvorstellbaren Höhen fortgeschrieben worden. Richtungsweisend für das 20. Jahrhundert ist hier vor allem 1925–27 der Bau des großartig gestalteten **[89] Kraftwerks Klingenberg** in Berlin Rummelsburg mit zunächst acht Blech-Schornsteinen von je 70 m Höhe; um 1970 werden sie durch (nur noch) zwei neue, mehr als doppelt so hohe Stahlbetonschlote (144 bzw. 146 m) ersetzt. Mit ähnlich hohen Türmen prägen heute moderne **Heizkraftwerke** selbst den Innenstadtbereich wie in **Wilmersdorf** (1973–77, 120 m) oder **Mitte** (1994–96, 100 m), auch Höhen von über 150 m sind normal geworden wie etwa im **Heizkraftwerk Lichterfelde** (1970–74, 158 m).

Gittermast der Richtfunkanlage Frohnau, 2008

→ Heizkraftwerk Lichterfelde, 2011

Hochhäuser nach 1945

Hochhäuser, die sich zumindest der 100-m-Marke nähern, erhält Berlin erstmals seit Ende der 1950er Jahre. Den Auftakt macht im Westteil der Stadt das 80 m hohe Telefunken-Hochhaus (heute [67] **TU-Hochhaus**); in der langgestreckten Scheibe steifen drei Aufzugs- und Treppenhauskerne ein Stahlbetonskelett aus. Die Hochhaustürme des **Europa Centers** (1963–65, 86 m) und des (skandalumwitterten) **Steglitzer Kreisels** (1968–80, 120 m) oder auch der Wilmersdorfer **BFA-Turm** (1973–77, 95 m) hingegen werden als Stahlskelettbauten ausgeführt. In Ost-Berlin überschreitet 1970 mit dem im „Vollgleitbau" konstruierten Interhotel Stadt Berlin (123 m, heute [71] **Hotel Park Inn**) erstmals ein Hochhaus die 100 m. Ihm folgen das von einem japanischen Bauunternehmen als Stahlskelett projektierte und ausgeführte **Internationale Handelszentrum** an der Friedrichstraße (1976–78, 96 m) und der in Schottenbauweise errichtete **Bettenturm der Charité** (1977–82, 100 m).

Aussteifungskerne des Steglitzer Kreisels, 1972

Wohnhochhaus Ideal, 2008

Auch Wohnhäuser streben seit den 1950er Jahren unabhängig von Stildebatten in Ost- wie in West-Berlin in die Höhe. Die Siedlungen des Massenwohnungsbaus am Stadtrand oder auch etliche Neubauten in der Innenstadt sind dafür beredte Beispiele. Eine Ikone der Wohnhochhaus-Architektur ist das etwa 53 m hohe [83] **Corbusierhaus**, den Höhenrekord setzt bislang mit gut 90 m das 1966–69 nach Entwurf von Walter Gropius in der Gropiusstadt errichtete **Wohnhochaus Ideal**. Bald schon wird es von dem 2019 angelaufenen Projekt **ÜBerlin** abgelöst werden, dem Umbau des Steglitzer Kreisels zu Wohnzwecken. Das Vorhaben ist charakteristisch für die jüngste Entwicklung nach der Wiedervereinigung der Stadt. Vornehmlich für gewerbliche Nutzungen, vereinzelt aber auch im Wohnungsbau werden Hochhausprojekte entwickelt, die nun die 100-m-Marke hinter sich lassen. Dem erstmals am Potsdamer Platz umgesetzten Konzept der Bildung von „Hochhausclustern" mit **Atrium Tower** (1997–99, 106 m), **BahnTower** (1996–99, 103 m) und **Kollhoff-Tower** (1995–99, 103 m) ist zunächst der Breitscheidplatz mit **Zoofenster** (2010–12, 119 m) und **Upper West** (2013–17, 118 m) gefolgt. Rund um den Fernsehturm ist jetzt das größte dieser Cluster in Vorbereitung: Mit Höhen von 130 bis 150 m werden die dortigen Bauten sämtlich den bisherigen Berliner Rekordhalter, den peripher errichteten Büroturm **Treptowers** (1995–98, 125 m), übertreffen. Noch höher hinaus soll in Neukölln der als Erweiterung des gleichnamigen Großhotels geplante Estrel Tower mit 175 m reichen.

30 Jahre nach der Wiedervereinigung verfügt Berlin inzwischen nach Frankfurt am Main über die größte Zahl von Hochhäusern jenseits der 100-m-Marke in Deutschland. Im internationalen Vergleich bleibt dies freilich bescheiden. Ob die Stadt zumindest in ingenieurtechnischer Hinsicht auch künftig wieder markante Maßstäbe bei hohen Bauwerken zu setzen vermag, wird die Zukunft zeigen.

64

BORSIGTURM

Pionier mit Januskopf

B1

Lage Berliner Straße 27, 13507 Berlin-Tegel
Bauzeit 1922–24
Tragwerksplanung Borsig-Bauabteilung (?)
Gesamtplanung Schmohl & Hillenbrand
Ausführung Unbekannt

Grundrisse der Normalgeschosse und des Saals im 10. Obergeschoss, 1925

Die Errichtung eines neuen Verwaltungsgebäudes war eine der letzten Baumaßnahmen im 1896 begründeten Tegeler Borsigwerk (**[45] Borsighallen**) vor der Weltwirtschaftskrise. Da im vorgesehenen Baufeld kaum noch Baugrund zur Verfügung stand, fiel 1922 die Entscheidung für ein Hochhaus. Das Konzept stieß auf erhebliche baurechtliche Schwierigkeiten, begrenzte doch die Berliner Bauordnung den Stockwerksbau noch bis 1925 auf 22 m Höhe und fünf Geschosse. Um das Projekt dennoch realisieren zu können, bediente man sich eines Tricks und deklarierte das Haus als Turmbauwerk. 1924 vollendet, war der „Borsigturm" das erste der zunehmend diskutierten Berliner Hochhausprojekte, das tatsächlich zur Ausführung gekommen war.

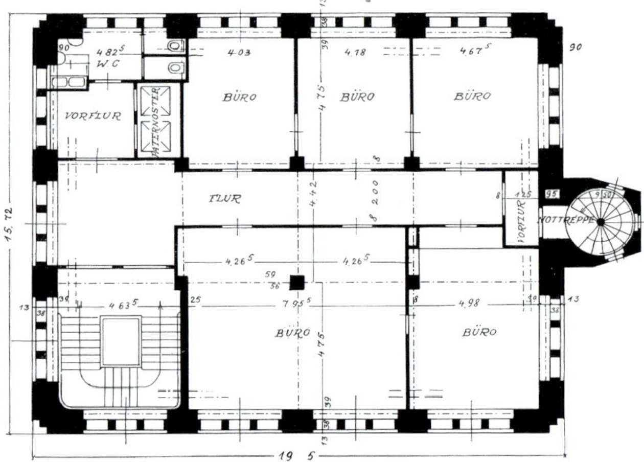

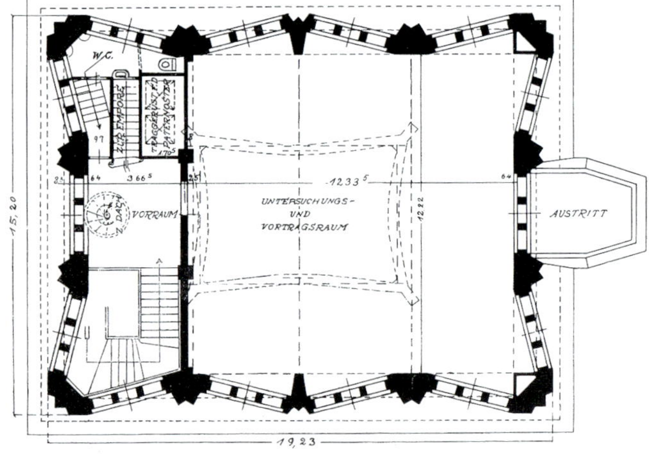

Der mit Eisenklinkern und Werksteinen verblendete Baukörper zeigt, ähnlich wie etwa das zur selben Zeit entstandene Hamburger Chile-Haus (1922–24), expressionistische Formen. Er erreicht eine Höhe von 65 m. Über Keller und Eingangsgeschoss erheben sich neun Bürogeschosse und – in der Fassade deutlich abgesetzt – ein hoher Saal. Die Spitze bildet ein von Bögen durchbrochener Dachreiter. Der Grundriss von etwa 20 x 16 m lässt flexible Raumaufteilungen zu, eine 24 cm starke Mauerwerkswand grenzt lediglich das Haupttreppenhaus von den Büro- und Erschließungsflächen ab. Aus Brandschutzgründen ist der Südseite ein zweites Not-Treppenhaus angelagert.

Das konstruktive Konzept des Hochhauses ist überraschend konventionell. Lediglich im Inneren übernehmen sechs stählerne Stützenstränge den Abtrag der Vertikallasten, als Randauflager der Hohlsteindecken dienen die massiven Mauerwerkswände aus Hartbrandsteinen, die auch als Wandscheiben den Windlastabtrag sichern. Im obersten Geschoss ermöglichen Stahlrahmen die stützenfreie Ausführung des Saales. Nach vergleichenden Berechnungen erwies sich eine Gründung auf Streifen- und Einzelfundamenten als wirtschaftlichste Lösung; die insgesamt sehr schwere Ausführung des Turmhauses war überhaupt nur wegen des hier guten Baugrunds möglich. Anders als das Tragwerk war der technische Ausbau durch diverse Neuheiten gekenn-

Betonieren der Gründung, Oktober 1922, und fertiger Rohbau beim Richtfest, vmtl. 1923

Blick von Westen, 2020

Blick von Süden, 1925

zeichnet. So ergänzte ein Paternoster-Aufzug die Vertikalerschließung, eine eigene Pumpanlage versorgte die oberen Etagen mit Leitungs- und Löschwasser und das Heizungssystem wurde in Abhängigkeit von der Höhe differenziert. Die Vollendung des Baus verzögerte sich durch die mit der Hyperinflation im Jahr 1923 verbundenen Schwierigkeiten wie Materialbeschaffung und Streiks bis 1924. Als erstes Hochhaus Berlins wurde der expressionistische Pionierbau zum ikonischen Wahrzeichen des Unternehmens. Konstruktiv hingegen war er noch der für das 19. Jahrhundert typischen „Trägerbauweise" verhaftet, damit noch kein Stahlskelettbau und technisch eher rückständig. In den 1970er Jahren renoviert, dient er nach wie vor als Bürogebäude.

Grundlegende Literatur

Das Hochhaus im Tegeler Werk der Fa. A. Borsig Berlin-Tegel. In: Der Industriebau 16 (1925), S. 135ff.; Sintje Guericke: Ausgerechnet Wolkenkratzer? Zum Verständnis von Moderne, Bild und Architektur am Beispiel von Borsig in Berlin-Tegel. Bamberg 2020

65

FUNKTURM

Stahl auf Porzellan

B2/c3

Lage Hammarskjöldplatz, 14055 Berlin-Westend
Bauzeit 1924–26
Tragwerksplanung Hein, Lehmann & Co. (Franz Bräckerbohm [Leitung], Anton Müller)
Gestaltung Heinrich Straumer
Ausführung Hein, Lehmann & Co.

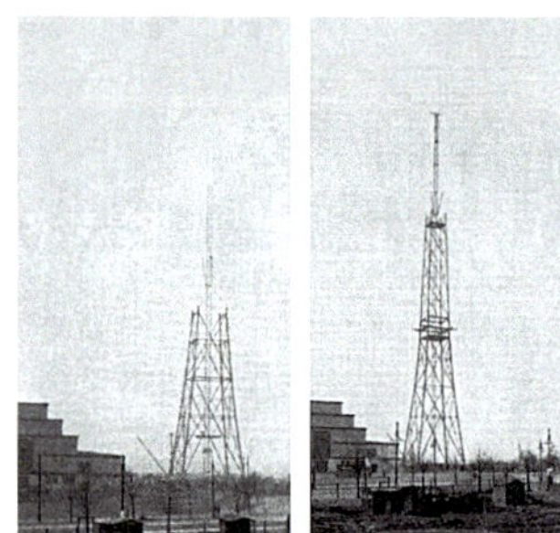

Dokumentation der Bauphasen, 1926

Nach zunächst provisorischen Antennenmasten entstand in Berlin mit dem Funkturm ein erster freistehender Sendeturm für den sich rasch entwickelnden Rundfunk, der auch mit einem Restaurant und einer Aussichtsplattform ausgestattet und „architektonisch durchgebildet" war.

Das ursprünglich 138 m hohe Bauwerk gliedert sich in drei Hauptteile. Ein mehrfach ausgefachter Unterbau läuft mit leicht gekrümmten Eckpfosten in 48 m Höhe in einer zweigeschossigen Rahmenkonstruktion aus, in der das Restaurant und darunter Wirtschaftsräume Platz finden. Darüber wird die Ausfachung einfacher, der Aufbau verjüngt sich von nun an geradlinig und erreicht bei etwa 125 m die Aussichtsplattform. Die als Antennenträger dienende Turmspitze endete ursprünglich in einem hier als Fliegerzeichen installierten Scheinwerfer.

Die Realisierung des Stahltragwerks barg zahlreiche Herausforderungen. So stellten etwa die schiefwinklig angeordneten räumlichen Knotenverbindungen hohe Ansprüche an die Ausführungsplanung, zumal die knickgefährdeten zusammengesetzten Querschnitte möglichst sparsam gehalten waren. Durch eine enge Vergitterung erreichte man etwa gleich große Schlankheitsgrade für die Einzel- wie für die Gesamtstäbe. Oberhalb von 80 m kamen für die Eckstiele wegen des in dieser Höhe befürchteten Eisansatzes geschlossene Profile zum Einsatz. Als schwierigste Aufgabe erwies sich die Konstruktion der gelenkigen Lagerkörper auf den Stahlbetonfundamenten, die aus funktechnischen Gründen mit von der KPM gelieferten Porzellan-Isolatoren ausgeführt werden mussten. Im Verlauf der Planung kam es im Übrigen zu heftigen Konflikten um technische und gestalterische Fragen zwischen den Ingenieuren, der Bauaufsicht und dem Architekten, die unter anderem zur Einberufung einer externen „Kunstkommission" führten.

Die Montage des Stahltragwerks nahm Anfang 1925 nicht mehr als acht Wochen in Anspruch. Ein im Zentrum errichteter, zunächst 70 m hoher, dann auf 130 m erhöhter, abgespannter Stahlgittermast diente als Baukran. Zur 3. Großen Deutschen Funkausstellung ging der Turm im September 1926 auf Sendung, schon 1932 wurde von hier auch die

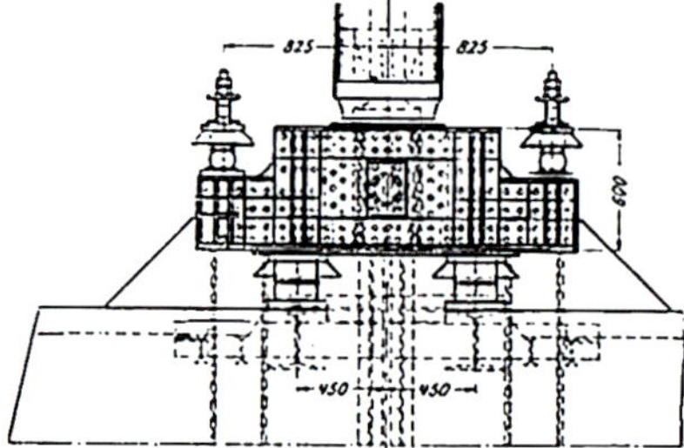
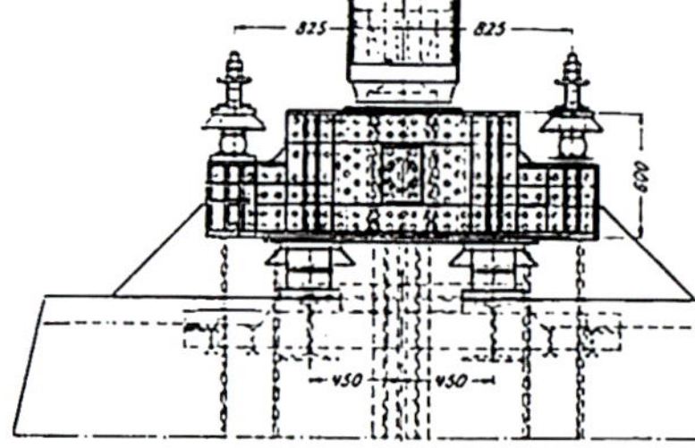

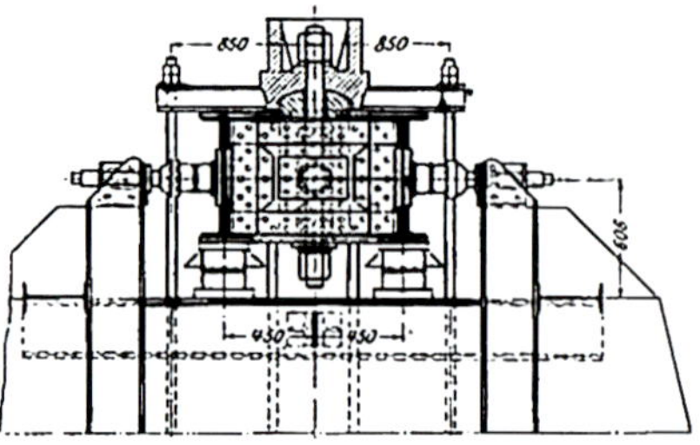

Ausbildung der Auflagerkörper mit Porzellan-Isolatoren

weltweit erste Fernsehsendung ausgestrahlt. 1945 stand er nach einem Granatentreffer fast nur noch auf drei Beinen, seitdem wurde er mehrfach umfassend instandgesetzt und auf heute knapp 147 m erhöht. Der Sendebetrieb ist schon seit 1973 ganz auf neuere Sender verlagert.

Als erster kombinierter Sende- und Aussichtsturm in Deutschland wurde der Funkturm rasch zu einem der prägenden Wahrzeichen Berlins – auch wenn er nur halb so hoch wie der knapp 40 Jahre ältere Eiffelturm ist. Anders als an der Seine wurde seine Gestaltung jedoch bis ins Detail ohne jedes Dekor konsequent allein aus der Konstruktion entwickelt, und mit gerade einmal 400 t benötigten die Ingenieure hier nur noch $^{1}/_{16}$ der an der Seine verbauten Stahlmenge.

Blick in den unteren Bereich des Stahltragwerks, 2015

← Ansicht von Südost, 2015

Grundlegende Literatur

Karl Vetter (Hrsg.): Der Berliner Funkturm. Berlin 1926; Franz Czech: Der Funkturm in Berlin. In: Der Bauingenieur 7 (1927), S. 696ff.

66

ULLSTEINHAUS

Gussbeton und 8 Millionen Ziegel

C3

Lage Mariendorfer Damm 1–3, 12099 Berlin-Tempelhof
Bauzeit 1925–27
Tragwerksplanung Bauingenieurbüro Heinrich Becher (Federführung: Otto Zucker)
Gestaltung Eugen G. Schmohl mit Immanuel Braun, Alfred Gunzenhauser
Ausführung *Stahlbeton*: Huta Hoch- u. Tiefbau AG, Berlin; *Mauerwerk*: Berlinische Baugesellschaft mbH, Berlin; *Fundierung*: Beton- und Monierbau AG, Berlin; *Eisenbau*: G. E. Dellschau, Berlin

Kantine mit Pilzdecke während der Bauarbeiten, 1926, und nach der Fertigstellung, 1927

Anfang der 1920er Jahre benötigte die Ullstein AG, einer der größten Verlage Europas, dringend zusätzliche Büro- und Produktionsräumlichkeiten. Ende 1924 lobte man einen engeren Architektenwettbewerb für ein Druckhaus zur Zeitschriften- und Buchherstellung aus, den Eugen G. Schmohl für sich entschied. Als der Bau bereits begonnen war, verursachte der problematische Baugrund des direkt am Teltowkanal gelegenen Grundstücks im Frühjahr 1925 eine vollständige Umplanung. Abgesehen von einem vorspringenden Bauteil wurde der Baukörper nun vom Mariendorfer Damm (damals Berliner Straße) abgerückt und um einen zweigeschossig unterkellerten Hof gruppiert. Die Anlage mit nahezu 40 000 m³ Nutzfläche kulminiert in einem gut 75 m hohen Turmbau, der neben der elegant geschwungenen Hauptfassade und einer üppigen künstlerischen Ausstattung augenfälligstes Symbol für den repräsentativen Anspruch des Bauwerks ist.

Ein Stahlbetonskelett aus Stockwerksrahmen, die auch die Horizontalaussteifung übernehmen, bildet den Kern der Konstruktion. Deren statische Berechnung erfolgte nach einem Näherungsverfahren, das für jeden Riegel nur die Steifigkeit der

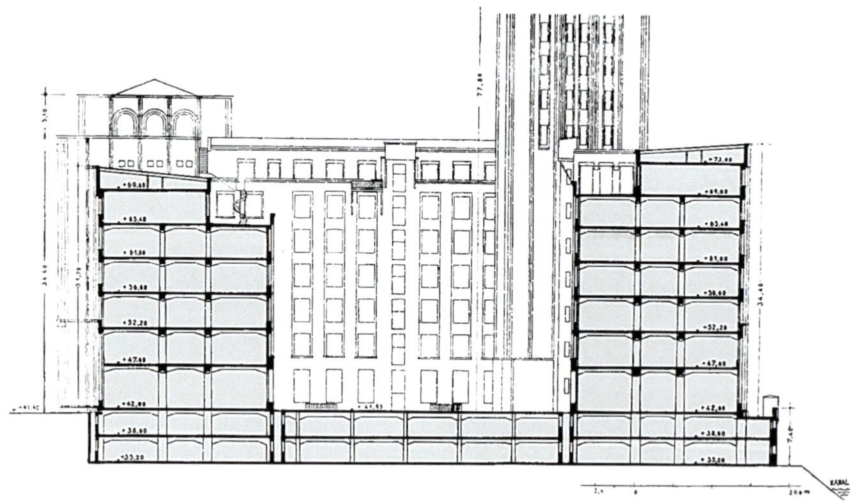

Schnitt mit Blick nach Westen, 1927

unmittelbar angrenzenden Stützen in Ansatz bringt. Weil der Bauherr die Schallübertragung minimieren wollte, lagern die Decken in den Außenwänden der Stockwerksbauten allerdings auf Mauerwerkspfeilern. Lediglich beim Tragwerk des Turms handelt es sich um ein reines Stahlbetongerippe mit geschossweise abgefangenen Mauerwerks-Ausfachungen. Eine konstruktive Besonderheit ist die entlang des Mariendorfer Damms eingetieft platzierte Kantine. In expressiven Formen verklcidete Pilzstützen sorgen hier für eine Minimierung der Deckenhöhe. Insgesamt wurden rund 8 Millionen Ziegel vermauert.

Luftbild der Baustelle von Südosten, 1926

Den Krieg überstand das den jüdischen Besitzern vom NS-Regime abgepresste Haus weitgehend unbeschadet. Erst 1956/57 wurde der aus Geldmangel unvollendet gelassene Flügel längs der Ullsteinstraße fertiggestellt. Nach verschiedenen Besitzerwechseln dient das ehemalige „Druckhaus Tempelhof" seit 1986 kleinteiligeren gewerblichen und kulturellen Nutzungen. In den 1990er Jahren wurde das Bauwerk vom Architekturbüro Nalbach + Nalbach nach Osten durch einen Anbau deutlich erweitert und generalüberholt. Zuletzt erfolgte 2014 eine Sanierung der Klinkerfassaden des Turms.

Das Ullsteinhaus ist bautechnikgeschichtlich in mehrfacher Hinsicht ein Pionierbau. Zur Beschleunigung des Bauvorgangs nutzte man erstmals in Deutschland für einen Hochbau dieser Größe einen mit erhöhtem Wasserzusatz verflüssigten Gussbeton. Der als freistehender Stahlbetonrahmen konzipierte Turm war überdies eines der höchsten Stahlbeton-Bauwerke Europas und galt für längere Zeit als höchstes Hochhaus Deutschlands.

Blick von Nordwesten, 2006

Grundlegende Literatur

Ein Industriebau – Von der Fundierung bis zur Vollendung. Berlin 1927; Helmut Engel (Hg.): Nalbach und Nalbach – Das Ullsteinhaus. Vom Druckhaus zum Modecenter. Berlin 1998; Reparieren, Renovieren, Restaurieren. Vorbildliche Denkmalpflege in Berlin. [Wiesbaden] 1998, S. 60f.

67

TU-HOCHHAUS

Hoch hinaus mit Eleganz

B2/d3

Lage Ernst-Reuter-Platz 7, 10587 Berlin-Charlottenburg
Bauzeit 1958–60
Tragwerksplanung Dyckerhoff & Widmann (Leitung: Kurt Stütz)
Gesamtentwurf Schwebes & Schoszberger; Mitarbeiter: Kurt Kröplin, Fritz F. Plath
Ausführung Dyckerhoff & Widmann

1955 erstellte Bernhard Hermkes einen städtebaulichen Plan für den historischen Abzweig zum Charlottenburger Schloss („Knie") von der großen Ost-West-Achse zwischen [110] **Schloßbrücke** und Scholzplatz. Als Ernst-Reuter-Platz sollte der kriegszerstörte Bereich zu einem „Vorzeigeplatz des demokratischen Berlins" (Klaus von Beyme) entwickelt werden. Im Zwickel zwischen Bismarckstraße und Berliner Straße (ab 1957 Otto-Suhr-Allee) schlug Hermkes eine Hochhausscheibe vor, die das um ein großzügiges Rondell arrangierte Ensemble einer Landmarke gleich überragte.
Paul Schwebes und Hans Schoszberger entwickelten daraufhin ein 22-geschossiges „Haus der Elektrizität" für die Firmenzentrale der Telefunken GmbH. Prägende Elemente der beiden Hauptfassaden des zur Gebäudemitte hin aufgeweiteten Gebäudes sind die als horizontale „Feuergesimse" aus der Wand heraustretenden Geschossdecken sowie je vier über die gesamte Gebäudehöhe durchlaufende Stützen. Die quer zur Längsachse gespannten Decken lagern auf den als Überzug ausgebildeten Brüstungen sowie im Inneren auf zwei Reihen von Unterzügen; diese finden ihre Auflager in zusätzlich angeordneten Wandscheiben. Ausgesteift wird das Stahlbetonskelett durch diese Scheiben, die beiden an den Schmalseiten angefügten Treppenhäuser sowie die beiden Aufzugskerne in der Mitte der Westseite. Durch die Konzentration des Vertikal-Lastabtrags um die durch die Stützen markierten Querachsen war es möglich,

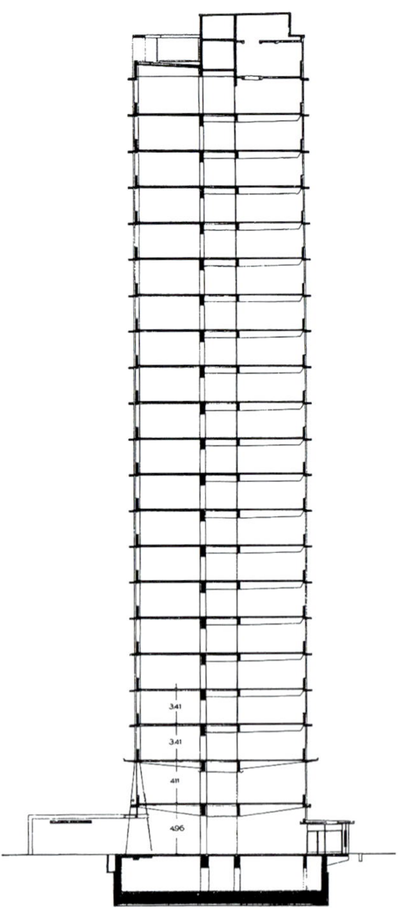

Grundrisse (20. Obergeschoss, Normal- und Erdgeschoss) und Querschnitt, 1960

dazwischen große Bereiche völlig stützenfrei zu halten.
Bereits seit Mitte der 1960er Jahre ist die TU Berlin Hauptnutzer des noch heute weitverbreitet als Telefunken-Hochhaus bezeichneten Gebäudes. Unter den mehrmaligen Sanierungen verdient vor allem jene der Jahre 1995/96 Erwähnung, in deren Rahmen die Fassaden des denkmalgeschützten Bauwerks wärmegedämmt und weitgehend neu aufgebaut wurden. Erhalten blieb dabei der grundsätzliche Gestaltungsgedanke, die Zunahme der Lasten an den nach oben stetig verjüngten Außenstützen ablesbar zu machen. Diese Maßnahme wurde ebenso wie der gebrochene Grundriss offenbar von Gio Pontis und Pier Luigi Nervis berühmtem Mailänder Pirelli-Hochhaus (1956–61) inspiriert. Dessen Trag- und Gestaltungskonzept erscheint im Vergleich fraglos stringenter, andererseits tragen gerade Manierismen wie die in den beiden unteren Geschossen durchgeführte Querschnittsverdrehung der Außenstützen entscheidend zur Originalität des Berliner Bauwerks bei. Nicht nur, weil es mit seiner Höhe von knapp 80 m für ein halbes Jahrzehnt das höchste Haus in Berlin war, kann es deshalb als besonders interessanter Beitrag der Stadt zum Hochhausbau der Nachkriegszeit gelten.

↑ Nachtansicht von Südosten, um 1970

→ Blick von Süden, 2020

Grundlegende Literatur
Kurt Stütz: „Haus der Elektrizität" am Ernst-Reuter-Platz in Berlin-Charlottenburg. In: Beton- und Stahlbetonbau 55 (1960), S. 25ff.; Reparieren, Renovieren, Restaurieren. Vorbildliche Denkmalpflege in Berlin. [Wiesbaden] 1998, S. 34f.; Adrian von Butlar u. a. (Hg.): Baukunst der Nachkriegsmoderne. Architekturführer Berlin 1949–1979. Berlin 2013, S. 192f.

68

FERNMELDETURM AUF DEM SCHÄFERBERG

Der große Unbekannte

(A3)

Lage Im Jagen 88, 14109 Berlin-Wannsee
Bauzeit 1961–64
Tragwerksplanung Walther Pieckert
Gesamtplanung und technische Ausrüstung Landespostdirektion Berlin, Ref. V (Federführung: Hans Gerds) mit Ref. II
Ausführung Hochtief

Seit der Blockade von 1948/49 waren Radio- und Fernsehübertragungen sowie Telefonate zwischen West-Berlin und Westdeutschland außerordentlich erschwert. Ein neues Richtfunksystem sollte daher das DDR-Gebiet ohne Relaisstellen überwinden. Für die Aufnahme der nötigen Spezialantennen errichtete die Bundespost ab 1958 auf dem Schäferberg zunächst einen 45 m hohen Gitterturm. Parallel begannen Planungen für einen höheren Fernmeldeturm mit zusätzlicher Fernseh-Rundstrahlantenne. Mit 212 m reizte der 1964 auf der 103 m hohen Erhebung eingeweihte Bau die im Hinblick auf den Flugverkehr erlaubte Maximalhöhe von 1000 Fuß (305 m) über N. N. mehr als aus.

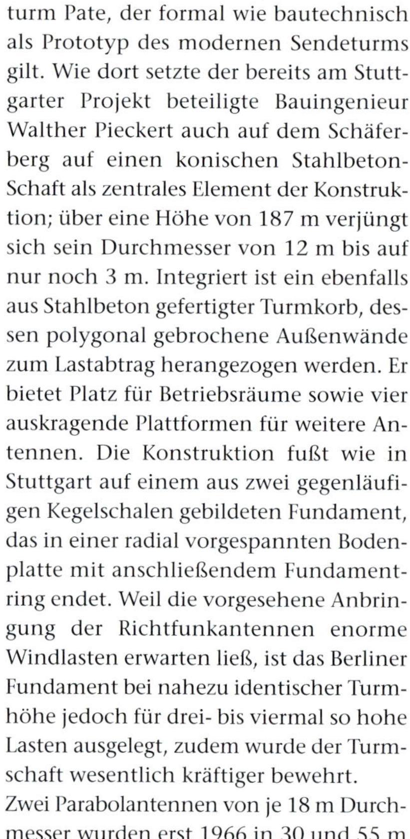

Unverkennbar stand Fritz Leonhardts 1954/55 errichteter Stuttgarter Fernsehturm Pate, der formal wie bautechnisch als Prototyp des modernen Sendeturms gilt. Wie dort setzte der bereits am Stuttgarter Projekt beteiligte Bauingenieur Walther Pieckert auch auf dem Schäferberg auf einen konischen Stahlbeton-Schaft als zentrales Element der Konstruktion; über eine Höhe von 187 m verjüngt sich sein Durchmesser von 12 m bis auf nur noch 3 m. Integriert ist ein ebenfalls aus Stahlbeton gefertigter Turmkorb, dessen polygonal gebrochene Außenwände zum Lastabtrag herangezogen werden. Er bietet Platz für Betriebsräume sowie vier auskragende Plattformen für weitere Antennen. Die Konstruktion fußt wie in Stuttgart auf einem aus zwei gegenläufigen Kegelschalen gebildeten Fundament, das in einer radial vorgespannten Bodenplatte mit anschließendem Fundamentring endet. Weil die vorgesehene Anbringung der Richtfunkantennen enorme Windlasten erwarten ließ, ist das Berliner Fundament bei nahezu identischer Turmhöhe jedoch für drei- bis viermal so hohe Lasten ausgelegt, zudem wurde der Turmschaft wesentlich kräftiger bewehrt.
Zwei Parabolantennen von je 18 m Durchmesser wurden erst 1966 in 30 und 55 m Höhe am Turmschaft angebracht. Dieser erhielt in den 1970ern einen Schutzanstrich, zudem ertüchtigte man die stark angegriffenen Plattformen des Turmkorbs

Schalung der beiden unteren Fundamentkegelhälften, 1961

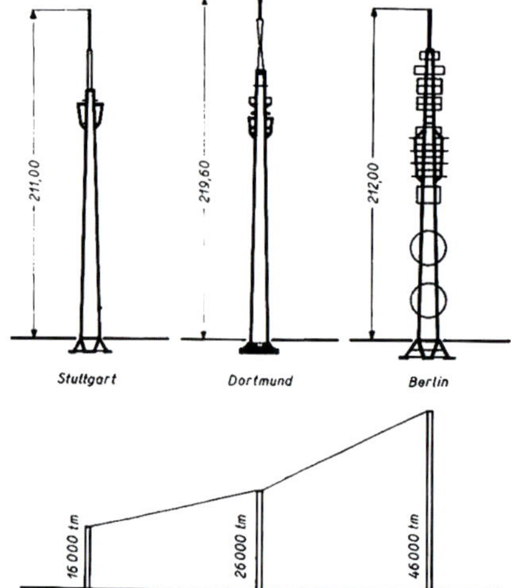

→ Vergleich von Höhe und maximalem Windmoment für die Sendetürme Stuttgart (1954/55), Dortmund (1958/59) und Berlin-Schäferberg (1961–64)

← Luftbild von Westen, vor 1990

Blick von Südwesten, 2020

1985/86 durch stählerne Stützkonstruktionen. 1996 wurden die nicht mehr benötigten Parabolantennen demontiert, nachdem sie 30 Jahre lang die Erscheinung des Turms geprägt hatten. Aktuell gibt es Diskussionen, freigewordene Flächen im Turmkorb erstmals für den Publikumsverkehr zu öffnen.

Bis zur Fertigstellung des Ost-Berliner Fernsehturms war der Fernmeldeturm auf dem Schäferberg das höchste freistehende Bauwerk Berlins, und noch heute behauptet er Platz zwei dieser Liste. Seine periphere und abgeschottete Lage sorgte jedoch dafür, dass er in der öffentlichen Wahrnehmung nie eine wirklich bedeutende Rolle spielte. Dies ist vielleicht auch ein Grund dafür, warum der Fernmeldeturm auf dem Schäferberg – trotz seiner herausragenden Bedeutung für die Telekommunikation des abgeschotteten West-Berlins – bislang nicht unter Denkmalschutz steht.

Grundlegende Literatur

W[alther] Pieckert: Der neue Berliner Fernmeldeturm. In: Der Bauingenieur 39 (1964), S. 1ff.; Der Berliner Fernmeldeturm. In: Hochtief Nachrichten 39 (1966), (Juli), S. 2ff.; Günter Herrnleben: Der Fernmeldeturm in Wannsee. Ein Turm für Spezialaufgaben. In: Zehlendorf Jahrbuch (2016), S. 85ff.

69

SENDER SCHOLZPLATZ

Westfunk für den Osten

A2/a3

Lage Am britischen Soldatenfriedhof westlich des Scholzplatzes, 14055 Berlin-Westend
Bauzeit 1962/63
Tragwerksplanung Hein, Lehmann & Co., Steffens & Nölle
Ausführung Hein, Lehmann & Co., Steffens & Nölle

Obwohl der seit 1961 entstehende [68] **Fernmeldeturm Schäferberg** auch als Fernsehturm dienen sollte, behielten die West-Berliner Rundfunkanstalten ihre älteren Sendeanlagen doch bei und bauten sie sogar noch aus. Den wichtigsten Impuls hierfür gab die Errichtung der Berliner Mauer im August 1961. Als Reaktion beschloss die ARD, künftig möglichst das gesamte Territorium der DDR mit ihren UKW-Hörfunkprogrammen und dem Programm des (damals noch einzigen) Ersten Deutschen Fernsehens zu versorgen. Noch im selben Jahr fiel die Entscheidung, der Sender Freies Berlin (SFB) solle dazu einen neuen, 230 m hohen Sendemast errichten. Durch diese Höhe und seine Lage konnte er alle jene Gebiete in der DDR abdecken, die sich nicht von den an der innerdeutschen Grenze platzierten Masten erreichen ließen. Als Standort wurde ein Gelände am britischen Soldatenfriedhof unweit der bereits bestehenden SFB-Sendeanlage an der Heerstraße festgelegt und von der alliierten Kommandantur genehmigt.

Der Mast am Scholzplatz war zunächst in drei Abspannebenen in jeweils drei Richtungen abgespannt; als Pardunen (Abspannseile) kamen, wie seinerzeit üblich, Paralleldrahtbündel zum Einsatz. Das Stahlrohr des Turmschaftes (d = 1,60 m, Standardbaustahl St 37-2) besteht aus 4,34 m hohen Mastschüssen, die aus jeweils drei in Längsrichtung verschraubten Blechen zusammengesetzt sind. Bereits im Werk wurden mehrere Schüsse zu größeren Einheiten vorgefertigt. Im Inneren des Rohrs sind neben den Kabeln noch eine Steigleiter und ein Aufzug untergebracht.

Für die Aufstellung zeichneten die Traditionsunternehmen Hein, Lehmann & Co. und Steffens & Nölle verantwortlich; Erstere hatten schon den [65] **Funkturm** errichtet, letzteres sollte sich ab den 1970er Jahren dann als „Turmbau Steffens & Nölle“ ausschließlich auf den Bau von Türmen und Masten spezialisieren.

Im Mai 1963 ging der Sender in Betrieb. Zwischenzeitlich hat der Mast mehrfach Umbauten erfahren. Sie betrafen die Kragspitze über der obersten Abspannung, den Austausch der unteren Seile und vor allem die Anordnung einer vierten Abspannebene in 60 m Höhe. 2010

Vorbereitung zur Montage des ersten Mastsegments, 1962

→ Seilkopf mit Paralleldrahtbündel vor dem Austausch, 2010

drohte der Abriss des Turmes, da der korrosionsbedingt erforderliche Ersatz auch der oberen Seile durch vollverschlossene Spiraldrahtseile rechnerisch eine Überlastung des Schaftes mit sich brachte. Durch einen geschickten Nachweis unter Einbeziehung von Tests vor Ort und im Labor gelang es jedoch, die Tragsicherheit neuerlich zu bestätigen.

Im Höhenranking der in Berlin jemals gebauten Sendemasten nimmt der Sender Scholzplatz nur den dritten Rang ein. Nach dem Rückbau des Stahlrohrmastes des Senders Köpenick (2002) und des Gittermastes der Richtfunkanlage Frohnau (2009) ist er heute jedoch der höchste Sendemast und nach dem [70] **Fernsehturm** das zweithöchste Bauwerk Berlins.

← Kragspitze über der obersten Abspannung, 2019

Blick von Südosten, 2020

Grundlegende Literatur

Berlin und seine Bauten, Teil X, Band B (4): Post- und Fernmeldewesen. Berlin 1987, S. 164f.; Milad Mehdianpour, Carl-Friedrich Waßmuth: Minimalinvasive Materialuntersuchungen an seilabgespannten Rohrmasten zur Bauwerkserhaltung. In: Bautechnik 93 (2016), S. 8ff.

70

FERNSEHTURM

You're simply the best

C2/f2

Lage Panoramastraße 1A, 10178 Berlin-Mitte
Bauzeit 1965–69
Planung VE BMK Kohle und Energie, Betrieb Industrieprojektierung Berlin (IPRO) (*Tragwerksplanung*: Werner Ahrendt, Jürgen Böttcher, Volkmar Wurzbacher, *Gesamtplanung*: Fritz Dieter und Günter Franke unter Mitwirkung von Hermann Henselmann und Gerhard Kosel), *Antennenträger*: VEB Sächsischer Brücken- und Stahlhochbau Dresden
Ausführung *Turmschaft*: VEB Spezialbaukombinat Magdeburg *Stahlbau*: VEB Industriemontage Leipzig

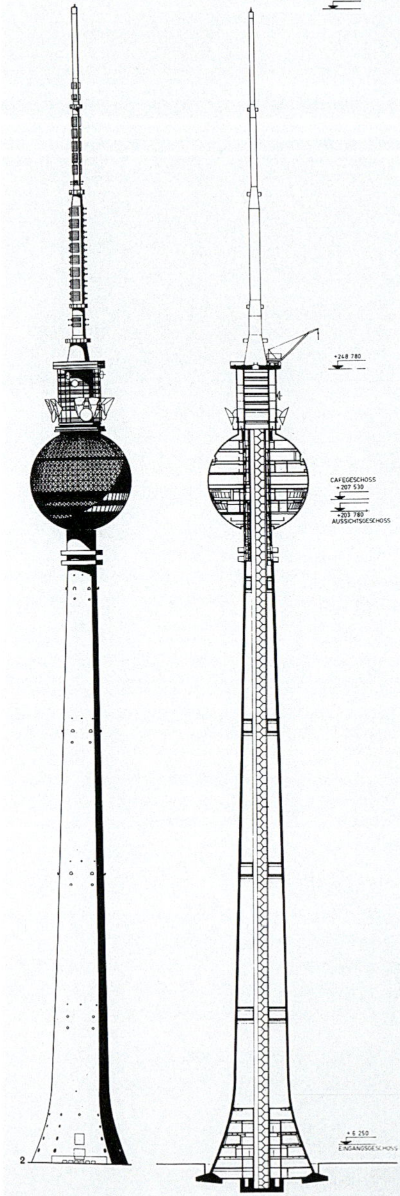

Ansicht und Schnitt, 1970

Ursprünglich sollte er auf den Müggelbergen stehen. Der Bau eines 130 m hohen Fernsehturms hatte dort bereits begonnen, als die Nähe zur Einflugschneise des wachsenden Flughafens Schönefeld 1956 die Einstellung erzwang. Aus funktechnischen Gründen favorisierte die Deutsche Post der DDR alternativ eine Lage in der Innenstadt. Im Juli 1964 fiel in einer Sitzung des Politbüros der SED schließlich die Entscheidung für den heutigen Standort. Längst war das Projekt da schon dem rein technischen Zweck entwachsen, längst auch nicht mehr nur städtebauliche Höhendominate im neu entstehenden Zentrum. Der Bau des 365 m hohen Fernsehturms, seinerzeit weltweit nur übertroffen von den 525 m des gleichzeitig entstehenden „Großen Bruders" in Moskau, war zur „politisch-gesellschaftlichen Manifestation" des Aufbaus der Hauptstadt und der Entwicklung der DDR schlechthin geworden.

Nicht mehr nur der exponierte Standort, auch die ideologische Bedeutungszuweisung forderten zwingend eine einprägsame und charakteristische Form. Unterstützt durch Hermann Henselmann untersuchte das Planungskollektiv des IPRO um den Tragwerksplaner Werner Ahrendt und die Architekten Günter Franke und Fritz Dieter zahlreiche Varianten. Sie betrafen insbesondere die Gestaltung des Turmkopfs, für den schließlich zugunsten einer noch vorbildlosen Kugel entschieden wurde. Die Formgebung für den Turmschaft hingegen war primär von technischen Gesichtspunkten geleitet. Die Ingenieure wollten über die gesamte Bauwerkshöhe einen möglichst stetigen und unkomplizierten Kraft- und Spannungsverlauf erreichen; harmonisch und ohne Versprünge sollten sich die einzelnen Rotationsschalen aneinanderreihen.

Betonieren des Sockel-Hyperboloids, 1966

Dies führte bereits im Sockelbereich zu einer Lösung, die hier erstmals für ein Turmtragwerk realisiert wurde: Eine 23 m hohe Hyperboloid-Schale vermittelt einen fließenden Übergang zwischen dem mächtigen Ringfundament von 41 m Durchmesser und dem dann linear verlaufenden Turmschaft. Ihre Gradiente erwächst nahezu als Gerade aus dem geneigten Fundamentkegel, um sich dann mit wachsender Krümmung dem fast senkrechten weiteren Turmverlauf anzunähern. Zusatzspannungen an Unstetigkeitsstellen werden so vermieden, die Wandstärke bleibt konstant. Zur Aufnahme der Schubkräfte ist der Fundamentring vorgespannt.

Bis in 190 m Höhe verkleinert sich der Außendurchmesser des Schaftes von 17,50 auf 9,00 m. Die abnehmende Steifigkeit des Kreisrings entspricht recht genau der mit der Höhe abnehmenden Beanspruchung; auch hier sind keine Anpassungen der Wandstärke erforderlich. Darüber verläuft der Schaft über 60 m als zylindrisches Rohr, bevor er in 250 m Höhe in einer 1 m dicken Platte seinen Abschluss findet. Sie dient als Einspannung für den Antennenträger, der mit 115 m noch einmal fast halb so hoch ist wie die Betonröhre darunter. Ausgeführt ist er größtenteils in Stahl, die letzten 20 m bildet ein selbsttragender Kunststoffzylinder von nur noch 1,80 m Durchmesser. An der Schnittstelle findet sich ein für die Tragsicherheit wichtiges Detail: Ein hier

Vormontage des Stahltragwerks der Turmkugel vor dem Roten Rathaus, 1967

Montage der Kugelfassade, 1968

aufgehängtes, 1,5 t schweres „Tilgerpendel", das auf die Eigenfrequenz des Turmes ausgelegt ist und ihm gleichsam entgegenschwingen kann, dämpft windinduzierte Schwingungen und beugt gefährlichen Resonanzeffekten vor.
Die Abschlussplatte kragt rundum 3,50 m über den Schaft aus und bietet dadurch Platz für einen verfahrbaren Kran. Unverzichtbar für spätere Wartungsarbeiten, diente er zunächst zur Montage des darunter liegenden Turmkopfs. Dessen Stahltragwerk war vorab am Boden – ähnlich einem hölzernen Dachstuhl – probeweise montiert worden, bevor der Kran es in Einzelteilen zum endgültigen Zusammenbau in die Höhe hievte. Am Turmschaft ist die 32 m im Durchmesser messende

Baustelle nach der Einweihung, 1969

Kugel von einem Zugring abgehängt; die vorwiegend zugbeanspruchte Konstruktion erforderte weniger Stahl als eine aufgesetzte Lösung. Die in 120 Segmenten vorgefertigte Fassade aus pyramidal facettierten Nirosta-Blechen ist auf einem doppelt gekrümmten Trägerrost montiert, der die gesamte Kugelfläche umfängt. Das Innere bietet Raum für sieben Hauptgeschosse, darunter in 207 m Höhe ein spektakuläres Aussichtsrestaurant.

Berechnung und Dimensionierung des Turmes stellten das Planungskollektiv vor außerordentliche Herausforderungen. Eine der wichtigsten Aufgaben war die Ermittlung realitätsnaher Ansätze für die auf den Turm einwirkenden Windlasten und die Bestimmung der durch sie hervorgerufenen komplexen Umströmungs- und Schwingungszustände. Während man für den Stahlbetonschaft auf bereits vorliegende Versuchswerte zurückgreifen konnte, wurden die aerodynamischen Beiwerte für den Kugelkopf und den Antennenträger in Windkanalversuchen ermittelt. Die Bemessung erfolgte sowohl als Traglastnachweis im Grenzzustand der Tragfähigkeit als auch über Spannungsnachweise im Gebrauchszustand, die seinerzeit eine übersichtlichere Erfassung der Querschnittsauslastungen ermöglichten. Um die Berechnungsannahmen zu überprüfen und Hinweise für die weitere Entwicklung der diesbezüglichen Regelwerke zu erhalten, wurde das Bauwerk mit einem umfangreichen Monitoringsystem ausgestattet.

Wie geplant konnte das anspruchsvolle Großprojekt zum 20. Jahrestag der Gründung der DDR im Oktober 1969 vollendet werden. 1991 wurde der Turmschaft erstmals umfassend saniert. 1995–99 erneuerte die Telekom – als nun für den Betrieb verantwortlich – die komplette Betriebstechnik des Sendemasts und erhöhte dabei die Spitze noch um 3 m.

Aus konstruktionsgeschichtlicher Perspektive war der Fernsehturm eines der bedeutendsten Ingenieurbauprojekte der DDR. Allein bei der IPRO arbeiteten 80 Mitarbeiter an der Projektierung, ergänzt um einen Forschungsverbund, in den unter anderen die Deutsche Bauakademie der DDR und das Institut für Leichtbau der TU Dresden eingebunden waren. Gemeinsam entwickelten sie eine konstruktiv wie gestalterisch gleichermaßen herausragende Lösung und vermochten sie termingerecht umzusetzen. Mit heute 368 m ist der Berliner Fernsehturm noch immer das höchste Bauwerk Deutschlands – und vom Symbol sozialistischen Aufbaus zum weltweit bekannten Wahrzeichen des wiedervereinigten Berlins geworden.

Montage des Stahltragwerks der Turmkugel, 1968

↓ Blick vom Marx-Engels-Forum, 2020

Grundlegende Literatur

Werner Ahrendt: Fernseh- und UKW-Turm der Deutschen Post Berlin. Statik und Konstruktion. In: Bauplanung - Bautechnik 23 (1969), S. 496ff., 554ff.; Jürgen Böttcher: Fernseh- und UKW-Turm der Deutschen Post Berlin. Statik und Konstruktion des kugelköpfigen Turmkopfes. In: Bauplanung - Bautechnik 24 (1970), S. 244ff; Gerhard Kosel: Fernsehturm Berlin: Zur Geschichte seines Aufbaus und seiner Erbauer. Berlin 2003

71

HOTEL PARK INN

In einem Rutsch geschalt

C2/f2

Lage Alexanderplatz 7, 10178 Berlin-Mitte
Bauzeit 1967–70
Planung VE BMK IHB Berlin, Betrieb Projektierung (Roland Korn [Federführung], Heinz Scharlipp [Projektleitung], Hans-Erich Bogatzky [Innenausbau], Klaus Talman [Gleitbau], Erhard Lehmann [Statik])
Ausführung VE BMK IHB Berlin

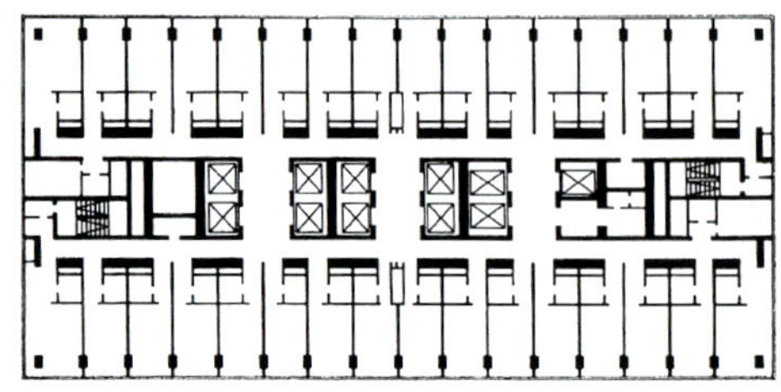

Grundriss Normalgeschoss

Ab Mitte der 1960er Jahre wurde im Zusammenhang mit dem Aufbau eines neuen Ost-Berliner Stadtzentrums auch der Alexanderplatz neugestaltet. Eingebunden in ein neues Straßennetz und deutlich vergrößert, konnte er mit einigen Superlativen aufwarten, darunter dem 220 m langen Büroblock des Hauses der Elektroindustrie oder dem größten Kaufhaus der DDR.

Baustelle mit vertikal versetzter Gleitschalung von Nordosten, 1968

Als Höhendominante fungierte das in Stahlbeton ausgeführte Interhotel „Stadt Berlin“, zugleich sollte es ein Gegengewicht zum in unmittelbarer Nachbarschaft entstehenden [70] **Fernsehturm** bilden. Mit 39 Stockwerken bot das Hochhaus Platz für gut 1000 Hotelzimmer sowie unter anderem eine „Panorama-Etage“ im 36. Obergeschoss mit Bars und Restaurants. Es wurde eingebunden in einen zwei- bis dreigeschossigen Sockelbau, der ein Parkhaus, Gaststätten, Büros und Räume für sonstige Dienstleistungen aufnahm. Darunter waren Lagerräume und die Heizungsanlage auf zwei Kellergeschosse verteilt.

Den Sockelbau mit einer Grundfläche von rund 150 x 56 m konstituieren verschiedene Stahlbetonskelett-Konstruktionen unterschiedlichen Charakters. Sie wurden ebenso wie ein Versorgungstunnel mit Hilfe des eigentlich für Industriebauten in Ortbetonbauweise entwickelten „Schalungssystems Berlin“ hergestellt, dessen großformatige und stufenlos montierbare Schalungseinheiten einige Flexibilität ermöglichten. Das über einer Grundfläche von rund 50 x 24 m errichtete Hochhaus steht auf einer 4 m starken Bodenplatte und ist unabhängig vom Sockelbau gegründet. Eine über die gesamte Gebäudelänge verlaufende Kernzone nimmt insbesondere Aufzüge, Treppenhäuser und Installationsschächte auf. An den beiden Längsseiten schließen die

Bettentrakte an. Deren Deckenscheiben sind im Inneren an den aussteifenden Kern angebunden und ruhen an den Außenseiten in der Regel auf je 16 in Abständen von 3 m platzierten Pendelstützen. Bis zum 36. Obergeschoss wurde die Tragstruktur als „Vollgleitbau" mit geschossweisem Deckeneinbau errichtet.

Nach der Wiedervereinigung firmierte das Hotel ab 1992 zunächst unter dem Namen „Forum", seit 2002 heißt es „Park Inn". 2005 ersetzte eine vereinheitlichende Spiegelglasfassade die ursprünglich subtil mit verschiedenen Materialien und changierenden Blautönen differenzierte Außenhaut des Hochhauses. Im folgenden Jahr wurden noch zwei Antennenmasten auf dem Bau platziert.

Seit 1994 zu großen Teilen vom Einzelhandel genutzt, soll der Sockelbau in den nächsten Jahren einem größeren Neubau mit zugehörigem Hochhaus Platz machen. Der Bettenturm des zweitgrößten deutschen Hotels soll hingegen erhalten bleiben. Mit seiner strukturellen Höhe von gut 123 m war er viele Jahre das höchste Haus Berlins und vermutlich kurzfristig sogar von ganz Deutschland.

Blick von Westen während des Austauschs der Fassade, 2005

← Blick von Süden, um 1970

Als erster großer Gleitschalungsbau der DDR bahnte er zudem Projekten wie den Universitätstürmen in Leipzig und Jena technisch den Weg. Trotz seiner Stellung als herausragendes Denkmal des konstruktiven Ingenieurbaus in der DDR steht das Bauwerk nicht unter Denkmalschutz.

Grundlegende Literatur

Roland Korn [fälschl. Heinz Scharlipp]: Hotel am Alexanderplatz. In: Deutsche Architektur 16 (1967), S. 44ff., 189; Klaus Talman: Anwendung des Gleitbaus beim Hotel „Stadt Berlin". In: Bauplanung – Bautechnik 23 (1969), S. 488ff.; Hans-Joachim Kadatz: Berlin, Hotel Stadt Berlin. Leipzig 1972

72

GSW HAUPTVERWALTUNG

Panta rhei

C2/f2

Lage Charlottenstraße 4, 10969 Berlin-Kreuzberg
Bauzeit 1995–1999
Tragwerksplanung und Bauphysik Ove Arup, IGH mbH,
Sondervorschlag Tragwerk: Züblin
Gesamtplanung Sauerbruch Hutton
Ausführung ARGE Züblin/Bilfinger Berger

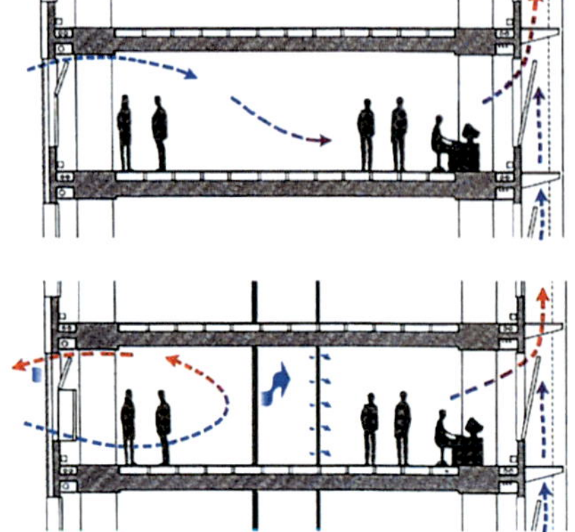

Belüftungskonzept für zwei Varianten der Büroeinteilung

Nach dem Mauerfall beschloss die Gemeinnützige Siedlungs- und Wohnungsgesellschaft (GSW), ihre unweit des ehemaligen Checkpoint Charlie gelegene Hauptverwaltung zu erweitern. Aus einem Wettbewerb ging ein in Zusammenarbeit der Architekten Sauerbruch Hutton mit Ingenieuren von Ove Arup entwickelter Entwurf als Sieger hervor.

Das aus den 1950er Jahren stammende, 16-geschossige Verwaltungsgebäude wurde durch mehrere Neubauten ergänzt, unter denen eine knapp 82 m hohe Hochhausscheibe herausragt. Sie ist dem Bestandsbau im Westen vorgelagert und mit ihm bei gleichen Geschosshöhen über ein Übergangsbauwerk verbunden, überragt ihn aber noch um sieben Etagen. Das Äußere ist bestimmt durch die geschwungenen Hauptfassaden und ein scheinbar schwebendes „Air shield" über dem Dach.

Das konstruktive Grundkonzept des Stahlbetonbaus ist eigentlich einfach. Zwei Randunterzüge tragen die im sichelförmigen Grundriss einachsig gespannten Decken und leiten deren Lasten auf Verbundstützen an den Längsseiten sowie auf die Wände der beiden Treppenhaus- und Aufzugskerne ab. Letztere sichern zugleich die Horizontalaussteifung. Doch es gab ein Problem. Jeweils vier der im Abstand von 7,20 m angeordneten Stützenstränge konnten ab dem dritten Obergeschoss wegen der darunterliegenden Flachbauten nicht weiter nach unten geführt werden. Das Konzept der Arup-Ingenieure, diese nach oben aufzuhängen und ihre Lasten über ein Fachwerk im Dach auf die restlichen Stützen zu verlagern, hätte den Bauablauf außerordentlich erschwert. Realisiert wurde ein Sondervorschlag der Züblin AG, der die Randunterzüge durch eine geschickte Querschnittserhöhung und zusätzliche Vorspannung so versteift, dass sie ohne die fehlenden Stützen auskommen. Die Ausführung der gekrümmten, von zahlreichen Rohren durchbrochenen und bis an die Grenze des Zulässigen be-

Ursprünglicher Grundriss eines Normalgeschosses, die Stützen in den Achsen C, H, K und N mussten entfallen

→ Vorgefertigter Bewehrungskorb

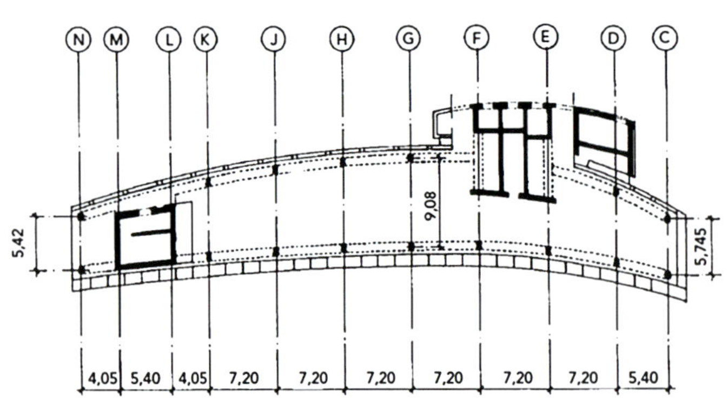

Blick von Nordwesten, 2020

wehrten Träger wurde zur Uhrmacherarbeit: In einer als Lehre vorbereiteten Schalung bereitete man die Bewehrungskörbe zentimetergenau vor, bevor sie in ihre eigentliche Lage verbracht wurden.
Kern des Niedrigenergiekonzepts sind die unterschiedlich ausgebildeten Fassaden. Sie ermöglichen eine weitgehend natürliche Belüftung der Büroräume: Die doppelwandige Westfassade induziert eine Vertikalströmung, die die Luft aus den angrenzenden Räumen heraussaugt; porenhafte Zuluftöffnungen in der einwandigen Ostfassade sichern den „Nachschub". Die Massivdecken dienen als Speichermasse und werden im Sommer durch Nachtlüftung vorgekühlt. Alle flexiblen Elemente der Fassade sind mit einem zentralen Steuerungssystem verbunden, lassen sich jedoch auch individuell regulieren.
Das vielfach preisgekrönte Gebäude überzeugte durch seine gestalterische Kraft ebenso wie sein innovatives Klimatisierungskonzept. Es gilt als Pionierbau in der Entwicklung „ökologischer" Hochhäuser, auch wenn das Belüftungskonzept in der alltäglichen Praxis die Erwartungen nicht ganz erfüllen konnte.

Grundlegende Literatur

Hubert Bachmann, Horst Widmann: GSW-Hochhaus Berlin. Bauausführung mit besonderen gestalterischen und technischen Anforderungen. In: Beton- und Stahlbetonbau 95 (2000), S. 558ff.; Nils Clemmetsen u. a.: GSW headquarters, Berlin. In: The Arup Journal 35 (2000), Nr. 2, S. 8ff.

KUNSTVOLL GESTAPELT

KUNSTVOLL GESTAPELT
200 Jahre ingenieurmäßiger Geschossbau in Berlin

Innovation von oben – die Anfänge

Gusseiserne Stützenstränge im Kgl. Gewerbeinstitut, 1829

Skeletttragwerk in den Kgl. Mühlen, 1850

Bekanntermaßen war es in England gerade die boomende Textilindustrie, die zum Ende des 18. Jahrhunderts der Entwicklung neuartiger, sprich: unter Nutzung eiserner Stützen und Balken errichteter Fabrikbauten Vorschub leistete. Auch in Berlin arbeitet um 1800 jeder Achte in Spinnereien, Webereien und verwandten Betrieben – und doch entstehen die ersten Vorboten „feuersicherer" Fabrikgebäude hier nicht aus unternehmerischer Initiative, sondern eher als staatliche Musterbauten mit der Intention, eben jene Unternehmer zur Nachahmung anzuregen.

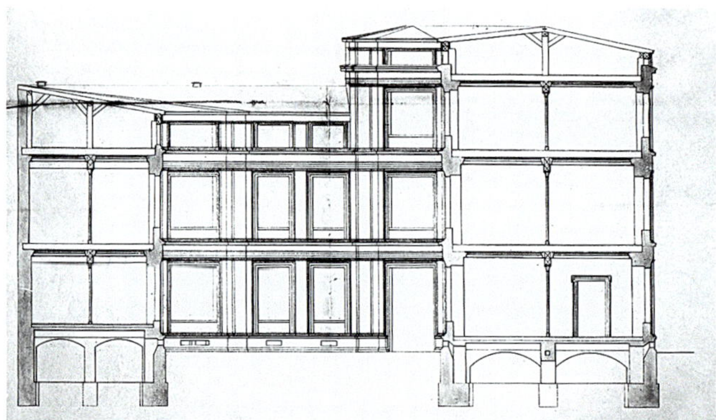

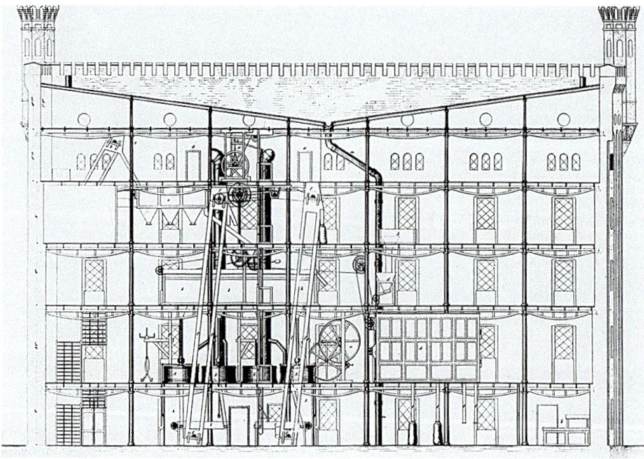

Unmittelbar nach ihrer gemeinsamen Englandreise entwerfen der „Vater" der preußischen Industrialisierung, Christian Peter Beuth, und Karl Friedrich Schinkel den Erweiterungsbau des Kgl. Gewerbeinstituts (1827–29) – jener Technikerschule, aus der später die heutige TU Berlin hervorgehen wird. Offenkundig ist der Schulbau als ein Lehrbuch moderner Konstruktionstechnik konzipiert: die Fassade atemberaubend schmucklos, das Gebäude selbst erstmals in Berlin durchzogen von einigen wenigen, aber doch über drei Geschosse durchgehenden gusseisernen Stützensträngen. 1835 wird das Strukturkonzept mit dem Speicherbau der Schickler'schen Zuckersiederei erstmals von einem privaten Unternehmer aufgegriffen, bevor mit den Kgl. Mühlen am Mühlendamm (1844–50) ein wohl

Gussstützen mit Kappendecken im Fahrschalterbau des Siemenswerks Charlottenburg, um 1900

neuerlich als Muster gedachtes Ensemble „feuersicherer" und doch ökonomischer Gewerbebauten errichtet wird. In den durch schmiedeeiserne Brücken verbundenen, fünfgeschossigen Mühlen- und Speichergebäuden entfaltet sich das ganze Portfolio des zeitgenössischen Eisenbaus – von gusseisernen Stützensträngen über blechverkleidete Deckenbalken und vernietete Fischbauchträger aus Schienenprofilen bis hin zu einem vollständig in Gusseisen ausgeführten und mit vernietetem Wellblech gedeckten Dachstuhl.

Maschinenbau, Elektroindustrie, Kaufhäuser – Stockwerksbau in der zweiten Hälfte des 19. Jahrhunderts

Doch offenbar bleiben diese innovativen Bauten, von denen heute keiner mehr existiert, zunächst eher Ausnahmen – ungeachtet der dynamischen Entwicklung des Berliner Maschinenbaus, der zur Jahrhundertmitte längst den Textilsektor als Motor der Industrialisierung abgelöst hat, und ungeachtet auch dessen, dass sich seine Produktionsflächen in der Enge der Stadt leichter in die Höhe als in die Fläche erweitern lassen. Nur allmählich gehen die neuen Stockwerksbauten seit den

Stählernes Tragskelett im Neuen Packhof, 1885

1850er Jahren bautechnisch über das Muster der traditionellen Manufaktur hinaus, treten gusseiserne an die Stelle der hölzernen Stützen und ersetzen „Preußische Kappen“ auf gewalzten Trägern die Holzbalkendecken, so etwa bei den Geschossbauten der Königlichen Porzellanmanufaktur (1868–71). Zum Standard geworden ist die Bauweise dann zu Beginn der dritten Phase der Industrialisierung, in der die Elektroindustrie der Stadt mit Namen wie Siemens und AEG zur Weltspitze vorstößt. Das Siemens Fahrschalterwerk Charlottenburg (vermutlich 1880er Jahre) steht exemplarisch sowohl für die Kombination aus Gussstütze und Kappe als auch für die hohen Verkehrslasten, für die sie ausgelegt werden müssen.

Gegen Ende des Jahrhunderts treibt der deutsche Stahlbau intensiv die Standardisierung des Lieferspektrums voran, ergänzend liefern Tafelwerke wie das *Musterbuch der Eisenkonstruktionen* (1888) des in Berlin ansässigen Bauingenieurs Carl Scharowsky fertige Systemlösungen und Tragfähigkeitsnachweise nach Tabelle. Parallel dazu drängen patentierte Massivdecken unterschiedlichster Couleur als Alternative zur gemauerten Kappe auf den Baumarkt – sei es die rasch wachsende Vielzahl von „Steineisendecken“ im Gefolge der 1892 erstmals patentierten Kleine'schen Decke, seien es Kappen oder Platten mit oder auch schon ganz ohne stählerne Deckenträger aus unbewehrtem oder bewehrtem, vorgefertigtem oder vor Ort gegossenem Beton. Markante große Berliner Geschossbauten wie der Neue Packhof an der Spree (1883–85) oder das Industriegebäude in der Beuthstraße (1886/87) gehören zu den ersten, die nun durchgängig aus Stahl konstruiert sind – die Zeit der Gussstützen ist zu Ende. Signifikant zeigt sich dies auch am dritten, später Siemensstadt genannten Spandauer Standort der inzwischen zur Aktiengesellschaft mutierten Firma Siemens & Halske. Konsequent nutzt hier der gerade einmal 32-jährige Maschinenbauingenieur Karl Janisch, dem ab 1902 das Baudezernat des gesamten Konzerns untersteht, das gereifte Potenzial des Stahlgeschossbaus. Seine Bauten setzen nicht nur hinsichtlich der gewaltigen Dimensionen, der klaren Struktur, der Belichtung und Hygiene neue Maßstäbe, sondern sind nun auch von reinen Stahlstrukturen und Betondecken durchzogen. Exemplarisch sei das Wernerwerk I (1903–12) genannt, ein siebengeschossiger Stockwerksbau, dessen erster Bauabschnitt mit 63 000 m² Geschossfläche nach einer Bauzeit von gerade einmal 14 Monaten betriebsfertig übergeben werden konnte.

Montage des Stahltragwerks im ersten Wernerwerk in der Siemensstadt, um 1904

Wichtige Impulse liefert zudem der neue Bautypus des Warenhauses. Gerade Berlin wird mit den Häusern von Wertheim, Tietz, Jandorf und anderen rasch zum Hotspot des Kaufhausbaus in Deutschland. Das Spektrum der Fassaden mag von strengem Historismus über üppig dekorierten Eklektizimus bis hin zu großflächigen Verglasungen als Vorboten der Moderne reichen – dahinter entfaltet sich in der Regel ein Fest des Stahlbaus. Allein in den drei Bauabschnitten des Wertheim-Kaufhauses in der Leipziger Straße (1896–1904) verbaut die Firma Steffens & Nölle 6000 t Stahl.

Lichthof im Kaufhaus Jandorf am Kottbusser Damm, 1906

Auf dem Weg zum „echten" Skelettbau – Stahlbeton und Stahl in Konkurrenz

Im 1906 eröffneten Kaufhaus Jandorf am Kottbuser Damm (1905/06) freilich steckt kein Stahltragwerk mehr, sondern ein sechsgeschossiges Stahlbeton-Skelett; die monolithisch vergossenen Stützen, Unterzüge und Plattenbalkendecken umschließen einen imposanten Lichthof. Unmittelbar nach der Jahrhundertwende sind die ersten derartigen Bauten in Berlin entstanden, rasch finden sie Verbreitung. Schon früh nutzt etwa Karl Janisch im Bürogebäude der Siemens-Eisengießerei (1907/08) das dreigeschossige Betontragwerk eindrücklich auch als stilbildenden Parameter. Heute noch erhalten sind beispielsweise der Neuköllner **Hermannshof** (1904/05) und der [74] **Viktoriaspeicher** in Kreuzberg. Obwohl Stützen und Riegel in diesen Bauten in einem Stück gegossen sind, bilden sie noch lediglich bedingt steife Rahmen. Im Grundsatz gilt nach wie vor die Aufgabenteilung der im 19. Jahrhundert etablierten „Trägerbauweise": Das Innenskelett ist für die Vertikallasten zuständig, die Horizontalaussteifung und damit den Abtrag der Windlasten übernehmen die Außenwandscheiben.

Dies ändert sich endgültig in den 1920er Jahren. Mit dem **Druckereige-**

Rahmentragwerk des Bürogebäudes der Eisengießerei in der Siemensstadt, 1907

Druckereigebäude im Verbandshaus der deutschen Buchdrucker, 1926

bäude im Verbandshaus der deutschen Buchdrucker (1925/26) entwickelt der Ingenieur Karl Bernhard in Zusammenarbeit mit dem Architekten Max Taut einen Stahlbeton-Geschossbau, dessen Rahmentragwerk keiner aussteifenden Wände mehr bedarf. Schon ein Jahr später wird der damit definierte Stockwerksrahmen in beeindruckender Konsequenz für den 75 m hohen Turm des [66] **Ullsteinhauses** neuerlich aufgegriffen werden. In der Zeit knappen Stahls nach Ende des Ersten Weltkriegs war der Stahlbau im Geschossbau zunächst ins Hintertreffen geraten. In der zweiten Hälfte der 1920er Jahre indes stößt man erneut auf beeindruckende Stahlskelettbauten. Sie sind auch deshalb wirtschaftlich wieder konkurrenzfähig, weil sie auf hybride Aussteifungskonzepte setzen. Nach dem Muster der Trägerbauweise bleiben die Tragskelette nach wie vor als (kostengünstigere) Gelenkketten ausgeführt, an nur wenigen ausgewiesenen Stellen aber übernehmen nun vertikale „Scheiben" konzentriert den Abtrag der Windlasten – seien es einzelne Stockwerksrahmen, gemauerte Wände oder ausgekreuzte Fachwerke. Gerade mit letzteren hat man bereits seit der Jahrhundertwende in Teilbereichen verschiedener Gebäude wie dem etwa 40 m hohen Kuppelsaal im Hauptbau der Gewerbeausstellung in Treptow (1895/96) oder auch im Kopfbau des später so genannten Hauses Vaterland am Potsdamer Platz (1911/12) viele Erfahrungen gesammelt.

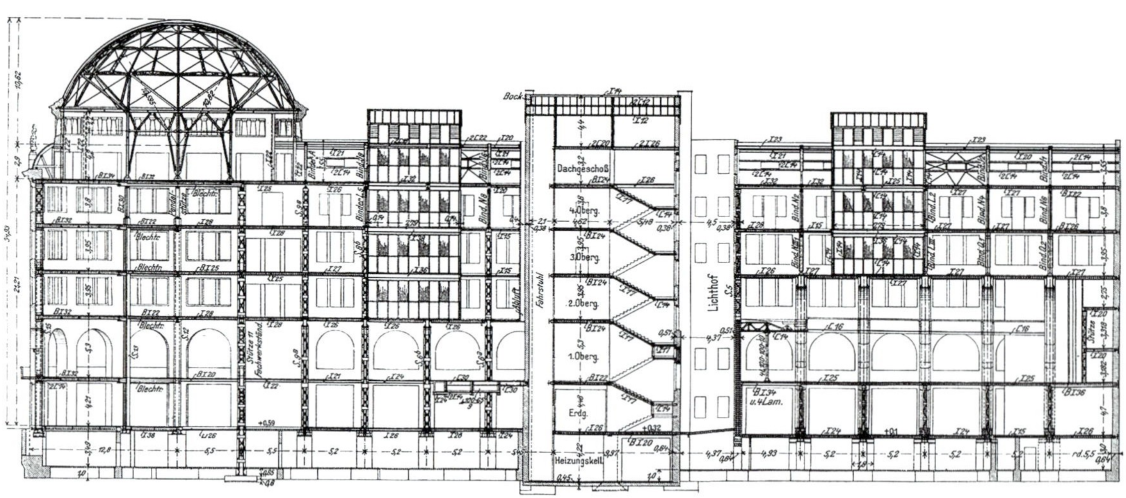

Stahlskelett im Kopfbau (links) des Hauses Vaterland, 1911

Errichtung des Wernerwerk-Hochbaus in der Siemensstadt, um 1929

In äußerst kurzen Bauzeiten entstehen nun Großbauten, die nicht nur archetypisch den modernen Stahlskelettbau definieren, sondern auch als Meilensteine der architektonischen Moderne gelten – das [76] **Schaltwerk-Hochhaus von Siemens** (1926–28), mit 45 m Höhe damals das höchste Fabrikgebäude Europas, die (gegen starken Widerstand erst 2006 abgerissene) Fernmeldekabelfabrik der AEG in Oberschöneweide (1927/28), das [79] **Shell-Haus** am Landwehrkanal oder auch der **Siemens-Wernerwerk-Hochbau** (1928–30). Gerade in letzterem sind Rahmen, Auskreuzungen und Wandscheiben virtuos zu einem geschlossenen Aussteifungssystem zusammengeführt. Verantwortlich dafür zeichnet der Bauingenieur Gerhard Mensch; in einem richtungsweisenden Aufsatz stellt er 1931 in der Zeitschrift *Stahlbau* solcherart konstruierte Bauten vor und formuliert dabei eine systematische Theorie der Aussteifung im Stahlskelettbau – der „kunstvoll gestapelte" Geschossbau ist ausgereift.

Wernerwerk-Hochbau in der Siemensstadt, um 1930

Die jüngere Entwicklung – trägerlose Decken, Großtafelbauweisen, hybride Strukturen

Schon in den 1920er Jahren testen einzelne Pionierbauten auch das Potenzial von Bauweisen aus, die erst in der zweiten Jahrhunderthälfte wirkliche Bedeutung für den Stockwerksbau erlangen sollen. So werden für das [77] **Eierkühlhaus** an der Oberbaumbrücke im großen Maßstab Pilzkopfdecken als Vorläufer der heute weit verbreiteten trägerlosen Decken konstruiert. Als Prototypen der Großtafelbauweise müssen die bereits zwei Jahre zuvor begonnenen, zwei- bis dreigeschossigen Wohnbauten der [75] **Splanemann-Siedlung** gelten, die nach einem niederländischen System aus vor Ort gegossenen Großplatten montiert sind. Nach dem Zweiten Weltkrieg erlangt die Bauart dann zunehmend konstruktive wie auch architektonische Reife. Beeindruckend zeigt dies das zur Bauausstellung Interbau (1957) errichtete [83] **Corbusierhaus**, das vorgefertigte Wandschotten und Fassadenelemente elegant mit Ortbeton-Pfeilern und -Trägern kombiniert. In den folgenden Jahrzehnten prägen Großtafelbauweisen in beiden Teilen der Stadt den Massen-Wohnungsbau; schon 1965/66 wird das derart konstruierte **Wohnhochhaus am Südpark** im Spandauer Ortsteil Wilhelmstadt mit 25 Geschossen zum seinerzeit höchsten Wohnhaus Deutschlands. Stahltragwerke hingegen bleiben auf diesem Feld nach wie vor eher die Ausnahme. Auch deshalb erkundet man hier seit den 1960er Jahren neue Ansätze in Hinblick auf konsequenten Systembau und eine strikte Modularisierung von Konstruktion und Architektur. Als Reallabor des Wohnens im Stahlbau entsteht dazu 1974–79 im Berliner Hansaviertel, flankiert von wissenschaftlichen Untersuchungen, das [98] **EGKS-Versuchswohnhaus**. In den 1980er Jahren fördert

Blick über Wilhelmstadt mit dem Wohnhochhaus im Südpark im Vordergrund, 1967

auch die IBA als zweite große Bauausstellung in West-Berlin gezielt neue Formen des Bauens und Wohnens. Einer ihrer Experimentalbauten ist das Mitte der 1980er Jahre entstandene, siebengeschossige [84] **Wohnregal**. Es führt Stahlbeton und Holz zu einem hybriden Gesamttragwerk zusammen und kann als einer der ersten Ansätze für die heute viel diskutierte Renaissance des Holzbaus im Geschossbau gelten – nur eines der vielen Gebiete, auf denen hoffentlich auch in Berlin weiterhin neuartige und nachhaltige Formen des kunstvollen Stapelns entwickelt werden.

Plattenbau-Hochhaus (Typ WHH-GT, Bauweise „Fischerinsel") am ehem. Leninplatz, heute Platz der Vereinten Nationen, errichtet 1968–70, Aufnahme 1991

73

NEUES MUSEUM

Auferstanden aus Ruinen

C2/f2

Lage Bodestraße 4, 10117 Berlin-Mitte
Bauzeit [a] 1841–59 (Rohbau 1841–45); [b] 1987–2009 (Sicherung und Wiederaufbau)
Konstruktionsentwurf [a] Friedrich August Stüler und Carl Wilhelm Hoffmann
Tragwerksplanung [b] Ingenieurgruppe Bauen
Gesamtplanung [a] Friedrich August Stüler mit Ignaz Maria von Olfers; [b] David Chipperfield Architects mit Julian Harrap
Ausführung [a] Zahlreiche regionale Baufirmen, *Eisentragwerke*: August Borsig, Julius Conrad Freund, Kgl. Eisengießerei; [b] Zahlreiche Fachfirmen, *Rohbau von Bestand, Neubau und Kolonnaden*: ARGE Rohbau Neues Museum

Ruine des Neuen Museums von Nordwesten, um 1980

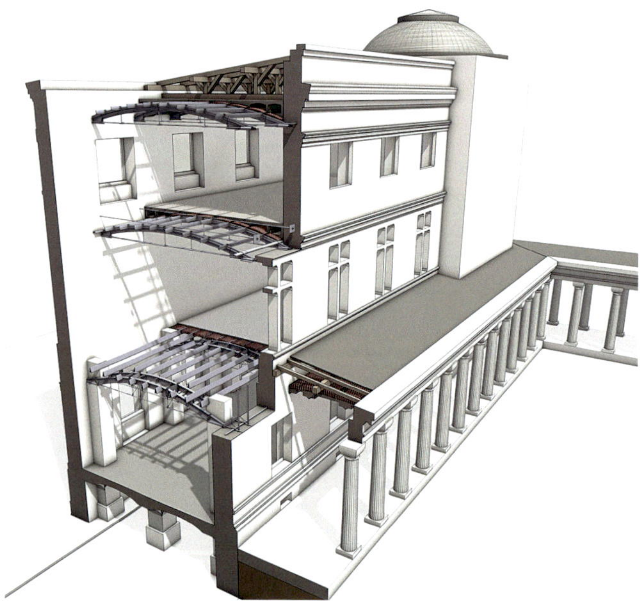

Tragwerk mit Bogensehnenbindern im Nordost-Flügel

Gerade 17 Jahre lagen zwischen dem Baubeginn des von Karl Friedrich Schinkel entworfenen ersten und dem von seinem Schüler Friedrich August Stüler verantworteten zweiten Hauptbau der Berliner Museumsinsel. Dennoch erschien dies Grund genug, jenes fortan schlicht das Alte und dieses das Neue zu nennen. Bautechnisch scheinen weit mehr als 17 Jahre die beiden Häuser zu trennen. Hatte Schinkel seine Konstruktion noch ganz aus dem klassischen Fundus des Massiv- und Holzbaus entwickelt, setzte Stülers spätklassizistisches Meisterwerk dem ein völlig neuartiges bautechnisches Konzept entgegen.

Den Anlass gaben die schwierigen Randbedingungen – ein äußerst schlechter Baugrund, die Forderung nach „feuersicherer" Ausführung sowie die stadträumliche Vorgabe, den Bau mit nun drei Etagen nicht wesentlich höher als das zweigeschossige [111] **Alte Museum** werden zu lassen. Gefordert waren der Ausschluss tragender Holzbauteile, Decken mit minimierten Konstruktionshöhen und generell ein möglichst leichter Baukörper. Das Prinzip Leichtbau wurde zur *conditio sine qua non* des Entwurfs.

Die konstruktive Antwort war ein Innovationsfeuerwerk, das zuvor durch umfangreiche Tests statisch legitimiert wurde. Es reichte von auffällig schlanken, durch Anker gesicherten Wänden über porös gebrannte Leichtziegel und vor allem Tontöpfe für die variantenreich gewölbten Decken bis hin zum allgegenwärtigen Einsatz eiserner Tragglieder. Künstlerisch nobilitiert, prägen gerade letztere noch heute die Architektur der Säle – von gusseisernen Tragskeletten bis hin zu spektakulären, materialgerecht aus Guss- und Schmiedeeisen komponierten Bogensehnenbindern.

Im Zweiten Weltkrieg erlitt Stülers Wunderkammer schwere Schäden. Für Jahr-

zehnte blieb die Ruine dem Verfall preisgegeben, ehe 1985 doch noch der Beschluss zum Wiederaufbau fiel. Nach einer aufwendigen Sicherung des erhaltenen Baukörpers und seiner Gründung folgte er einem Konzept, das die Geschichte und ihre Wunden nicht verdrängte, sondern Alt und Neu sich gegenseitig zur Geltung bringen ließ.
Heute zählt das neue Neue Museum gerade auch in bautechnischer Hinsicht und in doppeltem Sinne zu den Glanzstücken der Welterbestätte Museumsinsel: Errichtet in der ersten Industrialisierungsphase Preußens, bezeugt es eindrücklich den damaligen Aufbruch zu einer neuen preußischen Konstruktionskunst. Wiederaufgebaut mit hohem Respekt vor dem historischen Erbe und Offenheit für auch ungewöhnliche Lösungen, steht es zugleich für ein zukunftsweisendes Engineering im Bestand. 2014 wurde es zum *Wahrzeichen der Ingenieurbaukunst in Deutschland* ernannt.

Topfkuppeln auf gusseisernen Bögen und Stützen im Majolikensaal, 2011

Detail der Bogensehnenbinder im Niobidensaal, 2011

Grundlegende Literatur

F[riedrich] A[ugust] Stüler: Das Neue Museum in Berlin. Berlin 1862; Gerhard Eisele u. a.: Wiederaufbau des Neuen Museums in Berlin. Tragwerksplanung pro Baudenkmalpflege. In: Bautechnik 81 (2004) S. 407ff.; Werner Lorenz: Das Neue Museum Berlin. Berlin 2014

Blick von Osten, 2010

74

VIKTORIASPEICHER

Nur nichts anbrennen lassen

C2/g2

Lage Köpenicker Straße 22–25, 10997 Berlin-Kreuzberg
Bauzeit 1910/11
Tragwerksplanung M. Czarnikow & Co. (Federführung: Robert Mesmer)
Gesamtplanung Franz Ahrens
Ausführung M. Czarnikow & Co.

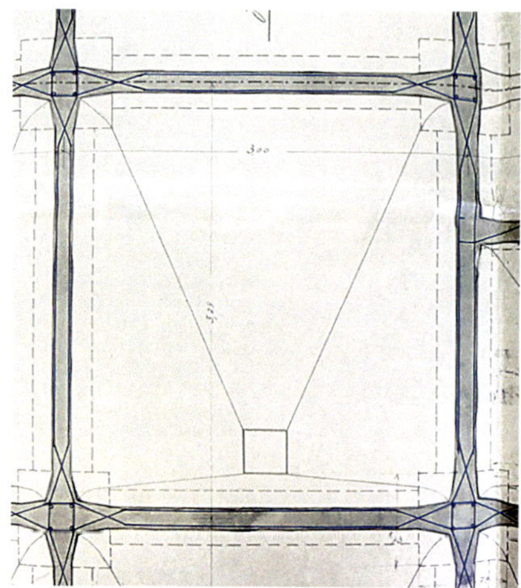

Bewehrungszeichnung für die Silowände, 1909

Unter den 14 Getreide-„Wasserspeichern“, die um 1910 in Berlin an der Spree oder einem Kanal lagen, galt der Viktoriaspeicher einem zeitgenössischen Bericht zufolge als derjenige, der „in der Geschichte der Berliner Getreidelagerhäuser den breitesten Raum wegen der mannigfachen Schicksale einnimmt.“ 1879/80 waren hier fünf Speicherblöcke mit Holzdecken auf Stahlunterzügen und Gussstützen errichtet worden. Schon 1895 fiel einer von ihnen einem Großbrand zum Opfer. Ein Jahrzehnt später war die Betreibergesellschaft finanziell ruiniert. 1905 wurde sie von der Allgemeinen Berliner Omnibus AG (ABOAG) übernommen, die das Terrain zum Betriebshof ausbaute. Allein über 500 Pferde waren nun in den zu Stallungen, Garagen und Futterspeichern umgenutzten Bauten untergebracht. Nur zwei Jahre später vernichtete ein noch größerer Brand weite Bereiche der Anlage – und gab Anlass zur Errichtung eines nun feuerfesten Stahlbetonbaus auf dem Standort des ehemaligen Blocks V. Die Ausführung oblag der bereits 1854 gegründeten Firma M. Czarnikow & Co., die zusammen mit Franz Ahrens schon die Stahlbetonbauten des Kaufhauses Jandorf (1905/06) und der Friedrichstraßen-Passage (1907–09) errichtet hatte.

Großbrand des alten Viktoriaspeichers, 1907

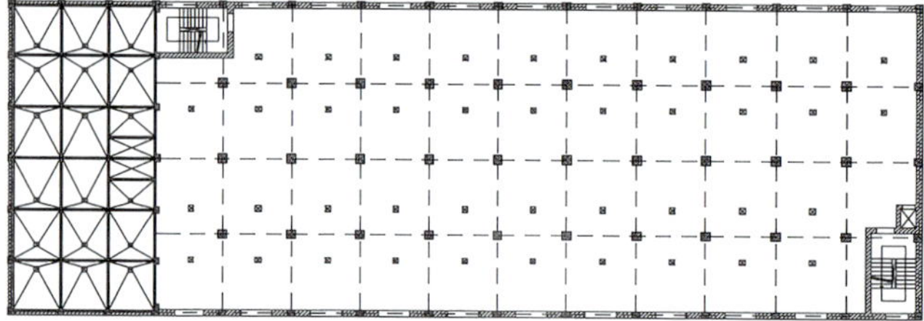

Grundriss 3. Obergeschoss, 2015

Das insgesamt achtgeschossige Gebäude erreicht durch das hoch aufragende Dachgeschoss eine Höhe von 28 m. Die Grundfläche von 60 x 20 m ist in einen vierschiffigen Teil für Bodenlagerung und einen deutlich kleineren Bereich für insgesamt 18 Getreidesilos unterteilt. Die Erschließung erfolgt über zwei Treppenhäuser und zwei Lastenaufzüge. Das Tragwerk des Bodenspeichers ist durch Stahlbetondecken und gevoutete Unterzüge in Längs- und Querrichtung charakterisiert; die Stützenquerschnitte verjüngen sich nach oben hin deutlich. Die Silos sind bei Wandstärken von 26 cm etwa 18,50 m hoch und werden vom Dachgeschoss aus befüllt. Einzig im Silobereich ist die Außenfassade verputzt, in den übrigen Bereichen bildet

Blick von Westen auf den Bodenspeicherbereich, 2020

sich das mit Ziegeln ausgefachte Raster aus Stützen und Unterzügen in der Fassade ab. Die fast 250-seitige Statik erstellte der Czarnikow-Oberingenieur Robert Mesmer. Für eine Nutzlast von 1000 kg/m² berechnete er sämtliche Decken, Deckenträger und Unterzüge als Durchlaufträger mit der althergebrachten „Dreimomentengleichung" von Émile Clapeyron, ohne noch eine Rahmentragwirkung im Verbund mit den Stützen anzusetzen. In der Bemessung der Silozellen orientierte er sich an aktuellen Formeln des Stahlbetonpioniers Emil Mörsch.

Seit 1929 ist die Berliner Hafen- und Lagerhausgesellschaft mbH (BEHALA) Eigentümerin des Hauses. Gegenwärtig sind die meisten Flächen an verschiedene Gewerbebetriebe vermietet. Heute zählt der weitgehend unveränderte Viktoriaspeicher zusammen mit dem Neuköllner Hermannshof (1904/05) zu den wenigen noch erhaltenen Berliner Beispielen des frühen Stockwerksbaus in Stahlbeton. Die Entwicklung des attraktiven Spreegeländes zu einem Wohn-, Gewerbe- und Freizeitpark unter Einbeziehung des denkmalgeschützten Verbundspeichers steht zur Diskussion.

Tragwerk im 1. Obergeschoss, 2015

Grundlegende Literatur

Otto Jöhlinger: Die Praxis des Getreidegeschäftes. 2. Aufl., Berlin 1917, S. 69ff.; Sabine Kuban: Frühe Eisenbetonkonstruktionen in Berlin, 1880–1918. Diss. BTU Cottbus, 2020

75

SPLANEMANN-SIEDLUNG

Kleines Haus mit großer Platte

D2

Lage Splanemannstr. 3–11, 13/15, 17–21, Friedenhorster Str. 5–8, Ontarioseestr. 2/14, 10319 Berlin-Friedrichsfelde
Bauzeit 1926–30
Tragwerksplanung „Occident" Deutsche Baugesellschaft mbH
Gesamtplanung Primke & Göttel (Wilhelm Primke); Martin Wagner
Ausführung „Occident" Deutsche Baugesellschaft mbH

In den 1920er Jahren herrschte in Berlin ein kontinuierlich steigender Bedarf an Wohnungen. Ein vorrangiges Ziel war es daher, Bauprozesse zu beschleunigen und kostengünstiger zu gestalten. Zu diesem Zweck förderte der spätere Stadtbaurat Martin Wagner als damaliger Leiter der gewerkschaftlichen Dachorganisation DEWOG (Deutsche Wohnungsfürsorge AG für Beamte, Angestellte und Arbeiter) unter Nutzung internationaler Erfahrungen den Bau einer aus vorgefertigten Großplatten bestehenden Versuchssiedlung im Berliner Ortsteil Friedrichsfelde, die Kriegsversehrten preiswerten Wohnraum bieten sollte.
Ab 1926 entstanden auf einer ehemaligen Kleingartenanlage acht Häuserzeilen mit insgesamt 27 zwei- bis dreigeschossigen Häusern und 138 zumeist großzügig geschnittenen Wohnungen; Wilhelm Primke hatte sie zunächst als herkömmliche Ziegelbauten geplant. Die Ausführung mit Großplatten übernahm eine Tochtergesellschaft der niederländischen Firma N. V. „Occident" unter Nutzung des nach amerikanischen Vorbildern dort entwickelten „Systems Bron". Die Platten kamen allerdings lediglich für die aufgehenden Wände zur Anwendung; die Keller waren bereits in Stampfbeton vorbereitet worden, Decken und Dach entstanden in konventioneller Holzbauweise.
Die Fertigung der 25 cm starken und zumeist 7,50 x 3 m großen Wandelemente erfolgte vor Ort. Auf liegenden Schaltischen wurden sukzessive drei Lagen aufgebracht – zunächst die Innenhaut aus nagelbarem Schlackebeton, darauf eine Wärmedämmschicht aus Schlacke und schließlich als Außenhaut ein bewehrter, wasserdichter Kiesbeton; mit letzterem war vorab bereits ein das gesamte Wandelement in voller Stärke umlaufender, stabilisierender Rahmen gegossen wor-

Blick von Westen auf die Zeile Splanemannstraße 3/11, im Vordergrund die teilweise bereits hergestellten Platten für die Zeile Splanemannstraße 18/20

Montage der Zeile Splanemannstraße 13/21 mit Portalkran, 1926

den. Nach etwa acht bis zehn Tagen waren die rund 7 t schweren Platten ausgehärtet und konnten mit Hilfe eines Portalkrans montiert werden.

Ein Bombentreffer im Zweiten Weltkrieg zerstörte an der Friedenhorster Straße eine Zeile mit 20 Wohnungen. Die sieben verbliebenen Zeilen wurden 2000/01 saniert, die Fassaden erhielten dabei ihre ursprüngliche Farbigkeit zurück.

Die Bauten der heutigen „Splanemann-Siedlung“ waren die ersten in Großtafel-Bauweise errichteten Häuser Deutschlands. Obwohl die Rohbauten etwa 30 % preiswerter waren als vergleichbare konventionelle Lösungen, erfüllten sie seinerzeit nicht die hohen Erwartungen an Baubeschleunigung und Wirtschaftlichkeit. Die Rationalisierungsmöglichkeiten von Vorfertigung und Montage wurden noch nicht konsequent ausgeschöpft, auch die Seriengröße war zu klein angelegt. Es gab zunächst keine Folgebauten. Erst mit der Großserienproduktion in Plattenwerken gelang in den 1960er Jahren der wirtschaftliche Durchbruch. Städtebauliche und architektonische Probleme blieben jedoch häufig nur ungenügend gelöst.

Zeile Ontarioseestraße 10/14 von Nordwesten, 2018

Grundlegende Literatur

A[ndré] Lion: Wohnhäuser aus Betonplatten. In: Neubau 8 (1926), S. 148ff.; Barbara Sorgato: Die Splanemannsiedlung – erste deutsche Siedlung in Plattenbauweise. Berlin 1993; Uta Hassler, Hartwig Schmidt (Hg.): Häuser aus Beton. Vom Stampfbeton zum Großtafelbau. Tübingen, Berlin 2004, S. 77ff.

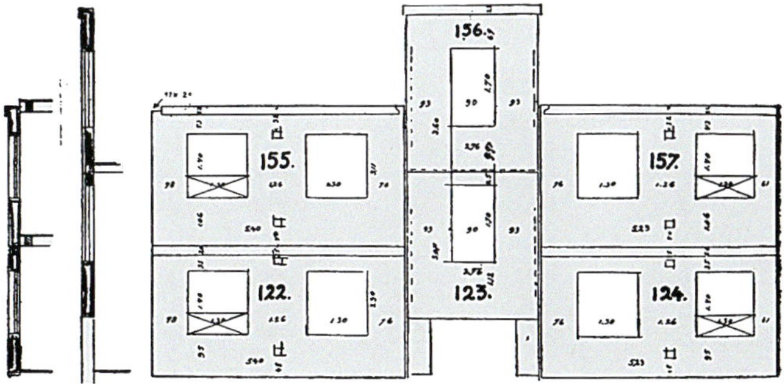

Montageplan Nordfassade Splanemannstraße 13

76

HOCHHAUS DES SIEMENS-SCHALTWERKS

Die vertikale Fabrik

A1/b2

Lage Nonnendammallee 101–110, 13629 Berlin-Siemensstadt
Bauzeit 1926–28
Tragwerksplanung Kuhn & Schaim; Dortmunder Union
Gesamtplanung Siemens-Bauabteilung (Leitung: Hans Hertlein)
Ausführung *Stahlbau*: Dortmunder Union

Montage des Stahlskeletts mit Portalkran, 1927

Weithin sichtbar, zählt das langgestreckte Schaltwerk-Hochhaus bis heute zu den markanten, die Siemensstadt um mehrere Etagen überragenden Gebäuden. Um die Produktion von Hochspannungs-Schaltgeräten an einem Standort zu konzentrieren, hatte Siemens 1926 eine Erweiterung der bereits 1915 an der Nonnendammallee errichteten Flachbauhalle des Schaltwerks beschlossen. Hans Hertlein, seit 1925 Leiter der Siemens'schen Bauabteilung, entschied angesichts der begrenzten verfügbaren Fläche, die neuen Fertigungshallen gleichsam in die Höhe zu stapeln. Für die eigentliche Produktion konzipierte er vom Kellergeschoss bis zum achten Geschoss übereinandergeschichtete Säle von gut 17 m Breite, die beidseits einer Mittelstützenreihe angeordnet waren. Die zwei obersten, leicht zurückgesetzten Geschosse waren für Werksleitung, kaufmännische Abteilung und Konstruktionsbüro bestimmt. Vor die 175 m lange Hochhausscheibe setzte Hertlein an den Längsseiten je zwei quadratische Erschließungstürme mit Treppen, Aufzügen und Toiletten sowie zwei kleinere Lastenaufzüge. Die Fassade gliederte er zudem durch unterschiedliche Flächenstrukturen.

Für das gewählte Vier-Ständer-System des Stockwerksbaus bot die Ausführung in Stahl gegenüber der Betonbauweise vielfältige Vorteile. Konstruktiv ist die Struktur in zwei unabhängige Rahmen aufgeteilt, die jeweils von den Außenstützen bis zur ersten Mittelstützenreihe reichen und zwischen den Innenstützen nur durch Pendelträger gekoppelt sind. Aus Riegeln sowie Außen- und Innenstützen gebildete zweihüftige Hauptrahmen wechseln sich im Abstand von 3 m mit einhüftigen Zwischenrahmen ab, deren Riegel innen von Unterzügen abgefangen werden. Der Stützenabstand ließ sich dadurch hier auf 6 m verdoppeln. Die für Verkehrslasten von bis zu 1000 kg/m^2 ausgelegten Stahlbetondecken spannen quer zu den Riegeln als Durchlaufsysteme.

Den Rahmentragwerken wiesen die Konstrukteure ausschließlich die vertikalen Lasten zu, die Windlasten hingegen komplett den gemauerten Aussteifungs- und Erschließungstürmen. Da diese jedoch erst nach der Montage des Stahltragwerks errichtet werden sollten, bemaßen sie die Rahmen so, dass sie im Bauzustand auch die Windlasten aufnehmen konnten.

Grundriss Normalgeschoss, 1928

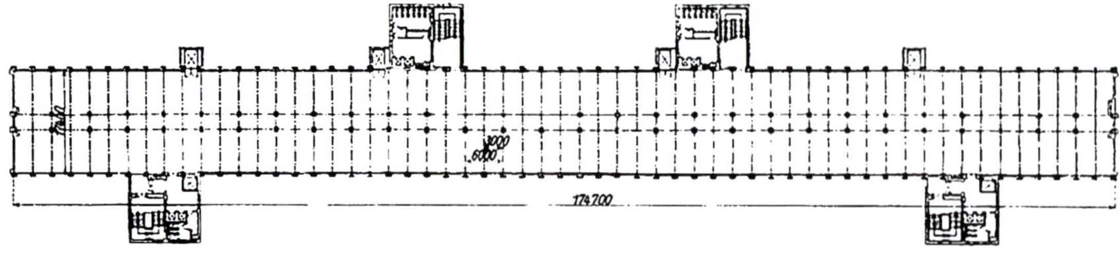

Sämtliche Riegel wurden als I-Profile, sämtliche Stützen als gedoppelte U-Profile ausgebildet. Dies vereinfachte die Konstruktion der Rahmenecken, wobei horizontale Keile die Einspannwirkung der Riegel erhöhten. Spektakulär war die Montage des insgesamt 4000 t schweren Stahlskeletts, für die auf einer 200 m langen Kranbahn ein knapp 40 m hoher Portalkran zum Einsatz kam.
Im Zweiten Weltkrieg kaum beschädigt, konnte das Schaltwerk-Hochhaus bereits ab Anfang 1946 wieder genutzt werden. Seit 1994 steht es unter Denkmalschutz. Mit einer Gesamthöhe von 45 m war es seinerzeit das höchste Fabrikgebäude Europas und setzte in Gestaltung, Funktion und Konstruktion neue Maßstäbe für den Fabrikbau. *IP*

Ansicht von der Nonnendammallee, 2007

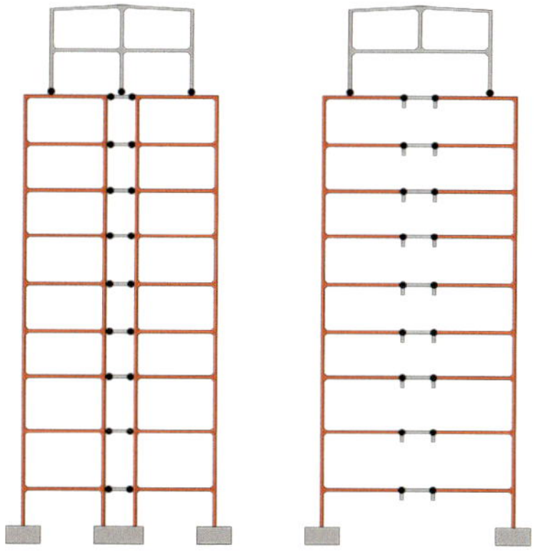

Struktur der ein- und zweihüftigen Stockwerksrahmen

Grundlegende Literatur

Die Stahlkonstruktion für das Schaltwerk-Hochhaus der Siemens-Schuckert-Werke in Berlin-Siemensstadt. In: Stahlbau 1 (1928), S. 177ff.; Das Schaltwerk-Hochhaus in Berlin-Siemensstadt. Konstruktive Ausbildung und innere Einrichtung. In: Deutsche Bauzeitung 63 (1929), Beilage Konstruktion und Ausführung, S. 1ff.; Wolfgang Ribbe, Wolfgang Schäche: Die Siemensstadt. Berlin 1985, S. 657ff.

77

EHEMALIGES KÜHLHAUS AM OSTHAFEN

Pilze, einstmals tiefgekühlt

C2/g3

Lage Stralauer Allee 1, 10245 Berlin-Friedrichshain
Bauzeit [a] 1928/29; [b] 1940; [c] 2000–02
Tragwerksplanung [a] Hoch- und Tiefbau AG [c] Schmitz + Sachse
Kühltechnik [a] M. Hirsch
Gesamtplanung [a], [b] Oskar Pusch; [c] Reinhard Müller
Ausführung [a] Hoch- und Tiefbau AG; *Wärmeschutz*: Grünzweig und Hartmann

Querschnitt, 1930

Am westlichen Ende des Osthafens, direkt neben der [15] **Oberbaumbrücke**, ließ die Kühltransit-AG Hamburg-Leipzig 1928/29 ein zentrales Kühlhaus für die Lebensmittelversorgung Berlins errichten. Bereits der erste Bauabschnitt war auf die Lagerung von bis zu 75 Millionen Eiern und bis zu 8000 t weiteren Kühlguts ausgelegt. Zunächst auf eine Grundfläche von etwa 48 x 30 m beschränkt, erreichte das Gebäude mit zehn Geschossen eine Höhe von 37 m. Der Keller war den Kühlmaschinen vorbehalten, im Erdgeschoss gab es unter anderem eine Handelsbörse und vier erste Kühlräume, in denen die angelieferten Eier behutsam entfrostet werden konnten. Die Lagerflächen befanden sich in den Obergeschossen. Um die abweisende Wirkung des weitgehend fensterlosen Baukörpers im innerstädtischen Umfeld abzumildern, wurde die Fassade mit verschiedenfarbigen, in Rauten gegliederten Klinkern verblendet.

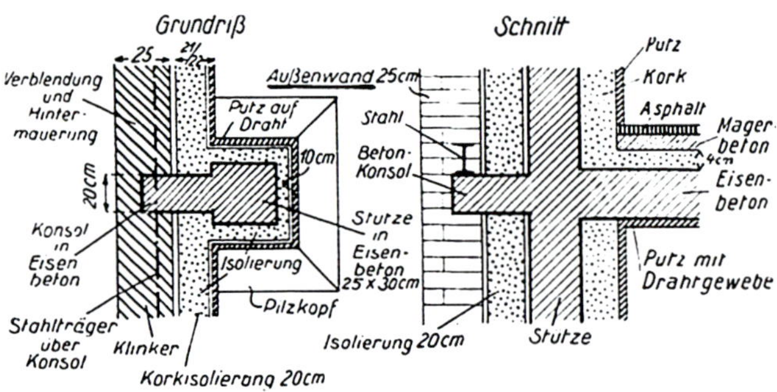

Wandaufbau, Grundriss und Schnitt, 1930

Für die unter den Decken geführten, allgegenwärtigen Kühlrohre wäre jede Art von Unterzügen störend gewesen. Die Planer entschieden sich für einen Stahlbetonskelettbau, in dem die Lasten der 24 cm starken Massivdecken allein von den Stützen aufgefangen werden; deren Köpfe sind dazu zunächst pyramidal und darüber durch 12 cm starke Platten auf insgesamt je 2,30 x 2,30 m aufgeweitet. Die vorgesetzte Fassade wird geschossweise von Stahlträgern abgefangen, die auf Konsolen an den Stahlbeton-Außenstützen auflagern. Zur Wärmedämmung ordnete man hinter dem Ziegel- und Klinkermauerwerk eine 20 cm starke Korkschicht aus zwei Lagen Leichtexpansit an, die zur Vermeidung von Wärmebrücken auch um die Betonstützen geführt wurde. Ein komplexes System aus Lüftungs- und Kühlkreisläufen ermöglichte differenzierte Kühlniveaus in den verschiedenen Zonen des Speichers.

Wie schon beim [66] **Ullsteinhaus** kam zum Betonieren verflüssigter Gussbeton zur Anwendung, der über einen das gesamte Baufeld abdeckenden Gießschwenker verteilt wurde; montiert war er an einem sukzessive mitwachsenden, mehrfach abgespannten Stahlmast.

Mit Errichtung des zweiten, konstruktiv offenbar identischen Bauabschnitts er-

← Pilzstützen im Rohbau, 1929

Pilzstützen im Eingangsbereich, 2020

hielt das Bauwerk 1940 seine heutige Größe. Den Krieg überstand es weitgehend unbeschädigt, 1970 verschwand die Klinkerfassade bei einer Verstärkung der Wärmedämmung hinter einer schmucklosen Vorsatzschale. Anfang der 1990er Jahre war das Gebäude als Kühlhaus obsolet geworden. Heute beherbergt es die Deutschlandzentrale des Musikkonzerns Universal Music; im Zuge des umstrittenen Umbaus (2000–02) wurde die Fassade an drei Seiten großflächig geöffnet, dafür aber in den restlichen Bereichen die ursprüngliche Fassung wiederhergestellt.

Zur Zeit seiner Erbauung galt das Kühlhaus am Osthafen als das modernste in Europa. Die hier genutzten „Pilzdecken“, die unter anderem der Schweizer Ingenieur Robert Maillart schon 1910 für ein Lagerhaus in Zürich entwickelt hatte, ebneten den Weg zu den heute verbreiteten trägerlosen „Flachdecken“.

Grundlegende Literatur

Fr[iedrich] Herbst: Das neue Kühlhaus am Osthafen in Berlin. In: Deutsches Bauwesen 6 (1930), S. 83ff.; M. Hirsch: Das Berliner Osthafenkühlhaus der Kühltransit-A.G. In: Zeitschrift für die gesamte Kälte-Industrie 37 (1930), S. 21ff.

Ansicht von der Oberbaumbrücke, 2020

78

EHEMALIGER KANT-GARAGENPALAST

Konfliktfreie Doppelhelix

B2/d3

Lage Kantstraße 126/127, 10625 Berlin-Charlottenburg
Bauzeit [a] 1929/30; [b]1936/37
Tragwerksplanung [a] Kell & Löser AG; [b] Siemens Bauunion
Gesamtplanung [a] Bruno Lohmüller, Oskar Korschelt und Reinhold Renker mit Hermann Zweigenthal (nach 1940: Hermann Herrey) und Richard Paulick; [b] Siemens-Bauunion
Ausführung [a] Kell & Löser AG; [b] Siemens-Bauunion

Hauptfassade kurz nach der Eröffnung, 1930

Räumliche Struktur mit Doppelrampe, 1931

Anfang 1929 beauftragte Louis Serlin, der in Charlottenburg eine Automobilwerkstatt betrieb, die Architekten Lohmüller, Korschelt & Renker mit der Planung einer Hochgarage für 300 PKWs in der Kantstraße. Auf Verlangen des Deutschen Automobilclubs (DAC) als künftigem Pächter wurden die noch jungen Poelzig-Schüler Zweigenthal und Paulick in das Planungsteam aufgenommen. In der konfliktreichen Planungsgeschichte ließen gerade ihre Entwurfsimpulse den „Kant-Garagenpalast" zu einer Ikone der modernen Verkehrsarchitektur werden. Am 1. Oktober 1930 ging die Großgarage in Betrieb. In dem zunächst sechsgeschossigen Bau war das Erdgeschoss Wartungszwecken vorbehalten, während alle übrigen Geschosse mit Garagenboxen ausgestattet wurden. Zur Vertikalerschließung ist im hinteren Bereich des L-förmigen Grundstücks eine doppelgängige Wendelrampe angelagert, die eine konfliktfreie Trennung der aufwärts und abwärts fahrenden Fahrzeuge ermöglicht. Die vorgeblendeten Fassaden sind im Interesse möglichst guter Belichtung weitgehend verglast.

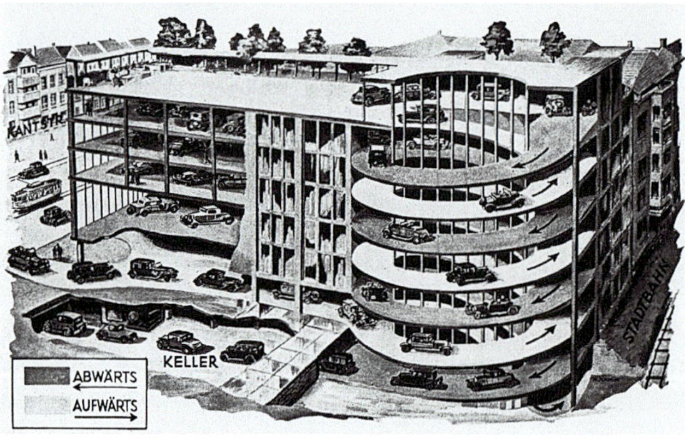

Den konstruktiven Kern des Hauses bildet eine freitragende Skelettkonstruktion aus Stahlbeton. Zwei in Längsrichtung verlaufende innere Stützenreihen flankieren die Durchfahrt, zwei äußere Reihen markieren die Tiefe der quer angeordneten Stellplätze; im Rampenbereich ist das Stützenraster modifiziert. Über den Innenstützen sind Unterzüge angeordnet, quer dazu im Abstand von 2,50 m durchlaufende Deckenträger; die Decken spannen einsinnig in Längsrichtung. Die Horizontalaussteifung übernehmen die Stahlbetonkerne der Treppenhäuser und weitere Wandscheiben. Mit 400 kg/m^2 übertrafen die in der Bemessung angesetzten Verkehrslasten die heute in Parkhäusern anzusetzenden Werte. Brandschutztechnisch waren umfassende Forderungen der Bauaufsicht zu erfüllen bis hin zu feuerbeständigen, automatisch schließenden Schiebetoren an den Rampeneinfahrten. Erst 1936/37 erhielt das Gebäude sein abschließendes, von 20 m weiten Stahlbetonrahmen stützenfrei überspanntes Dachgeschoss.
1939 wurde die Betriebsgesellschaft „arisiert"; Louis Serlin, der jüdischer Abstammung war, musste in die USA fliehen. Den Krieg überstand das Gebäude weitgehend unbeschadet, 1991 erfolgte der Ein-

Doppelrampe mit ehemaligem Waschplatz, 2017

trag in die Denkmalliste. Gleichwohl beantragte der damalige Eigentümer 2013 den Abriss und argumentierte dabei unter anderem mit der tausalzinduzierten Chlorid-Belastung des Betontragwerks. Nach breiten öffentlichen Protesten und gutachterlichen Auseinandersetzungen wurde der Antrag schließlich abgewiesen. Unter der Ägide eines neuen Eigentümers erfolgt gegenwärtig der Umbau in ein Haus für Gastronomie und Kunst. Erstmals in Deutschland nutzten die Kantgaragen das Prinzip der Doppelhelix für die Vertikalerschließung; heute existiert in Europa kein vergleichbarer Bau mehr, der älter wäre. Das dürfte freilich auch daran liegen, dass eben diese gewundene Doppelrampe schon bald als flächenzehrend und unwirtschaftlich kritisiert wurde. Ungeachtet dessen markiert dieses Denkmal, „das nach Öl und Benzin riecht“, eindrucksvoll den Beginn einer neuen Kraftfahrzeug-Kultur im Gewand der Neuen Sachlichkeit der 1920er Jahre.

Grundriss Erdgeschoss, 2010

Grundlegende Literatur

Fr[itz] E[iselen]: Garagenhochhaus Kantstraße in Charlottenburg. In: Deutsche Bauzeitung 65 (1931), S. 226ff.; Mirco Schneider: Berlin, Kant-Garagen-Palast. Masterarbeit TU Berlin 2011; Thomas Katzke: Die Entwicklungsgeschichte der Kant-Garage. In: Baukammer Berlin (2013), Nr. 4, S. 46ff.

JÜDISCHE BAUINGENIEURE IN BERLIN

Haus des Allgemeinen Deutschen Gewerkschaftsbundes (Arch. Max Taut, Ing. Karl Bernhard, 1922/23, Aufnahme 1923)

Die bedeutenden Impulse von Berliner Juden und Personen jüdischer Abkunft für Kultur und Wissenschaft sind mittlerweile umfassend gewürdigt worden. Ihre Rolle im Bauingenieurwesen der Stadt mit der größten jüdischen Gemeinde Deutschlands ist hingegen nahezu unerforscht.
In Folge der jüdischen Emanzipationsbestrebungen treten um die Wende vom 19. zum 20. Jahrhundert auch Bauingenieure mit jüdischem Hintergrund in zunehmender Zahl ins Rampenlicht. Einer ihrer Pioniere ist Karl Bernhard (1859–1937). Zunächst als Mitarbeiter der städtischen Tiefbaudeputation und später als freier Ingenieur wirkt er an einer Vielzahl wegweisender Berliner Bauten mit, darunter die [15] **Oberbaum**- und die [19] **Stößenseebrücke**, die [31] **AEG-Turbinenhalle** oder das **Bürohaus des Allgemeinen Deutschen Gewerkschaftsbundes** (ADGB) in der Wallstraße (1922/23). Heinrich Becher (1870–1926) verantwortet als Chefingenieur und Teilhaber der Baufirma M. Czarnikow & Co. emblematische Berliner Stahlbetonbauwerke wie den [74] **Viktoriaspeicher**, den **Admiralspalast** (1910/11) oder die Innenkuppel des Lesesaals der Staatsbibliothek (1913/14). Nach dem Ersten Weltkrieg macht er sich ebenfalls selbständig; sein Ingenieurbüro entwickelt unter anderem das Tragwerk des [66] **Ullsteinhauses** – eine Arbeit, die sein ebenfalls jüdischer Mitarbeiter Otto Zucker (1892–1944) nach Bechers unerwartetem Tod erfolgreich zu Ende führt. Als Oberingenieur und später Direktor der innovativen Firma Breest & Co. zeichnet Hans Schmuckler (1875–1940) im für Berlin so bestimmenden Stahlbau unter anderem für die spektakulären Tragwerke der großen Ausstellungshallen am Kaiserdamm (1913/14 und 1924/25) sowie der von Hans Poelzig und Martin Wagner konzipierten Messehallen VI und VIII (1929/30) verantwortlich. Wichtige Beiträge liefern außerdem Heinz Knoche (1891–1968, ebenfalls bei Breest & Co.) oder Harry Gottfeldt (1898–1967, bei Steffens & Nölle).
Vereinzelt agieren jüdische Bauingenieure auch als Vordenker der Baustatik an der Technischen Hochschule, etwa Hans Jakob Reissner (1874–1967) oder Paul Neményi (1895–1952). All dies darf aber nicht darüber hinwegtäuschen, dass Juden noch in der Weimarer Republik im Staatsdienst und selbst in großen Unternehmen nur in Ausnahmefällen Karriere machen können. Wie auf anderen Berufsfeldern werden sie somit auch im

Querschnitt Columbushaus (Arch. Erich Mendelsohn, Ing. Ferenc Domány und Martin Salomonsen, 1931/32)

Bauingenieurwesen geradezu zwangsläufig in die Selbstständigkeit gezwungen, wenn sie sich beruflich angemessen entfalten wollen. Berlin entwickelt sich hierbei im ersten Viertel des 20. Jahrhunderts sukzessive zum wohl wichtigsten europäischen Zentrum für jüdische Bauingenieure aus dem In- und Ausland. Als beratende Ingenieure übernehmen sie in dieser Zeit eine zunehmend wichtige Rolle im Bauwesen der Stadt. So kooperiert etwa das vielbeschäftigte Büro des gebürtigen Ungarn Ferenc Domány (1899–1939) beim [80] **Alexanderhaus** mit Peter Behrens und beim Columbushaus am Potsdamer Platz (1931/32) mit Erich Mendelsohn. Ebenfalls beteiligt an Letzterem ist der in Dänemark geborene Martin Salomonsen (1881–1942), der regelmäßig mit Mendelsohn und, etwa beim Konsumgenossenschafts-Warenhaus am Oranienplatz (1930–32, heute **Max-Taut-Haus**), auch mit dem Büro Taut & Hoffmann zusammenarbeitet. Zugezogen aus Prag, wird der bereits genannte Otto Zucker ein weiterer Kooperationspartner dieses Architekturbüros, zeichnet aber unter anderem auch für die stimmige Tragwerksgestaltung mancher visionärer Hochhausentwürfe von Otto Kohtz verantwortlich. Besonders innovativ ist schließlich die Bürogemeinschaft von Viktor Kuhn (1859–1943) und dem in Rumänien geborenen Iţic Haber-Schaim (1882–1976); sie ist mit dem [76] **Siemens-Schaltwerk-Hochhaus**, dem [89] **Kraftwerk Klingenberg**, dem [90] **ehemaligen Abspannwerk Wilhelmsruh** sowie der [94] **Gustav-Adolf-Kirche** in diesem Führer gleich mehrfach vertreten. Unter den vielen weiteren Beispielen können aus Platzgründen hier lediglich noch die ausgefeilten Tragwerke für Fromm's Gummiwarenfabrik in Köpenick (1929/30) und das Bürohaus „Alex" (1930/31) der Bürogemeinschaft von Stefan Berger (1900–1990) und Felix Samuely (1902–1959) angeführt werden, während aus dem ingenieurwissenschaftlichen Bereich zumindest die grundlegenden Beiträge Otto Bondys (1892–1986) zur Anwendung der Schweißtechnik und Theodor Gesteschis (1875–?) Abhandlungen zum Holzbau Erwähnung finden müssen. Dieser blühenden jüdischen Bauingenieurkultur bereiten die Nationalsozialisten ein abruptes Ende. Wer kann, der emigriert in andere Länder. Insbesondere in Großbritannien gelingt es manchen vertriebenen Bauingenieuren, eine glänzende „zweite Karriere" aufzubauen; für zahlreiche andere aber ist die Emigration gleichbedeutend mit dem Verlust aller beruflichen Entfaltungsmöglichkeiten auf dem angestammten Gebiet. Überdies erweisen sich keineswegs alle Fluchtdestinationen als sicher. Als die Wehrmacht damit beginnt, Europa zu überrollen, teilen zahlreiche Emigranten das Schicksal der daheimgebliebenen Bauingenieure. Nicht wenige werden so wie Ferenc Domány in den Selbstmord getrieben oder wie Otto Zucker und Viktor Kuhn im Holocaust ermordet. Gleichzeitig breitet sich ein Mantel des Schweigens über ihren bedeutenden Anteil an der Umsetzung weltweit bewunderter Berliner Bauten, ein Anteil, der insbesondere im Hinblick auf die avantgardistischen Werke des Neuen Bauens kaum überbewertet werden kann. Einzig die Tätigkeit Karl Bernhards sowie die von Felix Samuely nach seiner Emigration in Großbritannien durchgeführten Arbeiten haben in Architektur- und Bautechnikgeschichte einige Aufmerksamkeit erhalten; alle anderen genannten Persönlichkeiten und ihre wichtigen Beiträge zum Berliner Bauwesen harren bis heute einer würdigen Aufarbeitung.

Ausstellungshalle II am Kaiserdamm (Arch. Johann Emil Schaudt, und Jean Krämer, Ing. Breest & Co. unter Hans Schmuckler, 1924/25, Aufnahme 1925)

Literatur zum Weiterlesen

Wolfgang Mock: Technische Intelligenz im Exil. Vertreibung und Immigration deutschsprachiger Ingenieure nach Großbritannien 1933–1945. Düsseldorf 1986; Roland May: Die Bauingenieure und das Neue Bauen. In: Koldewey-Gesellschaft (Hg.): Bericht über die 49. Tagung für Ausgrabungswissenschaft und Bauforschung vom 4. bis 8. Mai 2016 in Innsbruck. Dresden 2017, S. 222ff.

79

SHELL-HAUS

Gekonnt versteift

B2/e2

Lage Reichpietschufer 60–62, 10785 Berlin-Tiergarten
Bauzeit 1930–32
Tragwerksplanung Gerhard Mensch
Gesamtplanung Emil Fahrenkamp
Ausführung *Tief- und Massivbau*: Siemens-Bauunion, Wayss & Freitag; *Stahlbau*: Krupp-Druckenmüller, Breest & Co., Gesellschaft Harkort; *Gasbetonwände*: Deutsche Torkret-Baugesellschaft mbH; *Fassaden*: Philipp Holzmann

Fertiggestelltes Stahltragwerk zum Richtfest, 1930

Tragstruktur mit Haupt-Stockwerksrahmen (tiefrot), ergänzenden Stockwerksrahmen (hellrot), regulären Deckenscheiben (gelb) und verstärktem „Flachträger" (grün)

Das Shell-Haus gehört mit seinen bis zu elf Etagen zu den frühen Berliner Hochhäusern. Wegen der deutlichen Überschreitung der Berliner Traufhöhe sorgte der Verwaltungsbau der Rhenania-Ossag, eines Tochterunternehmens des Shell-Konzerns, schon vor Baubeginn für Aufregung bei den Anwohnern des noblen Tiergartenviertels. Den Architektenwettbewerb hatte 1928 Emil Fahrenkamp gewonnen. Der trapezförmige Grundriss mit verschiedenen Höhen, die Fassadenrücksprünge entlang des Landwehrkanals, aber auch der Wunsch nach ungestörten Verkehrsflächen im Inneren stellten den Tragwerksplaner Gerhard Mensch vor große Herausforderungen. Nach vergleichenden Voruntersuchungen gab man

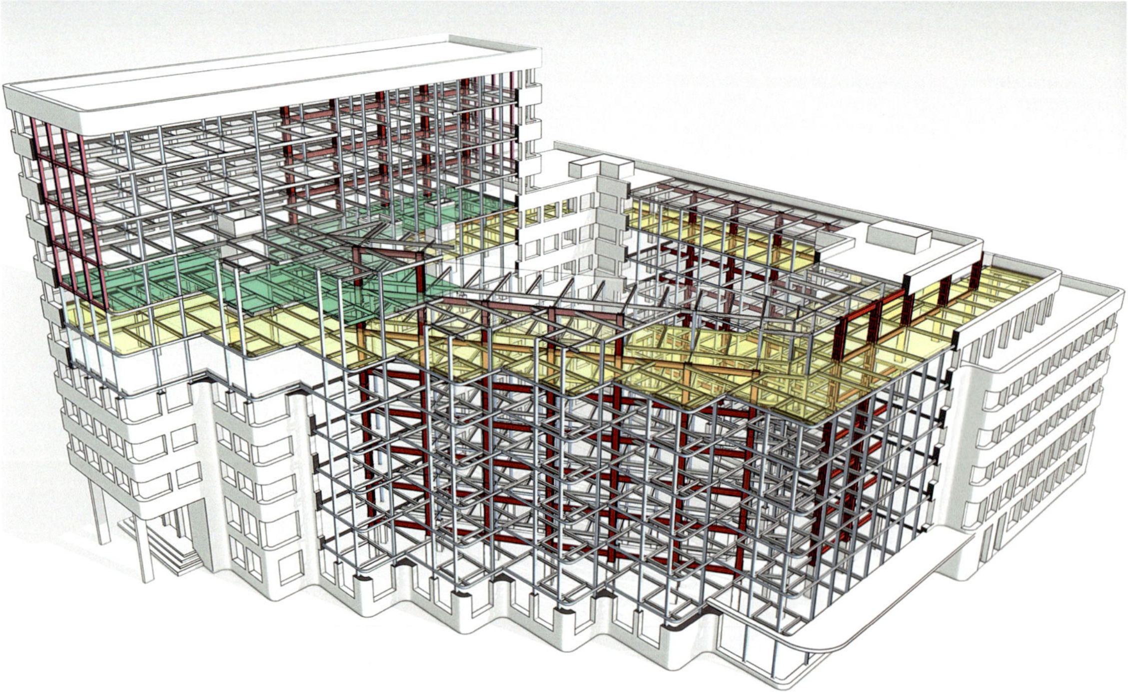

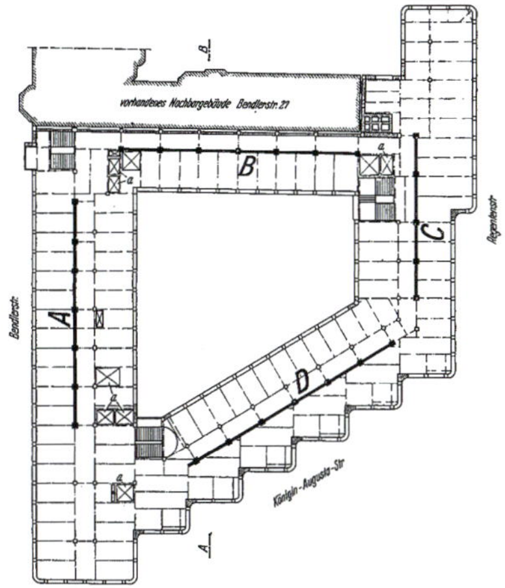

← Grundriss mit Haupt-Stockwerksrahmen A bis D, 1931

einem Stahlskelettbau den Vorzug. Im Werk vorgefertigte Bauglieder aus genieteten Walzprofilen wurden auf der Baustelle verschraubt und zum Brandschutz anschließend mit leichtem Synthoporitbeton ummantelt. Die angestrebte Gewichtsreduzierung bestimmte auch die Wahl der Hohlsteindecken und der Wandausfachungen in Gasbeton.

Als besonders schwierig erwies sich die Aussteifung des Stahlskeletts. Massive Wand- oder Fachwerkscheiben kamen wegen der mit ihnen verbundenen Störungen der Büroflächen nicht in Frage. Das realisierte Konzept ist durch vier mächtige mehrstielige Stockwerksrahmen gekennzeichnet. In beiden Hauptrichtungen nehmen sie die Windlasten auf, die ihnen von den Fassaden über die Deckenscheiben zugeleitet werden; Letztere enthalten dazu in der Aufbetonschicht zusätzliche Bewehrungslagen. Eine Sonderlösung erforderte die Queraussteifung des höchsten Bereichs an der Westseite. Bis hinab zur Decke über dem 5. Obergeschoss sind hier auch die Querseiten als Stockwerksrahmen ausgebildet; zur Ableitung der resultierenden Lasten musste in die Deckenscheibe ein zusätzlicher „Flachträger" eingebaut werden. Große Sorgfalt kennzeichnet die Details. So wurde die Rahmensteifigkeit durch Doppelkeile zwischen Riegel und Stiel erhöht, vor allem aber das gesamte Tragwerk in Hinblick auf den Straßenverkehr schwingungstechnisch vom Baugrund entkoppelt.

Der Shell-Konzern trennte sich bereits nach sieben Jahren von dem Gebäude. Danach von der Wehrmacht genutzt, erlitt es gegen Kriegsende starke Beschädigungen. Ab 1949 zog für fast 50 Jahre die Berliner Bewag ein, seit 1958 steht es unter Denkmalschutz. Im Rahmen einer intensiv vorbereiteten Grundinstandsetzung (1998– 2000) musste die Außenhülle nahezu vollständig rückgebaut und rekonstruiert werden.

Heute gehört das Gebäude zum Dienstsitz des Bundesministeriums der Verteidigung.

Mit seiner wellenförmig aufsteigenden Fassade, der horizontal durchlaufenden Travertinverkleidung und den eingebetteten Fensterbändern gilt das Shell-Haus vielen noch heute als das eleganteste Bürohaus Berlins. Konstruktiv machte Gerhard Mensch es zu einem bis ins Detail ausgefeilten, Maßstäbe setzenden Stahlskelettbau. *IP*

Grundlegende Literatur

Gerhard Mensch: Bürohaus Berlin der Rhenania-Ossag-Mineralölwerke A.-G. In: Zeitschrift des Vereines Deutscher Ingenieure 76 (1931), S. 544ff.; Gerhard Mensch: Die Konstruktion des Verwaltungsgebäudes der Rhenania-Ossag (Shell-Haus). In: Zentralblatt der Bauverwaltung 52 (1932), S. 548ff.; Ines Prokop (vorm. Tetzlaff): Gerhard Mensch. Bauingenieur zwischen Moderne und Nationalsozialismus. Masterarbeit BTU Cottbus, 2001

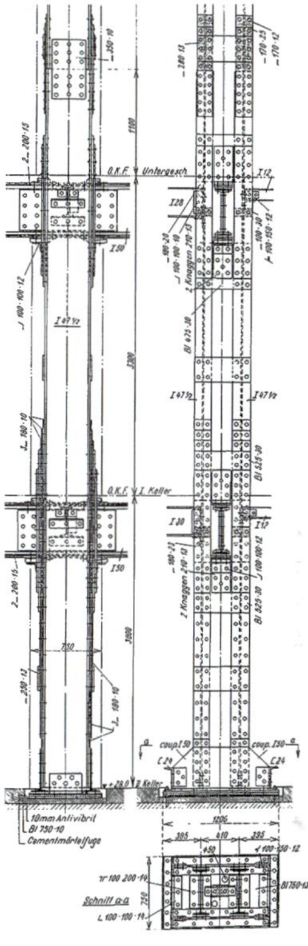

Ausbildung der Rahmenstiele auf 10 mm starken Antivibrit-Platten, 1931

Blick von Westen, 2020

80

ALEXANDERHAUS

Unten Stahl, oben Stahlbeton

C2/h1

Lage Alexanderplatz 2, 10178 Berlin-Mitte
Bauzeit 1930–32
Tragwerksplanung *Untergeschosse*: Nordsüdbahn AG; *Geschosse* ab *Straßenniveau*: Ferenc Domány
Gesamtplanung Peter Behrens
Ausführung *Massivbau*: Habermann & Guckes-Liebold, Grün & Bilfinger, Wayss & Freytag, Berlinische Bodengesellschaft, Deutsche Bauhütte; *Stahlbau*: Breest & Co., Krupp-Druckenmüller, Thyssen

Querschnitt durch den „Aschinger-Flügel“, 1933

Mitte der 1920er Jahre begannen am Alexanderplatz umfangreiche Baumaßnahmen. Man errichtete eine neue Bahnhofshalle und flocht zwei neue U-Bahn-Linien (die heutigen U5 und U8) in Berlins nun größten Bahnverkehrsknoten hinein. 1929 wurde zudem ein engerer Wettbewerb zur Platzumgestaltung ausgerichtet; in dessen Nachgang beauftragte ein amerikanisches Konsortium den zweiten Preisträger, Peter Behrens, mit der Überarbeitung seiner Pläne.

Baustelle von der Grunerstraße, rechts der zum Alexanderplatz gelegene „Aschinger-Flügel“, 1931

Behrens entwickelte daraufhin die beiden achtgeschossigen Geschäfts- und Bürohäuser „Berolina“ und „Alexander“. Sie erstrecken sich mit jeweils rund 75 m langen Fronten längs der Stadtbahn, wobei das Berolinahaus sich über rechteckigem Grundplan erhebt, während das Alexanderhaus mit einem weiteren, abgeknickten Flügel noch die südliche Platzkante und den Übergang zur Alexanderstraße definiert. Die gleichartig konzipierten Fassaden der Häuser reflektieren subtil die innere Tragstruktur; ihre prägenden Elemente sind aber auskragende Galerien mit großflächiger Verglasung im ersten Stockwerk sowie zwei vertikale Glaskörper, mit denen die Torsituation zur heutigen Rathausstraße betont wird. Beim Berolinahaus wurde im Rahmen einer 2004–06 durchgeführten Sanierung das ursprüngliche Tragwerk vom Keller bis zum 3. Obergeschoss nahezu komplett ausgetauscht. Im Alexanderhaus ist es hingegen weitgehend erhalten, wobei es bereits zur Erbauungszeit in manchen Details deutlich vom Tragwerk des Schwestergebäudes abwich. Standardmäßig besteht es aus vierhüftigen Stockwerksrahmen in Stahlbeton; der zum Platz gelegene Flügel ruht vom ersten Obergeschoss abwärts aber auf Initiative des seinerzeit für diesen Bauteil vorgesehenen Hauptmieters, des Restaurationsbetriebs Aschinger, auf schlankeren und lediglich dreihüftigen Stahlrahmen. Die verschiedenen Skelettkonstruktionen leiten ihre Lasten in die knapp 10 m unter Straßenniveau gelegene Sohle sowie die Umfassungswände des zweigeschossigen Kellers ab. An der östlichen Ecke zur Grunerstraße hin musste dabei der zum Zeitpunkt der Errichtung bereits existierende Tunnel der U2 überdeckelt werden; die Stützenreihe längs der Stadtbahn fangen auskragende Kastenträger aus Stahl ab, weil die hier parallel zum Alexanderhaus verlaufende U8 das Bauwerk nahezu über die gesamte Gebäudelänge leicht unterfährt. In den letzten Kriegstagen brannte das 1937 von der Sparkasse erworbene Gebäude völlig aus und erhielt an der Ostecke und in der Platzfront sogar zwei direkte Bombentreffer. 1949–51 wurde es als „Haus der Sparkasse“ vereinfacht wiederaufgebaut; die beiden Ladengeschosse nutzte nun ein HO-Kaufhaus der DDR-„Handelsorganisation“. Nach der Wiedervereinigung erfolgte 1992–95 unter Leitung des Büros Pysall, Stahrenberg & Partner eine mit dem Europa Nostra-Preis ausgezeichnete Kernsanierung inklusive Neuaufbau der Ostecke und Fassadenrekonstruktion.

An dem seit 1977 denkmalgeschützten Bauwerk ist infolge der bewegten Geschichte und zahlreicher Umbaumaßnahmen kaum noch ein Baudetail unverändert erhalten. Den eigentlichen „Zeitzeugen“ des Bauwerks bildet so vor allem die – trotz notwendiger Ergänzungs- und Sanierungsmaßnahmen – in ihrer Grundstruktur noch erhaltene Tragkonstruktion. Sie kündet eindrucksvoll von der Selbstverständlichkeit, mit der Berliner Bauingenieure zum Ende der Weimarer Zeit mit Stockwerksrahmen sowohl aus Stahl als auch aus Stahlbeton operierten.

Vogelschau von Nordosten, 1932

Grundlegende Literatur

A[lbert] Dürbeck: Die Stahlkonstruktion im Hochhaus „Alexander“ am Alexanderplatz zu Berlin. In: Der Stahlbau 6 (1933), S. 102ff.; A[lbert] Dürbeck: Technisches vom Bau der Hochhäuser am Alexanderplatz in Berlin. In: Deutsche Bauzeitung 67 (1933), S. 355ff.; Hans-Joachim Pysall (Hg.): Das Alexanderhaus – Der Alexanderplatz. Berlin 1998

Blick von Südwesten auf Berolina- und Alexanderhaus (rechts), 2010

81

DETLEV-ROHWEDDER-HAUS

Görings Leistungsschau

C2/e2

Lage Wilhelmstraße 97/Leipziger Straße 5–7, 10117 Berlin-Mitte
Bauzeit 1935/36
Tragwerksplanung Arno Schleusner (vmtl.)
Gesamtplanung Ernst Sagebiel
Ausführung Beton- und Monierbau AG, Wiemer & Trachte u. a.

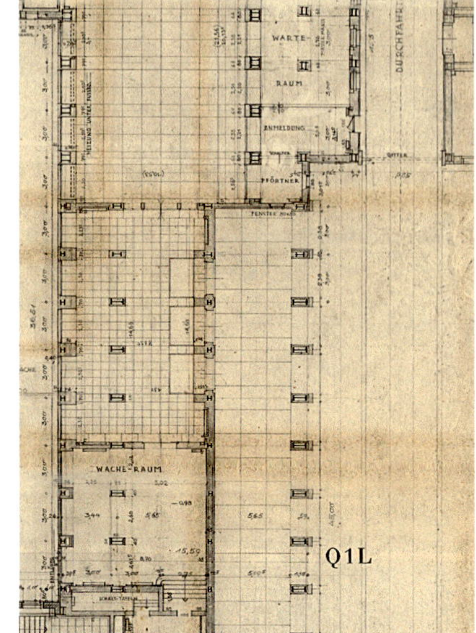

Quergebäude Ecke Leipziger Straße, Ausschnitt aus Erdgeschoss-Grundriss mit Kolonnade und Rahmenstützen aus dem darüber liegenden Saal, 1935

Nach der im Oktober 1933 begonnenen Reichsbankzentrale (heute Teil des Außenministeriums) war das Reichsluftfahrtministerium das zweite bauliche Großprojekt des NS-Staates in Berlin. Wie jene war es eingebettet in die Arbeitsbeschaffungsprogramme nach der „Machtergreifung". Alle Abteilungen der neu gegründeten Dienststelle bis hin zum noch getarnten Führungsstab der durch den Versailler Vertrag verbotenen Luftwaffe wurden hier unter Leitung Hermann Görings zusammengeführt.

Der von viel Propagandagetöse begleitete Bau war tatsächlich ein Projekt der Superlative. Mit 2100 Büroräumen, einer Tiefgarage für 250 PKW, einer Nutzfläche von 56 000 m² und insgesamt 6,8 km Fluren entstand in atemberaubendem Tempo das seinerzeit größte Bürogebäude Berlins. Erst Anfang Dezember 1934 hatte Ernst Sagebiel den Planungsauftrag erhalten, doch schon im Februar 1935 begann der Abriss der Bestandsbebauung, und noch im selben Monat startete parallel an acht verschiedenen Stellen der Neubau. Bereits im Oktober 1935 konnte nicht nur Richtfest gefeiert, sondern auch schon die erste Hälfte der Büroräume bezogen werden. Wenig mehr als ein Jahr nach Baubeginn war das gigantische Projekt 1936 vollendet.

Gearbeitet wurde dazu rund um die Uhr, entscheidend aber war die konsequente Modularisierung des Grundrisses: Mit wenigen Ausnahmen basieren die durch das „Rückgrat" einer Nord-Süd-Achse verbundenen Flügelbauten auf einem Drei-Meter-Grundraster. Es eröffnete die Möglichkeit, sich auf nur wenige Typen unterschiedlicher Bauelemente zu beschränken, und

Baustelle Ecke Prinz-Albrecht-Straße (heute: Niederkirchner Straße) mit parallel noch laufendem Abriss, 1935

Blick von Nordosten aus der Leipziger Straße, 2020

zudem konnte man darin an jeder beliebigen Stelle gleichzeitig zu bauen beginnen. Das Tragwerk ist vorwiegend als Stahlbetonskelett mit Hohlkörper-Rippendecken nach dem System Pohlmann ausgeführt, die Wände bestehen aus Bimsbeton-Hohlblocksteinen. Vornehmlich dort, wo mehrstöckige Säle mit großen Spannweiten die reguläre Struktur unterbrechen, kamen Stockwerksrahmen aus Stahl (zum Teil im leistungsfähigeren St 52) zur Ausführung. In den zuletzt errichteten Flügeln zur Leipziger Straße ließ sich hierdurch unabhängig von den sinkenden Temperaturen auch im Winter weiter bauen. 50 Steinbrüche lieferten den Muschelkalk für die ähnlich durchrationalisierte Fassade, für die etwa im ersten Bauabschnitt lediglich acht verschiedene Plattengrößen erforderlich waren. Bemerkenswert in bautechnischer Hinsicht waren nicht zuletzt über der Tiefgarage die mit Walzgelenken gelagerten, 18,50 m weit gespannten Stahlbetonrahmen, die heute jedoch nicht mehr erhalten sind.

Im Zweiten Weltkrieg kaum zerstört, Ende der 1990er Jahre grundlegend modernisiert und umgebaut, ist das Gebäude heute Dienstsitz des Bundesfinanzministeriums – entstanden in beeindruckender Geschwindigkeit als Leistungsschau hochmoderner Bautechnik in Diensten des NS-Staats.

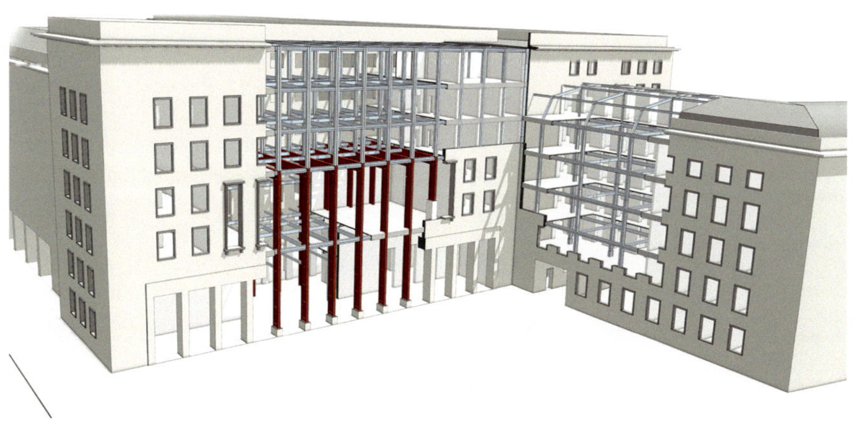

↓ Quergebäude Ecke Leipziger Straße, Stahltragwerk mit Stockwerksrahmen (rot) über Eingangsbereich und zweistöckigem Saal zur Abfangung der darüber liegenden Stützen

Grundlegende Literatur

Ernst Sagebiel. Das Reichsluftfahrtministerium. In: Bauwelt 28 (1937), Nr. 8, S. 1ff.; Wolfgang Schäche: Architektur und Städtebau in Berlin zwischen 1933 und 1945. Berlin 1991, S. 218ff.; Elke Dittrich: Ernst Sagebiel. Leben und Werk (1892–1970). Berlin 2005, S. 141ff.

82

BUNKER BERLIN

Typenbau für die Kriegsmaschinerie

C2/e2

Lage Reinhardtstraße 20, 10117 Berlin-Mitte
Bauzeit [a] 1942 [b] 2003–2007
Tragwerksplanung [a] Baustab Speer (vmtl. Baugruppe Langer) [b] Ingenieurbüro Herbert Fink
Gesamtplanung [a] Generalbauleitung des GBI (Federführung: Karl Bonatz) [b] realarchitektur (Jens Casper, Petra Petersson, Andrew Strickland)

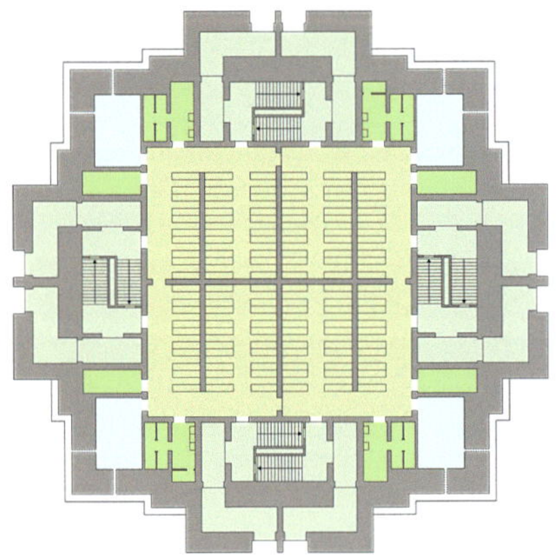

Grundriss nach Planstand 1941

Nachdem 1940 der Luftkrieg Deutschland erreicht hatte, entstanden bis 1945 im Rahmen des „Führer-Sofortprogramms" zum Bau von Luftschutzräumen auch in Berlin zahlreiche Bunker. Die Planung und Bauausführung übernahm hier die Behörde des Generalbauinspektors (GBI) Albert Speer. Speziell für die Reichsbahn entwickelte Karl Bonatz in diesem Rahmen 1941 einen Typenbau mit 2 m dicken Außenwänden und 3,10 m starker Dachplatte. In Berlin kam er am Schlesischen Bahnhof und in der Nähe des Bahnhofs Friedrichstraße zur Ausführung; nur der letztere ist erhalten.

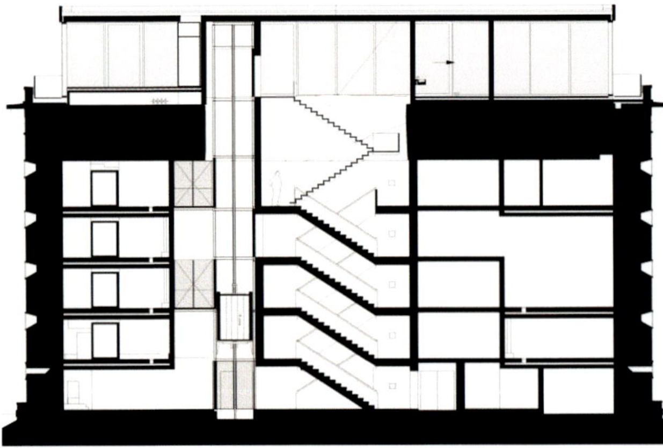

Schnitt nach Umbau, 2008

Der auf quadratischem Grundriss mit Seitenlängen von 32 m errichtete Baukörper erreicht eine Höhe von rund 16 m. Auf fünf Geschossen boten 120 über vier Doppeltreppenanlagen erschlossene Schutzräume insgesamt 3088 Sitz- und 48 Liegeplätze. Die Fassaden sind mit breiten Mittelrisaliten und vorgelagerten Eingangsvorbauten sowie einer kräftigen Attika mit Konsolfries betont repräsentativ gestaltet. Ihre rohen Betonflächen überzog man provisorisch mit einem Spritzputz, für später war eine Ziegelverblendung vorgesehen.

Um die Baukosten zu reduzieren und das Bautempo zu erhöhen, kamen für die Bewehrung von Decken und Wänden maschinell vorgefertigte Typenmatten zur Anwendung. Für die Zwischendecken nutzte man mit dünnen „Klavierdrähten" vorgespannte Balken des „Systems Hoyer" als Halbfertigteile; dicht an dicht auf den tragenden Wänden ausgelegt, dienten sie als verlorene Schalung. Betoniert wurde mit einem aufgrund seines hohen Zementgehalts besonders widerstandsfähigem „Blauen Beton".

Nach Kriegsende 1945 vom sowjetischen Geheimdienst NKWD als Gefängnis genutzt, diente der Bunker ab 1949 erst als Textillager und ab 1957 als Speicher für Trocken- und Südobst. 1992 nahm er einen angesagten Techno-Club auf, ab 1996 stand er leer. 2003 erwarb der Kunstsammler Christian Boros den zwischenzeitlich denkmalgeschützten Bau. Er ließ ihn zu einem beeindruckenden Raumgebilde für seine Sammlung zeitgenössischer Kunst umbauen und auf dem Dach ein Penthouse errichten. Im Rahmen des 2008 mit dem Architekturpreis Beton ausgezeichneten Umbaus wurden Zwischendecken und auch die außerordentlich kräftige Dachplatte mit Diamantschneidern durchbrochen. Der ehemalige „Reichsbahnbunker Friedrichstraße“ ist das prominenteste Berliner Beispiel des umfangreichen Bunkerbauprogramms im Zweiten Weltkrieg. Exemplarisch zeigt er die Ambivalenz dieser Bauten: Als Teil der NS-Kriegsmaschinerie vermutlich von Zwangsarbeitern errichtet, repräsentiert er in der Verbindung leistungsfähiger Halbfertigteile mit hochwertigem Ortbeton doch auch den effizienten Typenbau der Zeit und weist technisch über seine spezielle Baugattung hinaus.

Bunker mit Penthouse von Süden, 2010

Freigeschnittene Öffnung in der Dachdecke mit Resten der schlaffen (dick) und der Spann-Bewehrung (dünn), 2004

Grundlegende Literatur

[Walter] Brugmann: Baustab Speer im Luftschutz. In: Baulicher Luftschutz 6 (1942), S. 4f.; Nils Ballhausen: Für Sammlung und Familie. In: Bauwelt 98 (2007), S. 16ff.; Dietmar Arnold, Reiner Janick: Bunker, Sirenen und gepackte Koffer. Berlin unter Stahlbeton. Berlin 2017, S. 46, 74f.

83

CORBUSIERHAUS

Schotten in Serie

A2/b3

Lage Flatowallee 16, 14055 Berlin-Westend
Bauzeit 1956–58
Tragwerksplanung Beton & Monierbau AG (?)
Gesamtplanung Le Corbusier mit André Wogenscky; Felix Hinssen, Erich Böckler
Ausführung Beton & Monierbau AG

Querschnitt, 1957

→→ Ansicht von Nordwesten, 2007

Für die Internationale Bauausstellung 1957 (Interbau) entwarfen renommierte Architekten aus dem In- und Ausland im West-Berliner Hansaviertel ein Musterquartier der internationalen Nachkriegsmoderne, das den 1952–56 im Stil der „nationalen Tradition“ errichteten Wohnbauten an der Ost-Berliner Stalinallee (heute Karl-Marx-Allee) einen „demokratischen“ Gegenentwurf entgegensetzen sollte. Größtes Bauwerk der Interbau war eine von Le Corbusier entworfene „Unité d'Habitation“ (Wohneinheit). Wegen der immensen Dimensionen des 17-geschossigen, 141 m langen Gebäudes hatte man sich allerdings schon frühzeitig dazu entschlossen, diesen Bau nicht im Hansaviertel, sondern als Solitär an der Heerstraße zu verwirklichen.

Das Haus bietet Raum für 530 ein- und zweigeschossige Wohnungen, die abschnittsweise zusammengefasst und geschichtet sind; in der rhythmisierten Fassadenkomposition spiegeln die Loggien die innere Gliederung im Äußeren wider. Erschlossen wird es durch farblich differenziert gestaltete „Innenstraßen“ (langgestreckte Flure), von denen bis zu drei Wohnebenen erreicht werden können.

Anders als Le Corbusiers erste Unité d'Habitation in Marseille (1947–52) wurde die Berliner Wohneinheit in Stahlbeton-Schottenbauweise erstellt; Schotten und Fassadenelemente fertigte man zumeist auf der Baustelle vor und montierte sie dann per Kran auf den vor Ort gegossenen Geschossdecken. Mit einem Achsmaß von 4,26 m geben die Querschotten die Breite der Wohnungen vor und sichern zugleich kontinuierlich die Horizontalaussteifung in Querrichtung. In Längsrichtung wird der durch eine Dehnfuge unterteilte Baukörper im längeren nördlichen Teil durch die Längswände des zentralen Erschlie-

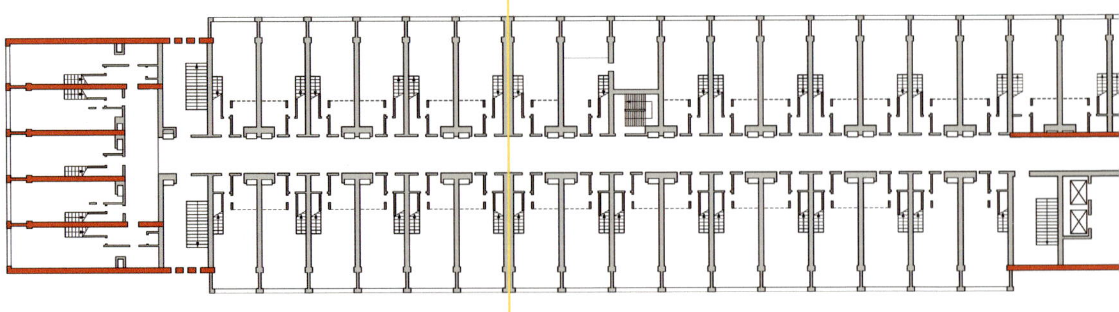

Grundriss 13. OG mit Dehnfuge (gelb) und längsaussteifenden Wandscheiben (rot)

→→ Baustelle mit vorauswachsendem Erschließungskern, 1957

ßungskerns, im kürzeren südlichen Teil hingegen durch um 90° gedrehte Schotten an der Stirnwand ausgesteift.

Im untersten Luftgeschoss übernehmen freistehende Pfeilerscheiben-Paare („Pilotis") die Lasten und leiten sie in die Fundamente ab. Nach einem vom Ingenieurbüro Séchaud et Metz für Le Corbusiers Unité in Rezé bei Nantes (1953–55) entwickelten Konzept sind sie auch hier alternierend nach innen und außen geneigt.

Die Bewohner, seit 1979 zumeist zugleich auch Eigentümer, zeigen sich dem Erbe Le Corbusiers verpflichtet und bemühen sich, den besonderen Charakter des seinerzeit größten Berliner Wohnungsbaus zu bewahren. Mitte der 1980er Jahre wurden Teile der Sichtbetonfassaden aufgearbeitet. Seit 2015 laufen umfassende Sanierungsmaßnahmen.

Nach umfassenden Änderungen an seinem ursprünglichen Konzept durch Bauherr und Bauverwaltung zeigte sich Le Corbusier selbst seinerzeit vom Ergebnis unverblümt enttäuscht. In bautechnischer Hinsicht ist die von ihm deshalb zum „Typ Berlin" degradierte Unité allerdings aufgrund eines schlüssigen Tragkonzepts und des hohen Vorfertigungsgrads das bemerkenswerteste der insgesamt fünf vom wohl bekanntesten Architekten des 20. Jahrhunderts verantworteten Wohnhäuser dieses Typs.

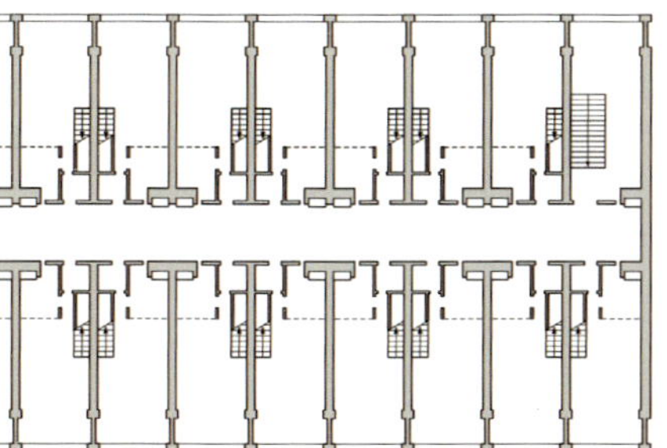

Grundlegende Literatur

Dieter Hermann: Über die Konstruktion und Ausführung des Wohnhauses Le Corbusier in Berlin. In: Beton- und Stahlbetonbau 53 (1958), S. 202ff.; Bärbel Högner: „Typ Berlin". Das Corbusierhaus in Charlottenburg, Berlin 2008; Franz Graf: „Innovation of construction systems versus reproducibility of the architectural image. Multiple constructional processes in the ‚Unité d'Habitation' (1945–67)". In: Ine Wouters u. a. (Hg.): Building Knowledge, Constructing Histories, Vol. 1. Boca Raton 2018, S. 691ff.

84

WOHNREGAL

Do it yourself

C2/f3

Lage Admiralstraße 16, 10999 Berlin-Kreuzberg
Bauzeit 1984–86
Tragwerksplanung Stefan Polónyi, Herbert Fink, Peter Koch
Gesamtplanung Kjell Nylund, Christof Puttfarken, Peter Stürzebecher
Ausführung *Stahlbeton*: bwh Hochbau AG; *Holzbau*: Hans Timm

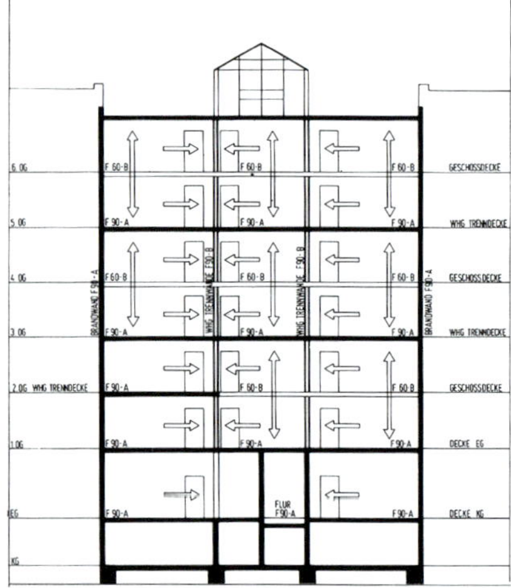

Querschnitt mit Angabe der unterschiedlichen Feuerwiderstandsklassen des hybriden Tragwerks, 1986

Die Internationale Bauausstellung Berlin 1987 (IBA) gab der in den Jahren zuvor eingeleiteten grundsätzlichen Wende der West-Berliner Innenstadtentwicklung ein erstes Gesicht. Geradezu exemplarisch zeigt dies die Gegend um die Kreuzberger Admiralstraße. Vorgesehen als Dispositionsfläche für die Stadtautobahn zum gigantischen Kreuz Oranienburger Platz (vergleiche hierzu S. 17), war der hier geplante Abriss von mehr als 10 000 Wohnungen Ende der 1970er Jahre bereits weit fortgeschritten. Nur wenige, oft „wild" besetzte Altbauten nahe der [14] **Admiralbrücke** konnten ihm noch trotzen. Es war die 1979 gegründete IBA, die dieser Kahlschlagsanierung mit der Idee der behutsamen „Stadtreparatur" ein grundlegend anderes Konzept entgegensetzte. Eines der ersten in diesem Rahmen geförderten Projekte war ein Demonstrationsvorhaben für ein partizipatives Neubauprojekt – die Schließung einer Baulücke in der Admiralstraße 16.

„Zwölf Holzhäuser übereinander in einem aus Fertigteilen zusammengesetzten Betonregal", so fasste der Architekturkritiker

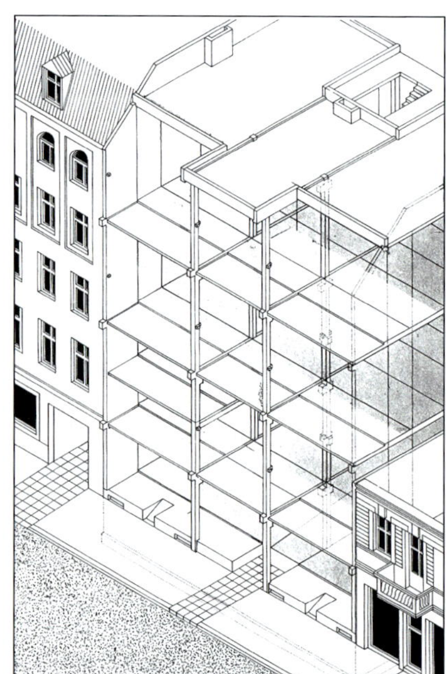

Stahlbetontragwerk und Ausbau mit Holztragwerk und Begrünungsgerüst, 1986

Manfred Sack das Konzept zusammen. In einer ersten Phase errichteten Baufirmen das Stahlbetontragwerk sowie Dach, Treppenhaus, Aufzug, Ver- und Entsorgungseinheiten. Das fertige „Wohnregal" stellte den künftigen Mietern gleichsam gestapelte, 5,60 m hohe Grundstücksparzellen bereit, auf denen sie in der zweiten Phase ihr eigenes „Haus" als Holzskelettbau einpassen konnten. In Zusammenarbeit mit den Architekten entwickelten sie zwölf individuell geschnittene Wohnungen. Nachdem Zimmerleute die Holzkonstruktion vorbereitet hatten, erfolgte der weitere Ausbau in Eigenarbeit im Rahmen der zu diesem Zweck gegründeten Selbstbaugenossenschaft Berlin.

Als größte Herausforderung erwies sich der Brandschutz: „Zweigeschossige Wohnungen in Holz – das geht gar nicht!", war die erste Reaktion der Bauaufsicht. Gemeinsam konzipierten Architekten und Berliner Feuerwehr daraufhin eine Lösung, die den unzureichenden baulichen Brandschutz der Holz-Zwischendecken (im Brandfall statt 90 nur 60 Minuten tragsicher und vor allem brennbar!) durch verschiedene Maßnahmen kompensierte. Im Mittelpunkt stand die Optimierung der Fluchtwege; Zugänge zum Treppenraum von jeder Etage der Maisonette-Wohnungen gehörten ebenso dazu wie Laubengänge auf der Rückseite.

Nahezu paradigmatisch markierte die Baulückenschließung in der Admiralstraße das Ende der alten Verkehrs- und Stadtplanung. Heute sind jene Altbauten, die die „Helden" der IBA gegen oft erbitterte Widerstände gerettet haben, hochgeschätzt. In bautechnischer Hinsicht war das Wohnregal einer der ersten Ansätze zur Wiederentdeckung des Holztragwerks im Geschosswohnungsbau. Seinerzeit war es primär durch das Ziel des möglichst weitreichenden Selbstbaus begründet. Heute vornehmlich ökologisch motiviert, hat sich aus jenen Anfängen ein spannendes Innovationsfeld mit interessanten vielgeschossigen Holzbauten entwickelt.

Fassade zur Admiralstraße, 2020

Einbau des Holztragwerks, 1986

Grundlegende Literatur

Paul F. Duwe, Karl Johaentges: Wohnregal zum Selbstausbau. Selbsthilfeprojekt Admiralstraße. In: db deutsche bauzeitung 121 (1987), Nr. 4, S. 23 ff.; Kjell Nylund, Peter Stürzebecher: Das Wohnregal im Schnittpunkt der Linien. Bewohner planen, bauen und leben gemeinsam in der Admiralstraße 16, Berlin-Kreuzberg, Berlin 1986.

85

VERLAGSHAUS DER TAZ

Ein Haus wie die taz

C2/f2

Lage Friedrichstraße 21, 10969 Berlin-Kreuzberg
Bauzeit 2015–18
Tragwerksplanung Schnetzer Puskas International (Tivadar Puskas, Kevin M. Rahner)
Gesamtplanung E2A Architekten (Piet Eckert, Wim Eckert)
Ausführung *Massivbau*: Hochtief Infrastructure; *Stahlbau*: Dörnhöfer Stahl-Metallbau

Montiertes Stützenpaar vor Aufbringen der Aufbetonschicht auf der unteren Decke, 2017

2013 beschloss die Tageszeitung *taz* den Bau eines neuen Verlagshauses unweit des alten Standorts im historischen Berliner Zeitungsviertel. Die Leitidee des aus einem Wettbewerb hervorgegangenen Entwurfs – das Tragwerk als ein das Gebäude umhüllendes Netz – traf das genossenschaftliche Selbstverständnis des Blatts: „Das Netz ist eine Struktur, in der alle Teile gleichviel zu leisten haben und nur zusammen Stabilität erreichen. [...] Die architektonische Anmutung des neuen Hauses für die taz wird so Struktur und Sinnbild der Organisation zugleich." (Puskas/Rahner 2018)
Die oberhalb des Terrains siebengeschossige Konstruktion besteht aus Stahlbeton und ist im Wesentlichen aus drei Grundelementen aufgebaut:

- dem an drei Seiten netzartig umlaufenden „Diagrid" aus wechselnd geneigten Pendelstützen,
- Wänden entlang der langen Brandwand und um die Erschließungskerne
- sowie weitgespannten P-Platten und Randträgern als Decken.

Vor allem die Stützen des Diagrids setzen die Vertikallasten über ein zweigeschossiges Untergeschoss auf eine Tiefgründung aus knapp 100 Atlaspfählen ab. Gemeinsam mit den Wandscheiben sichern sie aber auch die Horizontalaussteifung: Durch ihre Schrägstellung lassen sie sich als „steife Böcke" in den Abtrag der Windlasten miteinbeziehen.
In jedem Geschoss wird der in drei Bereiche unterteilte Grundriss von drei solide

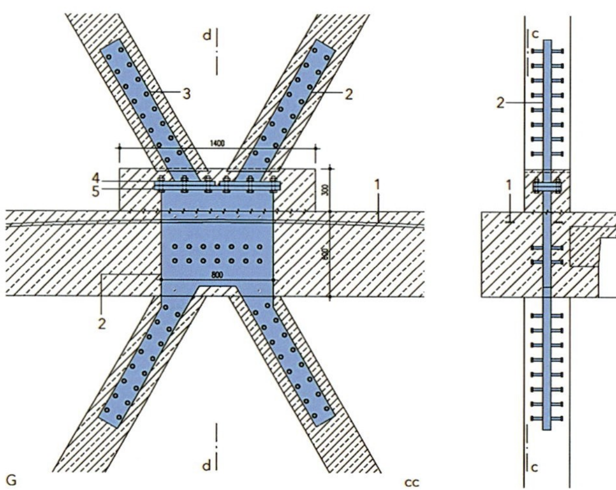

Regeldetail Knotenpunkt mit Stahleinbauteilen

→ Deckenuntersicht mit den von Randträgern umfassten drei Teilbereichen

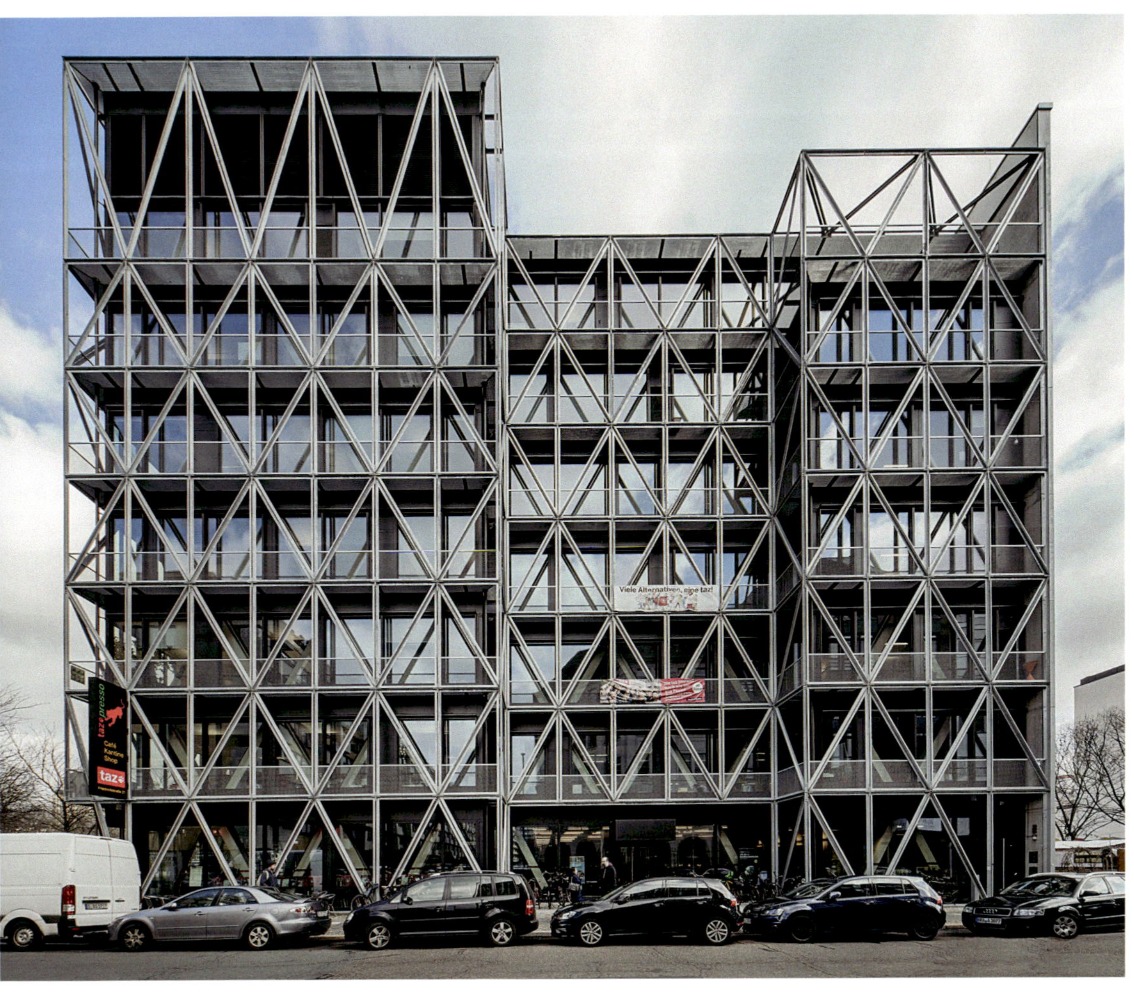

Fassade zur Friedrichstraße, 2020

verspannten „Tischplatten“ überdeckt. Ihr Errichtung begann mit dem Aufstellen der Stützen, die als Verbundfertigteile mit bereits vorbereiteten Stahleinbauteilen angeliefert worden waren. Darüber betonierte man die Randträger, jedoch zunächst nur im unteren Querschnittsbereich. Nach dem Verlegen der P-Platten wurden die Decken und Träger einschließlich der Knotenbleche abschließend durch eine Aufbetonschicht monolithisch miteinander verbunden. Neben den bis zu 12,50 m weit gespannten Plattenstegen sind auch die Randträger vorgespannt; ohne zu reißen, können sie so den in den Gebäudeecken verbleibenden Schub der geneigten Stützen auffangen.

Das Stahltragwerk der umlaufenden Laubengänge, dessen Diagonalen dem Lauf des Diagrids angepasst sind, wird im Übrigen in jeder Etage von Konsolen des Haupttragwerks abgefangen.

Der Neubau der *taz* steht exemplarisch für den in den letzten Jahren in Berlin mehrfach genutzten Ansatz, schlanke Pendelstützen durch ihre Schrägstellung auch zum Abtrag der Horizontallasten zu nutzen. Im Inneren „stört“ nur wenig Tragwerk die offenen Räume und ermöglicht so auch in der Zukunft flexible Anpassungen an sich verändernde Arbeitsweisen. Außen prägt das Stützennetz eindrücklich die Fassade – Konstruktion wird Architektur.

Grundlegende Literatur

Tivadar Puskas, Kevin M. Rahner: Struktur Raum Identität. In: taz Neubau (taz Sonderausgabe, Oktober 2018), S. 34f.; H[eike] K[appelt]: Verlagsgebäude der taz in Berlin. In: structure (2019), Nr. 2, S. 22ff.; M[ariella] S[chlüter]: taz Neubau, Berlin – Das Dreieck als Tragstruktur. In: Deutsche Bauzeitschrift (2019), Nr. 10, S. 50ff.

6

DIE STADT VERSORGEN

DIE STADT VERSORGEN
Stadttechnik für Berlin

In ganz Europa wird in den im 19. Jahrhundert oft explosionsartig anwachsenden Städten der Aufbau einer zentral organisierten technischen Infrastruktur unverzichtbar. Dies betrifft nicht nur die verkehrliche Erschließung, sondern vor allem auch die Versorgung mit Wasser und Energie sowie die Entsorgung von Abwässern und Abfällen. Eine leistungsfähige Stadttechnik ist Voraussetzung für das Funktionieren jeder Großstadt. Ihre Entwicklung ist eng und oft unmittelbar mit der Industrialisierung verbunden, die sie selbst massiv vorantreibt – gilt es doch, nicht nur die städtische Bevölkerung und kommunale Einrichtungen mit Wasser, Gas und Elektrizität zu versorgen, sondern auch die über die ganze Stadt verteilten kleinen und großen Gewerbe- und Industriebetriebe.

Planung, Herstellung und Betrieb der unterschiedlichen technischen Infrastrukturen stehen nahezu durchweg unter der Ägide von Ingenieuren. Auf kaum einem anderen Gebiet wird deren elementare Bedeutung für den Aufbau moderner Stadtgesellschaften derart deutlich. Unter den verschiedenen Spezialisten ist der Bauingenieur nur einer von vielen – dem Laien rücken aber gerade die nicht selten gewaltigen Bauanlagen der Bauingenieure das Thema der „Versorgung einer Stadt“ ins Bewusstsein. Anschaulich materialisiert sich in seinen Erzeugnissen die ansonsten häufig im Verborgenen arbeitende Stadttechnik.

Die zu bewältigenden Aufgaben sind außerordentlich vielseitig und in steter Veränderung begriffen. Sie betreffen nicht nur die Errichtung der städtischen Infrastruktur, sondern mehr noch als in anderen Bereichen des Bauens auch die Aufrechterhaltung ihrer Zweckerfüllung. Stadttechnik ist in ständigem Wandel begriffen und erfordert kontinuierliche Anpassung durch Umbau, Erweiterung, Abriss und Neubau. Schnell werden eben noch wichtige Bauten obsolet. Will man sie als Zeugnis eines bestimmten historischen Zustands für kommende Generationen erhalten, verbleiben in der Regel als Möglichkeiten allenfalls ein radikaler Nutzungswechsel oder aber ihre Musealisierung. Angesichts wirtschaftlicher Zwänge und vor allem der oft immensen Ausdehnungen der Anlagen freilich sind auch diese Optionen häufig nicht einlösbar. Es kann nicht verwundern, dass deshalb auch in Berlin von den historischen Anlagen der Stadttechnik fast durchweg nur Fragmente überliefert sind.

Wasser und Abwasser

Seit es städtische Siedlungen gibt, bilden die Bereitstellung von sauberem Trinkwasser und die Entsorgung verschmutzten Wassers zentrale Herausforderungen ihrer Entwicklung. Im 19. Jahrhundert fordern die Industrialisierung und die exponentiell steigende Zuwanderung in die Städte jedoch grundlegend neue Konzepte. Zahlreich sind die zeitgenössischen Berichte darüber, dass es um 1850 in weiten Bereichen des im Zentrum so prachtvollen Berlins förmlich zum Himmel stinkt. Die hygienischen Verhältnisse sind untragbar geworden. Zwischen 1831 und 1873 wird die Stadt allein dreizehnmal von der Cholera heimgesucht, schon in der ersten Epidemie 1831/32 versterben hier nach offiziellen Angaben 1426 Menschen. Andere Krankheiten wie Typhus oder die Ruhr kommen hinzu.

Gerade in Berlin forschen weltberühmte Mediziner wie Rudolf Virchow und Robert Koch nach deren Ursachen und Behandlungsmöglichkeiten. Sie belassen es jedoch nicht nur bei der Wissenschaft, sondern entwickeln auch konkrete Vorschläge und Forderungen für eine hygienisch sichere Wasserver- und -entsorgung. Neben Hamburg wird Berlin zum Vorreiter einer modernen Wasserinfrastruktur. Ab 1852 entsteht zunächst ein zentrales Frischwasser-Versorgungsnetz. Nicht nur die grundlegenden Konzepte, sondern auch das konkrete Know-how kommen aus Großbritannien. 1856 nimmt die von Charles Fox und Thomas Russell Crampton geleitete Berlin Waterworks Company vor dem Stralauer Tor ein erstes Wasserwerk in Betrieb. Bereits vor Auslaufen der Konzession kann die Kommune 1874 sowohl das Werk als auch das 250 km lange Leitungsnetz mit 2000 Hydranten in städtischen Besitz übernehmen. Nur drei Jahre später geht am Tegeler See ein zweites Wasserwerk in Betrieb. Direktor und leitender Ingenieur bleibt der von der Berlin Waterworks Company übernommene Henry Gill, der dann ab 1887 auch die Planung und den Aufbau des dritten Berliner [87] **Wasserwerks in Friedrichshagen** am Müggelsee verantwortet. Mehr als 20 km vom Zentrum entfernt, entsteht dort die zu ihrer Zeit leistungsfähigste Anlage Europas. Über das parallel errichtete **Zwischenpumpwerk Lichtenberg** (1890–93) wird das aufbereitete Wasser in die Stadt gepumpt, um von dort über ein weit verzweigtes Rohrnetz im gesamten Stadtgebiet verteilt zu werden. Sichtbar ist davon nur wenig, noch heute zeugen jedoch zumindest manche Wassertürme und Pumpwerke von diesem elementaren Entwicklungsschritt in der Geschichte der Stadt.

Wasserwerk vor dem Stralauer Tor, 1888

Zwischenpumpwerk Lichtenberg, Maschinenhaus A, um 1893

Eng damit verbunden ist die Schaffung eines Entsorgungssystems – nicht nur für das Wasser, sondern vor allem auch für die menschlichen und tierischen Fäkalien, die noch immer entweder in „Abtritten“ hinter den Häusern oder schlicht im Rinnstein der Straßen hinterlassen werden. Ab Mitte des 19. Jahrhunderts kommen in den Städten Deutschlands und auch in Berlin erste Wasserklosetts auf. Abwasser- und Fäkalienentsorgung sind nun nicht mehr voneinander zu trennen, die Lösung der Entsorgungsfrage macht komplexe Strukturen aus Misch- und Schwemmkanalisationen erforderlich. Der Durchbruch gelingt dem Berliner Ingenieur James Hobrecht, der 1871 im Auftrag des Magistrats ein „generelles Project für die Canalisation Berlins“ vorlegt. Sein Plan teilt das Berliner Stadtgebiet in zwölf spiralförmig um das Stadtzentrum angeordnete Entwässerungsbezirke ein. In jedem dieser autarken „Radialsysteme“ fließen die Abwässer zunächst im natürlichen Gefälle durch unterirdisch verlegte Tonrohre und gemauerte Kanäle zu Pumpwerken, werden von dort aus über gusseiserne Druckleitungen an die Peripherie der Stadt gepumpt und versickern auf großflächigen Rieselfeldern. Die sukzessive Umsetzung des Konzepts ist ein beispielloser finanzieller Kraftakt: In der Kernzeit des Kanalisationsbaus (1873–90) investiert

Entwässerungsplan von Hobrecht, 1871

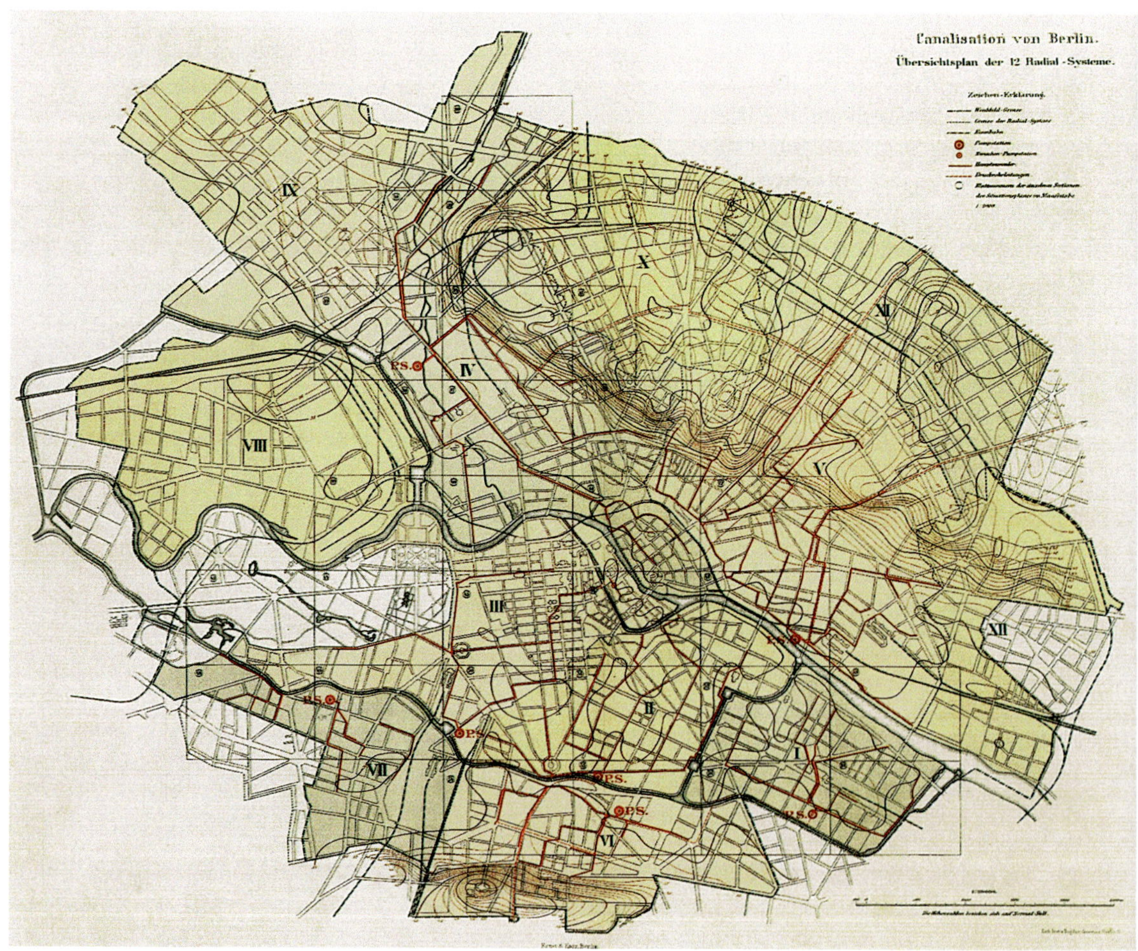

die Stadt Berlin dafür im Mittel ein Drittel ihrer jährlichen Steuereinnahmen. Das System erweist sich als äußerst erfolgreich und wird nicht nur zum Vorbild für fast alle großen deutschen Städte. Selbst in Moskau, Kairo, Alexandria und Tokio entstehen Kanalisationen nach Hobrechts Konzept.
Trotz ihrer gewaltigen Ausdehnung sind manche der Rieselflächen mit der Zeit zunehmend durch Schadstoffe überlastet; die natürliche Klärfähigkeit der Böden geht zurück. In den 1930er Jahren entstehen daher jenseits der Stadtgrenzen in Waßmannsdorf und Stahnsdorf erste Kläranlagen. Eine wesentliche Neuerung bringt die vollbiologische Klärung im neuen **Großklärwerk Ruhleben** (1956–61) im von den außerstädtischen Klärwerken abgeschnittenen West-Berlin. Ab 1957 werden dort acht [91] **Faulgasbehälter** aus Spannbeton errichtet, deren markante Form ebenso wie ihre gewaltigen Dimensionen sie auch zum architektonischen Kern der Anlage machen. Ähnlich eindrücklich sind ihre von Egon Mahnkopf gestalteten Pendants im ersten Bauabschnitt des Ost-Berliner Klärwerks in Falkenberg (1965–68). Letztere existieren schon nicht mehr – wie viele Bauten der Wasserwirtschaft sind sie bereits nach wenigen Jahrzehnten wieder obsolet geworden.

Modell der Faulgasbehältergruppe des ersten Bauabschnitts des Klärwerks Falkenberg, um 1965

Gasversorgung

Auch in der Gasversorgung ist Berlin neben Hannover einer der beiden Pioniere unter den deutschen Städten, und auch hier ist es zunächst britisches Knowhow, das den Weg bereitet. 1826 geht die von der Imperial Continental Gas Association (ICGA) am Hellweg auf dem Gelände des heutigen Prinzenbads errichtete erste Berliner Gasanstalt in Betrieb; das Ziel ist zunächst allein die Einrichtung einer Straßenbeleuchtung. Geschäft und Ausbau der ICGA liegen in Berlin in den Händen des noch in England geborenen Leonard Drory; gemeinsam mit seinen Söhnen Leonard George und Edward wird er in den nächsten Jahrzehnten maßgeblich die Entwicklung der Berliner Gasversorgung prägen. Mit dem Auslaufen der Konzession tritt die Stadt ab 1847 mit einem eigenen kommunalen Gasunternehmen in Konkurrenz zur ICGA, die daraufhin teilweise in die südwestlichen Vororte ausweicht.
Das Stadtgas wird aus Koks oder Kohle, später dann auch aus Benzin, Öl oder Erdgas gewonnen. Die für die Gaserzeugung benötigten Bauten und Anlagen sind vielfältig. Oft sind sie Experimentierfelder für neue Werkstoffe und Konstruktionsweisen. Die Dynamik der Entwicklung zeigt beispielhaft ein Vergleich zweier Retortenhäuser, in denen die zur Entgasung der Rohmaterialien eingesetzten Ofenanlagen untergebracht sind: Während Johann Wilhelm Schwedler die Öfen im ICGA-Werk am Hellweg um 1870 noch lediglich mit einem Dach zu versehen hat

Innenraum Retortenhaus der Städtischen Gasanstalt VI in Tegel, vor 1910

(vergleiche hierzu S. 102), verschmelzen Retorten und Retortenhaus 30 Jahre später in dem von Steffens & Nölle für die Städtische Gasanstalt VI in Tegel gebauten, vielfach größeren Stockwerksbau (1902–05) zu einer einzigen Einheit.

Zum Symbol der Gasanstalten schlechthin hingegen werden ihre Speicherbauten. Von Beginn an nutzt man für die Behälter aus Blechen vernietete Stahlzylinder, die von einer zweiten Tragstruktur umgeben werden. Sie dient als Führungsgerüst für die mit wechselndem Gasdruck auf- oder absteigenden Glocken und nimmt zugleich alle anfallenden Windlasten auf. Die rasch ansteigenden Dimensionen führen zu zahlreichen Neuerungen, als deren bekannteste die 1863 erstmals realisierte „Schwedlerkuppel" gelten kann (vergleiche hierzu S. 176). Als flach geneigte Kuppeln prägen die extrem leichten Konstruktionen das Bild der Speicherbauten ebenso wie das der sie umgebenden Stadt. Heute zeugt von ihnen in Berlin einzig noch das filigrane Dachgerüst des [86] **Fichtebunkers** in Kreuzberg.

Unbedingt notwendig sind die Dächer freilich nicht. Die Sorge, anders als in England könnten die strengen Berliner Fröste die ungeschützten „Wassertassen" der Dichtung gefrieren lassen, erweist sich als unbegründet, zumal sich das Wasser relativ leicht heizen lässt. Bei weniger prominenten Bauten verzichtet man deshalb schon bald auf die umgebenden Backsteinzylinder wie etwa Ende der 1860er Jahre im Gaswerk der Kgl. Technischen Artillerie-Institute in Spandau. Konsequent zu Ende gedacht ist die Reduzierung der Hülle auf ein Führungsgerüst um die Jahrhundertwende im [88] **Teleskopbehälter Mariendorf** ebenso wie im wenig später errichteten **Gasometer Schöneberg** (vergleiche hierzu S. 215). Deren bis über 70 m hoch aufragende Führungsgerüste umgeben nun drei- bis vierfach teleskopierte Stahlbehälter, die mit Fassungsvermögen von bis zu 160 000 m³ zu den größten Europas zählen.

Für die letzte Stufe der traditionellen Stadtgasspeicherung stehen die beiden 1968 ebenfalls im Gaswerk Mariendorf gebauten [92] **Kugelgasbehälter**. Aus

Städtische Gasanstalt I am Stralauer Platz, um 1900

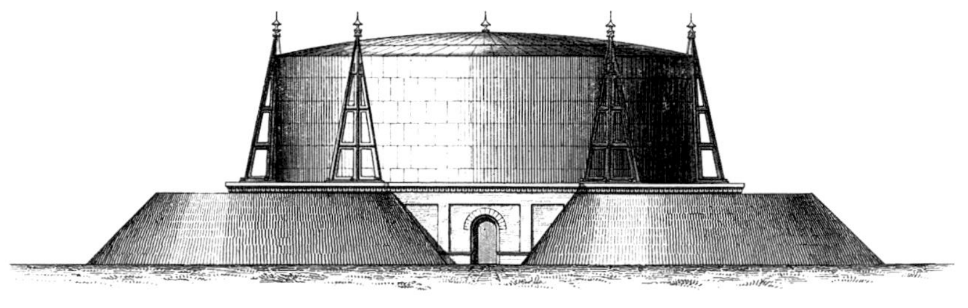

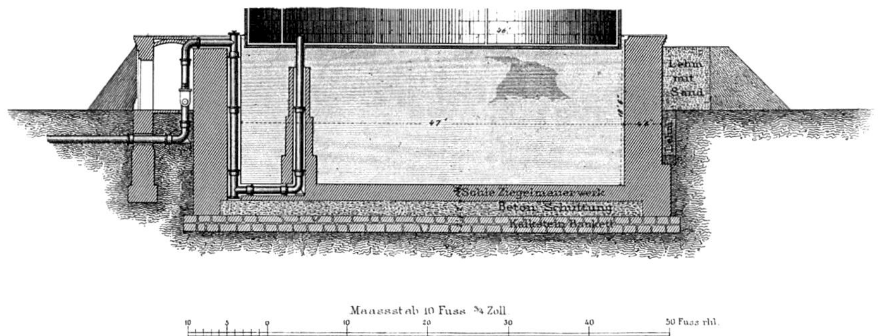

Ansicht des Gasometers und Schnitt durch das Wasserbecken der Gasanstalt für die Kgl. Technischen Institute der Artillerie in Spandau, 1869

Gründen der Versorgungssicherheit hält West-Berlin bis zur Wiedervereinigung noch am in eigenen Gasanstalten erzeugten Stadtgas fest; doch auch hier wird es schließlich vom wesentlich umweltfreundlicheren und in großen Mengen verfügbaren Erdgas verdrängt. Ein 1992 für dessen Zwischenspeicherung unter dem Grunewald in Betrieb genommener natürlicher Porenspeicher mit einem Fassungsvermögen von 1 000 000 m³ kommt nahezu ohne traditionelle bauliche Maßnahmen aus. Die Zeit der traditionellen Gasspeicher ist zu Ende, 2016 wird selbst er nicht mehr benötigt.

Elektropolis Berlin

Neben dem US-Amerikaner Thomas Alva Edison gehören die Berliner Werner von Siemens und Emil Rathenau weltweit zu den Vätern der Elektrifizierung. Um 1900 wird die Elektroindustrie zum innovativsten Bereich der Industrialisierung. Radikal verändert sie Produktion und Verkehr, in der Nachrichtentechnik legt sie die Grundlagen der modernen Kommunikation. Wie keine andere Stadt in Europa treibt die „Elektropolis" Berlin die Entwicklung voran. Zu deren Inbegriff werden die international agierenden Konzerne AEG und Siemens. Der von ihnen initiierte Aufbau einer flächendeckenden Stromversorgung verändert seit 1883 grundlegend das wirtschaftliche Leben ebenso wie den privaten Alltag in Berlin.

Zu Anfang sind es kleinräumliche Inseln in der Innenstadt, die von ersten Kraftwerken – den „Zentralstationen" – mit Strom versorgt werden. Um 1900 leitet dann die Einführung der Wechselstromtechnik den Übergang zu großräumigen regionalen und später auch überregionalen Netzen und Verbundsystemen ein.

Zentralstation Mauerstraße, um 1900

Kraftwerk Oberspree, 1896

Kraftwerk West, 1949

Die Stadt entwickelt sich zum Reallabor der Elektrifizierung, viele Innovationen werden hier erstmals in die Praxis überführt. So kommt die vom AEG-Ingenieur Michael von Dolivo-Dobrowolski entwickelte Drehstromtechnik 1896 erstmals im Berliner **Kraftwerk Oberspree** zur Anwendung, wenig später revolutioniert der seit 1902 für die AEG tätige Georg Klingenberg den Kraftwerksbau. Nach seinen Plänen geht 1907 das **Kraftwerk Rummelsburg** als erstes deutsches Dampfturbinenkraftwerk ans Netz; mit dem nach ihm benannten [89] **Kraftwerk Klingenberg** konzipiert er noch kurz vor seinem Tod das seinerzeit modernste und leistungsfähigste Wärmekraftwerk Europas. Die AEG nutzt den „Musterbau" gezielt als Werbeträger und exportiert die hier erprobte Bauweise ebenso wie die Kraftwerkstechnik weltweit.

Etwas zu Unrecht in seinem Schatten steht das unter Ägide des Siemens-Chefarchitekten Hans Hertlein ab 1929 etappenweise errichtete Kraftwerk West (heute **Kraftwerk Reuter**). Mit seiner einprägsamen Komposition aus Krafthaus und den zunächst zwei, später drei aufgesetzten Schornsteinen setzt es die dahinter stehenden Leistungen der Ingenieure eindrucksvoll ins Bild. Ähnlich starke Wirkungen erzeugen auch das zur Versorgung des neuen Ost-Berliner Zentrums errichtete **Heizkraftwerk Mitte** (1960–64) oder das unmittelbar neben der Stadtautobahn platzierte **Heizkraftwerk Wilmersdorf** (1973–77).

Zunächst eine vornehmlich privatwirtschaftliche Initiative, wird die Versorgung mit Strom nach der Bildung Groß-Berlins wie schon zuvor jene mit Gas zu einer Aufgabe der öffentlichen Daseinsvorsorge. Die 1923 gegründete Berliner Städtische Elektrizitätswerke AG (Bewag) betreibt fortan nicht nur die Kraftwerke, sondern baut auch ein wirklich flächendeckendes Versorgungsnetz auf. Vergleichbar den großen Kraftwerksbauten setzen hier die unter dem Leiter der Bewag-Bauabteilung, Hans Heinrich Müller, konzipierten Abspannwerke neue Maßstäbe hinsichtlich einer spannungsvollen Verbindung von Ingenieurkonstruktion und architektonischer Wirkung. Zumeist ihrer ursprünglichen Funktion beraubt, erinnern heute diese über das gesamte Stadtgebiet verteilten Bauten wie das [90] **Abspannwerk Wilhelmsruh** oder das 1926–28 in der Mauerstraße errichtete **Abspannwerk Buchhändlerhof** an jene Pionierzeit der Berliner Stromwirtschaft, die zwischenzeitlich zu großen Teilen längst wieder privatisiert und von den klassischen Kraftwerken zunehmend unabhängig geworden ist.

Abspannwerk Buchhändlerhof, 2010

86

FICHTEBUNKER
Unkaputtbar

C2/f3

Lage Fichtestraße 4–6, 10967 Berlin-Kreuzberg
Bauzeit [a] 1874–76; [b] 2007–10
Tragwerksplanung und Konstruktion [a] Johann Wilhelm Schwedler; [b] ingenbleek + kern
Gesamtplanung [a] Städtische Gasanstalt (Technischer Dirigent Otto Reissner); [b] ingenbleek + kern (Paul Ingenbleek)

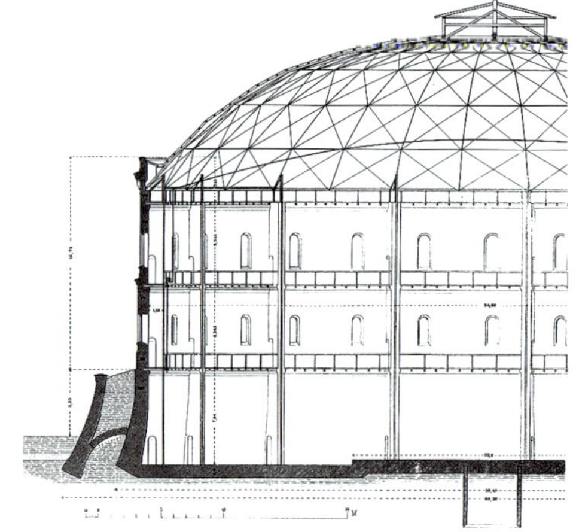

Teilquerschnitt mit Kuppel und Behälter, 1876

Nur 14 Jahre später als in London erstrahlten 1826 auch in Berlin erste Gaslaternen. Am Landwehrgraben östlich des Halleschen Tors (auf dem Gelände des heutigen Prinzenbads) hatte die „Englische Gasanstalt“ der Imperial Continental Gas Association (ICGA) ihren Betrieb aufgenommen. 1845 errichtete sie statt der bis dahin üblichen einfachen Glocken- erstmals einen auf größere Volumina ausgelegten Teleskop-Behälter. Da die Fugen zwischen dessen einzelnen Segmenten durch „Wassertassen“ abgedichtet waren, wurde er zum Frostschutz von einem Ziegelrundbau umgeben, der fortan als Muster für alle neuen Berliner Gasbehältergebäude dienen sollte. 1847 entstand in unmittelbarer Nähe eines der beiden ersten Gaswerke der neu gegründeten Städtischen Gasanstalt. Für eben dieses wurde 1874–76 der noch erhaltene Speicherbau an der Fichtestraße als erster von insgesamt vier dorthin ausgelagerten Großbehältern errichtet.

Der mächtige Backsteinkörper hat einen Innendurchmesser von gut 54 m. Mit einer Höhe von 22 m ist er auf den Höchststand der zwei über seitliche Rollen geführten Segmente des Teleskopbehälters

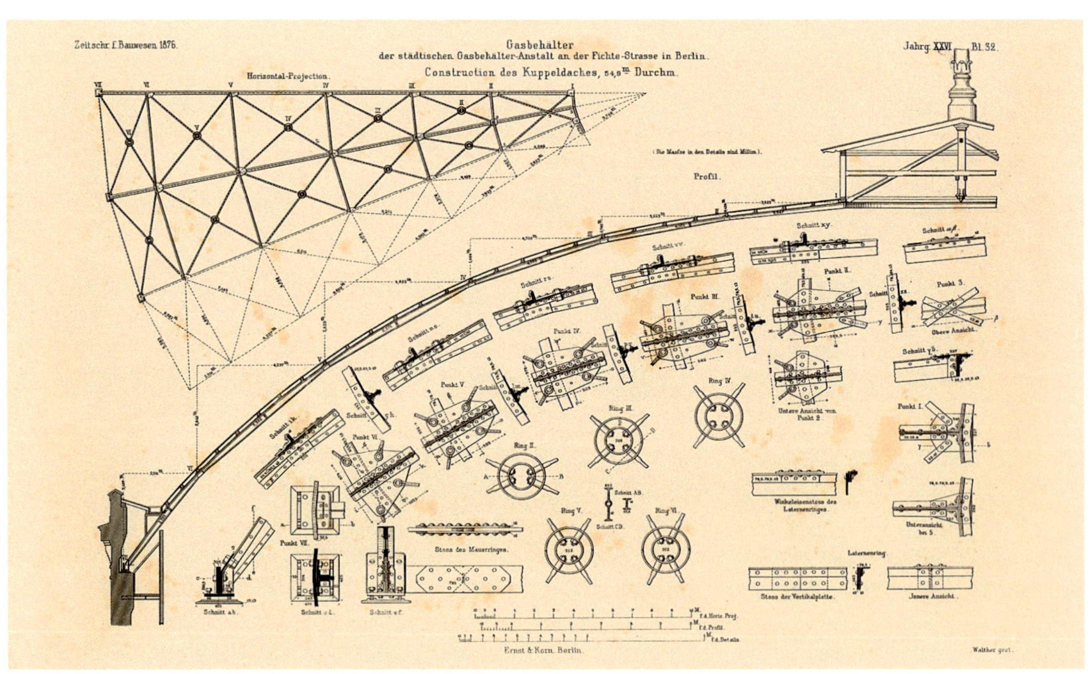

Konstruktionsdetails der Schwedlerkuppel, 1876

Grundlegende Literatur
Johann Wilhelm Schwedler: Gasbehälter der städtischen Gasbehälter-Anstalt an der Fichte-Strasse in Berlin. In: Zeitschrift für Bauwesen 26 (1876), Sp. 185ff., Atlas, Bl. 31ff.; Berlin und seine Bauten, Tl. 2. Berlin 1877, S. 209ff.; Dagmar Thorau, Gernot Schaulinski (Hg.): Geschichtsspeicher Fichtebunker. Berlin 2011

Schwedlerkuppel mit Penthouse von Südosten, 2020

ausgelegt. Als Bedachung (wie auch als Behälterdeckel) kam eine Schwedlerkuppel zur Anwendung. Für einen Speicher der ICGA an der Holzmarktstraße hatte Johann Wilhelm Schwedler 1863 erstmals diese leichten Raumfachwerke projektiert; in Abkehr von den zuvor üblichen Dachtragwerken aus unterspannten Radialrippen schuf er als kubische Rotationsparaboloide geformte Netzwerkschalen, deren Ringe und Ausfachungen sich als in die Schalenebene verlegte Unterspannung deuten lassen. Das Tragwerk war sehr leicht, an der Fichtestraße lag das Strukturgewicht bei lediglich 28,7 kg/m². Besonders vorteilhaft aber war die einfache Montage. Die Kuppel wurde fast vollständig am Boden montiert und erst dann in die finale Position gehoben. Für die Bemessung hatte Schwedler ebenfalls schon 1863 die theoretischen Grundlagen entwickelt; als zulässige Spannung kamen hier 750 kg/cm² (ca. 73,5 N/mm²) in Ansatz.

Bis 1937 speisten die Behälter an der Fichtestraße die Kreuzberger Gasbeleuchtung. 1940–42 wurde der erste Rundbau durch massive Stahlbeton-Einbauten zum Bunker umgebaut. Nach 1945 diente er unter anderem als Flüchtlingsunterkunft und Obdachlosenasyl, ab 1963 dann als Lager für die West-Berliner Lebensmittelreserve. 2007–10 entstand auf der Decke ein Penthouse mit loftartigen Wohnungen, der Bunker darunter steht heute leer und kann bei Führungen besichtigt werden.

Es waren die schweren Bunkereinbauten, die dieses Gasbehältergebäude und seine Kuppel vor dem Abriss bewahrten. Heute ist es das letzte in Berlin noch erhaltene Zeugnis eines Bautyps, der für ein Jahrhundert an vielen Stellen das Stadtbild prägte. Zudem sind vergleichbare historische Schwedlerkuppeln – mit deutlich geringeren Dimensionen – in Berlin nur noch über dem Rundlokschuppen Rummelsburg sowie dem beinahe zwei Jahrzehnte jüngeren [53] **Rundlokschuppen Pankow** erhalten.

Bunkerausbau im Inneren, um 2015

87

ALTES WASSERWERK FRIEDRICHSHAGEN

Eine saubere Sache

(D3)

Lage Müggelseedamm 301–310, 12587 Berlin-Friedrichshagen
Bauzeit 1889–99
Technische Planung Städtische Wasserwerke (Henry Gill [Oberleitung], Eduard Beer [Leitung Bau-Amt])
Gestaltung Bau-Amt der Städt. Wasserwerke (Richard Schultze)
Ausführung *Filteranlagen*: Maurermeister Tesel

Mit der Bevölkerungsexplosion nach der Reichsgründung im Jahr 1871 stieg der Wasserbedarf Berlins sprunghaft an. Zudem war wegen der zunehmenden Verschmutzung des Spreewassers die Schließung des unweit der Oberbaumbrücke gelegenen ältesten Berliner Wasserwerks am Stralauer Tor (1853–56) absehbar. 1888 fiel die Entscheidung zum Neubau eines Werks am Müggelsee in Friedrichshagen. Wegen der großen Entfernung zum Berliner Zentrum (22 km) ergänzte man es um ein Zwischenpumpwerk in Lichtenberg (vergleiche hierzu S. 281), das im Interesse einer gleichmäßigen Förderung am Müggelsee auch als Ausgleichsreservoir konzipiert wurde. In Friedrichshagen kamen von den vier geplanten Ausbaustufen zwischen 1889 und 1899 drei zur Ausführung.

Das Wasserwerk in der ersten Ausbaustufe, 1893

Sandfilter im Bau, um 1890

Die technischen Anlagen wurden in Gruppen angeordnet, die nach Funktionen getrennt waren. In Friedrichshagen waren dies neben drei Schöpfmaschinenhäusern 34 Sandfilter, drei Reinwasserbehälter und drei Maschinenhäuser für die Weiterleitung nach Lichtenberg; dort gab es neben den sechs Maschinenhäusern das Reservoir mit 14 Reinwasserbehältern. Die einzelnen Komponenten waren so miteinander zu separaten Fördersträngen vernetzt, dass verschiedene Teilbereiche unabhängig voneinander das Wasser schöpfen, aufbereiten und fördern konnten.

Sämtliche Werksanlagen entstanden als Backsteinbauten, die Maschinen- und Rieslerhäuser erhielten stählerne Dachtragwerke. Um das Gefrieren des Wassers im Winter zu vermeiden, wurden die je 2330 m² großen Sandfilter durch erdbedeckte Kreuzgratgewölbe überbaut. Auch die jeweils 2500 m³ fassenden Reinwasserbehälter sind als überwölbte Ziegelkonstruktionen ausgebildet.

Ursprünglich war das Werk in Friedrichshagen nur für die Gewinnung von Oberflächenwasser ausgelegt. 1904–09 wurde es erweitert, um auch Grundwasser aufbereiten zu können; es entstanden drei Brunnengalerien mit 350 Tiefbrunnen sowie vier Riesler zur Belüftung des gewonnenen Grundwassers. Die tägliche Förderleistung stieg hierdurch von 129 600 m³ (1899) auf 320 000 m³ (1930).

Die technischen Anlagen wurden anfänglich mit Dampfmaschinen und Kolbenpumpen betrieben und ab 1925 sukzessi-

Grundlegende Literatur

Richard Schultze: Die Hochbauten der Berliner Wasserwerke in Friedrichshagen und Lichtenberg. In: Centralblatt der Bauverwaltung 14 (1894), S. 273ff.; Berlin und seine Bauten, Bd. I. Berlin 1896, S. 306ff.; Günter Kley u. a.: Wasserwerk Friedrichshagen. Industriedenkmal und Versorgungsbetrieb 1893–1993. Berlin 1993

Rieslergebäude von Osten, 1909

ve durch Elektromotoren und Kreiselpumpen ersetzt. 1977–88 entstanden in Friedrichshagen drei völlig neue Grundwasserwerke und 1979–83 in Lichtenberg eine unterirdische Förderhalle. Die alten Teile wurden stillgelegt.

Das Wasserwerk Friedrichshagen galt seinerzeit als größtes und modernstes in Europa; gerade in Bezug auf die Versorgungssicherheit setzte es neue Maßstäbe. Gestaltet im Stil märkischer Backsteingotik und malerisch eingebettet in eine parkartige Landschaft, wurde seine besondere architektonische Qualität bereits von der zeitgenössischen Architekturkritik in seltener Einmütigkeit gewürdigt. Beide Werke sind mit der überlieferten technischen Ausstattung als Denkmale geschützt. Seit 1987 sind die alten Anlagen in Friedrichshagen als Museum öffentlich zugänglich.

Sandfilterhallen mit Kreuzgratgewölben, 2017

88

EHEMALIGER TELESKOP-BEHÄLTER MARIENDORF

Schluss mit der Verkleidung

C3/b3

Lage Im Marienpark 25/27, 12107 Berlin-Mariendorf
Bauzeit [a] 1891; [b] 1901
Technische Gesamtplanung [a], [b] Imperial Continental Gas Association
Ausführung [a], [b] *Stahlbau*: S. Cutler & Sons

Gefüllter Gasbehälter mit Führungsgerüst, 1901

1826 hatte die britische Imperial Continental Gas Association (ICGA) Berlins erstes Gaswerk in Betrieb genommen. Nach der Gründung der Städtischen Gasanstalt (1847) teilte sie sich mit ihr bis 1918 den Berliner Gasmarkt. Ihre letzte neue Gasanstalt errichtete sie zwischen 1900 und 1912 in drei Bauphasen in Mariendorf. Durch den 1906 eröffneten Teltowkanal und einen Gleisanschluss an die Dresdner Bahn verkehrlich bestens angebunden, galt sie zur Zeit der Erbauung mit einer anfänglichen Tagesproduktion von 120 000 m³ als eines der modernsten und leistungsfähigsten Gaswerke Deutschlands.

Verformung durch Spaltkorrosion am obersten Fachwerkriegel vor der Instandsetzung, um 2010

Als Speicher nutzte man einen bereits 1891 für ein Wiener Gaswerk der ICGA von der englischen Firma S. Cutler & Sons gebauten Niederdruck-Gasbehälter, der wegen des dortigen Teilrückzugs der Gesellschaft nicht mehr gebraucht wurde. 1901 ließ sie ihn demontieren und durch dieselbe Firma in Mariendorf neu aufbauen. Anders als in Berlin üblich, war er nicht von einem Mauerwerks-Zylinder, sondern nur von einem stählernen Führungsgerüst umgeben; schon 1895 hatte die ICGA erstmals einen Behälter in dieser kostengünstigeren Bauart auch in Berlin errichten lassen.

Das etwa 40 m hohe Gerüst steht auf der Wand eines gemauerten Wasserbassins von 13 m Höhe und rund 63 m Durchmesser. 24 vergitterte Kastenstützen sind durch vier umlaufende Fachwerkriegel verbunden und vollflächig durch Auskreuzungen gesichert. Die Anschlüsse wurden überwiegend genietet. In dem Bassin schwammen die drei aus vernieteten Stahlblechen gebildeten Segmente des Teleskopbehälters. Mit wachsendem Gasdruck stiegen sie nacheinander auf; angebaute Rollen führten sie entlang der Kastenstützen, die dabei sämtliche Windlasten aufnahmen. Die Dichtung zwischen den Segmenten erfolgte wie bei den geschlossenen Behälterbauten durch mitfahrende „Wassertassen". Da sie hier ungeschützt freilagen, musste das Wasser in der Wanne bei Frost durch Dampflanzen beheizt werden.

Im Zuge der Umstellung von Stadt- auf Erdgas endete 1996 die Gaserzeugung im Werk Mariendorf. Ein zweiter, 1904 durch die Berlin-Anhaltische Maschinenbau AG errichteter Behälterbau mit einem Volumen von 150 000 m³ wurde vollständig demontiert. Beim ersten entfernte man den eigentlichen Behälter, das Führungsgerüst aber blieb zusammen mit dem Bassin erhalten; schon 1995 war es unter Denkmalschutz gestellt worden. Ab 2012 erfolgte eine Grundinstandsetzung mit Erneuerung des Korrosionsschutzes.

Der Niederdruck-Gasbehälter in Mariendorf repräsentiert beispielhaft den gegen Ende des 19. Jahrhunderts erreichten technologischen Stand der Gasspeicherung. Mit einem Fassungsvermögen von 108 000 m³ galt er zur Zeit seiner Erbauung als einer der größten Gasspeicher des Kontinents. Außer von seinem direkten Nachbarn wurde er 1910 unter anderem noch von dem ebenfalls von der ICGA in ihrem Schöneberger Gaswerk erbauten Gasometer übertroffen, der 78 m Höhe und 160 000 m³ erreichte. Heute sind diese beiden Führungsgerüste die letzten erhaltenen Zeugen ihrer Art in Berlin.

→ Fußpunkt der Kastenstützen, 2020

↓ Innenraum des Führungsgerüsts mit Wasserbassin, 2020

Grundlegende Literatur

E. Körting: Die Gasanstalt in Mariendorf bei Berlin. In: Zeitschrift des Vereines Deutscher Ingenieure 45 (1903), S. 1062ff.; Berlin und seine Bauten, Teil X, Bd. A (2): Stadttechnik. Petersberg 2006, S. 26f.; Peter Bremer: Berliner Gasometer. Korrosionsschutzinstandsetzung eines Industriedenkmals. In: Bautechnik 90 (2013) S. 491ff.

89

HEIZKRAFTWERK KLINGENBERG

Think big!

D2/h3

Lage Köpenicker Chaussee 5–8, 42–45, 10317 Berlin-Rummelsburg
Bauzeit 1925–27; zahlreiche spätere Umbauten
Tragwerksplanung Kuhn & Schaim
Technische Gesamtplanung Georg Klingenberg mit Bauabteilung der AEG (Leitung: Richard Laube)
Gestaltung Klingenberg und Issel
Ausführung *Stahlbau*: G. E. Dellschau, D. Hirsch, Steffens & Nölle, Mitteldeutsche Stahlwerke, Vereinigte Stahlwerke; *Tiefbau*: Huta, Gottlieb Tesch, Wayss & Freytag u. a.

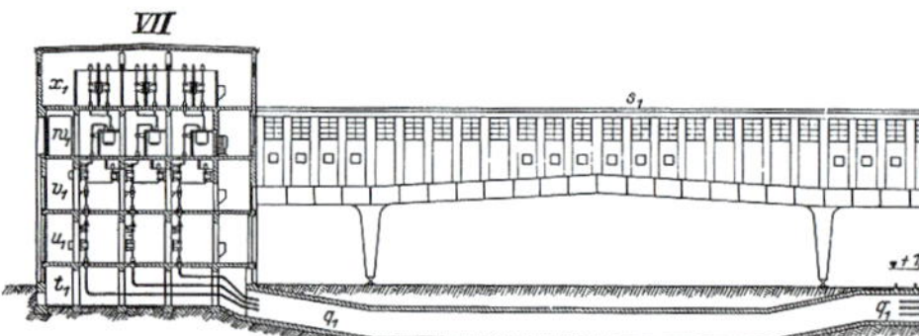

Schnitt mit Blick nach Nordwesten, mit Kohleaufbereitung (I), Kesselhaus A (II), Maschinenhaus (V), Transformatoren (VI) und 30-kV-Schalkhaus (VII), 1927

Der schnell steigende Strombedarf erzwang in den 1920er Jahren einen raschen Ausbau der Berliner Kraftwerkskapazitäten. Die Berliner Städtische Elektrizitätswerke AG (Bewag) modernisierte und erweiterte dazu vorhandene Werke wie in Moabit und Charlottenburg, vor allem aber ließ sie 1925–27 mit dem Großkraftwerk Klingenberg an der Rummelsburger Bucht in kürzester Zeit eine hochmoderne Anlage zuvor ungekannter Größe errichten. Gemeinsam mit dem wenig später entstandenen Kraftwerk West in Siemensstadt (heute Heizkraftwerk Reuter) trug sie mit ihrer Leistung von 270 MW entscheidend dazu bei, das gerade erst gegründete Groß-Berlin weitgehend unabhängig von Fernstrom-Lieferungen zu machen. Einer der größten Abnehmer war die Deutsche Reichsbahn, die seit 1928 den Strom für das Netz der zunehmend elektrifizierten Berliner Stadt-, Ring- und Vorortbahnen aus dem neuen Werk bezog.

Luftbild von Südwesten, 1927

Die schlüsselfertige Ausführung des beidseits der Köpenicker Chaussee zwischen Spree und Bahngelände angelegten Komplexes verantwortete die AEG. Ihr Vorstandsmitglied, der Pionier des modernen Kraftwerksbaus Georg Klingenberg, zeichnete für das technische Gesamtkonzept verantwortlich. Nach seinem kammförmigen „Klingenberg-Schema“ waren die einzelnen Kesselhäuser rechtwinklig zur langgestreckten Turbinenhalle angeordnet. Die mit Schiff und Bahn angelieferte Kohle wurde über mechanische Förderanlagen zur Kohlenaufbereitungsanlage transportiert, dort gebrochen, getrocknet und gemahlen, um dann als Kohlenstaub in die Feuerungsanlagen der beiden Kesselhäuser geblasen zu werden. Letztere betrieben die Turbinen, die Schalthäuser sorgten für die Verteilung des Stroms in das Leitungsnetz. Die hochwertige architektonische Gestaltung lag in den Händen von Werner Issel und Walter Klingenberg, einem Bruder

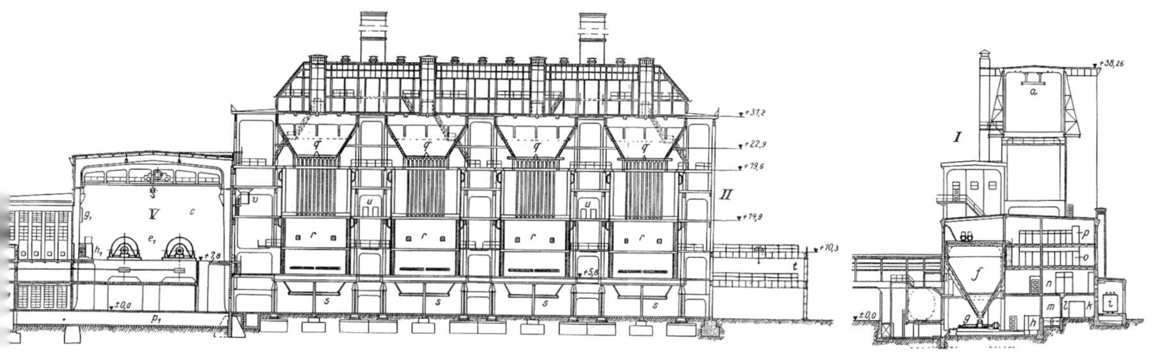

Georg Klingenbergs. Sie schufen ein Gesamtkunstwerk, in dem die sachlichen, dem Zweck angepassten Formen der großen Baukörper durch die Materialwirkung der roten Klinkerverkleidung, unterschiedliche Mauerungstechniken und expressive Details subtil belebt werden.

Das baukonstruktive Konzept unterschied deutlich zwischen den in Beton und Stahlbeton ausgeführten Tiefbauten und den Hochbauten, die konsequent als Stahltragwerke ausgebildet wurden. Die große Bandbreite der Skelett- und Rahmentragwerke, für die die Konstrukteure etwa 20 000 t Stahl verarbeiteten, demonstriert anschaulich das in den 1920er Jahren zu hoher Reife gelangte konstruktive Potenzial des Stahlbaus für Aufgaben unterschiedlichster Art in großen Dimensionen. Neben der hochaufragenden, für dynamische Beanspruchungen ausgelegten Kohlenmahlanlage beeindrucken insbesondere die klaren Strukturen der 146 m langen Turbinenhalle mit ihren knapp 26 m weit gespannten und 24 m hohen Zweigelenkrahmen sowie der in 19 m Höhe angeordneten Kranbahn für zwei 40-t-Krane. Herausragend im wahrsten Sinne waren auch die acht stadtbildprägenden, 40 m hohen Schornsteine, die als Blechkonstruktionen in 30 m Höhe auf die Kesselhäuser gesetzt wurden.

Die größte Herausforderung aber bildete die angesichts drohender Versorgungsengpässe geforderte kurze Bauzeit. Ende Juni 1925 war der Beschluss der Berliner Stadtverordneten zum Bau der Anlage gefallen, und bereits im Sommer 1927 sollte das Werk in Betrieb gehen können. Der Bauzeitenplan war extrem eng getaktet. So standen für sämtliche Gründungsarbeiten lediglich 45 Tage zur Verfügung. Die Fundamente waren indes gewaltig:

Kohlemahlanlage im Bau, 1926

Details des Stahltragwerks im Mittelgang eines Kesselhauses, 1928

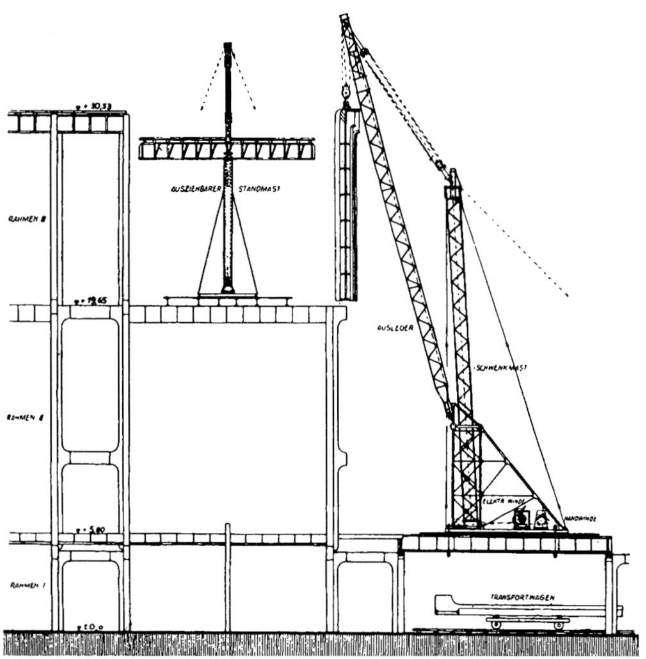

↑ Montagevorrichtung der Fa. G. E. Dellschau beim Kesselhaus A

Errichtung des ersten Zweigelenkrahmens der Turbinenhalle, 1926

Allein von den auf zuvor eingerammten Pfahlrosten gegründeten Turbinenfundamenten umfasste jedes 3000 m³ Stahlbeton – ein Volumen, das dem Inhalt eines olympischen Schwimmbeckens mit zehn 50-m-Bahnen entspricht. Größtenteils wurde rund um die Uhr im Dreischichtbetrieb gearbeitet. Im Hochbau hatte man für die Errichtung der Kesselhäuser (mit allein etwa 10000 t verbautem Stahl) nur vier Monate Zeit, für die Montage des Rahmentragwerks der Turbinenhalle gerade einmal vier Wochen. Auch die Erarbeitung der statischen Berechnungen stand unter enormem Zeitdruck. Die termingerechte Umsetzung wurde nur möglich, weil die meisten der insgesamt zehn beteiligten Stahlbaufirmen über umfangreiche Erfahrungen mit anderen großen Bauvorhaben verfügten und insbesondere für die Montage eine Reihe von ausgefeilten technischen Lösungen entwickelten. Tatsächlich konnte das Großprojekt nach weniger als zwei Jahren Bauzeit im Juli 1927 fertiggestellt werden. Der Preis freilich war hoch: Man arbeitete unter primitivsten Sicherheitsbedingungen, zahlreiche schwere und auch tödliche Unfälle begleiteten den Baufortschritt.
Georg Klingenberg, der für die AEG weltweit über 70 Kraftwerke geplant hatte, war schon 1925 im Alter von nur 55 Jahren verstorben. Dass man dem Werk anlässlich der Inbetriebnahme seinen Namen gab, bezeugt die außerordentliche Wertschätzung seiner Arbeit. Während der Schlacht um Berlin konnte 1945 die von der SS bereits vorbereitete Sprengung in letzter Minute vereitelt werden. Zwischen 1965 und 1974 wurde die Anlage durchgreifend modernisiert, die Kohlenaufbereitung stillgelegt, das Kesselhaus durch ei-

nen Neubau ersetzt und sukzessive die gesamte technische Ausstattung modernisiert; statt der acht bauzeitlichen Schlote ragten nun nur noch zwei, aber knapp 150 m hohe Stahlbetonschäfte in die Höhe. 1987 erfolgte die Umrüstung zu einem Heizkraftwerk auf Braunkohlebasis.

Bei ihrer Einweihung galt die riesige Stromerzeugungsmaschine an der Rummelsburger Bucht als das weltweit modernste und leistungsfähigste Wärmekraftwerk. Die stringente Anordnung der einzelnen Module, die sachlich-elegante Gestaltung und insbesondere auch die neuartige Steinkohlestaubfeuerung machten es über die Grenzen Deutschlands hinaus zum Vorbild einer neuen Generation von Großkraftwerken. Auf der Weltausstellung 1929 in Barcelona fand es seinen vielbeachteten Platz im Pavillon der deutschen Elektrizitatswirtschaft, in Berlin selbst wurde es zu einem zentralen Symbol für Modernität und Wirtschaftskraft der Goldenen Zwanziger Jahre. Seit 1978 ist es als Denkmal geschützt, von der ursprünglichen Bebauung sind im Wesentlichen die Bauten beidseits der Köpenicker Chaussee noch weitgehend im Original erhalten.

Turbinenhalle mit erneuerter Ausstattung, 1992

Grundlegende Literatur

Georg Klingenberg: Das neuzeitliche Elektrizitätswerk. In: Zeitschrift des Vereines Deutscher Ingenieure 69 (1925), S. 128ff.; W[ilhelm] Rein: Die Eisenbauten des Großkraftwerkes Klingenberg. In: Der Bauingenieur 9 (1928), S. 752ff.; Bewag AG (Hg.): Das Großkraftwerk Klingenberg. Beschreibung der Anlage und Beiträge von am Bau beteiligten Firmen. Berlin 1928; Thorsten Dame: Elektropolis Berlin – Die Energie der Großstadt. Berlin 2011, S. 263–298

Straßenfassade des Maschinenhauses, 2006

90

EHEMALIGES ABSPANNWERK WILHELMSRUH

Alles Müller, oder was?

B1

Lage Kopenhagener Straße 83/89, 13158 Berlin-Wilhelmsruh
Bauzeit 1925/26
Tragwerksplanung Kuhn & Schaim
Gesamtplanung Baubüro der Bewag (Leitung: Hans Heinrich Müller)

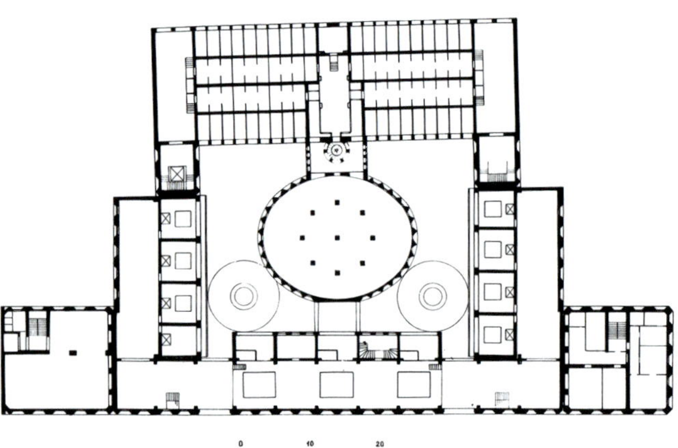

Grundriss Erdgeschoss, 1927

Drei Jahre nach der Gründung Groß-Berlins entstand 1923 die Berliner Städtische Elektrizitätswerke AG (Bewag) als kommunaler Stromversorger. Ihre wichtigste erste Aufgabe war es, ein 30-kV-Verteilungsspannungsnetz aufzubauen, das das bisherige, zunehmend unzureichende 6-kV-Netz ergänzen sollte. Als „Scharniere" zwischen den beiden Netzen dienten 14 neu zu errichtende Abspannwerke. In ihnen wurde der Strom von 30 kV „heruntergedimmt", um dann in die bestehenden 6-kV-Netze verteilt zu werden. Für das gesamte Bauprogramm zeichnete der Architekt Hans Heinrich Müller verantwortlich, der insgesamt über 40 Bauten für die Bewag verantwortete. Ihre markante Backsteinarchitektur, hinter der sich in der Regel stählerne Tragwerke verbergen, prägt noch heute an vielen Stellen das Stadtbild.

Blick von Südosten, 1927

Das Abspannwerk Wilhelmsruh entstand als die bis dahin größte Anlage nahezu zeitgleich mit den ersten beiden, bereits 1924 begonnenen Werken Kottbusser Ufer und Humboldt. Müller entwarf die Bauten, für die es keine wirklichen Vorbilder gab, auf der Grundlage technischer Vorgaben eines „Pflichtenhefts" der Bewag. Grundrissdisposition und Verteilung der Baumassen des Werks Wilhelmsruh entsprechen recht genau dem kurz zuvor geplanten Werk Humboldt: An der Straße wird die langgezogene Phasenschieberhalle beidseits von erhöhten Geschossbauten für Werkswohnungen flankiert, quer dahinter rahmen die Transformatoren einen Innenhof mit der ovalen Schaltwarte, den Abschluss bildet das rückwärtige Schalthaus mit zwei Treppenhaustürmen.

Im Einzelnen führten die vielfältigen Anforderungen zu komplizierten Gebäudestrukturen, in denen Geschosshöhen, Raumzuschnitte und Deckenlasten stark variieren. Mit der Konstruktion des Tragwerks als Stahlskelett, für das (wie auch für viele weitere Bewag-Bauten) das Ingenieurbüro Kuhn & Schaim verantwortlich zeichnete, ließ sich darauf flexibel reagieren. Vor allem das Schalthaus mit seinen Ölschalterzellen, niedrigen Kabelböden und hohen Brandschutzauflagen erwies sich als Herausforderung. Für die zum Teil extrem hohen Deckenlasten entwickelten die Ingenieure eine spezielle Konstruktion mit gestelzten Hohlsteindecken, die durch Doppel-T-Träger stabilisiert werden.

Mitte der 1990er Jahre wurde das Abspannwerk stillgelegt. 2004–08 erfolgte ein behutsamer Umbau der bereits seit 1978 als Denkmal geschützten Anlage

Innenhof mit Schaltwarte und Schalthaus nach Nordwesten, 2012

nach Plänen von Max Dudler. Seitdem dient der Baukomplex dem Stromversorger Vattenfall als Büro- und Verwaltungsbau.

Mit seiner ausgewogenen Baumassenkomposition und expressionistischen Backsteinarchitektur wurde das Wilhelmsruher Werk zu einem Markenzeichen der Berliner Bewag-Bauten. Sein funktionsgerechtes Tragwerk war technisch hoch entwickelt, stellte sich aber ganz in den Dienst der Architektur.

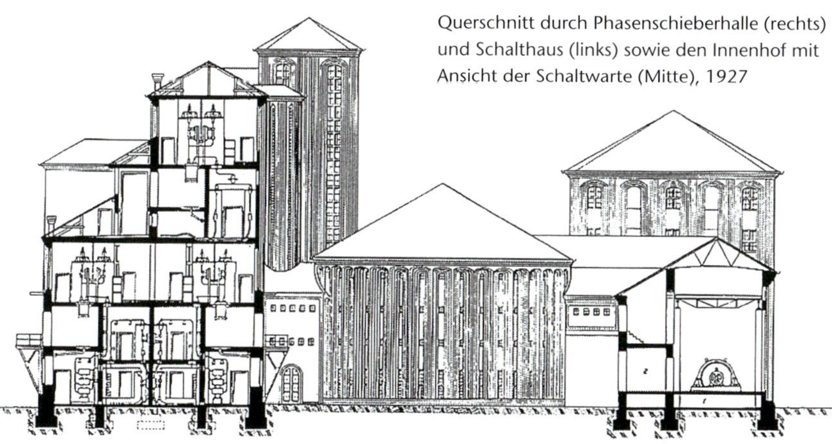

Querschnitt durch Phasenschieberhalle (rechts) und Schalthaus (links) sowie den Innenhof mit Ansicht der Schaltwarte (Mitte), 1927

Grundlegende Literatur

Paul Kahlfeldt: Die Logik der Form. Berliner Backsteinbauten von Hans Heinrich Müller. Berlin 2004, S. 101ff.; Anne Bantelmann: Das Berliner Abspannwerk Wilhelmsruh von Hans Heinrich Müller (1925/26). Mag.-Arbeit FU Berlin 2006; Thorsten Dame: Elektropolis Berlin. Petersberg 2014, S. 259f.

91

FAULTÜRME DES KLÄRWERKS RUHLEBEN

Dicke Eier mit dünner Schale

A2/a2

Lage Freiheit 17, 13597 Berlin-Spandau
Bauzeit 1957–59
Tragwerksplanung Dyckerhoff & Widmann (Leitung: Ulrich Finsterwalder)
Ausführung Dyckerhoff & Widmann

Zur grundlegenden Verbesserung der bis dahin katastrophalen hygienischen Zustände ließ die Stadt Berlin seit 1873 ein zukunftsweisendes Kanalisationssystem bauen, dessen Konzeption mit großen Namen wie James Hobrecht und Rudolf Virchow verbunden war und das bald schon zum Vorbild für viele andere deutsche Großstädte werden sollte. Die mit dem Abwasser anfallenden Schlämme entsorgte man zunächst auf großflächigen, zumeist jenseits der Stadtgrenzen gelegenen Rieselfeldern. Angesichts ihrer Kapazitätsgrenzen gingen in den 1930er Jahren zwei Klärwerke in den südlich von Berlin gelegenen Gemeinden Stahnsdorf und Waßmannsdorf in Betrieb. Nach der Teilung verfügte der Westteil der Stadt damit weder über ein Klärwerk noch über ausreichende Verrieselungsflächen. Ende der 1950er Jahre begann deshalb der zügige Aufbau eines Großklärwerks auf dem Gelände der ehemaligen Trabrennbahn Ruhleben.

Zentraler Bestandteil der 1963 eröffneten Anlage waren acht durch Bedienungsstege verbundene Faultürme mit einem Fassungsvermögen von jeweils 6600 m^3. In ihnen faulte der zuvor in verschiedenen Becken abgelagerte Schlamm aus und wurde dann entwässert, um ihn der weiteren Verarbeitung, etwa als Düngemittel, zuzuführen. Das anfallende Methangas nutzte man zum Betrieb der Einrichtung.

Die 37,40 m hohen Behälter entstanden nach einem kurz zuvor von Ulrich Finsterwalder ersonnenen Verfahren als Spannbetonschalen mit Wandstärken zwischen 25 und 60 cm. Ihre neuartige Eiform ermöglichte einen nahezu störungsfreien Membranspannungszustand und vermied zugleich Knickstellen, in denen sich Schlamm ablagern könnte. Ausgehend von einem unteren, in die Erde eingelassenen Kegel mit Fundamentring erfolgte die Herstellung in vertikaler Richtung in vier Abschnitten. Diese waren in jeweils sechs Segmente unterteilt, die nacheinander mit Hilfe eines im Kreis verfahrbaren Gerüsts betoniert wurden. Jedes Segment war mit in Hüllrohren geführten Spannstäben von 26 mm Durchmesser versehen, die sukzessive über Muffen verbunden und gegen die bereits fertiggestellten Segmente angespannt wurden. Die so erzeugte durchgehende Vorspannung sorgt dafür, dass der Betonmantel für alle Füllungszustände unter Druck steht und dicht bleibt. Abschließend wurde eine mit Eternittafeln verkleidete Dämmschicht aufgebracht, um den Faulprozess störende Temperaturschwankungen zu begrenzen.

Mit der Inbetriebnahme einer Schlammverbrennungsanlage verloren die Faultürme 1985 ihre ursprüngliche Aufgabe und werden seitdem lediglich noch als Zwischenspeicher genutzt.

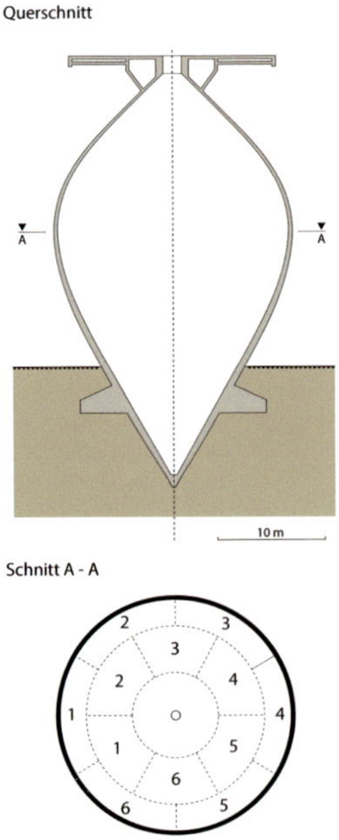

Querschnitt und Horizontalschnitt mit den Segmenten der unteren Betonierabschnitte

← Herstellung der Segmente des zweiten Betonierabschnitts des ersten Behälters, 1957

Herstellung der Segmente des dritten Betonierabschnitts der ersten beiden Behälter, 1957

Streng aus der Logik von Funktion und Konstruktion entwickelt, prägen sie als bei weitem umfangreichstes Ensemble aus der Frühzeit dieser häufig verwendeten Bauform dennoch weiterhin das Gelände des kontinuierlich sich verändernden Ruhlebener Klärwerks.

Grundlegende Literatur

Richard Krause: Die Stahlbetonarbeiten für das Klärwerk Ruhleben. In: Beton 11 (1961), S. 385ff.; H[elmut] Bomhard: Faulbehälter aus Beton. In: Bauingenieur 54 (1979), S. 77ff.; Berlin und seine Bauten, Teil X, Bd. A (2): Stadttechnik. Petersberg 2006, S. 170ff., 371f.

Blick von Südosten, 2020

92

KUGELGASBEHÄLTER MARIENDORF

Unter Hochdruck

C3/b3

Lage Altes Gaswerk Mariendorf 3, 12107 Berlin-Mariendorf
Bauzeit [a] 1968; [b] 1982
Ausführung [a] Pintsch Bamag AG

Baustelle des ersten „Schwesterbauwerks" in Charlottenburg, 1973/74

Luftbild von Südosten, 1996. Die älteren Niedrigdruck-Behälter auf der linken Seite verfügten etwa über das gleiche Speichervolumen wie die Kugelbehälter.

Nach der sowjetischen Berlin-Blockade 1948/49 baute man in West-Berlin zügig eine weitestgehend autarke Energieversorgung auf. Die Produktion von Stadtgas konzentrierte die GASAG als städtischer Gasversorger in den 1950er und 1960er Jahren auf zwei Großstandorte in Charlottenburg und Mariendorf. Mit der wachsenden Gaserzeugung mussten auch die Speichervolumina erweitert werden. Mehr als ein Jahrhundert lang hatte man dafür in Berlin Niederdruck-Teleskopbehälter genutzt, zunächst ummauert, später in freistehenden Führungsgerüsten. Auch in dem nun von der GASAG betriebenen Werk in Mariendorf standen bereits zwei 1901 und 1904 für die britische Imperial Continental Gas Association (ICGA) errichtete [88] **Teleskopbehälter**.

Für die neuen Speicher am Standort Mariendorf entschied sich die GASAG nun für zwei mit deutlich höherem Druck zu befüllende Kugelgasbehälter. Ihre Vorteile lagen im geringeren Raumbedarf bei deutlich größerem Speichervolumen, niedrigeren Baukosten und geringerem Wartungsaufwand. Zudem konnte das Gas ohne Umformung mit dem Erzeugungsdruck in die Behälter eingespeist werden. In anderen Teilen Deutschlands hatte die Bauweise bereits seit Beginn der 1930er Jahre Anwendung gefunden; anfänglich noch genietet, wurden die Hochdruck-Kugelgasbehälter seit den 1950er Jahren üblicherweise geschweißt.

Im Mariendorfer Werk gingen die beiden neuen Behälter 1969 in Betrieb. Mit einem Volumen von je 16 400 m^3 konnten sie bei einem maximalen Betriebsdruck von 8,85 bar jeweils nahezu 150 000 m^3 Stadtgas aufnehmen; die Speicherkapazität der Anlage vergrößerte sich dadurch auf mehr als das Doppelte.

Die Konstruktion besteht aus verschweißten Blechen von sphärischer Krümmung, für die man in der ersten Bauphase die Stahlgüte St E 51 wählte. Da der Innendruck durch die Kugelform überall gleich ist, ließen sich die Blechstärken bei einem Durchmesser von 31,50 m auf lediglich 30 mm beschränken. Der Lastabtrag in die Fundamente erfolgt über jeweils 15 im unteren Drittel angeschweißte V-förmige Stützenpaare. Die beiden Wartungsstege wurden durch einen gemeinsamen Treppenturm erschlossen.

Wegen starker Schäden aus Spannungsriss-Korrosion mussten beide Kugeln bereits 1982 vollständig erneuert werden;

als ursächlich ermittelte man die chemische Zusammensetzung des bereits odorierten feuchten Stadtgases. Für die neuen Behälter kam der Spezialstahl TT St E 47 zur Anwendung, die Schweißung erfolgte unter strengen Qualitätskontrollen. Mit der Umstellung von Stadt- auf Erdgas wurde das Gaswerk Mariendorf knapp 15 Jahre später stillgelegt. Bis 2006 dienten die beiden Behälter noch als Reservespeicher, gegenwärtig sind sie ungenutzt. Gemeinsam mit dem unmittelbar benachbarten, als Teleskop im Führungsgerüst ausgebildeten [88] **Teleskopbehälter Mariendorf** von 1901 verdeutlichen die beiden Kugelgasbehälter anschaulich die Entwicklung der Technologie der Gasspeicherung, wie sie vor allem für städtische Gaswerke typisch war. Seitdem ihre in den 1970ern errichteten „Schwestern" im ehemaligen Gaswerk Charlottenburg 2007 demontiert wurden, sind sie die letzten ihrer Art in Berlin.

Blick von Nordwesten, 1972

Blick von Südwesten, 2020

Grundlegende Literatur

Herbert Gutsche: Betriebserfahrungen im Kugelgasbehälterbau unter Berücksichtigung neuer Werkstoffe. In: GWF – Das Gas- und Wasserfach 120 (1979), S. 319ff.; Horst-Dieter Schmidt: Schäden am Hochdruck-Kugel-Gasbehälter in Berlin. In: GWF – Das Gas- und Wasserfach (1984), S. 7ff; Berlin und seine Bauten, Teil X, Bd. A (2): Stadttechnik. Petersberg 2006, S. 48f., 332f.

NEUES AUSPROBIEREN

NEUES AUSPROBIEREN
Die Vielfalt kreativer Impulse

Die Ingenieure sollen leben!
In ihnen kreist der wahre Geist der allerneusten Zeit!
Dem Fortschritt ist ihr Herz ergeben,
Dem Frieden ist hienieden ihre Kraft und Zeit geweiht!

Im Jahr 1871 eröffnet Heinrich Seidel mit den obigen Zeilen die letzte Strophe seines bekannten „Ingenieurlieds". Gerade erst ist das Deutsche Reich gegründet worden, die Zukunft erscheint rundum verheißungsvoll. Der optimistische Glaube an die Segnungen des Fortschritts prägt nicht nur Seidels Gedicht – er wird in der kommenden technokratischen Hochmoderne eine ganze Epoche prägen.

Eines ihrer bestimmenden Kennzeichen ist der von Seidel als Kern des Ingenieurwesens besungene „Geist der allerneusten Zeit": die Jagd nach der Novität, nach der Innovation. Dass der Impetus, etwas noch nie Dagewesenes in die Welt zu setzen, den Ingenieuren gleichsam innewohnt, spiegelt sich bereits in ihrer Berufsbezeichnung wider. Der Begriff „Ingenieur" leitet sich über das lateinische „ingenium" (Begabung, (angeborene) Fähigkeit, Talent) vom urindogermanischen Wortstamm „*ǵenh$_1$-" ab; dieser liegt etwa auch dem Wort „Genie" zugrunde und bedeutet nichts Geringeres als „zeugen, hervorbringen, gebären". Dem Ingenieur wohnt also *per definitionem* die Fähigkeit inne, Neues zu erschaffen.

Heinrich Seidel (1842–1906), um 1890

Ausgehend von aktuellen Erkenntnissen insbesondere in Natur-, aber auch manchen anderen Wissenschaften, entwickelt er technische Systeme, die das Leben der Menschen in irgendeiner Art voranbringen sollen. Ein möglicher und gerne verwendeter Maßstab für den Innovationsgrad solcher Vorstöße in unbekanntes Terrain ist der Superlativ. Bei der bis dato längsten Brücke, dem höchsten Bauwerk seiner Zeit oder der am weitesten gespannten Halle ihrer Art ist die besondere Leistung klar ersichtlich. Häufig bleibt sie dann tatsächlich auch mit dem Namen des verantwortlichen Ingenieurs verknüpft. Ein gutes Beispiel hierfür ist gerade Heinrich Seidel. Die in Deutschland zuvor noch nicht gesehenen Dimensionen der von ihm verantworteten Hallenkonstruktion des Anhalter Bahnhofs (1876–80) führen dazu, dass sein Name heute noch geläufig ist – ungeachtet dessen, dass er seine Ingenieurkarriere direkt danach zugunsten der Schriftstellerei an den Nagel hängt.

Neben der Bewältigung der vielschichtigen Aufgaben in den Kategorien der einzelnen Kapitel hat die neu erreichte Dimension als Kriterium für die Bewertung von Ingenieurleistung in der Auswahl für diesen Führer durchaus ihren Niederschlag gefunden. Die Bandbreite ingeniöser Innovation ist jedoch weit größer, und sie findet sich auch in Bereichen und Objekten, die sich dem hier entwickelten Ordnungsschema nicht stimmig zuordnen lassen. Zumindest einem Teil dieser Vielfalt kreativer Impulse der Bauingenieure soll im Folgenden eine Plattform geboten werden.

Trial and Error: Versuchs- und Demonstrationsbauten

Die wohl prägnanteste Materialisierung baulicher Innovationen sind Bauwerke, deren vorrangiger Zweck darin liegt, neuartige Bautechniken und -stoffe oder technische Systeme intensiv zu erkunden und vielleicht auch einer größeren Zahl von Nutzern vorzustellen. Viele solcher Versuchsbauten wie etwa der Anfang der 1940er Jahre errichtete [96] **Schwerbelastungskörper** können aufgrund ihrer Aufgabe recht eindeutig dem Bauingenieurwesen zugewiesen werden. Vorrangiges Ziel ist hier die Evaluierung der praktischen Möglichkeiten zur Realisierung gigantischer Bauwerke mit einer für den Berliner Baugrund bislang noch nicht dagewesenen Bodenpressung, wie sie im Rahmen von Albert Speers berühmt-berüchtigter Nord-Süd-Achse umgesetzt werden sollten.

Weniger auf die Gewinnung als vielmehr die Etablierung oder auch Vermarktung neuer Technologien sind hingegen Demonstrationsbauten ausgerichtet. Anschaulich demonstriert dies die 1957 auf dem Gelände der Interbau nahe der Siegessäule über einer Grundfläche von 52 × 102 m errichtete Ausstellungshalle für die Begleitschau „Die Stadt von morgen“. Ihre spektakuläre Dachkonstruk-

Pavillon der Ausstellung „Die Stadt von morgen“, 1957

Querschnitt Kornversuchsspeicher, 1899

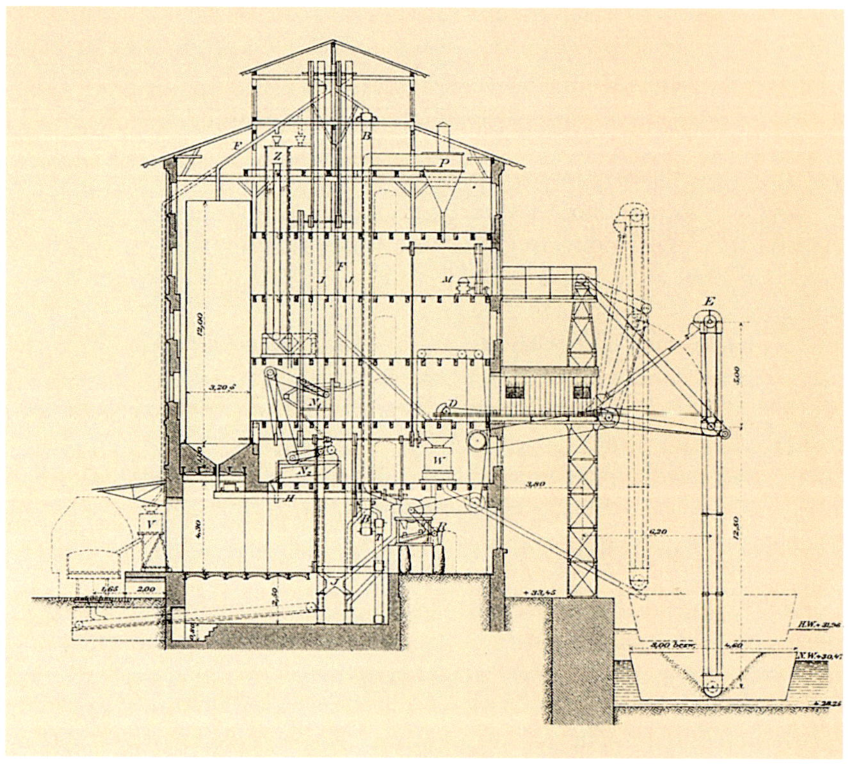

tion basiert auf dem vom gelernten Maschinenbauingenieur Max Mengeringhausen ersonnenen MERO-System, dem mit diesem Bauwerk der eigentliche Durchbruch gelingt.

Andere experimentelle Bauwerke wie der 1897/98 als traditioneller Backsteinbau in der heutigen Europacity am Berlin-Spandauer Schifffahrtskanal errichtete **Kornversuchsspeicher** bewegen sich im Grenzgebiet zwischen Bauingenieurwesen und Gebäudetechnik. Der primäre Zweck dieses 1915 noch einmal in Stahlbeton erweiterten „Versuchs-Kornhauses auf dem Hamburger Bahnhofe" liegt nicht in der Erprobung neuartiger Konstruktions- oder Baumethoden für den Silobau, sondern in speziellen Untersuchungen zur optimierten Lagerung von Getreide und der in diesem Zusammenhang benötigten Maschinentechnik. Die Erprobung von Haustechnik – in diesem Fall Heizungs-, Lüftungs-, Sanitärtechnik für Hochhäuser – ist auch der Hauptgrund für den Ende der 1970er Jahre ausgeführten Bau eines Versuchsturms auf dem Gelände des Labor- und Experimentalkomplexes der Bauakademie der DDR im heutigen Ortsteil Alt-Hohenschönhausen. Das Mitte

Portland-Cement-Haus nach Umbau, 1926

der 1990er Jahre mit dem gesamten Bauakademie-Gelände dem Erdboden gleichgemachte Gebäude dient während der Bauphase zugleich der Verfeinerung des beim heutigen [71] **Hotel „Park Inn"** erstmals in der DDR in großem Maßstab eingesetzten Vollgleitbaus.

Entwurfszeichnung zum HLS-Versuchsturm der Bauakademie, 1976

Bei Versuchs- und Demonstrationsbauwerken des Hochbaus, insbesondere des Wohnungsbaus, geht es häufig um die Erprobung anderweitig bereits verwendeter Baustoffe oder konstruktiver Konzepte, und nicht selten sind hier die Übergänge zum „Hoheitsgebiet" der Architektur fließend. Das 1900/01 in der Karlshorster Dönhoffstraße errichtete **Portland-Cement-Haus** zeigt zudem in anschaulicher Weise die Verquickung mit wirtschaftlichen Interessen. Das komplett aus Beton hergestellte Haus dient dem Verein deutscher Portland-Cement-Fabrikanten als Laborgebäude, zugleich aber demonstriert es als repräsentativ ausgestalteter Vorstandssitz das breite Anwendungsspektrum des neuen Baustoffs am praktischen Beispiel. Schon 30 Jahre zuvor hat ein ganz ähnlicher Impetus den Bau der [93] **Schlackebetonhäuser der Victoriastadt** veranlasst.

In eine etwas andere Richtung gehen die Absichten beim 1926/27 erstellten **Atelierhaus** des bedeutenden Berliner Architekturbüros Brüder Luckhardt und Anker in Dahlem. Als Bestandteil der auf ihre Initiative hin in mehreren Etappen seit 1925 entwickelten **Versuchssiedlung Schorlemerallee** demonstriert es nur eine Spielart der hier vorgeführten Vielfalt neugedachter Technologie für den Wohnungsbau. Entstanden unter Mitwirkung der innovativen Baufirmen Torkret GmbH und Breest & Co., unterstreicht die mit Bimsbetonplatten ausgefachte und mit Spritzbeton vergossene Stahlskelettkonstruktion besonders nachdrücklich die oft auch technologisch wertvollen Impulse in den zahlreichen Experimentalbauten der Architekturavantgarde. Wichtige Themen jener Jahre wie Vorfertigung und Systematisierung werden in seltener Kontinuität auch mehr als ein halbes Jahrhundert später noch aktuell sein, stellvertretend in diesem Buch repräsentiert

Atelierhaus des Architekturbüros Brüder Luckhardt und Anker im Bau, 1926, und fertiggestellt, 1927

durch drei innerhalb eines Jahrzehnts um 1980 entstandene Experimentalbauten sehr unterschiedlichen Charakters: das ehemalige [98] **EGKS-Versuchswohnhaus**, das Kreuzberger [84] **Wohnregal** sowie den Erweiterungsbau des [100] **Museums für Kommunikation**.

Dienstleister oder Partner? Neue Wege in der Zusammenarbeit mit Architekten

Umlauf- und Kavitationstank der Versuchsanstalt für Wasserbau und Schiffbau der TU Berlin, 2014

Mit der Herausbildung des modernen Bauingenieurs im Verlauf des 19. Jahrhunderts stellten sich zwangsläufig zahlreiche Fragen zum Verhältnis dieser neuen Berufsgruppe zu den anderen zentralen Akteuren in der Planung von Bauwerken. Eine besondere Rolle kommt hierbei den Architekten zu, deren modernes Berufsverständnis sich parallel und in stetiger Auseinandersetzung mit jenem der Ingenieure neu konturiert. Wie bei „Halbgeschwistern" nicht anders zu erwarten, suchen beide Seiten oft vor allem die Abgrenzung. Zugleich gibt es aber immer wieder auch Beispiele intensiver Kooperation. Gerade nicht umgesetzte Planungen wie jene für einen spektakulären „Thermenpalast" aus dem Jahr 1928 verdeutlichen oft besonders anschaulich, dass das Bauingenieurwesen den innovationsfreudigen Architekten manche wichtige Anregung verdankt.

Nicht selten ist es deren Wunsch nach der Aufsehen erregenden Form, der Ingenieure bei Bauten wie dem **Umlauf- und Kavitationstank der Versuchsanstalt für Wasserbau und Schiffbau der TU Berlin** (1969–74), dem **Ludwig-Erhard-Haus** (1994–97) oder dem jüngst eröffneten **Axel-Springer-Neubau** (2016–2019) dazu zwingt, Neues zu wagen. Weit häufiger äußert sich qualitätvolle Zusammenarbeit aber erst auf den zweiten Blick. Man denke nur an die Architektur der „Klassischen Moderne". Deren besondere Bedeutung für und in Berlin ist nicht zuletzt durch die Aufnahme von sechs Siedlungen der „Berliner Moderne" in das Unesco-Welterbe nachdrücklich bestätigt worden. Wenig beachtet wurde bisher allerdings, dass sich schwerlich eine zweite Stadt finden lassen dürfte, in der derart viele und qualitätvolle Beispiele für die gegenseitige Befruchtung von Architektur und Ingenieurbau aus ebenjener Epoche zu finden sind. Die [31] **ehemalige AEG-Turbinenhalle** kann hier als eines der wohl be-

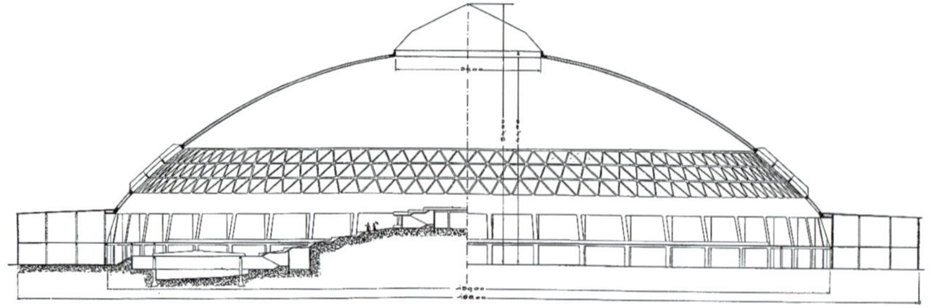

Entwurf „Thermenpalast" mit Stahlbetonkuppel, 1928

Ev. Kirche Schönow-Buschgraben, 2020

deutendsten Beispiele überhaupt gelten. Der mit ihr verbundene Name Peter Behrens überstrahlt eine ganze Reihe weiterer herausragender Vorkämpfer für die kreative Verbindung von Architektur und Ingenieurbau – genannt seien nur die Arbeiten von Alfred Grenander für Hoch- und Untergrundbahnen, die unter der Ägide Hans Hertleins erstellten Siemensbauten oder die unter der Leitung von Hans Heinrich Müller entwickelten Bauwerke der Bewag.

Dass die Genannten sämtlich Architekten sind, ist kein Zufall. Scheinbar unveränderlich ist dies vielmehr ein immer wiederkehrendes Kennzeichen öffentlicher Rezeption kooperativ erarbeiteter Werke des Bauwesens. Die Namen der beteiligten Bauingenieure bleiben im Dunklen, obgleich ohne ihre intensive Mitwirkung ein großer Teil der neuartigen Raum- und Formschöpfungen von Architekten lediglich auf dem Papier existieren würde. Sie dem Vergessen zu entreißen, ist eine der Aufgaben dieses Führers. Stellvertretend für so viele sei nur der hierzulande völlig unbekannte Iţic Haber-Schaim genannt, dessen Offenheit gegenüber den Ideen des Architekten Otto Bartning längst nicht nur im Fall der [94] **Gustav-Adolf-Kirche** zu überraschenden Ergebnissen führt.

Dass der Sakralbau im Kontext der Verschmelzung von Architektur und Ingenieurbau zumeist zu Unrecht übersehen wird, mag noch die 1960–63 unter Mit-

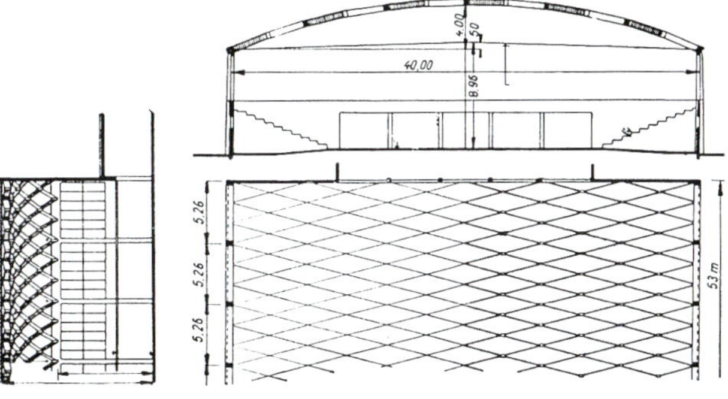

Sporthalle Schöneberg, errichtet 1952–54, Schnitte und Grundriss

wirkung des bedeutenden Vordenkers Frei Otto erbaute **Ev. Kirche Schönow-Buschgraben** demonstrieren. Dieses Kleinod ist nur ein besonders anschauliches Beispiel dafür, dass sich gemeinsames „neu Denken" in allen Arten von Bauaufgaben zeigen kann, seien es die in Berlin zahlreichen Beispiele bemerkenswerter Sporthallen, ungewöhnliche Wohnbauten wie die [99] **Autobahn-Überbauung Schlangenbader Straße** oder die zahllosen Forschungseinrichtungen der Stadt, die in diesem Band unter anderem durch den [95] **Trudelwindkanal** in Adlershof repräsentiert werden.

Bauphysik, Anlagentechnik, natürliche Baustoffe – die Wiederentdeckung der Nachhaltigkeit

Der unorthodox geformte Baukörper ist Teil eines nur fragmentarisch erhaltenen, aber immer noch eindrucksvollen Ensembles außergewöhnlicher Betonschalen-Konstruktionen aus den 1930er Jahren. Die teilweise fremdartige Formgebung ist Ausdruck der sehr spezifischen Aufgaben, für die sie konzipiert wurden. Lediglich gut fünf Gehminuten entfernt stößt man mit den ehemaligen **Thermokonstanten Kugellaboren** (1959–61) der Akademie der Wissenschaften der DDR auf zwei weitere erstaunliche, rund 25 Jahre jüngere Betonschalen. Sie sollten vor allem eine möglichst konstante Temperatur im Inneren gewährleisten und verweisen damit auf ein oben bereits kurz angerissenes Themenfeld, das in jüngerer Zeit kontinuierlich an praktischer Bedeutung und wissenschaftlicher Eigenständigkeit im Bauen gewonnen hat: die Bauphysik und der mit ihr verbundene Bereich der gesamten Haustechnik.

Längst geht es dabei nicht mehr nur um grundlegende Ansprüche an Behaglichkeit oder feuchtetechnisch dauerhafte Bauweisen. Immer wieder gilt es etwa, Gebäude

Thermokonstante Kugellabore, 2010

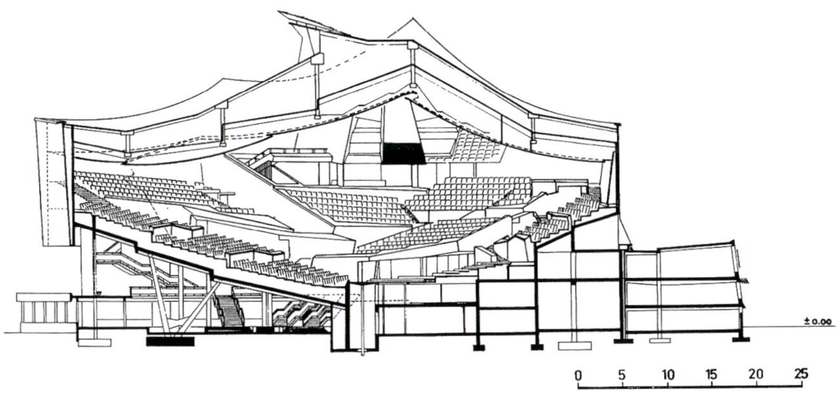

Philharmonie, Längsschnitt

auf sehr spezielle bauphysikalische Anforderungen auszulegen. So treten etwa im Bereich der Wärmeregulierung an die Stelle der althergebrachten lokalen Eiskeller im großstädtischen Maßstab nun Spezialbauten wie das ehemalige [77] **Eierkühlhaus** am Osthafen, in dem neueste Anlagentechnik mit konsequenter Wärmedämmung verbunden ist. Im Bereich des Schalls gibt es einerseits den beispielsweise in der Außenwandkonstruktion des [66] **Ullsteinhauses** materialisierten Versuch zur Reduzierung der Lärmabgabe aus dem Gebäudeinneren nach außen. Eine besondere Herausforderung ist andererseits speziell bei Konzert- und Theatersälen die weitgehende Ausschaltung des Lärms von außen in einen Innenraum unter gleichzeitiger Optimierung seiner eigenen klanglichen Eigenschaften. Zahlreich sind gerade in Berlin die Beispiele, in denen stets neuartige Lösungsansätze zum Einsatz kommen. Das berühmteste ist sicherlich die 1960–63 gebaute Berliner **Philharmonie**, die Auswahl fiel für diesen Band jedoch auf das in der Frühphase des Kalten Krieges erstellte Ost-Berliner [97] **Rundfunkzentrum Nalepastraße** und die erst vor kurzem abgeschlossene [103] **Nachhallgalerie der Staatsoper** Unter den Linden.
Die heute und in Zukunft unbestritten wichtigste Aufgabe von Bauphysik und Anlagentechnik aber liegt in der Reduzierung der Energie- und Rohstoffflüsse bei Bau, Betrieb und Rückbau neuer wie bestehender Bauten. Künstliche Klimatisierung soll, wie beim [72] **GSW-Hochhaus**, selbst bei großen Bürohäusern mittels intelligenter Belüftungssysteme weitgehend überflüssig werden. Der nachwachsende Rohstoff Holz wird als Baumaterial des konstruktiven Ingenieurbaus neu entdeckt und bildet etwa bei der [101] **Landesvertretung von Nordrhein-Westfalen** einen von zahlreichen Bausteinen für mehr Nachhaltigkeit im Bauwesen. Das Ziel sind nicht mehr Null-, sondern Plus-Energie-Häuser, die – wie das [102] **Effizienzhaus Plus** – mehr Energie erzeugen als sie verbrauchen und zugleich aus Komponenten aufgebaut sind, die sich am Ende ihres Lebenszyklus im Idealfall weitgehend in neue Kreisläufe des Bauens überführen lassen. Welche Wege zu einem wirklich nachhaltigen Bauen das „Green Engineering" zwischen künstlicher Intelligenz und ausgefeilter Anlagentechnik, neuen Materialien und natürlichen Baustoffen aber auch finden mag, sicher ist eines: Für die Lösung der damit verbundenen und weiterer, noch ungeahnter Aufgaben werden weiterhin möglichst kompetente Bauingenieure Verantwortung übernehmen müssen. Ihre Bereitschaft, ausgetretene Pfade zu verlassen und Neues auszuprobieren, wird dabei stets aufs Neue gefragt sein.

93

SCHLACKEBETONHÄUSER DER „COLONIE VICTORIASTADT"

Die Zeit war noch nicht reif

D2/h2

Lage Spittastraße 38A & 40, Türrschmidtstraße 17, Nöldnerstraße 19, 10317 Berlin-Rummelsburg
Bauzeit 1872–75
Tragwerksplanung Berliner Cementbau AG (Leitung: Alexis Riese)
Ausführung Berliner Cementbau AG

Werbeanzeige (um 1870) mit Darstellung von Charles Drakes patentiertem „Concrete builder", der auch in der Victoriastadt zum Einsatz kam

Unweit ihrer Woll- und Plüschwarenfabrik richteten die Brüder Anton und Alfred Lehmann im Jahr 1871 in der Gürtelstraße 26 im damaligen Friedrichsberg eine „Versuchsstation für Concretbau" ein. Dort sollten die ökonomischen und bautechnischen Möglichkeiten für den Bau von Häusern mit dem noch jungen Baustoff Beton untersucht werden. Nach dem erfolgreichen Bau eines Versuchshauses gründeten die Brüder die „Berliner Cementbau-Actien-Gesellschaft" und erwarben jenseits der Ringbahn ein Grundstück, um dort auf der „grünen Wiese" Arbeiterwohnungen zu realisieren. Der Bebauungsplan für diese „Colonie Victoriastadt" sah insgesamt 200 Betonhäuser vor.

Der zuvor eigens zu Studienzwecken nach England gereiste Alexis Riese konzipierte als Direktor der Berliner Cementbau AG standardisierte Typenbauten nach dem Vorbild der dortigen Arbeitersiedlungen. Die zumeist zwei- bis dreigeschossigen Doppelhäuser standen in der Regel auf Einzelparzellen und hatten kleine Vorgärten. Jede Doppelhaushälfte erhielt einen separaten Aufgang, pro Etage war eine Wohnung untergebracht.

Für den Beton entwickelte man eine Mischung aus Portlandzement, Sand, Schlacke und Ziegelbruch; es scheint, als sei der 1871 verstorbene Gründer des „Deutschen Vereins für Fabrikation von Ziegeln, Thonwaaren, Kalk und Zement", Albrecht Türrschmiedt, noch an der Rezeptur beteiligt gewesen. Die mit Wasser „gut durchgerührte" Masse wurde in 60 cm hohen Wandabschnitten aufgeschüttet und festgestampft; hierbei bediente man sich einer 1868 von Charles Drake patentierten, wiederverwendbaren Kletterschalung aus Eisen. Während man bei den ersten Häusern nur die Wände betonierte, erweiterte man die Anwendung ab 1873 auch auf die Kappendecken, Treppen und Schornsteinzüge.

Lediglich über eine Gemeinschaftszisterne mit Wasser versorgt, fanden die kleinen und karg ausgestatteten Wohnungen jedoch nicht den erhofften Zuspruch. Direktor Riese kümmerte sich zwar seit dem 1. April 1873 von einem eigens im Herzen der Kolonie erstellten, repräsentativen Direktions- und Wohngebäude aus um Bau und Vermarktung der Wohnungen, dennoch kamen insgesamt nur knapp 60 der ursprünglich geplanten 200 Betonhäuser zur Ausführung. Just als

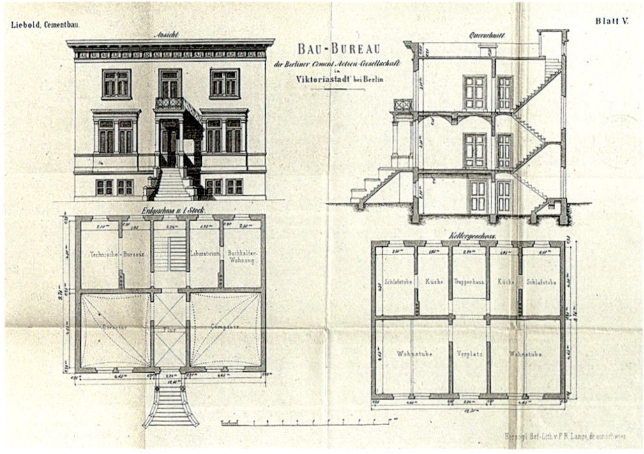

Das als eines der ersten Häuser der Viktoriastadt in der Türrschmidtstraße 3 erstellte Direktionsgebäude, 1873

Wohnhaus Türrschmidtstraße 17, 2010

1875 ein anderer Betonbaupionier, der Holzmindener Bauunternehmer Bernhard Liebold, die erste deutschsprachige Monographie zum Thema herausgab, wurde bei Berlin die Bautätigkeit eingestellt. Erst Jahre später, nach Anschluss an ein Versorgungsnetz, führte man hier die Arbeiten fort – nun aber in traditioneller Ziegelbauweise.

Um 1980 existierten noch 15 Betonhäuser der ehemaligen Kolonie Viktoriastadt, allerdings teils massiv um- und ausgebaut. Heute sind nur noch drei dieser Pionierbauten komplett erhalten. In zwei Etappen wurden sie 1978 und 1995 unter Denkmalschutz gestellt und zwischenzeitlich umfassend saniert. Sie zählen zu den ältesten noch erhaltenen Betonhochbauten in Deutschland.

Grundlegende Literatur

B[ernhard] Liebold: Der Zement in seiner Verwendung im Hochbau und der Bau mit Zement-Beton zur Herstellung feuersicherer, gesunder und billiger Gebäude aller Art. Halle 1875; Ernst Kanow: „Colonie Victoriastadt". Eine Berliner Wohnsiedlung mit mehr als 100 Jahre alten Wohnhäusern aus Beton. In: Architektur der DDR 30 (1981), S. 50ff.; G[eorg] Ulrich Großmann u. a. (Hg.): Aus den Forschungen des Arbeitskreises für Haus- und Siedlungsforschung. Marburg 1991, S. 97ff.

Wohnhaus Spittastraße 40, 2010

94

GUSTAV-ADOLF-KIRCHE

Lichtmystik und Ingenieurlogik

B2/c2

Lage Herschelstraße 15, 10589 Berlin-Charlottenburg
Bauzeit 1932–34
Tragwerksplanung Kuhn & Schaim
Gesamtplanung Otto Bartning
Ausführung *Massivbau*: Baugeschäft Gustav Hallert; *Stahlbau*: Krupp-Druckenmüller

Blick durch die kriegszerstörte Kirche zum Altarraum, um 1946

Das starke Anwachsen der Ev. Luisengemeinde in Charlottenburg führte ab 1913 zur Suche nach einem Bauplatz für einen weiteren Kirchenbau. Als Standort fasste man zunächst den für die neue Gemeinde namensgebenden Gustav-Adolf-Platz (seit 1950 Mierendorffplatz) ins Auge und lobte 1924 einen Wettbewerb aus. Im Nachgang jedoch wurde der nicht preisgekrönte Architekt Otto Bartning mit der Planung für ein weiter westlich gelegenes Grundstück beauftragt. Ab 1929 entwickelte er dafür ein völlig neues Konzept.

Die äußere Erscheinung des Kirchenbaus wird durch einen schlanken Turm dominiert, der direkt an der Ecke von Brahe- und Herschelstraße platziert ist. Von ihm ausgehend entfaltet sich der Kirchenraum über fächerförmigem Grundriss in beidseits absteigenden Höhenstufen. Der Haupteingang befindet sich rückwärtig an einer ruhigen Seitengasse, die zugleich das Pfarrhaus und ein Schwesternhaus erschließt.

Den lichtdurchfluteten Raumkörper der Kirche konzipierte Bartning in enger Zusammenarbeit mit dem Bauingenieur Iţic Haber-Schaim. Den einzelnen Raumkompartimenten, die sich radial um den vor dem Turm platzierten Altar gruppieren, entspricht eine expressiv inszenierte Tragkonstruktion aus sechs Stahlrahmen ohne aussteifende Querträger. Die vier inneren Rahmenriegel wurden gedoppelt, um Platz für Lichtbänder zu schaffen; sie rufen eine vage Erinnerung an den Obergaden gotischer Kathedralen hervor. Entlang des vorderen Rands der Empore zusätzlich eingebrachte Pfeiler, die trotz ihrer außerordentlichen Schlankheit aus unbewehrtem Mauerwerk errichtet wurden, dienen der Verminderung der Spannweiten. Durch die Verkleidung aller tragenden Teile mit einem Zierputz wird die Erscheinung der Tragstruktur homogenisiert, zugleich hebt sie sich hierdurch

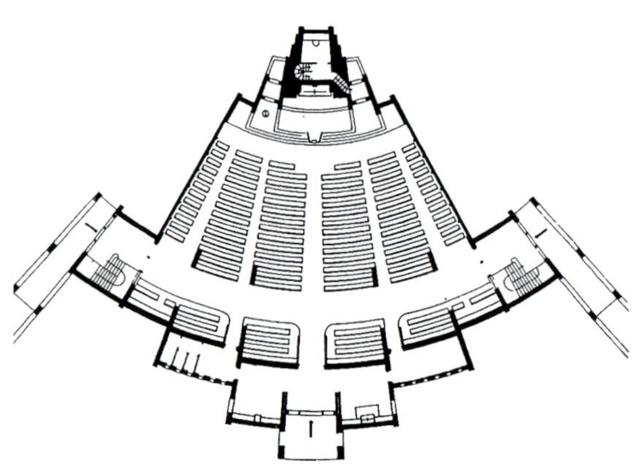

Grundriss Erdgeschoss, 1934

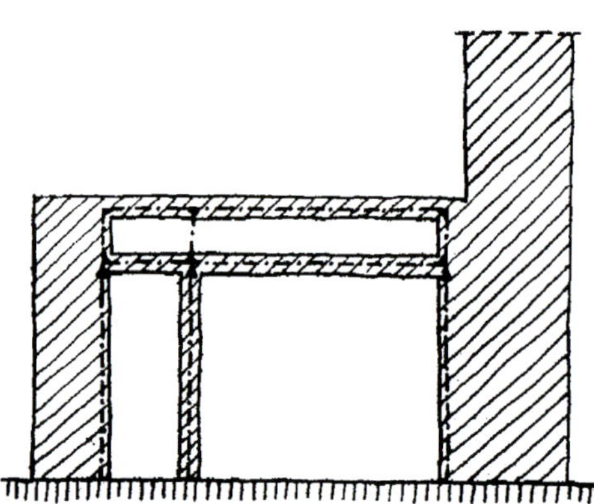

→ Schematischer Längsschnitt mit angedeutetem Tragkonzept, 1931

deutlich vom Sichtmauerwerk der nicht tragenden Umfassungsmauern ab.
1943 brannte die Kirche nach einem Luftangriff völlig aus. Bartning selbst verantwortete den 1950/51 erfolgten Wiederaufbau in stark reduzierter Gestalt. Die zunächst aus statischen Gründen geschlossenen Fenster seitlich des Altarraums wurden im Rahmen einer rekonstruierenden Wiederherstellung 1960–62 wieder geöffnet, außerdem erhielten die Fenster der Seitenwände wieder ihre alte Höhe. Dafür wurde nun der Turm im Inneren mit einer Stützkonstruktion aus Stahl ertüchtigt und seine ursprünglich verglaste Frontansicht mit Ziegeln verschlossen.
Ungeachtet der zwischenzeitlichen Veränderungen sind bei der Gustav-Adolf-Kirche liturgische, architektonische und konstruktive Konzeption auf ganz besondere Weise eng miteinander verwoben. Architekt und Ingenieure sind hier seinerzeit völlig neue Wege in der gegenseitigen Anregung gegangen, deren Ergebnis zu den herausragenden Beispielen für eine fruchtbare Kooperation im Neuen Bauen gezählt werden kann.

Blick von Südosten, 2017

Grundlegende Literatur

Die Gustav-Adolf-Kirche in Berlin-Charlottenburg. Baubericht. Berlin [1934]; Die Gustav-Adolf-Kirche in Berlin-Charlottenburg und ihr Architekt Otto Bartning. Gifhorn 2009; Ulrike Nierste: Expressionismus und Neue Sachlichkeit. Die Gustav-Adolf-Kirche von Otto Bartning und der Kirchenbau der Weimarer Republik. Diss. FU Berlin, 2010

Innenraum, 2011

95

EHEMALIGER TRUDELWINDKANAL

Mächtig unter Druck gesetzt

D3

Lage Brook-Taylor-Straße, 12489 Berlin-Adlershof
Bauzeit 1934–36
Tragwerksplanung Dyckerhoff & Widmann
Gesamtplanung Bauabteilung der DVL (Hermann Brenner [Leitung], Werner Deutschmann)
Ausführung Dyckerhoff & Widmann; Beton- und Monierbau AG

Schnitt, 1942

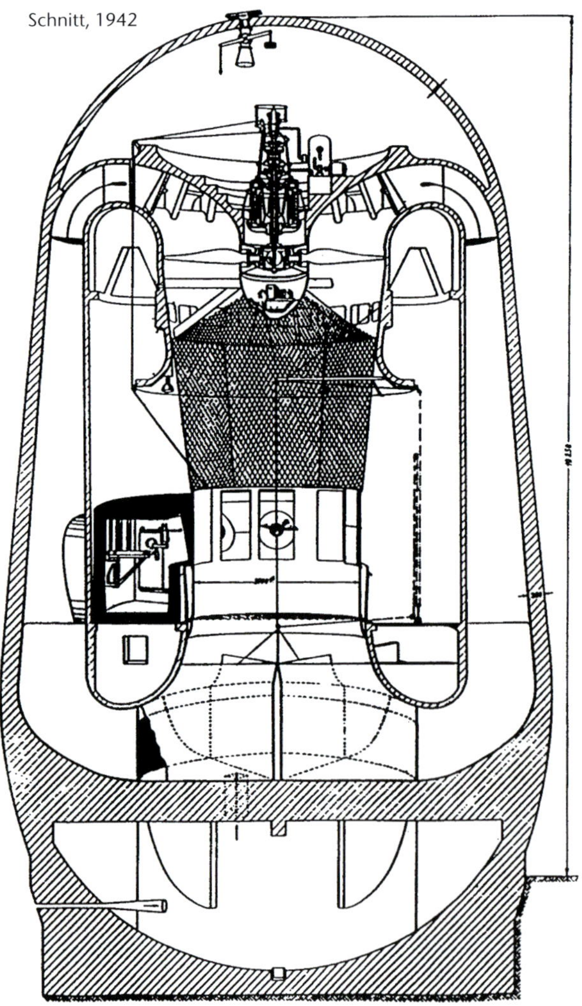

1909 eröffnete zwischen den Berliner Vororten Johannisthal und Adlershof einer der ersten dem Motorflug gewidmeten Flugplätze Deutschlands. Rasch wurde er auch zum wichtigsten Produktionsstandort für Motorflugzeuge in Deutschland, und bereits 1912 gründete sich in Adlershof zudem die Deutsche Versuchsanstalt für Luftfahrt (DVL). Auch nach der Verlagerung des Flugverkehrs nach Tempelhof ab 1923 verblieb sie an diesem Standort, allerdings waren ihre Aktivitäten durch den Versailler Vertrag zunächst noch stark beschnitten.

Ein zu Beginn der 1930er Jahre begonnener Ausbau der DVL wurde im Zeichen der ab 1933 einsetzenden Aufrüstung deutlich forciert und im Umfang erheblich gesteigert. So entstanden zwischen 1932 und 1938 allein fünf große Windkanäle. Unter den markanten Bauwerken sticht der 1934 in Angriff genommene Trudelwindkanal besonders hervor. Der nahezu völlig geschlossene Stahlbetonkörper von knapp 20 m Höhe wirkt wie ein gigantisches Ei. Die einzigen „architektonischen" Elemente sind eine runde Einstiegsöffnung auf halber Höhe sowie eine dorthin am Baukörper entlang ansteigende Treppe, über die man einst eine Druckschleuse mit Kontrollplatz im Innern des Gebäudes erreichte.

Im Zentrum des Turms erzeugte ein Gebläse einen nach oben gerichteten Luftstrom von 4 m Durchmesser mit einer Geschwindigkeit von bis zu 150 km/h. Er ermöglichte es, an freischwebenden Modellen das Trudeln zu langsam fliegender Flugzeuge zu simulieren. Um das dynamische Verhalten der Modelle noch stärker den tatsächlichen Verhältnissen anzunähern, wurde für die Versuche ein Überdruck von bis zu 3 bar erzeugt. Dieser Innendruck war die bestimmende Komponente für die statische Berechnung des als geschlossener Rotationskörper konzipierten Bauwerks, was die für eine Schale überraschende Wanddicke von teils mehr als 30 cm erklärt.

Den Krieg überstand der Trudelwindkanal unbeschadet, jedoch wurden 1946 sämtliche Messeinrichtungen von der sowjetischen Besatzungsmacht demontiert.

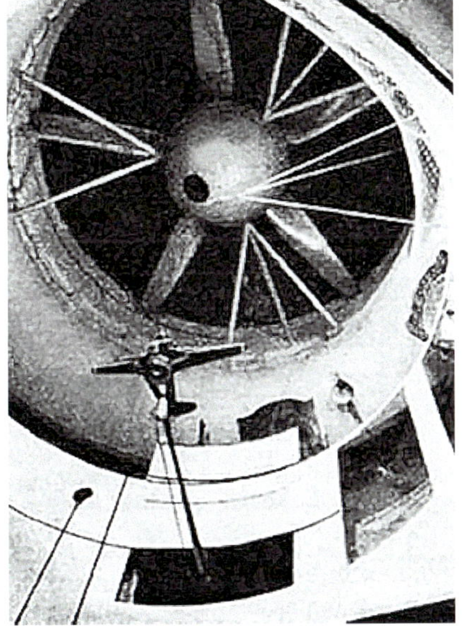

Keiner der folgenden Nutzer (zunächst SAG Transmasch, dann die Akademie der Wissenschaften der DDR, heute die Humboldt-Universität) führte das Bauwerk wieder seiner ursprünglichen Aufgabe zu. Am Beginn der 2000er Jahre wurde die Betonhaut subtil saniert; heute ist der Trudelturm Bestandteil des Technischen Denkmals „Aerodynamischer Park" und heimliches Wahrzeichen des Wissenschafts- und Technologieparks Adlershof. Wegen seiner ungewöhnlichen „organischen" Gestalt interpretierte man das Bauwerk aus der NS-Zeit in jüngerer Zeit verschiedentlich als auf die Nachkriegsarchitektur verweisenden gestalterischen „Widerstandsakt" oder auch als die erste freigeformte Schale überhaupt. Tatsächlich ist die Form des Trudelturms jedoch für eine klare Aufgabe aus der Kombination simpler geometrischer Körper entwickelt. Dessen ungeachtet gehört er wohl zu den weltweit außergewöhnlichsten Schalenbauwerken der Zwischenkriegszeit.

←↑ Blick nach Nordwesten, 1936

← Modell einer Messerschmitt M27 an Haltevorrichtung vor dem Entriegeln, um 1940

↑ Blick nach Westen, 2008

Grundlegende Literatur

G. Thiel, A. Huffschmid: Der Trudelwindkanal der DVL. In: Jahrbuch 1942 der deutschen Luftfahrtforschung, Bd. I, S. 419ff.; Denk-mal an Beton! Material, Technologie, Denkmalpflege, Restaurierung. Petersberg, 2008, S. 82ff.; Kurt Graichen u. a.: Technische Denkmale der Luftfahrtforschung in Berlin-Adlershof. 3. Aufl., Berlin 2012

96

SCHWERBELASTUNGS-KÖRPER

Perfekt ausgemittelt

C2/e3

Lage General-Pape-Straße 100, 12101 Berlin-Tempelhof
Bauzeit 1941/42
Tragwerksplanung Dyckerhoff & Widmann
Ausführung Dyckerhoff & Widmann

Die Planungen für die Umgestaltung Berlins zur Reichshauptstadt „Germania" sahen entlang einer zentralen Nord-Süd-Achse gigantische Bauwerke vor. Am Schnittpunkt mit der 2. Ringstraße (auf Höhe der heutigen Kolonnen- und Dudenstraße) sollte nach einer Skizze von Adolf Hitler ein monumentales Triumphtor (117 m hoch, 160 m breit und 119 m tief) als Gedenkstätte für die gefallenen deutschen Soldaten des Ersten Weltkriegs entstehen. Um die Setzungen der hochbelasteten Fundamente des intern „Bauwerk T" genannten Projekts verlässlich kalkulieren zu können, beauftragte der für die Realisierung der Pläne zuständige Generalbauinspektor für die Reichshauptstadt (GBI) Albert Speer die Deutsche Gesellschaft für Bodenmechanik (Degebo) mit umfangreichen Baugrunduntersuchungen. Zur Simulation der zu erwartenden Bodenbelastung errichtete die Dyckerhoff & Widmann KG ein spezielles Testbauwerk.

Der Schwerbelastungskörper besteht aus einem 18 m tief in den Boden geführten zylinderförmigen Sockel, auf den in 2 m Höhe über Geländeniveau ein 14 m hoher Belastungszylinder aufgesetzt ist. Er bringt auf einer Grundfläche von etwa 100 m² 12 650 t Last auf den Boden (= 1240 kN/m²). Für den Triumphbogen hatte man rund 1120 kN/m² ermittelt.

Zur Herstellung wurde ein durch eine Stahlbetonschale gesicherter Schacht von 11 m Durchmesser bis auf eine Geschiebemergelschicht abgeteuft. Anschließend goss man zunächst die unteren 6 m mit Beton aus; hier blieben lediglich integrierte Hüllrohre für die spätere Installation von Messeinrichtungen ausgespart. Im darüber liegenden Teil des Zylinderfußes wurden dann ein Schacht sowie drei Messkammern freigehalten. Der eigentliche Belastungskörper kragt um rund 5 m aus und ruht auf einer 5,50 m mächtigen Stahlbetonplatte. Wegen der geforderten Präzision der Messungen musste der Zylinder dabei perfekt auf den darunter liegenden Fuß ausgemittelt werden.

Die Messungen der Degebo begannen bereits während der Bauarbeiten. Im Mai 1944 eingestellt, konnten sie erst 1948 ausgewertet werden. Bis zum Kriegsende diente der Schwerbelastungskörper der Gesellschaft noch als bombensicheres Lager für ihre Versuchs- und Messgeräte. Seit 1963 steht er unter Verantwortung des Bezirksamts Tempelhof, 1995 kam er unter Denkmalschutz. Nach einer Sanierung der Außenhülle und ergänzt um einen Pavillon mit Aussichtsturm, informiert der „Ausstellungsort Schwerbelas-

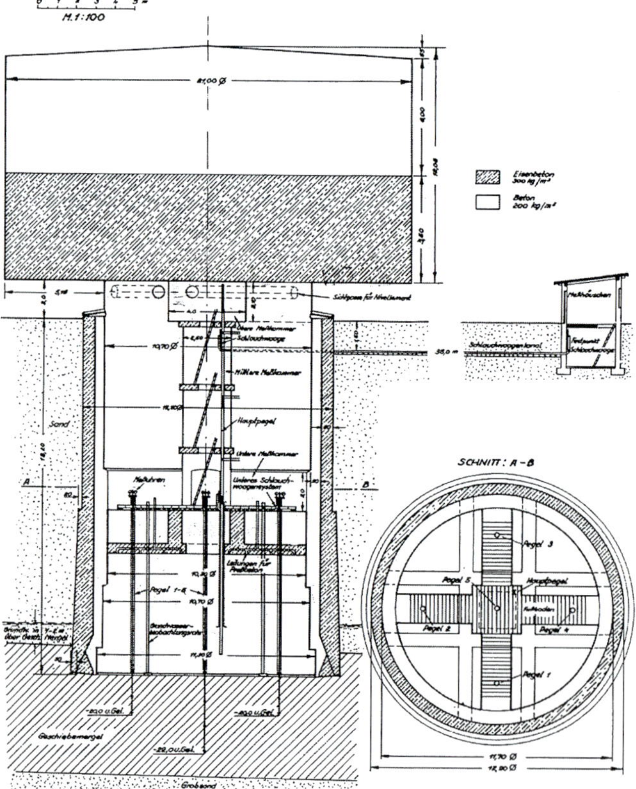

Vertikal- und Horizontalschnitt, 1941

tungskörper“ seit 2009 als einzigartiges Zeugnis interessierte Besucher über die ins Gigantische gesteigerten Speer'schen Umbaupläne ebenso wie über die technischen Herausforderungen, die mit der Errichtung des Versuchsbauwerks verbunden waren.

Grundlegende Literatur

Heinz Muhs: Durchführung und Ergebnis einer großen Probebelastung. In: Abhandlungen über Bodenmechanik und Grundbau. Berlin u. a. 1948, S. 97ff.; Wolfgang Reichardt, Hans J. Schäche: Von Berlin nach Germania. Über die Zerstörungen der „Reichshauptstadt“ durch Albert Speers Neugestaltungsplanungen. Berlin 1998, S. 136ff.; Felix Escher, Michael Richter (Hg.): Der Schwerbelastungskörper. Das mysteriöse Erbe der Reichshauptstadt. Berlin 2005

↑ Schwerbelastungskörper nach der Sanierung, 2013

Ehemalige obere Messkammer, 2013

97

FUNKHAUS BERLIN

Überholen ohne einzuholen

D2

Lage Nalepastraße 18/50, 12459 Berlin-Oberschöneweide
Bauzeit 1951–56
Gesamtplanung Kollektiv mit Franz Ehrlich (Federführung), Gerhard Probst (technische Ausrüstung), Horst von Papen (Tragwerksplanung), H. Poetsch
Akustikplanung Lothar Keibs, Gisela Herzog
Ausführung VEB Bauunion Berlin (ab 1954 VEB Industriebau Berlin)

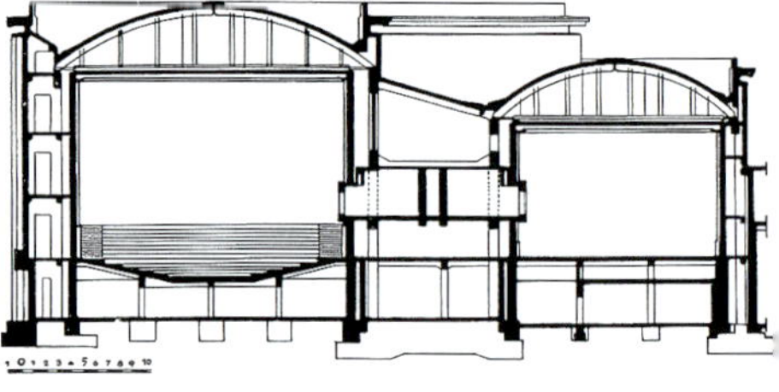

Querschnitt der Sendesäle, 1956

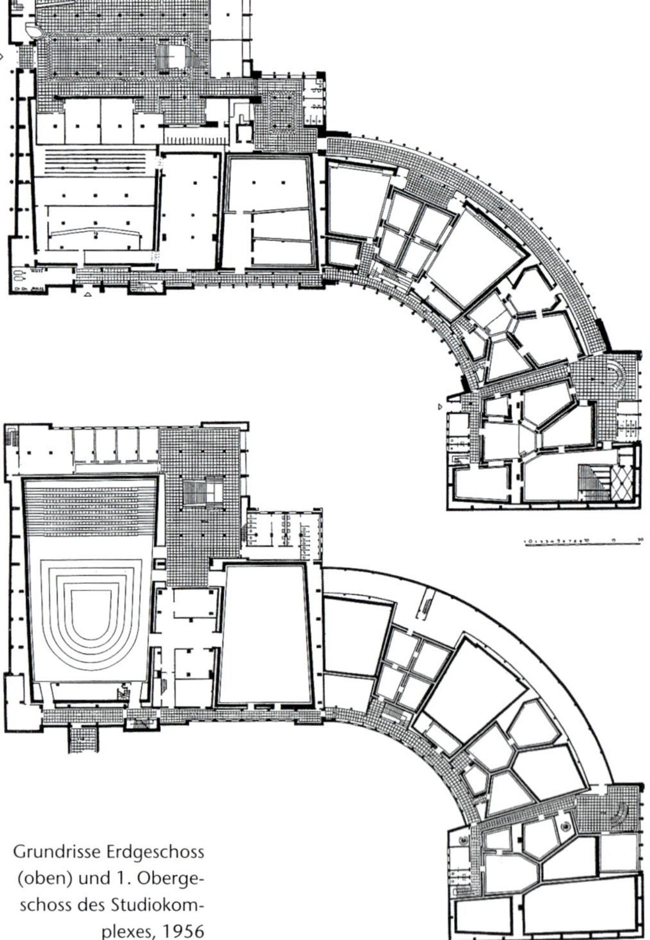

Grundrisse Erdgeschoss (oben) und 1. Obergeschoss des Studiokomplexes, 1956

Der Kalte Krieg wurde in der geteilten „Frontstadt" Berlin insbesondere auch in den Medien ausgetragen. Ost wie West rangen in dieser propagandistischen Auseinandersetzung um die politische Deutungshoheit. Der Aufbau moderner und leistungsfähiger Rundfunksendeanstalten war deshalb von zentraler politischer Bedeutung. Der (Ost-) Berliner Rundfunk sendete noch bis 1952 aus dem Haus des Rundfunks am Messegelände im Britischen Sektor. Weil er dort zunehmend unwillkommen war, errichtete man ab 1951 ein eigenes Rundfunkzentrum in der Oberschöneweider Nalepastraße.

Den Entwurf entwickelte ein Kollektiv unter Leitung des Bauhaus-Architekten Franz Ehrlich, in dem der Rundfunk-Chefingenieur Gerhard Probst, später stellvertretender Minister für Post und Fernmeldewesen (Bereich Rundfunk und Fernsehen), für den rundfunktechnischen Part verantwortlich zeichnete; beide hatten zuvor schon gemeinsam Studioprojekte für das Rundfunkhaus in Dresden bearbeitet. Für das Rundfunkzentrum Nalepastraße stand ihnen das Gelände einer ehemaligen Furnierfabrik zur Verfügung. Deren Bestandsbauten wurden als Block A und Block D in den Gesamtentwurf integriert. Herzstück der Anlage ist der 1956 in Betrieb genommene Studiokomplex (Block B) – ein fächerförmig gebogener zweigeschossiger Trakt, der von kubischen Kopfbauten mit der Eingangshalle und dem großen Sendesaal beziehungsweise den Hörspielstudios flankiert wird.

Die Konstruktion besteht aus einem mit roten Klinkern verblendeten Stahlbetonskelett, den Kern des Dachtragwerks bilden ebenfalls aus Stahlbeton hergestellte Dreigelenk-Bogenbinder. Die Kopfbauten wur-

den derart konzipiert, dass sie die geforderten trapezförmigen und polygonalen Grundrisse der Sendesäle und Hörspielstudios optimal aufnehmen konnten. Ähnlich wie im Haus des Rundfunks sind sie im Sinne eines „Haus-in-Haus"-Konzepts in acht separat gegründeten und konstruktiv gänzlich getrennten inneren Raumschalen untergebracht. Der ausgeklügelte Wand- und Deckenaufbau sicherte eine außerordentlich hochwertige Raumakustik.
Bis 1991 beherbergte das Gebäude die überregionalen DDR-Sender und deren Nachfolgeanstalten, bis 1993 produzierte dann der Ostdeutsche Rundfunk Brandenburg hier noch seine Programme. Nach mehrfachen Eigentümerwechseln werden die Sendesäle und Studios heute vor allem für private Musikproduktionen genutzt.
Das Rundfunkzentrum in der Nalepastraße war die mit Abstand wichtigste Sendeanstalt der DDR. Der gestalterisch bemerkenswerte, hochfunktionale Studiobau genügt in seiner optimierten Grundrissdisposition und konstruktiven Ausführung nach wie vor höchsten akustischen und sendetechnischen Anforderungen.

Großer Sendesaal, 2018

Grundlegende Literatur

Franz Ehrlich: Aufnahme- und Studiogebäude des Staatlichen Rundfunkkomitees. In: Deutsche Architektur 5 (1956), S. 399ff.; Berlin und seine Bauten, Teil X, Band B (4): Post- und Fernmeldewesen. Berlin 1987, S. 142ff., 222; Gerhard Steinke, Gisela Herzog: Der Raum ist das Kleid der Musik [...]. 2. Aufl., Berlin 2013

Studiokomplex von Südwesten, 2011

98

EGKS-VERSUCHSWOHNHAUS

Wohnen aus dem Baukasten

B2/d3

Lage Cuxhavener Str. 12–13, 10555 Berlin-Hansaviertel
Bauzeit 1974–79
Tragwerksplanung Stefan Polónyi, Herbert Fink, Peter Koch, Ingenieurbüro für Bauwesen
Gesamtplanung Planungsbüro Brandi
Ausführung Rüterbau

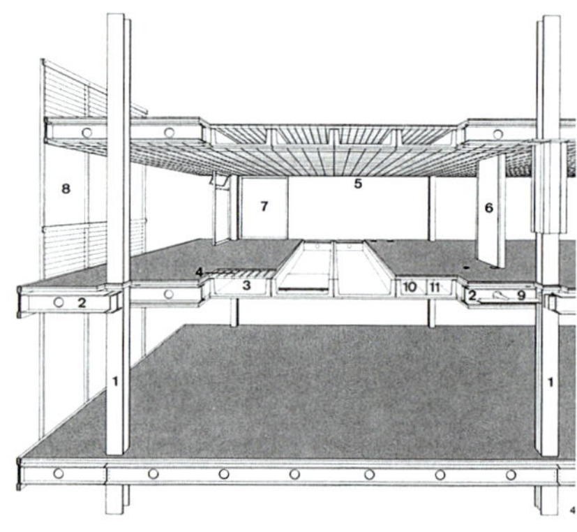

Perspektivische Darstellung des Bausystems im 1. Bauabschnitt, 1976

Grundlegende Literatur
Jochen Brandi u. a.: Ein Haus für Europa: EGKS-Versuchsstation Berlin. Düsseldorf 1976; M[aximilian] Hägen: Stahlbausystem. EGKS-Versuchsstation Berlin. Luxemburg 1982; Robert Kaltenbrunner: Neues Wohnen, variabel und stahlhart. Jochen Brandis Demonstrativbau in Berlin-Tiergarten, 1973–1977. In: Archithese 29 (1999), Nr. 4, S. 12ff.

1967 gewann der Architekt Jochen Brandi einen zweistufigen Wettbewerb der Europäischen Gemeinschaft für Kohle und Stahl (EGKS), in dem Entwürfe für industriell gefertigte Wohnungseinheiten entwickelt werden sollten. Fünf Jahre später resultierte hieraus der Auftrag zum Bau einer „Versuchsstation" zur praktischen Untersuchung technischer sowie sozialpsychologischer Hindernisse bei Bausystemen.

In drei Bauabschnitten errichtete man direkt an der Spree ein sechsgeschossiges Terrassenhaus mit ursprünglich 45 Wohneinheiten. Die mehrschichtigen und abwechslungsreichen Fassaden lassen nicht erahnen, dass nahezu das gesamte Bauwerk unter Verwendung eines auf dem Grundmodul von 10 x 10 cm basierenden „baukasten^{e}-Bausystems" entstand. Von der Grundriss- und Fassadengestaltung über die Möbel bis hin zum Bodenbelag der Terrassen bot es den Bewohnern unzählige Möglichkeiten für eine eigenständige und stetig veränderbare Ausformung ihrer Wohnungen. Die Grundstruktur bildet ein Stahlskelett, das durch einen massiven Treppenhauskern sowie eine Wandscheibe ausgesteift wird. Es ist bestimmt durch die im quadratischen Konstruktionsraster angeordneten Stützen, auf denen in Längsrichtung deckengleiche Unterzüge ruhen, die wiederum den quer hierzu gespannten Decken als Auflager dienen. Um eine gute Zugänglichkeit zu den in den Decken konzentrierten Ver- und Entsorgungsleitungen zu gewährleisten, sind sie nach oben offen gehalten und nur durch einen leichten Fußboden abgedeckt. Im Detail kam es im Baufortschritt zu unterschiedlichen Ausführungen. Im ersten, 1976 vollendeten Bauabschnitt wurden die 7,50 bzw. 15 m weit gespannten Unterzüge beidseits der Stützen geführt und trugen umgekehrt eingebaute, vorgespannte Stahlbetonrippenplatten (6,60 x 1,20 m). In den beiden späteren Bauabschnitten verlief jeweils nur noch ein Unterzug in der Stützenachse, und für die vergrößerte Spannweite kamen nun Deckenelemente (7,20 x 2,40 m) mit vorgespannten Untergurten und einbetonierten Stahlfachwerken zur Anwendung.

Eigens für das Projekt war die Forschungsgesellschaft für industrielle Bausysteme gegründet worden. Sie führte in Zusammenarbeit mit den zunächst handverlesenen Mietern noch bis in die 1980er Jahre Untersuchungen durch, musste den Bau aber 1991 nach einer Zwangsverstei-

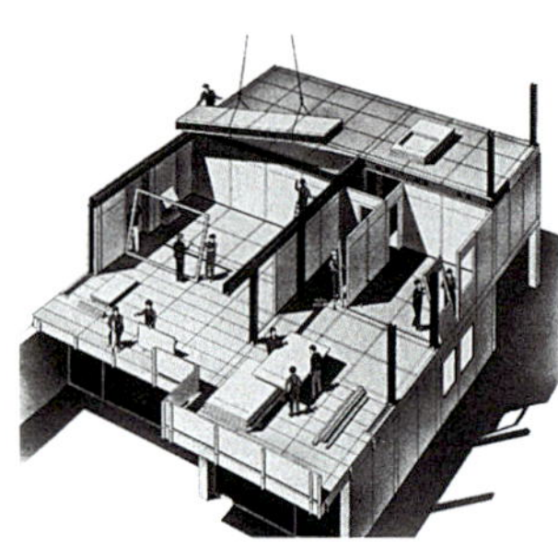

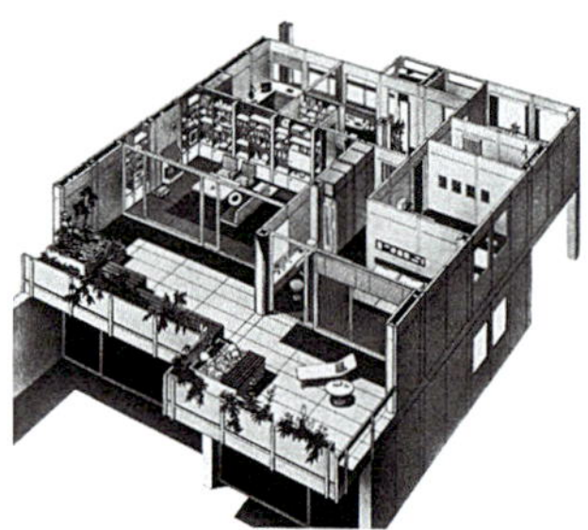

Schematische Darstellung des Baukastensystems während der Bauphase und nach Ausbau, 1976

Montagephasen des 1. Bauabschnitts, 1974/75

gerung dem freien Markt überlassen. Mitte der 2010er Jahre wurde er umfassend saniert und in seiner Farbigkeit verändert. In dem als europäischem Prototyp konzipierten Bauwerk verschmelzen Architektur und Ingenieurkonstruktion beispielhaft miteinander. Zwar hatte es mit dem Verwaltungsbau der Göttinger Refratechnik GmbH vermutlich nur einen direkten Nachfolger, dennoch kann es als ein herausragender Beitrag zur seinerzeit intensiv geführten Diskussion um die Optionen industriell gefertigter Wohnbauten gelten. Das 1977 mit dem Europäischen Stahlbaupreis ausgezeichnete Wohnhaus steht nicht unter Denkmalschutz.

Blick von Westen, 2020

99

AUTOBAHNÜBERBAUUNG SCHLANGENBADER STRASSE

Unten brummt's – oben summt's

B3

Lage Schlangenbader Straße 12, 15/16, 19/20, 23/24, 28/29, 32/33, 36, Wiesbadener Straße 50, 59, 14197 Berlin-Wilmersdorf
Bauzeit 1976–80
Tragwerksplanung Leonhard & Andrä
Gesamtplanung Georg Heinrichs mit Wolf Bertelsmann, Gerhard und Klaus Detlev Krebs
Ausführung Arbeitsgemeinschaft u. a. mit Ed. Züblin AG, Sager & Woerner, F. C. Trapp und Wiemer & Trachte

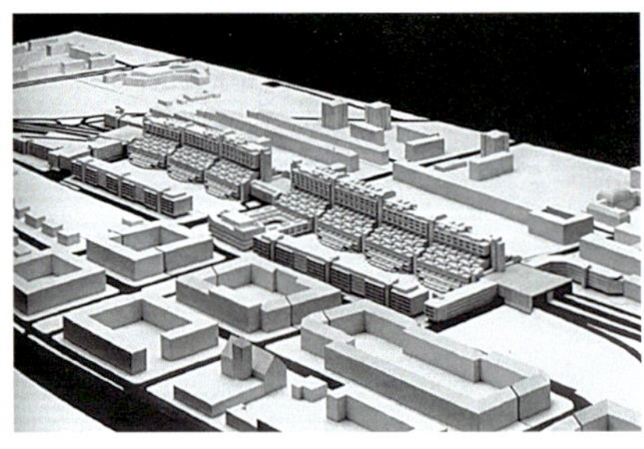

Entwurfsmodell, um 1972

Einfahrt in den Tunnelmund, 1981

Zehn Jahre nach dem Mauerbau wuchs in der von ihrem Umfeld isolierten Halbstadt West-Berlin das Verkehrsaufkommen ebenso wie der Bedarf an Bauland und neuem Wohnraum. Zugleich aber stießen alle Planungen für neue Autobahnbauten auf zunehmenden Widerstand. Die Idee, ein Stück neuer Autobahn einfach in einem Tunnel unter einer Wohnbebauung verschwinden zu lassen, erschien vor diesem Hintergrund äußerst attraktiv. 1971 entstand der Plan, im Rahmen eines Modellprojekts einen Abschnitt der neuen Stadtautobahn an der Schlangenbader Straße mit einer Wohnanlage zu überbauen. Die Heinz Mosch KG nahm sich des Vorhabens an, geriet jedoch noch in der Vorbereitungsphase in finanzielle Schwierigkeiten. 1973 übernahm die stadteigene DeGeWo das ambitionierte Projekt, 1980 konnte es vollendet werden.

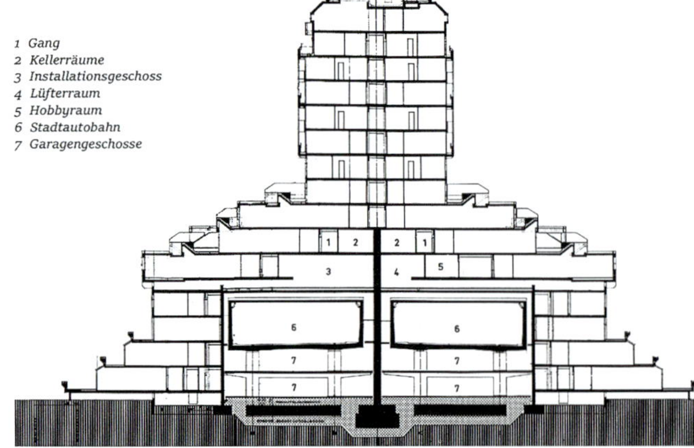

Querschnitt, 1978

Der in zwei Tunnelröhren verpackte Autobahnabschnitt wird beidseits von einem Sockel aus sieben terrassiert angelegten Geschossen eingefasst; darüber erheben sich zwei je 250 m lange, achtgeschossige Scheibenhochhäuser. Das Wohngebirge folgt dem geschwungenen Lauf der Autobahn auf einer Länge von insgesamt 600 m und prägt als Megastruktur mit einer Höhe von 45 m markant die umgebende Stadtlandschaft. In Abständen von jeweils 60 m sind turmartige Erschließungskerne eingefügt, die den langgestreckten Baukörper gliedern. Die Hälfte der Wohnungen verfügt über eine Terrasse, und mit 120 verschiedenen Typen und Größen von 42 bis 120 m² zeigen die insgesamt 1064 Wohneinheiten eine außerordentlich hohe Varianz.

Unmittelbar unter den Röhren sind zwei Parkdecks angelegt. Tunnelröhren und Parkdecks sind schwingungstechnisch konsequent von den Wohnbauten entkoppelt. Die Lasten Ersterer werden über jeweils zwei Stützenreihen in eine Fundamentplatte abgetragen, Letztere sind völlig unabhängig von ihnen gegründet. Das Tragwerk der Scheibenhochhäuser ist bestimmt durch im Abstand von 6,40 m angeordnete Querschotten. Als wandartige Träger leiten sie einen Großteil der Lasten in eine zentrale Längswandscheibe zwischen den beiden Röhren ab, die zugleich der Längsaussteifung dient.

Der Bau war von erheblichen Schwierigkeiten begleitet. Gründungsprobleme führten zu ungleichen Setzungen, die kostspielige Korrekturen nach sich zogen; im Ergebnis stiegen die Baukosten von 300 auf 400 Millionen DM an.

Heute wird das seinerzeit gewagte Modellprojekt als Quartier mit überdurchschnittlichem Wohnstandard von den Bewohnern hochgeschätzt. Die Autobahnüberbauung ist nicht nur die wohl spektakulärste Großwohnanlage Berlins, sondern auch das offenbar weltweit einzige tatsächlich realisierte Projekt einer derartigen „Roadtown". 2002 wurde sie als inzwischen historisches Beispiel einer „Living Bridge" mit dem Renault-Traffic-Design-Award ausgezeichnet, seit 2017 steht sie unter Denkmalschutz.

Blick von Nordosten auf Sockelzone, Terrassen und Scheibenhochhaus, 2015

← Baustelle mit Querschotten oberhalb der Sockelzone, 1978

Grundlegende Literatur

Senator für Bau- und Wohnungswesen (Hg.): Autobahnüberbauung Schlangenbader Straße. Berlin 1980; Wolf Bertelsmann (Hg.): Autobahnüberbauung Schlangenbader Straße. Berlin 1990

100

MUSEUM FÜR KOMMUNIKATION
Flachdecke aus Fertigteilen

C2/f2

Lage Leipziger Straße 16, 10117 Berlin-Mitte
Bauzeit 1985–87
Tragwerksplanung Ingenieurhochschule Cottbus (Bernd Wagenbreth, Hans-Georg Vollmar, Wolfgang Göttl)
Gesamtplanung Bauabteilung der Deutschen Post der DDR (Klaus Niebergall)
Ausführung *Stützen*: VEB Betonleichtbaukombinat, Werk Frankfurt/O; *Decken*: VEB WBK Magdeburg; *Stützenköpfe*: Technikum I der Ingenieurhochschule Cottbus

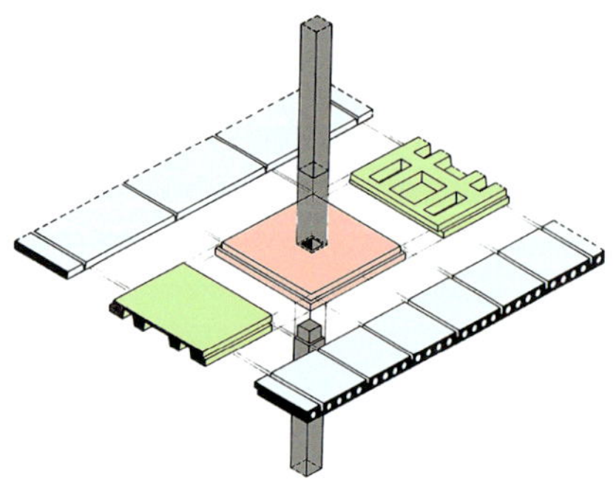

Struktur der Riegellosen Bauweise Cottbus

Nicht nur für den Wohnungsbau, sondern auch für den öffentlichen- und Industriebau entwickelten Planungskollektive in der DDR eine Vielzahl an Systembauweisen für aus Fertigteilen gefügte Tragwerke. Zu den späten Konzepten gehörte die „Riegellose Bauweise Cottbus" (RBC) – ein Stahlbeton-Skelettsystem für den leichten Geschossbau, das zwischen 1980 und 1987 von der Ingenieurhochschule Cottbus erarbeitet wurde. Kennzeichen der RBC sind eine modular aufgebaute Flachdecke und speziell angepasste Stützen. Die Bauweise zeichnete sich durch geringe Deckendicken, sparsamen Materialeinsatz und flexible Konstruktionsraster aus. Dies eröffnete unter anderem Anwendungsmöglichkeiten in Kombination mit bereits vorhandenen Strukturen und bot sich daher auch für Bauvorhaben im Bestand an.

Das heutige Museum für Kommunikation war 1871–74 als Reichspostamt errichtet und 1893–97 zum Reichspostmuseum umgebaut, gegen Ende des Zweiten Weltkriegs jedoch weitgehend zerstört worden. Im Rahmen des Wiederaufbaus als Postmuseum der DDR entstand 1985–87 ein Teil des neuen Tragwerks als Muster- und Experimentalbau für die RBC. Da der an der Leipziger Straße gelegene Bereich an den historischen Kopfbau anschließt, greift das

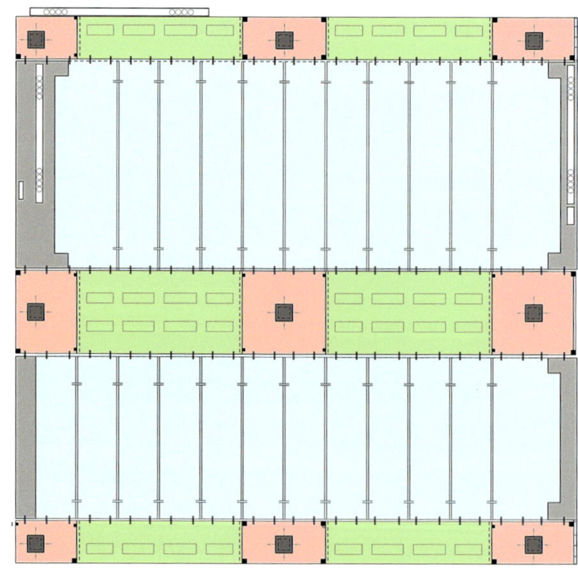

Grundriss Vollgeschoss

Rohbau von Westen, vmtl. 1986

Stahlbetonskelett auf der Straßenseite mit 5,60 m die historischen Geschosshöhen auf und korrespondiert so mit der nachträglich rekonstruierten Fassade. Auf der Hofseite hingegen wurden in die drei Hauptgeschosse zusätzliche Zwischendecken eingezogen, die als Galerien weitere Ausstellungsflächen eröffneten.

Gemäß dem Konzept einer riegellosen Bauweise übernehmen „Hauptdecken“-Streifen die Funktion der Deckenträger; sie sind über Konsolen auf entsprechend breiten Kopfplatten der Stützen aufgelagert. Quer dazu spannen Deckenplatten aus dem Wohnungsbausystem WBS 70. Die Deckenhöhe beträgt lediglich 14 cm – und eben dies machte ihre Anwendung hier interessant, konnte doch dadurch in den Galerien zumindest eine nutzbare Raumhöhe von 2,50 m erreicht werden. Die Aussteifung übernehmen in Querrichtung Wandscheiben aus Elementen des „Vereinheitlichten Geschossbaus“ (VBG), in Längsrichtung die straßen- und hofseitigen Mauerwerkswände.

Nach nur kurzer Nutzung erfolgte 1995–99 ein zweiter, tiefgreifender Umbau. Da „nur qualitativ hochwertige Arbeiten erhalten“ bleiben sollten und die Galerien als schlecht nutzbar und unübersichtlich bewertet wurden, entfernte man die Zwischendecken; die übrige RBC-Struktur blieb erhalten. Die entstandenen hohen Räume ließen sich flexibler bespielen und machten eine barrierefreie Anrampung an die Geschossdecken des Bestandsbaues möglich.

Der Experimentalbau lieferte seinerzeit wertvolle Erfahrungen zur Praxistauglichkeit der in der Entwicklung befindlichen RBC, insbesondere zu Einsatzmöglichkeiten und Grenzen beim Bauen im Bestand. Wie so viele interessante Entwicklungen der DDR-Planer wurde auch die Riegellose Bauweise Cottbus nach der Wiedervereinigung nicht weiterverfolgt. *KF*

↓ Galeriebereich, vor 1995

Grundlegende Literatur

Ingenieurhochschule Cottbus (Hg.): Riegellose Bauweise Cottbus. Cottbus 1985; Jörg Kothe: Komplexe Auswertung der Rohbaumontage des M/E-Baues Postmuseum. Dipl.-Arb. Ingenieurhochschule Cottbus 1986; Sigrid Randa-Campani (Hg.): … einfach würdiger Styl! Vom Reichspostmuseum zum Museum für Kommunikation. Heidelberg 2000

101

VERTRETUNG DES LANDES NORDRHEIN-WESTFALEN BEIM BUND

Kraftvolle Transparenz

B2/e2

Lage Hiroshimastraße 12/16, 10785 Berlin-Tiergarten
Bauzeit 2000–02
Tragwerksplanung Petzinka Pink Tichelmann (Federführung: Karsten Tichelmann)
Gesamtplanung Petzinka Pink Architekten
Ausführung *Stahlbau*: stahl + verbundbau gmbh; *Holzbau*: Paul Stephan GmbH & Co.

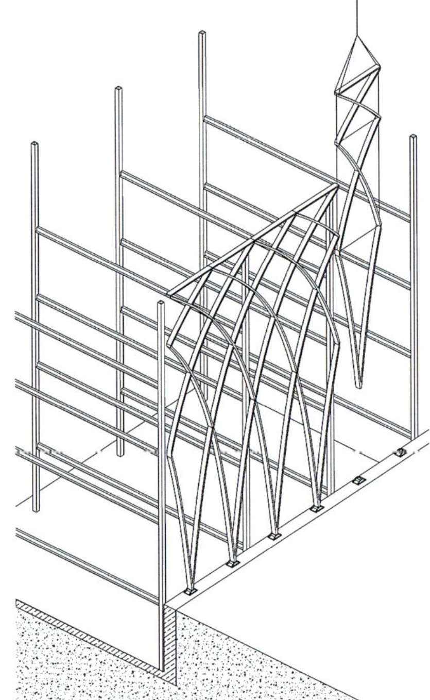

Schematische Darstellung der Montage der Rautennetzsegmente

Wie alle Bundesländer ließ auch Nordrhein-Westfalen nach dem Umzug der Bundesregierung eine Landesvertretung in Berlin errichten. Nach dem Willen der damaligen rot-grünen Landesregierung sollte sie im Hinblick auf Innovation und Nachhaltigkeit Maßstäbe setzen. Aus einem mehrstufigen Wettbewerb zur Bebauung des im Botschaftsviertel am Tiergarten gelegenen Grundstücks ging im Mai 1999 das Düsseldorfer Architekturbüro Petzinka, Pink und Partner als Sieger hervor.

Der deutlich überarbeitete Ausführungsentwurf basiert auf einem gut 16 m hohen Quader mit einer Grundfläche von rund 57 x 38 m. Auf vier Geschossen bietet er Platz für Atrien, Veranstaltungsräume, Büros, ein Restaurant und mehrere kleine Apartments. Über einem Untergeschoss aus Stahlbeton ist das Tragwerk einschließlich der Erschließungskerne als Leichtbau konzipiert. Zehn hintereinander geschaltete und in der Regel vierhüftige Stahlrahmen bilden das Primärtragwerk. Für die gut 5 m weit gespannten Decken kamen vorgefertigte Holz-Hohlkörper von je 2 m Breite zur Anwendung. Schalltechnisch entkoppelt, sind sie mit den unteren Flanschen der Rahmenriegel verschraubt und verbinden so ergänzend zu den Randträgern die einzelnen Rahmen untereinander.

Um das Gebäudeinnere so frei und offen wie möglich zu halten, wird die Ausstei-

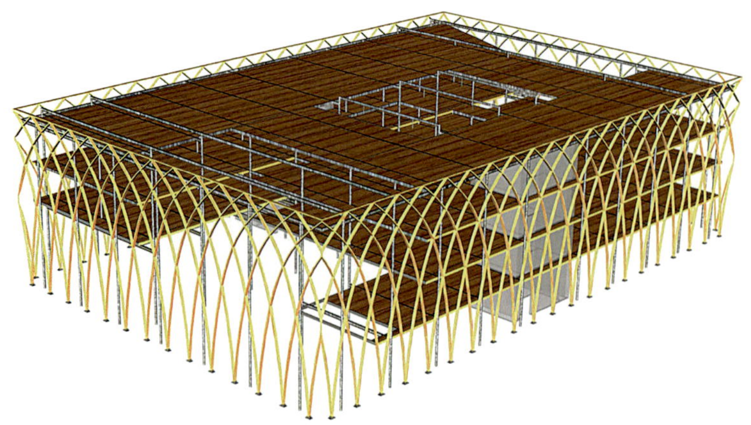

Isometrie mit Stahltragwerk (Primärkonstruktion) und Holzdecken sowie der versteifenden Rautenkonstruktion der Außenhülle

fung der Struktur allein von der ausdrucksstarken Fassade als einer das gesamte Gebäude umhüllenden Sekundärkonstruktion übernommen. Gefügt aus parabelförmig gebogenen und nach Art der Zollinger-Bauweise gekreuzten Brettschichtträgern, ist sie gleichwohl äußerst transparent. Bereits im Werk wurden gebäudehohe Segmente von 2,70 m Breite vorgefertigt und dann vor Ort mit stählernen Knotenblechen biegesteif zu einem Flächentragwerk verbunden. Im Inneren sind die Funktions- und Wohnbereiche als „Haus im Haus“ mit einer zweiten Fassade versehen; der Zwischenraum wird dadurch zum Klimapuffer.

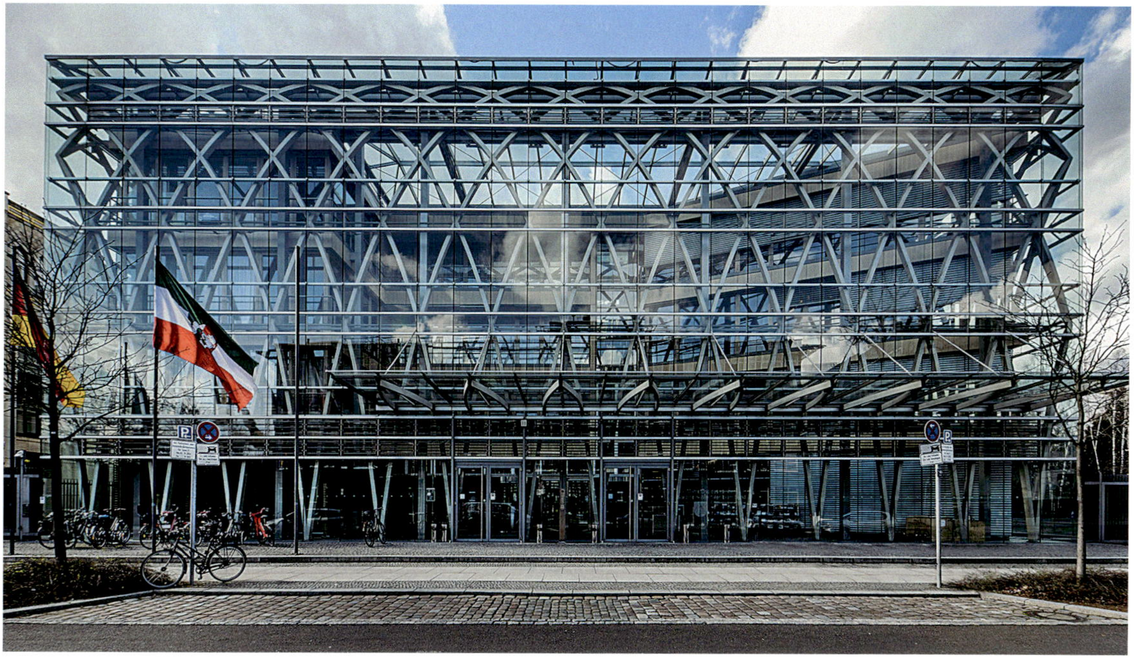

Die energetische Staffelung ist ebenso Teil des ökologischen Gesamtkonzepts wie die ausgefeilte Energie- und Klimatechnik und die ressourcenschonende Materialwahl. Die Ausstattung des viergeschossigen öffentlichen Gebäudes mit Decken und filigranen aussteifenden Scheiben aus Holz war nur durch ein innovatives Brandschutzkonzept möglich. Es geht davon aus, dass das hochgradig statisch unbestimmte Tragwerk nach einem brandbedingten Ausfall einzelner Komponenten noch über genügend Redundanzen zur Aufrechterhaltung ausreichender Tragsicherheit verfügt.

Das Bauwerk liefert nicht nur einen interessanten Beitrag zur Verbindung von Nachhaltigkeit und Hochtechnologie. Es beeindruckt ebenso durch die mutige Auslagerung der Aussteifung in eine kraftvoll inszenierte und zugleich erstaunlich transparente Fassade – auch wenn diese optisch nicht durchweg mit den anderen Tragwerksteilen harmoniert.

Blick von Osten, 2020

↓ Eingangshalle nach Süden, 2020

Grundlegende Literatur

Reinhart Wustlich (Hg.): Stahl. Momente ... Preis des Deutschen Stahlbaues 2004 [...]. Darmstadt 2004, S. 124ff.; Karsten Tichelmann: Innovationen in Holz – Der Neubau der Landesvertretung Nordrhein-Westfalen in Berlin. In: Öffentlich genutzte Bauten – „Weg und Raum“ [10. Int. Holzbau-Forum 2004, Hauptbd.]. Stuttgart 2005; Lutz Kassmann: Vom Rhein an die Spree. Die Vertretung des Landes Nordrhein-Westfalen beim Bund 1949–2009. Münster 2010, S. 75ff.

102

EFFIZIENZHAUS PLUS

Tankstelle inbegriffen

B2/d3

Lage Fasanenstraße 87a, 10623 Berlin-Charlottenburg
Bauzeit 2011
Objekt-, Tragwerks-, Fassaden- und TGA-Planung Werner Sobek AG
Ausführung Merkle Holzbau

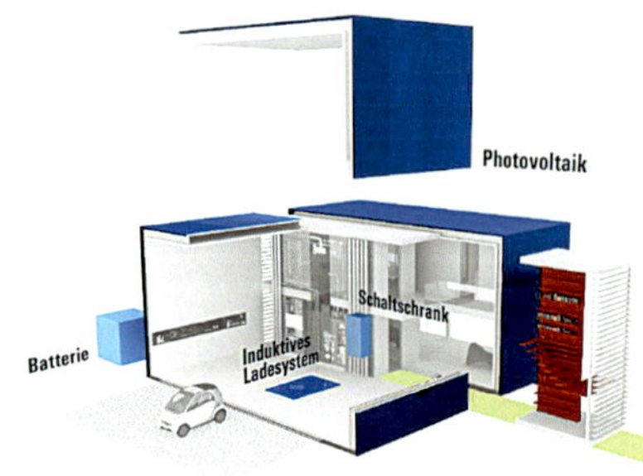

Elektrisches Energiekonzept, 2011

Als Pilotprojekt der Förderinitiative „Effizienzhaus Plus" entstand 2011 in Charlottenburg ein Einfamilienhaus, das als „Aktivhaus" mehr Energie erzeugt als es selbst verbraucht. Nicht nur den eigenen Strombedarf sollten die hauseigenen Anlagen decken, sondern gleich auch den eines dazugehörigen Elektroautos.

Das Gebäude ist in drei Zonen unterteilt. Der zum Garten hin orientierte private Teil mit einer beheizten Fläche von insgesamt 149 m^2 umfasst im Erdgeschoss den Wohn- und im Obergeschoss den Schlafbereich. Zur Straße hin überdeckt ein offener Rahmen den Park- und Aufladeplatz für das E-Auto. Als öffentlich zugängliches „Schaufenster" bietet er zugleich Einblick in den dritten Teil, den verglasten kompakten „Energiekern", in dem alle für Steuerung, Speicherung und Verteilung erforderlichen Komponenten konzentriert sind.

Sämtliche tragenden Elemente – Boden, Decken, Dach und Außenwände – wurden in Holztafelbauweise ausgeführt. Die Transmissionswärmeverluste sind durch eine hohe Wärmedämmung minimiert. Im Inneren lassen sich die Grundrisse ohne größere bauliche Maßnahmen an sich ändernde Bedürfnisse der Bewohner anpassen. Am Ende der Lebensdauer des Gebäudes ist ein sortenreines Recycling aller Baumaterialien möglich.

Den innovativen Kern des Aktivhaus-Projekts aber bildet die in Kooperation mit der Universität Stuttgart entwickelte Anlagentechnik. Eine Luft/Wasser-Wärmepumpe nutzt die Außenluft auch bei niedrigen Temperaturen für die Erwärmung des Verbrauchswassers. Die Photovoltaik ist den unterschiedlichen Expositionen angepasst; so sind – anders als im Dach – in der Südfassade für die hier eher diffuse Strahlung amorphe Dünnschichtmodule integriert. Die Zwischenspeicherung übernimmt eine 40-kWh-Lithium-Ionen-Batterie. Zu seiner Optimierung „lernt" das System aus dem Verhalten der Bewohner, berücksichtigt weitere Informationen wie Wettervorhersagen und speist überschüssige Energie in das öffentliche Netz ein.

Grundrisse von Erd- und Obergeschoss, 2011

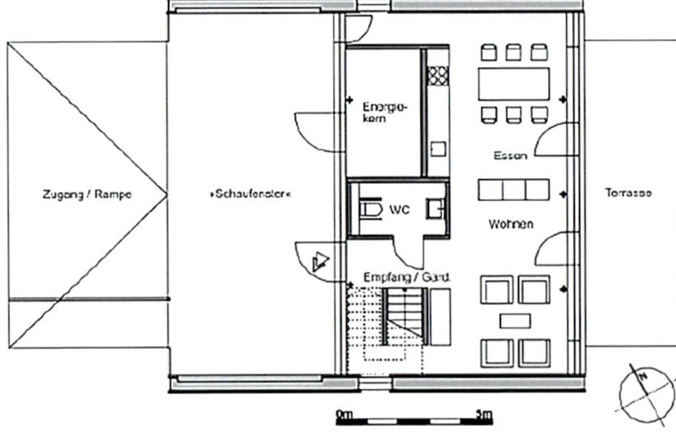

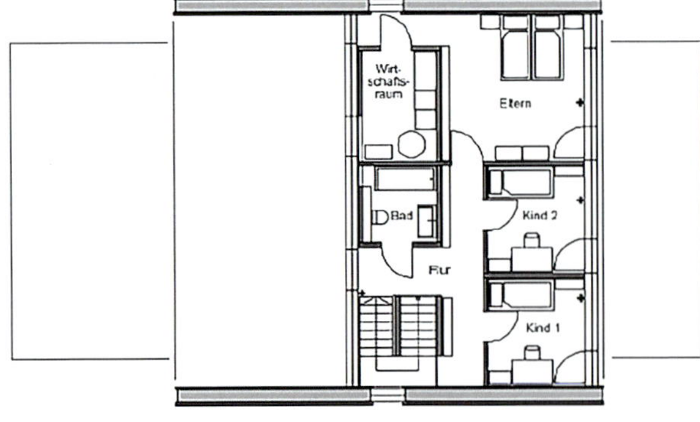

In der Testphase bewohnten zwei vierköpfige Familien das Haus jeweils für rund ein Jahr. Ein umfassendes Monitoringprogramm begleitete die Zeit der praktischen Nutzung. Es zeigte sich, dass das Gebäude im Praxistest die Erwartungen zwar nicht ganz erfüllen konnte, aber in der Jahresbilanz doch deutlich mehr Energie erzeugte als es verbrauchte. Kritiker bemängelten allerdings unter anderem die starken jahreszeitlichen Schwankungen, die im Winter zu einem erheblichen „Minus“ führen. Nach einer Umbauphase dient das Bauwerk seit 2017 als Informationszentrum zum zukunftsgerechten Bauen.

Die vielschichtigen Erkenntnisse und Erfahrungen machten das Berliner Effizienzhaus Plus zu einem richtungweisenden Pilotprojekt für energetisch optimiertes Wohnen unter Einbeziehung der Elektromobilität. Mittlerweile wurden im Zusammenhang mit der gleichnamigen Initiative „Effizienzhaus Plus“ landesweit mehr als 40 Gebäude errichtet und wissenschaftlich betreut. Unter den Fertighäusern haben Aktivhäuser heute in Deutschland bereits einen Marktanteil von etwa 5 % erreicht.

Blick in den Energiekern, 2012

Grundlegende Literatur

Sandra Greiser: Wohnen der Zukunft. F87 – Effizienzhaus Plus mit Elektromobilität, Berlin. In: Deutsche Bauzeitschrift 60 (2012), S. 28–35; Hans Erhorn u. a: Messtechnische und energetische Validierung des BMVBS-Effizienzhaus Plus in Berlin – Messperiode März 2012 bis Februar 2013. In: Bauphysik 35 (2013) S. 162ff.; Fraunhofer Institut für Bauphysik: Messtechnische und energetische Validierung des BMUB-Effizienzhauses Plus in Berlin, Messphase 2. Stuttgart 2015

Ansicht von der Fasanenstraße, 2020

103

NACHHALLGALERIE DER STAATSOPER

Keramik für den guten Ton

C2/f2

Lage Unter den Linden 7, 10117 Berlin-Mitte
Bauzeit 2015–17
Planung Netzstruktur Knippers Helbig Advanced Engineering
Akustikplanung Peutz Consult
Gesamtplanung hg merz
Ausführung Fiber-Tech Construction

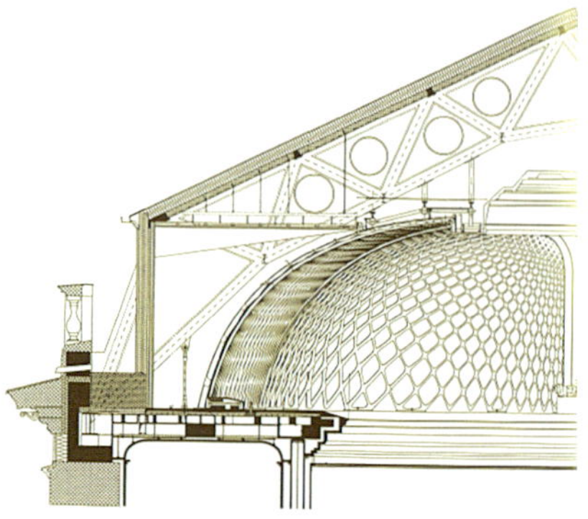

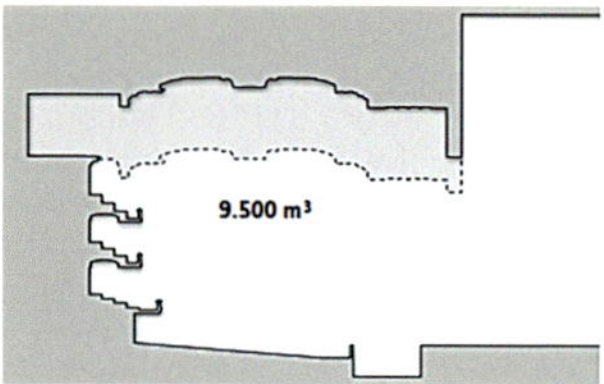

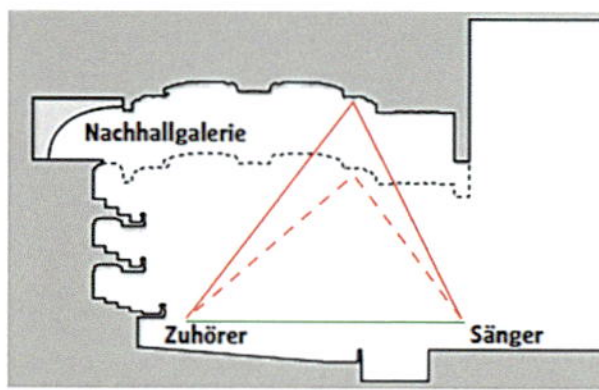

Volumengewinn durch Hebung der Decke und Aktivierung zusätzlichen Dachraums (links), 2017

→↑ Keramikstruktur im Dachraum, 2018

1741–43 hatte Friedrich II. das Königliche Opernhaus als ersten Prachtbau des „Forum Fridericianum" nach Plänen von Georg Wenzeslaus von Knobelsdorff errichten lassen. Mehrfach wurde es später grundlegend umgebaut. Die letzte Fassung ging auf den „im Geist Knobelsdorffs" von Richard Paulick konzipierten Wiederaufbau der Kriegsruine (1952–55) zurück; vom ursprünglichen Bau blieben dabei nur noch Fundamente und Portikus erhalten. Anfang der 2000er Jahre war eine Anpassung an die Erfordernisse des heutigen Opernbetriebs unvermeidlich geworden. Die von 2010 bis 2017 durchgeführte Generalinstandsetzung umfasste neben der Oper auch die Magazin- und Intendanzgebäude sowie den Neubau eines unterirdischen Verbindungsbauwerks. Die komplexe Bauaufgabe forderte von den für das Gesamtprojekt verantwortlichen Tragwerksplanern CRP Bauingenieure ungewöhnliche Lösungen. So wurde etwa der 12 m weit ins Grundwasser reichende Bühnenturm mit bis zu 30 mm dicken verschweißten Stahlblechen abgedichtet. Als größte Herausforderung aber erwies sich die angestrebte Verbesserung der Akustik, insbesondere deshalb, weil der Staatsoper als bedeutendem Wiederaufbauprojekt der frühen DDR zwischenzeitlich hoher denkmalpflegerischer Wert beigemessen wurde. Die Nachhallzeit von ca. 1,1 s lag weit unter dem für ein Opernhaus optimalen Wert von 1,6 s. Naheliegend wäre eine Senkung der Schallabsorption der Oberflächen gewesen, doch sie schied hier aus: Mit einem Saalvolumen von rund 6500 m³ ist die Lindenoper sehr klein; die Lautstärke eines heutigen Orchesters stieß hier bereits an die Grenze des Zulässigen. Senkte man jetzt noch die Absorption, würde es schlicht zu laut. Helfen konnte nur eine gleichzeitige Vergrößerung des akustisch effektiven Raumvolumens um etwa 50 % – doch wie sollte dies ohne eine wesent-

Keramikstruktur über rechtem Oberrang, 2019

Untersicht der neuen Decke mit Nachhallgalerie, 2019

liche Veränderung der Erscheinung des Saals erreicht werden?
Man fand die Lösung durch ein neuartiges Keramiktragwerk und einen Kompromiss mit der Denkmalpflege. Die vorhandene Decke wurde um 5 m angehoben, die entstandene Lücke schloss eine organisch gekrümmte, offene Netzstruktur „im Geiste Paulicks". Akustisch durchlässig, aktiviert sie auch Teile des Dachraums für den Schall. Im Ergebnis vergrößert die „Nachhallgalerie" das effektive Raumvolumen insgesamt um etwa 3000 m^3.
Die selbsttragende Struktur des Netzes besteht aus 3,5 cm starken Stegen. Gefertigt aus faserverstärkter Phosphat-Keramik (CBPC), erfüllt sie alle Brandschutzanforderungen. Die parametrisch optimierte Geometrie ermöglichte die segmentweise Vorfertigung gleicher Bauelemente. Ein Roboter fräste die Formen aus einem dichten PUR-Kautschuk heraus, anschließend goss man die Keramikmasse im Wechsel mit den Faserlagen schichtenweise ein. 26 etwa 700 kg schwere „Halbelemente" wurden so in Chemnitz gefertigt und anschließend vor Ort zu 13 „Vollelementen" zusammengefügt.
Industriekeramik als Baustoff: Die neuartige Konstruktion ermöglichte ein hocheffektives akustisches „Upgrade" und beeindruckt zugleich durch ihre unaufdringliche Eleganz im Kontext des Paulick'schen Saals.

Grundlegende Literatur

Senatsverwaltung für Stadtentwicklung und Wohnen (Hg.): Staatsoper Berlin 2010–2017, Bd. 2. Berlin 2017; Peutz Consult GmbH: Staatsoper Unter den Linden. Die Akustik im Opernsaal. Düsseldorf 2017; Bundesingenieurkammer (Hg.): Ingenieurbau in Deutschland 2018. Staatspreis. Berlin 2018, S. 78ff.

NOCH OHNE
„INGENIEURE“

NOCH OHNE „INGENIEURE“
Konstruktionskunst in Berlin bis Mitte des 19. Jahrhunderts

„Ingenieurbau“, so haben wir es in der Einleitung benannt, gilt uns als ein Sammelbegriff für Bauten, bei denen der Konzeption und Detaillierung des Tragwerks besondere Bedeutung zukommt, die sich durch technische Finessen in Konstruktion, Fassade, Klimatisierung etc. auszeichnen, oder aber die dem großen Bereich der sogenannten Ingenieurbauwerke zugeordnet sind, der von Straßen, Bahnen und Kanälen bis zur Wasser- und Energieversorgung reicht. Solcherart Ingenieurbauten reichen Jahrtausende weit in Zeiten zurück, in denen für deren Schöpfer der Terminus „Ingenieur“ noch gar nicht zur Diskussion stand – von gewagten Brückenbauten der Renaissance und gotischen Kathedralen über Gewölbe der Antike bis hin zu Großbauten in Mesopotamien und Bewässerungsanlagen im Vorderen Orient. In eben diesem Sinne hat die Bundesingenieurkammer vor einigen Jahren die Ende des 16. Jahrhunderts entstandene Nürnberger Fleischbrücke als „Historisches Wahrzeichen der Ingenieurbaukunst“ ausgezeichnet.

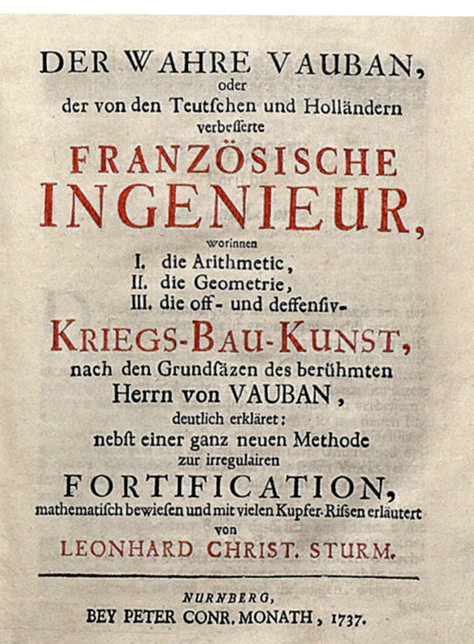
DER WAHRE VAUBAN,
oder
der von den Teutschen und Holländern
verbesserte
FRANZÖSISCHE
INGENIEUR,
worinnen
I. die Arithmetic,
II. die Geometrie,
III. die off- und deffensiv-
KRIEGS-BAU-KUNST,
nach den Grundsäzen des berühmten
Herrn von VAUBAN,
deutlich erkläret:
nebst einer ganz neuen Methode
zur irregulairen
FORTIFICATION,
mathematisch bewiesen und mit vielen Kupfer-Rißen erläutert
von
LEONHARD CHRIST. STURM.

NURNBERG,
BEY PETER CONR. MONATH, 1737.

Der auserleßneste
und
Nach den Regeln der antiquen Bau-Kunst sowohl/
als nach dem heutigen Gusto
verneuerte
GOLDMANN,
Als der rechtschaffenste
Bau-Meister/
oder die gantze
CIVIL-Bau-Kunst/
In unterschiedlichen vollständigen Anweisungen dergestalt abgehandelt/ daß nicht leicht der geringste undeutliche Orth in der ehemahls edirten Goldmännischen Civil-Bau-Kunst befindlich/ welcher nicht jetzo sattsam erkläret worden.
Es kan demnach dieses Werck nicht allein allen/ auch den unerfahrensten Anfängern der Architectur zu einer völligen Unterweisung dienen;
Sondern auch würckliche Baumeisters werden in diesem viel Vortheile zu ihrer practicalischen Wissenschafft nöthig/ nicht vergeblich suchen dürffen;
Nicht weniger kan es allen Bau-Beambten zu ihrer Herrschafften Nutzen und ihrem eigenen Vortheil behülfflich seyn.
Alles auf das auffrichtigste mitgetheilet
von
Leonhard Christoph Sturm.
Cum Gratia & Privilegio Sacræ Cæsar. Majest.

Augspurg/
In Verlegung Jeremiæ Wolffens/ Kunst-Händlers.
Daselbst gedruckt bey Peter Detleffsen.
Anno MDCC XXI.

Der wahre Vauban, 1737 nach dem Tod des Autors Leonhard Christoph Sturm posthum veröffentlicht

→ Nikolai Goldmanns Anweisung zur Civil-Bau-Kunst, herausgegeben von Leonhard Christoph Sturm, hier in einer Ausgabe von 1721

Anders als den „Architekten", der über den lateinischen „architectus" bis auf den griechischen „ἀρχιτέκτων" zurückgeht, gibt es den „Ingenieur" als Begriff für einen Bauschaffenden erst seit einigen Jahrhunderten. An der Schwelle zur Neuzeit ist der italienische „ingegnere" jedoch zunächst ausschließlich mit der Herstellung von Kriegsgerät befasst; im Zeitalter des Barock obliegt dem „Ingenieur" dann in ganz Europa allgemein die „Militär-Baukunst" (*architectura militaris*) von der Waffenentwicklung bis zum Festungsbau. Für alle Bauaufgaben jenseits des Militärischen – die „Civil-Baukunst" (*architectura civilis*), deren ganze Vielfalt etwa Leonhard Christoph Sturm 1699 erstmals in einem großangelegten Traktat umfassend publiziert – ist hingegen der Architekt oder (im Deutschen) der Baumeister zuständig.
Dies ändert sich im 18. Jahrhundert zunächst in Frankreich. 1716 wird dort das Corps des ingénieurs des ponts et chaussées eingerichtet und 1747 in Paris die erste Ingenieurhochschule der Welt gegründet, die École Nationale des Ponts et Chaussées. Nun umfassen die Aufgaben der dortigen „ingénieurs" auch den Brücken- und Straßenbau und damit den Bereich der nicht militärischen Infrastruktur. Nur wenig später definieren sich auch in Großbritannien erstmals „Civil Engineers" als eigener Berufsstand jenseits des Militärischen. 1771 wird dort die Society of Civil Engineers gegründet, die 1818 dann in der noch heute weltweit anerkannten Institution of Civil Engineers aufgeht.

„Ingenieure" in Berlin

In Berlin hingegen soll Vergleichbares noch lange dauern. Als hier 1824 erstmals in Deutschland eine Interessenvertretung aller Bauschaffenden gegründet wird, benennt sie sich schlicht als „Architekten-Verein zu Berlin" – so sehr auch technische Themen einen wesentlichen Schwerpunkt der Vereinsarbeit bilden und ausgewiesene Spezialisten für Mathematik, Mechanik, Statik und Konstruktion wie Adolph Ferdinand Wenceslaus Brix (1798–1870) als Gründungs-Vorstand oder später Johann Wilhelm Schwedler (1823–1894) das Profil mitprägen; erst anlässlich seines hundertjährigen Bestehens im Jahr 1924 wird der „AV" in „Architekten- und Ingenieurverein" (AIV) umbenannt.
Bis an die Schwelle zum 20. Jahrhundert bleibt der „Ingenieur" in Preußen als akademische Qualifikation dem militärischen Sektor vorbehalten. Zwar kommt es 1775 auf Initiative des Ministers Karl Abraham von Zedlitz (1731–1793) zur Gründung einer École de Génie et d'Architecture, in der in einer „Salle de génie" drei (!) Ingenieuroffiziere und in der „Classe d'architecture" drei (!) Baubeamte ausgebildet werden, doch wird diese „Ehe" zwischen ziviler und militärischer Ingenieurausbildung schon nach vier Jahren wieder geschieden. Die Anstalt wird reorganisiert und beschränkt sich fortan allein auf den militärischen Bereich. 1788 zunächst in Ingenieurakademie, 1816 dann in Vereinigte Ingenieur- und Artillerieschule umbenannt, ist sie noch bis 1905 für die wissenschaftliche Ausbildung des militärischen Nachwuchses verantwortlich.
Im preußischen Bauwesen hingegen gibt es noch auf viele Jahrzehnte formal keine „Ingenieure". Weder in den Regularien und Verordnungen zur preußischen Bauverwaltung noch in den Lehrplänen und Abschlusstiteln der 1799 begründeten Bauakademie stoßen wir auf den Begriff oder gar den Titel „Ingenieur" –

ungeachtet dessen, dass gerade die Bauakademie vornehmlich als polytechnische Bildungsanstalt für Baubeamte ausgerichtet war. Über alle Wechsel der Prüfungsordnungen hinweg verlassen deren Eleven die Schule als „Bauinspectoren", „Baumeister", „Bauführer" oder aber, unter anderem für den Eisenbahnbau, als „Privatbaumeister".
Faktisch freilich etabliert sich an der Bauakademie spätestens 1849 mit der Aufteilung der Ausbildung in die vertiefenden Studiengänge „Land- und Schönbau" und „Wasser- und Wegebau" bereits die Trennung in Architekten und Ingenieure. Auch halten seit den 1840er Jahren zunehmend baustatische Berechnungen Einzug in die Planungspraxis, und nicht zuletzt verbreitet sich im Sprachgebrauch zur selben Zeit zumindest für die im Eisenbahnbau tätigen Planer allmählich erstmals der Begriff „Ingenieur" im heutigen Sinne.
Vor diesem Hintergrund haben wir für die vorhergehenden neun Kapitel stets Objekte ausgewählt, die frühestens in die Mitte des 19. Jahrhunderts zu datieren sind. Als Ausklang stellt das letzte Kapitel einige jener Bauten vor, die vor dieser Zeit in Berlin geschaffen wurden und schon als beeindruckende Ingenieurleistungen im heutigen Sinne gelten können.
Wer waren ihre Erbauer, die sich in der Regel noch nicht „Ingenieure" nannten: Woher kamen sie, wo arbeiteten sie, was machte ihre ingenieurmäßige Kompetenz aus?

Baumeister der Gotik – die großen Unbekannten

Gleich das älteste für diesen Führer ausgewählte Ingenieurbauwerk, der im 14. Jahrhundert errichtete [104] **Dachstuhl der Spandauer St.-Nikolai-Kirche**, bleibt in dieser Hinsicht ein Rätsel. Über den oder die mit ihm verbundenen Bau- und Zimmermeister wissen wir ebenso wenig wie über jene vieler anderer gotischer Bauten Berlins. Zudem gibt es die meisten dieser oft beeindruckenden Gebäude nicht mehr; stellvertretend genannt seien nur das 1405 gegründete Gertraudenhospital, das bereits 1881 der Umgestaltung des heutigen Spittelmarkts weichen musste, und das 1484 geweihte Dominikanerkloster südlich des Stadtschlosses, das 1741 wegen Baufälligkeit abgetragen wurde. Nur sehr wenige Kirchengebäude der gotischen Doppelstadt haben dem urbanen Veränderungsdruck und selbst den Zerstörungen des Bombenkriegs zumindest in Teilen standgehalten. Zu den ältesten gehören die schon Ende des 13. Jahrhunderts als Teil des gleichna-

Marienkirche von Nordosten, Ausschnitt aus der Stadtdarstellung im Reisealbum des Herzogs Ottheinrich von der Pfalz-Neuburg, 1537

migen Hospitals errichtete **Heilig-Geist-Kapelle**, die 1520 ihr heutiges Sterngewölbe erhielt, das **Franziskanerkloster** an der Klosterstraße, dessen um 1300 vollendete, 1945 weitgehend zerstörte Backsteinbasilika heute als Ruine konserviert ist, die ebenfalls Anfang des 14. Jahrhunderts erstmals vollendete **Marienkirche**, deren erster Turm allerdings erst zum Ende des 15. Jahrhunderts fertig wurde, und die um 1475 als Ersatz für einen älteren Vorgängerbau weitgehend neu errichtete Backsteinhalle der **Berliner Nikolaikirche**. Doch auch ihnen können nur vereinzelt Namen ohne weitere Hintergründe zugeordnet werden: Ein Meister Bernhard (tätig um 1475) wird zum Franziskanerkloster genannt, und für den Turmbau der Marienkirche scheint die Mitwirkung des Meisters Steffen Boxthude aus der Altmark (tätig um 1450/70) gesichert. Viel mehr wissen wir nicht.

Ansicht der Nikolaikirche, um 1870

Festungsbaumeister der Neuzeit

Dies ändert sich grundsätzlich in der zweiten Hälfte des 16. Jahrhunderts. Der festgefügte Rahmen der gotischen Bauhütten wird mit dem Auftreten von Spezialisten für den modernen Festungsbau gesprengt. Sie kennen sich mit Belagerungstaktiken und Geschützreichweiten ebenso aus wie mit den geometrischen Grundlagen eines perfektionierten Grundrissentwurfs. Oft sind sie europaweit aktiv, und sie sind prominent. Wie auch andernorts, prägen in Brandenburg zunächst italienische Festungsbaumeister das Geschehen. 1559 erhält der ehemals in kaiserlichen Diensten stehende Francesco Chiaramella de Gandino (Anf. 16. Jh. – etwa 1583) den Auftrag zur Errichtung der [105] **Zitadelle Spandau** und damit verbunden auch der Festungen in Peitz und Küstrin. Seine Entwürfe sind wohl strukturiert, da er sich jedoch zu wenig um die praktische Bauausführung kümmert und wegen anderer Projekte oft abwesend ist, geht der Bau nur schleppend voran. 1578 wird Chiaramella schließlich entlassen.

An seine Stelle tritt Rochus Quirinus Graf zu Lynar (italienisch Rocco Guerrini Conte di Linari, 1525–1596), der den Bau bis 1594 vollendet und die Spandauer Zitadelle zu einer der bedeutenden deutschen Festungen der Spätrenaissance macht. Bei Florenz geboren, ist Lynar in französischen Diensten rasch zu einem der angesehensten Festungsbaumeister und -kommandeure aufgestiegen, hat selbst an verschiedenen Kriegszügen teilgenommen und dabei sein linkes Auge verloren, bevor er 1560 zum Protestantismus übertritt und 1567 als Hugenotte aus Frankreich fliehen muss. 1578 ernennt ihn der Kurfürst von Brandenburg zum Generaloberst, Zeug- und Baumeister. Als er knapp zwei Jahrzehnte später verstirbt, kann er als die wohl bedeutendste Baumeisterpersönlichkeit Berlins gelten. Seine Charakteristika zeichnen noch heute gute Ingenieure aus und lassen sie erfolgreich werden – eine gute Arbeitsorganisation, ein Sinn für die praktischen Erfordernisse einer Baustelle, lang gereifte Erfahrung und nicht zuletzt der Mut auch zu gewagten Entscheidungen.

Mit Beginn des 17. Jahrhunderts setzt sich im europäischen Festungsbau das „altniederländische System" durch, in dem flachere Wälle und Bastionen hinter breiten und tiefen Gräben liegen und dafür das Festungsvorfeld durch umfangreiche Außenwerke mit weiten Gräben, niederen Wällen und Ravelins geschützt wird. Forciert durch die engen familiären Bindungen des „Großen Kurfürsten" Friedrich Wilhelm I., der in den Niederlanden mehrere Jahre seine Jugendzeit verbracht hat, gewinnt das neue System in seiner Regierungszeit (1640–88) auch in Brandenburg rasch an Bedeutung. Unter den zahlreichen holländischen oder in Holland geschulten Baumeistern, die nun in Berlin-Cölln tätig werden, ist Johann Gregor Memhardt (1607–1678) der wohl prominenteste. Bereits seit 1638 in brandenburgischen Diensten, wird er 1650 zum Kurfürstlichen Hofbaumeister ernannt. Seine erste Aufgabe ist die genaue Aufnahme der durch den Dreißigjährigen Krieg verwüsteten Stadt; 1652 ist der berühmte „Memhardt-Plan" (vergleiche hierzu S. 14) vollendet, den er mit „Johan Gregor Memhard Churfl[.] Brandenb[.] *Ingenieur*" [Hervorhebung durch den Verfasser] signiert. Der Plan dient der Vorbereitung der Fortifizierung der Doppelstadt (1658–83); unter den vielen Werken Memhardts kann sie als sein wohl bedeutendstes gelten.

Eine spannende Persönlichkeit im Kreis der Niederländer ist auch Michael Mathias Smidts (1626–1692), der sich in seiner Heimat in Wasser- und Schiffsbau qualifiziert hat und im Alter von 26 Jahren an der Spree eine Anstellung als Hofzimmermann und Schleusenmeister erhält. Zu Beginn vornehmlich in Projekte Memhardts eingebunden, wird er bald zunehmend selbstständiger. Sein Wirken und Werk lassen in vielem an spätere Bauingenieure denken. So stehen den wenigen eigenen Architekturentwürfen viele von anderen entworfene Projekte gegenüber, für die er die Bauleitung übernimmt; vor allem aber obliegen ihm Infrastrukturvorhaben wie etwa der Bau des Friedrich-Wilhelm-Kanals bei Müllrose

Plan der Befestigung von Berlin, im Vordergrund die erst geplante Dorotheenstadt, Johann Bernhard Schultz, 1688

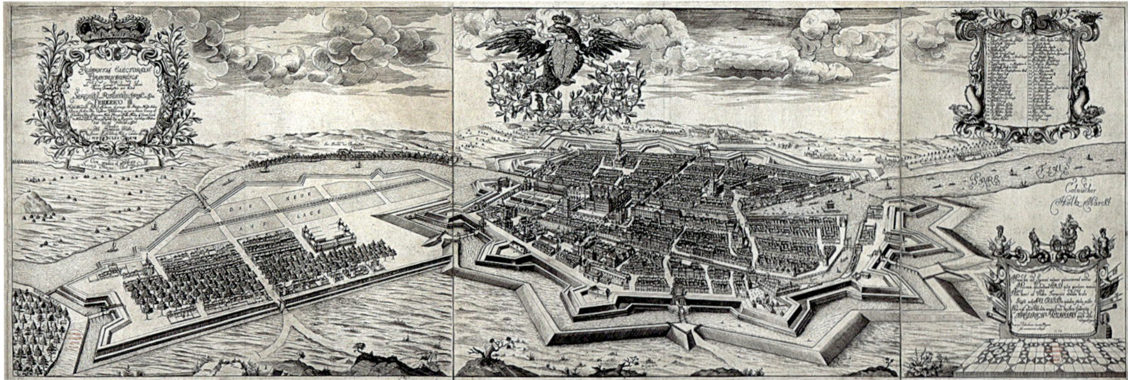

Mit Erfahrungen und richtigen Grundsätzen bestärkte
Anweisung,
wie
die Wirkung des Feuers in den
Stubenöfen
und
Küchen
zu verstärken und zu vermehren, daß durch vortheilhafte Einrichtung derselben eine beträchtliche Menge Holzes ersparet werden könne,
Mit nöthigen Kupfern
zum allgemeinen Nutzen abgefasset und mitgetheilet
von
Fried. Wilh. Dieterichs
Königl. Preuß. Krieges- und Domainen-Rathe und Oberbau-Directore,
auch auf Befehl eines Hochpreißl. General-Ober-Finanz-Krieges- und Domainen-Directorii,
wegen erhaltenem Beyfall
der hiesigen Königl. Acad. der Wissenschaften,
zum Druck übergeben.
Berlin 1766.
bey Joachim Pauli, Buchhändler.

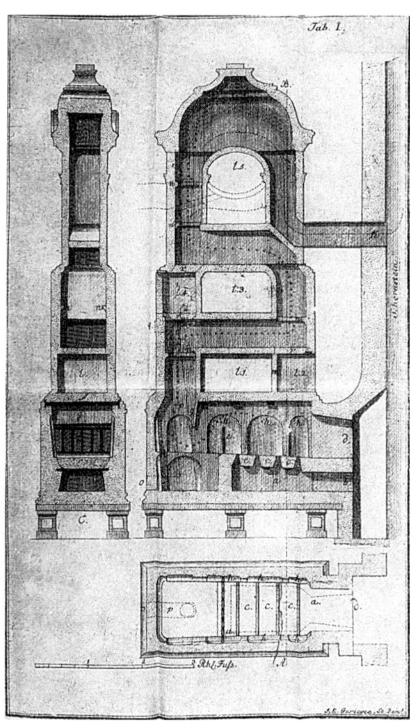

Friedrich Wilhelm Dieterichs' Publikation zur Heiztechnik, 1766, Titelblatt und Darstellung der Wirkungsweise eines Halsofens

oder der Langen Brücke in Köpenick. Auch geschäftlich agiert er geschickt und wird er zu einem erfolgreichen Unternehmer, der bald unter anderem den Berliner Holzhandel kontrolliert.

Baubeamte im 18. Jahrhundert

Die Festungswälle behindern sehr bald die Entwicklung der prosperierenden Residenzstadt; schon zu Beginn des Jahrhunderts wurden die Wälle der erst wenige Jahrzehnte zuvor vollendeten Fortifikationen geöffnet. Ab 1747 begann man sie abzutragen. Nicht mehr der Festungsbau, sondern Ausbau und Unterhaltung der im europäischen Vergleich eher rückständigen Verkehrsinfrastruktur stehen nun als ingenieurtypische Aufgabenfelder im Fokus der preußischen Bauverwaltung. Unter den damit befassten Baubeamten ist exemplarisch Friedrich Wilhelm Dieterichs (1702–1782) zu nennen, dessen steile Karriere 1723 mit der Ernennung zum Bau-Inspector ihren Anfang nimmt. Gerade in den frühen Jahren reist er – auf einem ihm eigens zur Verfügung gestellten Dienstpferd – unermüdlich durchs Land und kümmert sich nicht nur um Straßen, Brücken, Schleusen und Uferbefestigungen, sondern auch um Wirtschaftsbauten wie Kalk- und Ziegelöfen und die Instandsetzung von Kirchen. 1735 entwirft er bis ins Detail die neue Hochofenanlage in Zehdenick, nutzt dabei unter anderem den noch neuen Baustoff „Ciment“, verfolgt aufmerksam die entstehenden Ingenieurwissenschaften und publiziert 1766 gar ein eigenes Buch zur Heiztechnik – ein „Ingenieur“ par excellence.

Längsschnitt durch das Brandenburger Tor mit versetzten Schnittebenen, Werkstatt Carl Gotthard Langhans, 1788/89

Auf eine anders gelagerte, gleichwohl konstruktiv sehr relevante Facette des preußischen Baubeamten stoßen wir bei Carl Gotthard Langhans (1732–1808). Wesentlich bekannter als Dieterichs, steht er in Preußen vor allem für den baukünstlerischen Übergang vom Rokoko zum frühen Klassizismus. Neueste Bautechniken gelten ihm dabei als inhärenter Bestandteil der neuen Architektur. So nutzt er 1789/90 über dem Anatomiesaal der „Thier-Arzney-Schule" ([106] **Tieranatomisches Theater**) erstmalig in Deutschland die Bohlenbinderbauweise für ein großes Dachtragwerk, dem zahlreiche weitere Entwürfe und Ausführungen von Bohlendächern folgen (vergleiche hierzu S. 100). Und auch in Langhans' bedeutendster Schöpfung, dem **Brandenburger Tor** (1788–91), steckt „Hightech": Anders als in dessen antikem Vorbild, den Athener Propyläen, ist hier die gesamte Gebälkzone von schmiedeeisernen Ankern und Armierungen durchzogen. Ähnlich wie etwa in den Pariser Louvre-Kolonnaden (1667–74) sind die aus Werksteinen zusammengesetzten Architrave überhaupt nur tragfähig durch die in dichter Folge angeordneten Abhängungen von im Inneren verborgenen Bogentragwerken.

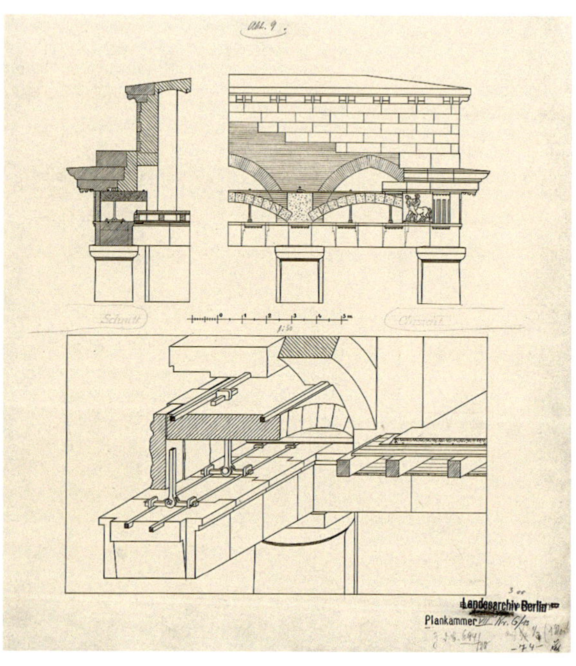

Abhängung der Architrave im Brandenburger Tor, Dokumentation 1928

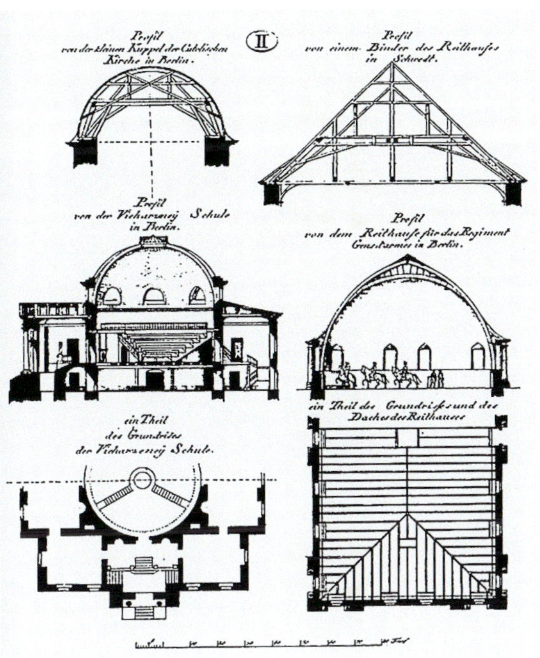

← Ausgeführte Bohlendächer, Tafel 2 aus Gillys Publikation „Ueber Erfindung, Construction und Vortheile der Bohlen-Dächer", 1797

Porträt David Gilly, vermutlich Friedrich Georg Weitsch, um 1800

Mit dem Langhans-Schüler Friedrich Christian Becherer (1747–1823), von 1790 bis 1799 Leiter der noch an der Akademie der Künste angesiedelten Architektonischen Lehranstalt und dann einer der ersten Lehrer an der Bauakademie, werden die technischen Aspekte des Bauens zunehmend zum integralen Bestandteil der Baumeister-Ausbildung. Als leitender Baubeamter ist er unter anderem für die Errichtung von Infrastrukturbauten wie der [107] **Jungfernbrücke** verantwortlich.

Als Inbegriff des Ingenieurs unter den preußischen Baubeamten an der Wende zum 19. Jahrhundert kann freilich David Gilly (1748–1808) gelten. Nachdem er sich als Oberbaudirektor in Pommern mit Arbeiten wie dem Ausbau der Molen und Hafenanlagen von Swinemünde bereits an klassischen Ingenieuraufgaben bewährt hat, wird er 1788 ins Königliche Oberbaudepartement nach Berlin berufen. Als Geheimer Oberbaurat leitet er das staatliche Bauwesen in den Provinzen Pommern, Ost- und Westpreußen und ist dort unter anderem für den Bau des Bromberger Kanals sowie Aus- und Umbauten der Hafenanlagen von Danzig und Elbing verantwortlich. Er gehört zum dreiköpfigen Gründungsdirektorium der Bauakademie, und nicht zuletzt engagiert er sich als Autor zahlreicher bautechnisch orientierter Veröffentlichungen für neuartige und kostensparende Bauweisen. Als wichtigste seien seine 1797 erschienene Abhandlung *Über Erfindung, Construction und Vortheile der Bohlen-Dächer* sowie die ersten beiden Bände seines *Handbuch der Land-Bau-Kunst, vorzüglich in Rücksicht auf die Construction der Wohn- und Wirthschafts-Gebäude* (1797/98) hervorgehoben.

Eisengießer und Maschinenbauer

Als letzte Gruppe jener „Ingenieure“, die in Berlin noch nicht so heißen, aber schon wie Ingenieure denken und handeln, müssen schließlich die Eisengießer und ersten Maschinenbauer Erwähnung finden, die im frühen 19. Jahrhundert zunehmend Einfluss auch auf das Bauwesen gewinnen. Den Nukleus bildet die Kgl. Eisengießerei an der Panke, 1803 gegründet als Berliner „Außenstelle“ der oberschlesischen Gleiwitzer Hütte; es kann kaum verwundern, dass kein anderer als David Gilly im Oktober 1805 das fertiggestellte Werk abnimmt. Im selben Jahr noch macht man sich an den Guss der ersten in Berlin gefertigten Eisenbrücken. Vor allem aber wird die Gießerei in den folgenden Jahrzehnten auch im übertragenen Sinne zu einem Schmelztiegel, in dem Technik und Architektur in bislang ungekannter Weise fruchtbar zusammenfließen. Beeindruckend prägnant zeigt das [109] **Kreuzbergdenkmal** dabei die Rollenverteilung zwischen „Ingenieur“ und Architekt: Während Karl Friedrich Schinkel die äußere Gestalt entwirft, konstruiert der Leiter der Gießerei, Johann Friedrich Krigar (1774–1852), das Tragwerk im Inneren. Krigar, selbst Sohn eines Hochofenmeisters, hat kurz zuvor die erste Lokomotive des europäischen Festlands auf dem Gelände der Eisengießerei zum Fahren gebracht (1815/16) – und eben dieses rasch wachsende Kompetenzspektrum der praktischen Maschinenbauer wird in den folgen-

Flammofen- und Bohrhütte der Königlichen Eisengießerei, Friedrich August Calau, um 1806

den Jahrzehnten dem Bauwesen in Berlin wesentliche neue technische Impulse geben. Eine Schlüsselstellung nimmt dabei die 1822 gegründete „Maschinenbau-Anstalt“ des Franz Anton Egells (1788–1854) ein; schon 1823 konstruiert dieser für Schinkel das Glasdach über der Rotunde des [111] **Alten Museums**.
Kein anderer aber steht derart prototypisch für die hocheffektive Verschmelzung von Maschinenbau und Bautechnik wie Johann Carl Friedrich August Borsig (1804–1854). Ursprünglich Zimmermann, mehr als zehn Jahre lang dann „in der Lehre“ bei Egells, gründet er 1837 sein eigenes Werk und verantwortet fortan so spektakuläre Eisenkonstruktionen wie die Tragwerke im [73] **Neuen Museum**, die Kuppel des Stadtschlosses (1847) oder die Drehbrücken der Anhalter Bahn über den Landwehrkanal (um 1849). Im nahegelegenen Potsdam entwirft er die konstruktive und technische Ausstattung des als Moschee gestalteten Dampfmaschinenhauses für Sanssouci (1841–43) und die gusseiserne Kuppel der Nikolaikirche (1847). Borsigs ungeheurer Erfolg ist nicht auf Wissenschaft, sondern auf Erfahrung und Können gegründet; sein Zeitgenosse Viktor von Unruh wird später über ihn urteilen: „Seine Kenntnis der Theorie und sein Wissen in der angewandten Mathematik war keineswegs glänzend, sogar sehr schwach, aber er war ein ungemein praktischer Mensch mit hellem scharfen Verstande.“
Schon am Neuen Museum freilich untersetzt der an der Bauakademie qualifizierte Bauleiter Carl Wilhelm Hoffmann (1810–1895) die Konstruktion mit ersten statischen Berechnungen, und die Entwicklung der Schlosskuppel verantwortet mit ihm zusammen der bereits genannte Mathematiker und Ingenieur Adolph Brix. Und so endet mit Borsig eben auch die lange Epoche der Bauingenieure, die noch nicht so genannt werden.

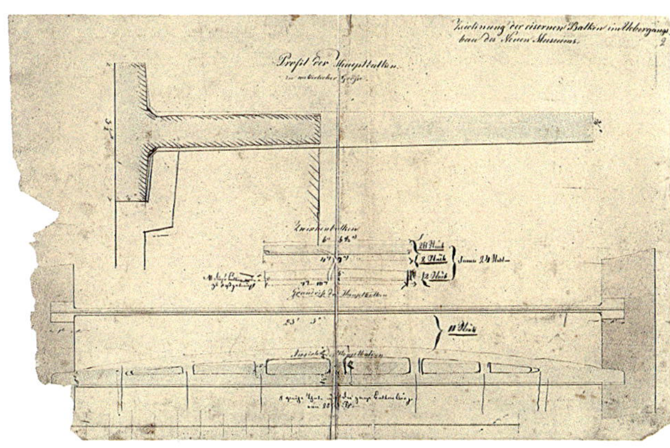

Konstruktionszeichnung zum Neuen Museum mit Anmerkungen von Borsig, um 1845

Stadtschloss mit Tragwerk der kriegszerstörten Kuppel vor der Sprengung, 1950

104

DACHWERK DER ST.-NIKOLAI-KIRCHE SPANDAU

Unverfälschte Konstruktionskunst

A1/a2

Lage Reformationsplatz, 13597 Berlin-Spandau
Bauzeit um 1370

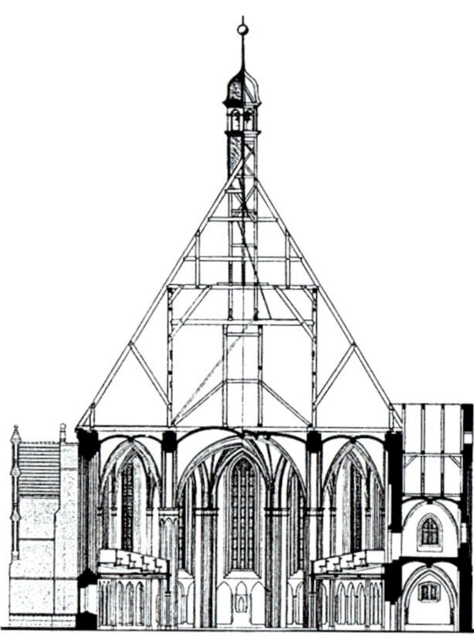

Querschnitt in zwei Ebenen, Blick nach Osten mit Ständerwerk zum Lastabtrag des Dachreiters, 1971

Im 14. Jahrhundert begannen in zahlreichen deutschen Städten Bauprojekte für Hallenkirchen. Deren gleich hohe Schiffe unterschieden sich deutlich von jenen der zuvor üblichen Kirchen mit basilikalem Querschnitt, in denen das dominierende Mittelschiff von niedrigeren Seitenschiffen flankiert wird. Unter den Berliner Hallenkirchen kommt der Spandauer St.-Nikolai-Kirche dabei besondere Bedeutung zu. Seit der Neudatierung ihres Dachwerks auf Basis dendrochronologischer Untersuchungen in den frühen 1990er Jahren gilt sie als vermutlich früheste Hallenkirche mit Umgangschor in der Mark Brandenburg – ein Kirchentypus, der für die Region prägend werden sollte.

Die hinter einem monumentalen Turm angelagerte Halle von St. Nikolai ist ca. 44 m lang, 22 m breit und gut 13 m hoch. Ihr dreischiffiges Langhaus ist in vier Joche gegliedert. Vermittelt durch ein schmales Vorjoch, läuft es in einen Chor mit polygonal gebrochenem $^{3}/_{6}$-Schluss aus, um den sich ein aus den Seitenschiffen entwickelter Umgang legt.

Oberhalb der Gewölbe erhebt sich mit einer Höhe von 18 m zwischen Traufe und First das um 1370 aus Kiefernholz errichtete Dachwerk. Seinen Kern bildet ein über den Mittelschiffwänden als zweifach stehender Stuhl platziertes Ständerwerk aus 22 in Längs- und Querrichtung ausgesteiften Gebinden. Auf ihm errichtete man den Befunden zufolge zunächst ein dreigeschossiges Kehlbalkendach, bevor anschließend die Sparren über den Seitenschiffen aufgelegt und zum Höhenausgleich um zusätzliche Aufschieblinge ergänzt wurden. Einen prinzipiell ähnlichen Aufbau zeigt auch das im Anschluss er-

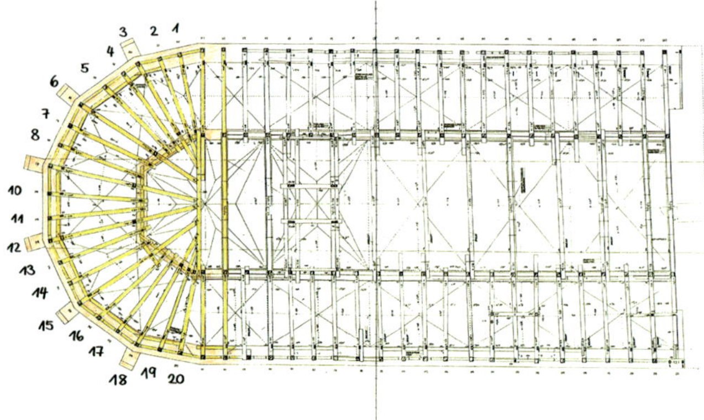

Sparrenplan mit hervorgehobenen Chorgesparren, 2013

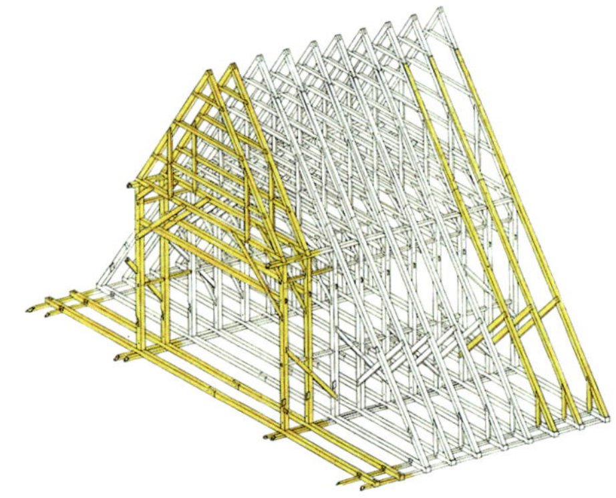

→ Ausschnitt des Langhaus-Dachs mit hervorgehobenem Kehlbalkendach und Stuhl über dem Mittelschiff (vorn) sowie den aufgesetzten Sparren mit Aufschieblingen über den Seitenschiffen (hinten), 2013

Dachraum nach Osten, 2012

richtete Dachwerk über dem Chor, dessen radial angeordnetes Tragwerk nun jedoch in sechs Binder- und 14 Leergespärre ausdifferenziert ist.

Sowohl die Ergänzung um einen Dachreiter im 15. Jahrhundert als auch mehrfache Baumaßnahmen im Chorbereich verursachten keine strukturellen Änderungen. 1944 zerstörte ein Bombentreffer den Turm, das bereits in Brand geratene Kirchendach konnte aber gerettet werden. In den 1990er Jahren wurde es unter Bewahrung der Spuren des bauzeitlichen Baubetriebs wie auch der Altreparaturen substanzschonend saniert und nach Plänen der Ingenieurgesellschaft Pichler unter anderem durch Zugbänder aus Stahl in jedem vierten Gebinde ertüchtigt.

Unter den großen gotischen Dachwerken der Region Berlin-Brandenburg gilt die Spandauer Konstruktion als ältestes erhaltenes Beispiel, das überdies im Langhaus mit deutlich mehr als 90 % originalen Hölzern einen außergewöhnlichen Grad an Authentizität besitzt. Ungeachtet der Großform eines einheitlichen Satteldachs wurden die Dachbereiche über Mittel- und Seitenschiffen ähnlich wie bei einer Basilika offenbar noch als eigenständige Dächer aufgefasst. Als regional wichtiger Zwischenschritt zum Kehlbalkendach mit doppelt stehendem Stuhl bietet es so einen faszinierenden Einblick in die ingeniösen Reaktionen der mittelalterlichen Zimmerleute auf neue bautechnologische Herausforderungen.

Blick auf den Turm von Südwesten, 2008

Grundlegende Literatur

Günther Jahn: Die Bauwerke und Kunstdenkmäler von Berlin. Stadt und Bezirk Spandau. Berlin 1971, S. 73ff.; Eckhart Rüsch u. a.: Das mittelalterliche Dachwerk von St. Nikolai in Berlin-Spandau. Ein wiederentdecktes technisches Denkmal mit Folgen für die Architekturgeschichte. In: Kunstchronik 45 (1992), Nr. 3, S. 85ff.; Ernst Badstübner, Dirk Schumann (Hg.): Hallenumgangschöre in Brandenburg. Berlin 2000, S. 157ff.

105

ZITADELLE SPANDAU

Ingegneri für Brandenburg

A1/a2

Lage Am Juliusturm 64, 13599 Berlin-Haselhorst
Bauzeit [a] 1560–77; [b] 1578–94
Gesamtplanung [a] Francesco Chiaramella de Gandino; [b] Rochus Quirinus Graf zu Lynar
Bauleitung/Teilplanungen [a] Christoph Römer, Antonius Ruvian; [b] Caspar Schwabe
Ausführung [a] Franz Pubian; [b] Thomas Martinatus; Bernhard Wollick

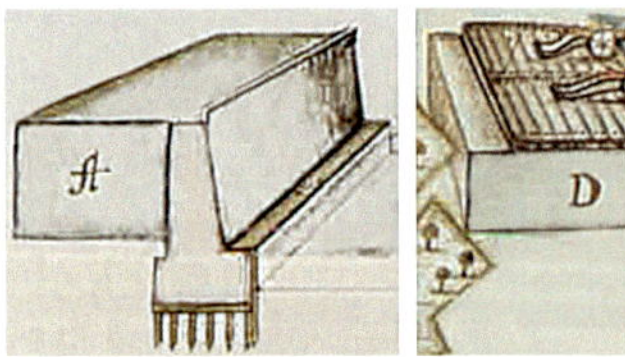

Schemaschnitte der Bastionen Königin (A) und Brandenburg (D) von Albrecht Faulhaber, um 1685

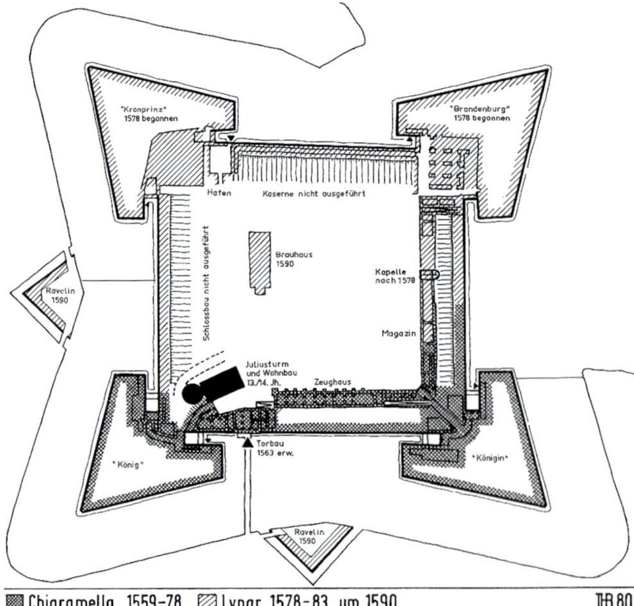

Grundriss mit Bauphasenplan, 1980

Die Entwicklung leistungsfähiger Feuerwaffen revolutionierte ab dem 15. Jahrhundert den europäischen Befestigungsbau. Zunächst vor allem in Italien wurden raumgreifend in die Tiefe gestaffelte Anlagen mit strategischen Vor- und Rücksprüngen entwickelt, für deren Entwürfe schon bald Spezialisten, die *ingegneri*, verantwortlich zeichneten. 1559 entschied der brandenburgische Kurfürst Joachim II., die ab der zweiten Hälfte des 12. Jahrhunderts angelegte Burg Spandau wegen ihrer besonderen strategischen Bedeutung zu einer modernen Festung auszubauen. Da Italien führend im Festungsbau war, beauftragte er den in Deutschland als ausgewiesenen Festungsfachmann bekannten Francesco Chiaramella mit der Planung und Bauleitung. Wegen des schleppenden Baufortschritts (bis 1577 war nur der südliche Teil der Festung fertig gestellt) übernahm 1578 der ebenfalls aus Italien stammende Rochus Quirinus Graf zu Lynar die Verantwortung und stellte den Festungsbau bis 1583 weitgehend fertig.

Die Grundstruktur der Zitadelle bilden vier in einem nahezu quadratischen Rechteck von 208 x 195 m angeordnete Hauptwälle. Ca. 10 m breit, verlaufen diese „Kurtinen" zwischen den an den Ecken vorspringenden Bastionen, deren pfeilförmiger Grundriss sowohl die Bestreichung des Festungsvorfelds als auch des Hauptgrabens zuließ. Die Distanz von der südöstlichen zur nordwestlichen Bastionsspitze beträgt 316 m, quer dazu sind es knapp 15 m weniger. Nahe der Bastion König im Südwesten liegt das Festungstor; über einen Verbindungsbau sind hier mit dem Juliusturm (Mitte 13. Jh.) und dem gotischen Wohnbau („Palas", frühes 15. Jh.) die Reste der alten Burganlage eingebunden.

Sowohl die Kurtinen als auch die mit zurückgezogenen Flankenhöfen ausgestatteten Bastionen bestehen im Kernbereich aus Erdaufschüttungen, die zum Graben hin mit Ziegelmauern („Escarpen") verstärkt sind. Die im Sockel etwa 2 m dicken Wände verjüngen sich nach oben und erreichen über der Wasserlinie eine Höhe von bis zu 11 m. Im Abstand von 4 m sind sie über die ganze Höhe durch Querschotten ausgesteift. Die entstehenden Kammern wurden mit Sand und Bauschutt verfüllt und zusätzlich mit Tonnengewölben überdeckt, auf denen der Wehrgang verläuft.

Im südlichen Teil ließ Chiaramella in die Bastionen und Kurtinen unterirdische Gewölbegänge („Kasematten") einbauen;

Blick nach Norden in den „Italienischen Hof“ der Bastion Brandenburg mit Strebebögen zwischen Kavalier und Nordkurtine, 1958

die Bastion König im Südwesten verfügt noch über den hier mit Schießscharten versehenen Gang und eine darüber liegende, weitere Feueretage. Als schwerer Fehler erwies sich die Anordnung des Zeughauses, dessen Südwand gleichzeitig als Rückwand der Kurtine diente; schon bald kam es zu schweren Schäden durch den Erddruck.

Lynar veränderte mit Übernahme der Verantwortung den Entwurf Chiaramellas in wesentlichen Punkten. So stellte er eine östliche Erweiterung des Zeughauses nun frei vor die Südkurtine, ließ in der Nordkurtine und den Nordbastionen parallel zur Escarpe eine 2 m dicke zusätzliche Wand anlegen und verstärkte die Bastionen mit erhöhten Geschützplattformen („Kavalieren“). 1590 griff er zudem neueste Entwicklungen im Festungsbau auf und veranlasste vor den Süd- und Westkurtinen den Bau zweier freistehender Außenwerke („Ravelins“). Nur das westliche, der 1704 mit Steinwerken verstärkte „Schweinekopf“, ist heute noch erhalten. Als bautechnisch größte Herausforderung für den Festungsbau erwies sich der schwierige Baugrund. Während der Zitadellenkern auf der alten Burginsel liegt, musste vor allem das Areal der westlichen Bastionen überhaupt erst durch Aufschüt-

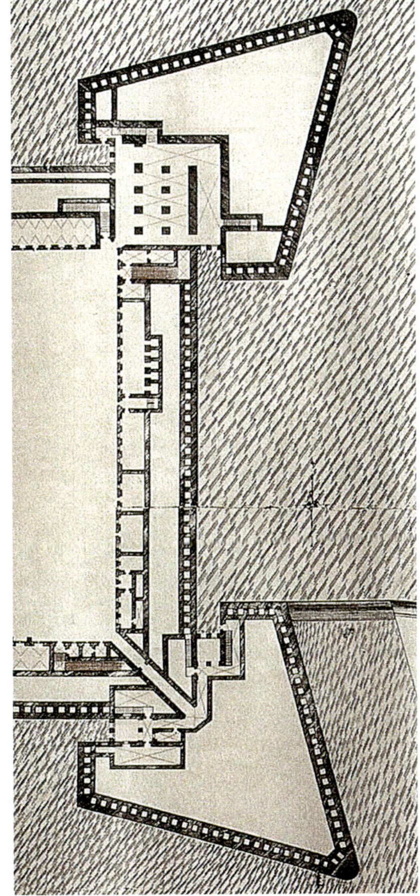

Grundriss östlicher Festungsteil aus dem „Lynarplan“, vmtl. 1578

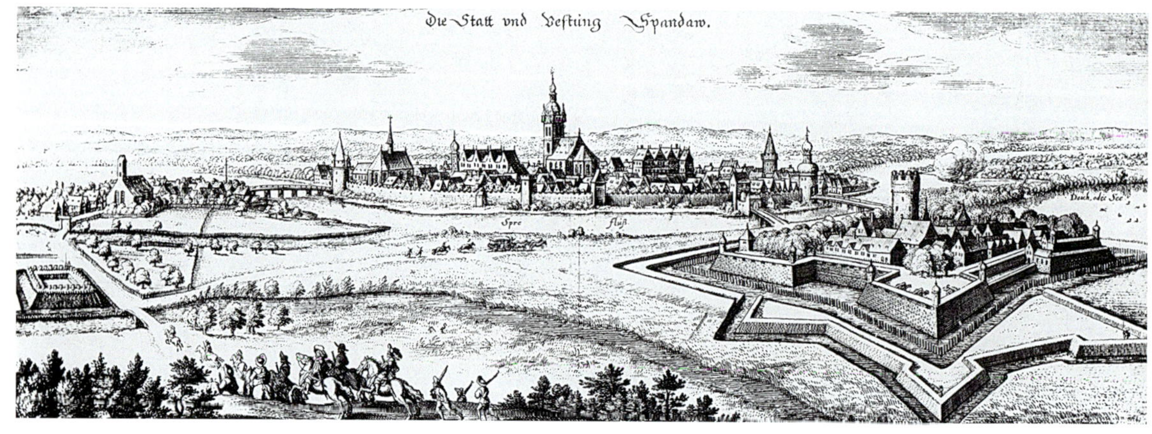

Matthäus Merian, *Die Statt und Vestung Spandaw*, 1637

tungen im Flachwasser gewonnen werden. Die gemauerten Escarpen der Bastionen und Kurtinen gründete man auf Pfahlroste. Um die Anzahl der zu setzenden Pfähle möglichst gering zu halten, ordnete Chiaramella im Sockel der Wände Segmentbögen an, die die Lasten aufnehmen und in ihren Widerlagern konzentrieren. Nur diese ruhen auf kompakten Paketen aus jeweils etwa 250 dicht stehenden Holzpfählen, die in 4 x 4 m großen Senkkästen in den weichen Untergrund gerammt worden waren.

Im Dreißigjährigen Krieg wurde auch die Befestigung der benachbarten Stadt Spandau bastionär ausgebaut und bildete mit der nun als Zitadelle fungierenden Festung ein gemeinsames Verteidigungssystem. 1691 kam es durch Blitzschlag zu einer verheerenden Pulverexplosion auf der Bastion Kronprinz, die jedoch unverzüglich mit verändertem Grundriss wiederaufgebaut wurde. Im Frühjahr 1813 explodierte auf der südöstlichen Bastion Königin bei der Belagerung der in der Zitadelle verschanzten französischen Truppen das Pulvermagazin. Zusammen mit dem Wiederaufbau der Bastion in den 1830er Jahren begannen umfangreiche Arbeiten zum Ausbau des gesamten Spandauer Befestigungssystems. Dabei verblendete man auch sämtliche Außenmauern der Zitadelle mit einer Ziegelschicht und versah den Torbau einschließlich des Kommandantenhauses mit einer repräsentativen Fassade. Massive Veränderungen erfuhr die Hofstruktur, von deren ursprünglicher Bebauung nur die Ruine des alten Zeughauses sowie der Kern des Magazinbaus erhalten blieben. 1856–58 entstand nach Plänen von Carl Ferdinand Busse ein neues Zeughaus, im Anschluss errichtete man Kasernen längs der Nord- (1860/61) und West-Kurtine (1886–88).

1903 verloren Stadt und Zitadelle Spandau den Festungsstatus. Bis 1918 diente

Bastion Königin mit Flankenhof von Südwesten, 2014

→ Toranlage mit Kommandantenhaus von Südwesten, 2015

die Zitadelle noch als Garnisonsstandort. Ab 1935 kam es zum Umbau fast aller Hofbauten für das Heeresgasschutzlaboratorium, in dem bis Dezember 1944 chemische Kampfstoffe entwickelt und getestet wurden. 1949–86 beherbergte die Zitadelle eine Baufachschule, die 1960 den Namen Otto-Bartning-Schule erhielt. Im selben Jahr wurde der Palas Sitz des Heimatmuseums (heute Stadtgeschichtliches Museum); 1992 kamen zusätzliche Ausstellungsflächen im Neuen Zeughaus hinzu. Heute läuft um die Festung im Süden und Westen ein doppelter Wassergraben, der gedeckte Weg und die Glacis sind zu einem Park umgestaltet. An den Befestigungswerken selbst wurden bis 2013 aufwendige Sicherungs- und Sanierungsmaßnahmen durchgeführt, deren anspruchsvolle ingenieurtechnische Seite in Händen des Berliner Büros GSE lag.

Die Zitadelle Spandau ist nicht nur eine der ersten Festungen, die in Deutschland nach „neuitalienischer Manier“ erbaut wurden, sie zählt heute auch zu den besonders authentisch erhaltenen Anlagen des 16. Jahrhunderts. Ihre vier aus verschiedenen Phasen und Zeiten stammenden Bastionen bieten darüber hinaus die Möglichkeit zum direkten Vergleich der Entwicklung ingenieurmäßiger Verteidigungsanlagen der frühen und mittleren Neuzeit.

Luftbild von Osten, 2006

Blick von Osten auf Palas und Juliusturm, 2015

Grundlegende Literatur

Thomas Biller: Der „Lynarplan“ und die Entstehung der Zitadelle Spandau im 16. Jahrhundert. Berlin 1981; Daniel Burger: Die Landesfestungen der Hohenzollern in Franken und Brandenburg im Zeitalter der Renaissance. München 2000, S. 279ff.; Jürgen Grothe: Die Spandauer Zitadelle. Berlin 2002; GSE Ingenieur-Gesellschaft mbH (Hg.): Die Zitadelle Spandau – Konstruktion und Bauwerk. Hamburg 2010

106

TIERANATOMISCHES THEATER

Bohlen über dem Seziertisch

C2/f2

Lage Luisenstraße 56, 10117 Berlin-Mitte
Bauzeit [a] 1789/90; [b] 2006–12
Gesamtplanung [a] Carl Gotthard Langhans; [b] Müller Reimann Architekten (Thomas Müller, Klaus Pawlitzki)
Bauleitung [a] Carl Samuel Held
Tragwerksplanung [b] Ingenieurbüro Rüdiger Jockwer

Konzept der Bohlenbinder-Bauweise, Tafel V aus Gillys Publikation von 1797

1782/83 war der 39 m weite Innenhof der Pariser Getreidebörse mit einer spektakulären hölzernen Rippenkuppel überdacht worden, die das bereits im 16. Jahrhundert vom französischen Hofarchitekten Philibert de l'Orme propagierte Konzept der (später so genannten) „Bohlendächer" aufgriff. Deren Sparren oder Rippen bestanden aus zwei oder drei Lagen versetzt angeordneter, gekrümmter Bohlenstücke, waren in Querrichtung durch Riegel verbunden und wurden ohne alle weiteren Verstrebungen oder eingestellte Dachwerke errichtet. 1786 stand auch in Berlin erstmals ein Bohlendach zur Diskussion: Der aus dem Piemont stammende Kgl. Dekorationsmaler Bartolomeo Verona legte einen entsprechenden Entwurf für ein gewaltiges, 45 m weit gespanntes Dach über dem Opernhaus vor. Es kam nicht zur Ausführung, doch ausgerechnet Carl Gotthard Langhans, der Veronas Entwurf entschieden abgelehnt hatte, griff dessen Idee wenig später auf. 1788 konzipierte er zunächst zwei kleine Bohlendächer für Parkbauten in Charlottenburg, um dann im Folgejahr erstmalig in Deutschland die neue Bauweise auch für ein großes Dachtragwerk zu nutzen – die zweischalige Kuppel über dem Anatomiesaal der neu begründeten „Thier-Arzney-Schule" in Berlin.

Die 1790 vollendete Konstruktion bestand aus 40 radial angeordneten Sparrenlagen, die jeweils aus Ober- und Untersparren gebildet waren. Letztere bildeten mit gut 13 m lichter Weite die als Halbkugel ausgeführte und kunstvoll ausgemalte Innenkuppel, erstere die deutlich flachere, auf dem (Pseudo-)Tambour auslaufen-

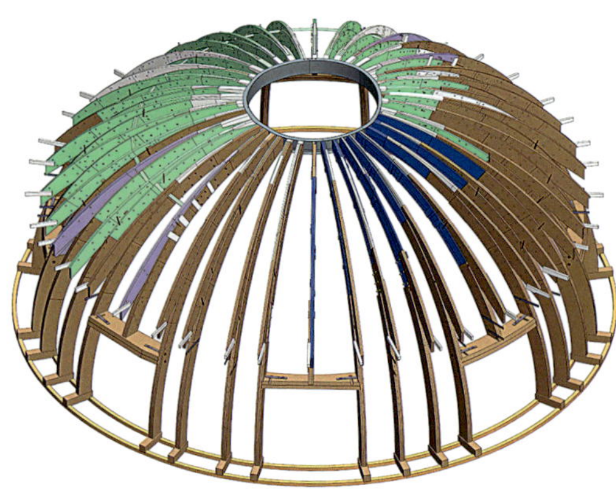

Bauphasenbestimmung des Kuppeltragwerks (Ansicht Ost), 2009

→ Original- und Ersatzrippen, 2011

de Außenkuppel. Zum Scheitel hin verschränkten sich beide Lagen und liefen dort in einem kräftigen Druckring aus. Anders als in Paris gab es keine aussteifenden Querriegel, im Detail ist die sorgfältige Ausführung wie etwa die Sicherung der Holznägel durch zusätzliche Keile hervorzuheben.

Schon bald rühmte man die „Kuppel ohne Dachstuhl" als Berliner Sehenswürdigkeit. 1797 nutzte David Gilly eine Darstellung der Tierarzneischule als Titelvignette seiner richtungsweisenden Publikation *Ueber Erfindung, Construction und Vortheile der Bohlen-Dächer*. Mit dem Versprechen der Holzersparnis folgte dem Langhans'schen Erstling in den nächsten Jahrzehnten eine Vielzahl von Bohlendächern in Berlin und Preußen. An der Anatomiekuppel freilich führten unter anderem die schwierige doppelt gekrümmte Abdichtung ebenso wie Spritzwasser schon bald zu Feuchteschäden, die über zwei Jahrhunderte immer wieder Reparaturen erforderlich machten. Im Zweiten Weltkrieg fiel mehr als die Hälfte der bauzeitlichen Binder der Detonation einer Bombe zum Opfer. Eine letzte, sehr sorgfältige Grundinstandsetzung erfolgte 2006–12. Auch wenn seitdem eine eingeschobene neue Rippenkonstruktion die Tragwirkung übernommen hat, bleiben die noch erhaltenen Bohlenbinder doch die ältesten ihrer Art in Deutschland. Als „Tieranatomisches Theater" dient das Bauwerk heute der Humboldt-Universität als Ausstellungs- und Veranstaltungsgebäude des Hermann von Helmholtz-Zentrums für Kulturtechnik (HZK).

Hörsaal mit Kuppel, 2008

Blick von Nordosten, 2012

Grundlegende Literatur

Eckard Rüsch: Baukonstruktion zwischen Innovation und Scheitern. Petersberg 1997, S. 222ff.; Jens-Oliver Kempf: Die Königliche Tierarzneischule in Berlin von Carl Gotthard Langhans. Berlin 2008; Berlin im Wandel. 20 Jahre Denkmalpflege nach dem Mauerfall. Petersberg 2010, S. 269ff.

107

JUNGFERNBRÜCKE

Stets im Gleichgewicht

C2/f2

Lage Zwischen Friedrichsgracht und Unterwasserstraße, 10117 Berlin-Mitte
Bauzeit 1798
Tragwerksplanung und Gestaltung Friedrich Becherer

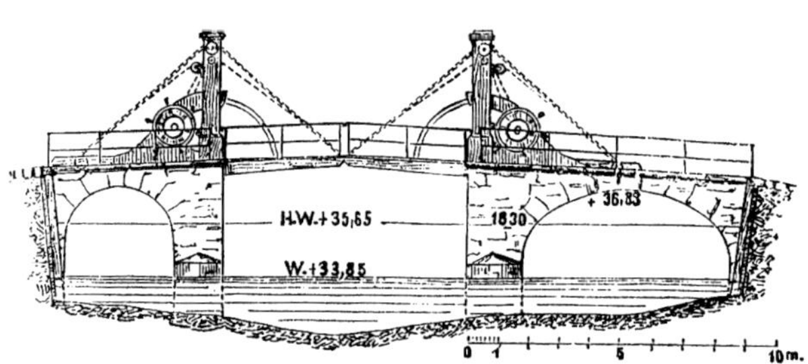

Bereits um 1690 war nach Plänen von Martin Grünberg eine hölzerne Zugbrücke mit einem Brückenwärterhaus zur Überbrückung des nach holländischem Vorbild angelegten Spreekanals im Bereich Friedrichsgracht errichtet worden. Sie führte zur Alten Leipziger Straße und verband die mittelalterliche Doppelstadt Berlin-Cölln mit dem neuen Stadtteil Friedrichswerder. Ursprünglich als Spreegassen-Brücke bezeichnet, erhielt sie bereits Ende des 17. Jahrhunderts den Namen Jungfernbrücke. Der Name soll von jungen Spitzenklöpplerinnen hugenottischer Herkunft herrühren, die an der Brücke kunstvoll gefertigte Spitzen verkauften. 1798 wurde diese Holzbrücke durch eine in Holz und Eisen ausgeführte Kettenzugbrücke ersetzt.

Das rund 23,50 m lange Brückenbauwerk verfügt über zwei ungleiche Seitenöffnungen (lichte Weiten rund 3,60 bzw. 6,60 m) sowie eine gut 8 m weite Mittelöffnung. Die Seitenöffnungen werden von Bögen überspannt, die Mittelöffnung überbrückten ehemals zwei Durchlass-Klappen. Widerlager, Mittelpfeiler und Bögen wurden aus roten Sandsteinquadern aufgemauert. Eine aus eisernen Ketten, Rollen und Gegengewichten bestehende Kettenzugvorrichtung bewegte die hölzernen Klappen. Die ebenfalls hölzernen Portalpfeiler tragen die Rollen für die zu den Spillrädern führenden Zugketten. In den kastenartigen Bogenstücken waren die Rollenbahnen und die eisernen Führungsschienen der Zugklappen untergebracht. Gegengewichte an den Zugketten erleichterten das Öffnen und Schließen der Klappen. Die Brücke war eine Besonderheit in Berlin, weil der Oberhofbaurat Friedrich Becherer in seinem Entwurf auf das von Bernard de Bélidor bekanntgemachte Prinzip der Sinusoide zurückgriff, bei dem das Gegenge-

Ansicht von Oberstrom, 1877

Blick von Westen, 1885

Jungfernbrücke mit verkleideten Rohrpostfahrröhren, 1909

Blick von Osten, 2013

wicht und die Klappe stets im Gleichgewicht stehen.

1937–39 wurden die beiden Mittelpfeiler im Rahmen der Vertiefung des Spreekanals unterfangen und neu fundamentiert sowie das westliche Brückengewölbe in Stahlbeton erneuert. Der Kettenzug wurde stillgelegt, Stahlkonstruktionen mit Bohlenbelag ersetzten die beiden hölzernen Klappen. Die Rampen mussten Treppenanlagen weichen. 1998/99 musste die Brücke erneut durchgreifend saniert werden. Dabei wurden die beiden Seitengewölbe komplett erneuert und durch eine implantierte Stahlkonstruktion verstärkt. Die Zugvorrichtung wurde restauriert und verschlissene Teile durch Kopien ersetzt.

Wenn auch im Lauf ihrer mehr als 200-jährigen Nutzungsgeschichte vielfach ertüchtigt, gilt die Jungfernbrücke doch als älteste erhaltene Brücke Berlins und repräsentiert einen Brückentyp, der vom Mittelalter bis ins frühe 19. Jahrhundert für die Stadt prägend war. Mit ihrer noch in Teilen erhaltenen Sinusoiden-Zugvorrichtung ist sie ein beeindruckendes Zeugnis der Ingenieurkunst des späten 18. Jahrhunderts.

Grundlegende Literatur

Berlin und seine Bauten, Tl. 2. Berlin 1877, S. 42f.; Die Strassen-Brücken der Stadt Berlin, Bd. 1. Berlin 1902, S. 20; Eckhard Thiemann u. a.: Berlin und seine Brücken. Berlin 2003, S. 85ff.

DIE ANFÄNGE DER AKADEMISCHEN BAU-INGENIEURAUSBILDUNG IN BERLIN

Sammlung
nützlicher Aufsätze und Nachrichten,
die Baukunst betreffend.
Für angehende Baumeister und Freunde der Architektur.

Herausgegeben
von mehreren Mitgliedern des Königl. Preuſs. Ober-Bau-Departements.

Jahrgang 1797.
Erster Band.
Mit Kupfern.

Berlin,
auf Kosten der Herausgeber, und gedruckt bey Johann Friedrich Unger.

Titelblatt des ersten Heftes der *Sammlung nützlicher Aufsätze* von 1797; links die 1779 fertiggestellte Brücke von Coalbrookdale in England, das erste große Bauwerk aus Gusseisen

Eine der ersten bautechnischen Zeitschriften Deutschlands erscheint 1797 in Berlin unter dem Titel *Sammlung nützlicher Aufsätze und Nachrichten die Baukunst betreffend*. Ihre Herausgeber wollen nicht nur neues Wissen verbreiten; sie bereiten zugleich eine Lehranstalt zur Ausbildung preußischer Baubeamter vor, in der neben ästhetischen Fragen vor allem auch „nützliche" Inhalte behandelt werden sollen. David Gilly (1748–1808), Johann Albert Eytelwein (1764–1849) und Heinrich August Riedel (1748–1810) – sämtlich Geheime Oberbauräte im 1770 eingerichteten Oberbaudepartement – entwerfen den Plan für diese Einrichtung. 1799 wird sie als „Königliche Bauakademie zu Berlin" gegründet.

Die vorgesehene Lehre soll nichts weniger als den Gesamtbereich des Bauens abdecken. Neben Gilly und Eytelwein befasst sich mit Oberhofbaurat Friedrich Becherer (1747–1823), bislang Leiter der 1790 eingerichteten „Architektonischen Lehranstalt", ein weiterer kompetenter Fachvertreter mit deren Aufbau. In insgesamt 23 „Wissenschaften und Künsten" sollen die künftigen Bauinspektoren von Mitgliedern des Oberbaudepartements unterwiesen werden, darunter neben Geschichte der Baukunst oder Handzeichnung zum großen Teil Fächer, die sich bis heute im Bauingenieurcurriculum wiederfinden. Besonderes Augenmerk gilt dem Wasserbau: Kanalbau sowie die Urbarmachung von Warthe- und Oderbruch sind für Preußen seit langem wichtige Aufgaben, nie hat man das Wissen jedoch systematisch weitergegeben. „Landbaukunst" ist ein weiteres praktisch wichtiges Gebiet. Gilly hat in seinem gleichnamigen Buch zahlreiche Musterbauten vorgestellt und Neuerungen wie Bohlenbinderdach und Stampflehmbau beschrieben.
Da sich eine geordnete Schulbildung an Gymnasien oder gar den sogenannten „Realschulen" nur langsam entwickelt, sind die Vorkenntnisse der Eleven anfangs bescheiden. Eytelwein, ursprünglich Artillerieoffizier, dann Deichbauinspektor und Wasserbauspezialist, legt dennoch großen Wert auf eine mathematische Fundierung der Bauwissenschaften. Zum eigentlichen Gradmesser des Ausbildungserfolgs wird so nicht mehr Latein, sondern – wie an der 1794 in Paris gegründeten École polytechnique – die Mathematik. Welcher Grad an Theoretisierung dem Bauwesen dabei angemessen ist, muss ebenso wie Umfang und Methode der Lehre kontinuierlich neu austariert werden. So sind etwa Eytelweins Auseinandersetzungen mit

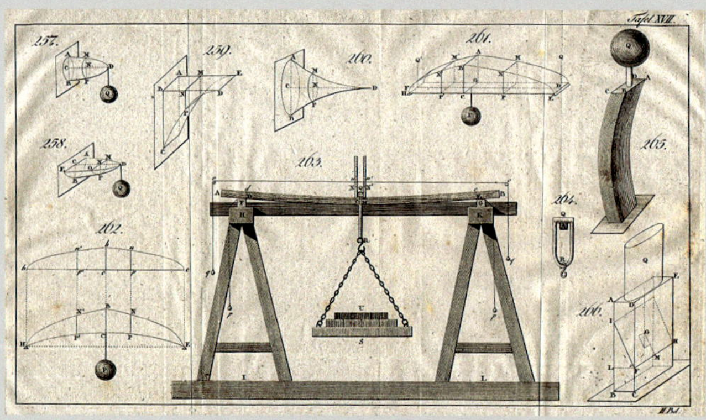

Tafel aus Eytelweins *Statik fester Körper* mit Experimenten und mechanischen Modellen zur „respektiven" Festigkeit (Biegefestigkeit) und „rückwirkenden" Festigkeit (hier Knickfestigkeit) von Bauhölzern, 1808

Holzbauteilen in seiner 1808 in drei Bänden publizierten *Statik fester Körper* fachlich sehr bemerkenswert – praxisnah sind seine für den Unterricht an der Bauakademie entwickelten, unhandlichen Berechnungsansätze aber noch nicht wirklich. Das Konstruktionsmaterial Holz widersetzt sich der angestrebten Abstrahierung zum ideal-elastischen Werkstoff. Zugleich stellt das stürmisch anwachsende Wissen den Generalisten im Bauwesen längst in Frage. 1824 scheint an der Bauakademie die Stunde der Trennung zu schlagen, denn man richtet eigenständige Abteilungen für „höhere Baukunst" sowie – unter Eytelweins Leitung – für „das Technische des Bauwesens" ein. Doch unter der Direktion von Christian Peter Beuth (1781–1853) wird die Reform 1831 wieder weitgehend kassiert. Letztlich ist man noch von der Einheit des „Nützlichen" und des „Schönen" überzeugt, wie der von Karl Friedrich Schinkel (1781–1841) entworfene Neubau (1832–36) für die nun bis 1849 als „allgemeine Bauschule" firmierende Institution anschaulich demonstriert. Differenzierungen der Ausbildungswege zeigen sich jetzt primär zwischen „Privatbaumeistern" und staatlichen Bauinspektoren.
Ab den 1840er Jahren schlägt sich die industrielle Entwicklung verstärkt im Bauwesen nieder: Eisenbahnbrücken, Krananlagen, Fabrikgebäude, Bahnhofshallen oder Fördertürme werden bald massenhaft gebaut. Als Baumaterial steht nun Schmiedeeisen in großen Mengen zur Verfügung. In Form seriell gefertigter Halbzeuge ist es mit seiner fast idealen Proportionalität zwischen Last und Verformung ausgesprochen „rechenfreundlich" und befördert so wissenschaftlich basierte Planungsansätze. Die Randbedingungen für eine akademische Ingenieurausbildung sind geschaffen.
Demgemäß werden in Folge der 1848 angestoßenen Umwandlung der noch stark verschulten Institution „in eine Bauakademie mit vollständiger Lehr- und Lernfreiheit" abermals fachlich differenzierte Studiengänge eingeführt. Auch dieser Vorstoß wird wenig später wieder teilweise zurückgenommen. Das Bauwesen bleibt in Berlin vorerst ganzheitlich, programmatisch verbildlicht in den einträchtig nebeneinander prangenden Porträts von Eytelwein und Schinkel auf der 1851 durch die Oberbaudeputation gegründeten *Zeitschrift für Bauwesen*.
Unterdessen sind aus der Vielzahl der noch eigenständigen deutschen Länder zahlreiche Polytechnische Schulen sowie Berg- und Gewerbeakademien hervorgegangen. Ihre fruchtbare Konkurrenz erzeugt kontinuierlichen Veränderungsdruck. Die Theorie folgt dabei der Praxis und bedient sich in steigendem Maß schon früher entwickelter Mathematisierungsansätze. 1879 vereinen sich Bauakademie und die 1821 von Beuth initiierte Gewerbeakademie zur Technischen Hochschule (heute TU Berlin). Abermals erhalten die Bauingenieure eine eigene Abteilung, und diesmal trennen sich auch in Berlin ihre Wege von jenen der Architekten wirklich. Schon wenig später ist der Ingenieur ein Massenberuf, und der Bauingenieur ist ein Teil davon. *AK*

Carl Daniel Freydanck, Die Königliche Bauschule in Berlin, 1838

↓ Titellogo der *Zeitschrift für Bauwesen* mit den Profilen von Karl-Friedrich Schinkel und Johann Albert Eytelwein

Literatur zum Weiterlesen

Paul Friedrich Damm: Die Technischen Hochschulen in Preußen. Eine Darstellung ihrer Geschichte und Organisation. Berlin 1899, Frank Augustin (Hg.): Mythos Bauakademie. Die Schinkelsche Bauakademie und ihre Bedeutung für die Mitte Berlins. Berlin 1997; Karl Schwarz (Hg.): 1799–1999. Von der Bauakademie zur Technischen Universität Berlin. Geschichte und Zukunft. Berlin 2000

108

HOHE BRÜCKE

Im Fokus Ihrer Majestät

B2/c2

Lage Schlossgarten Charlottenburg, 14059 Berlin-Charlottenburg
Bauzeit 1800–02
Gesamtplanung Ferdinand Triest
Ausführung Kgl. Eisengießerei Malapane

Blick von der Hohen Brücke über den Karpfenteich auf das Schloss, Carl Schmidt, 1826

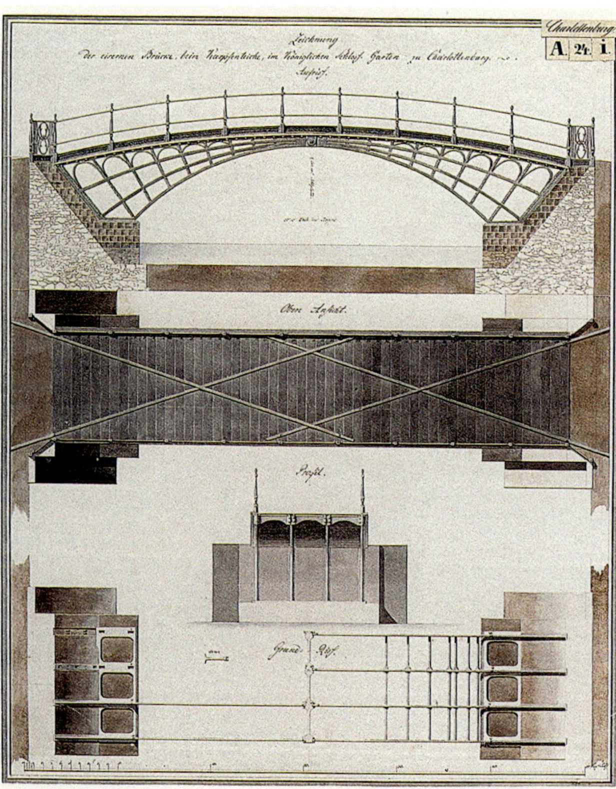

„Zeichnung der eisernen Brücke beim Karpfenteiche, im Königlichen Schloß-Garten zu Charlottenburg", o. D.

1776–79 war im englischen Coalbrookdale die erste gusseiserne Brücke der Welt errichtet worden. Knapp 20 Jahre später entstand 1794–96 nahe dem niederschlesischen Laasan erstmalig ein Gegenstück auf dem europäischen Kontinent. Gegossen wurde es in der Kgl. Eisengießerei Malapane, und eben jene lieferte dann auch die ersten Gusseisenbrücken Berlins: 1797 die Eiserne Brücke über den Kupfergraben (neben der heutigen James-Simon-Galerie) und 1800 zwei weitere für den Schlosspark in Charlottenburg. Von ihnen war die Hohe Brücke nicht nur die deutlich größere. Als *point de vue* in der zentralen Sichtachse der königlichen Residenz gelegen, erfuhr das Hochtechnologie-Konstrukt eine Nobilitierung, die als zeichenhafter Traditionsbruch des 1797 inaugurierten jungen Königspaars Friedrich Wilhelm III. und Luise verstanden werden muss. Gut möglich, dass ihnen dabei auch jene gleich zehn (schmiede-) eisernen Brücken als Anregung dienten, die Zarin Katharina II. („die Große") in den 1780er und 1790er Jahren im Park ihres Sommerschlosses in Tsarskoe Selo nahe Sankt Petersburg hatte errichten lassen.

Das Königliche Oberhofbauamt plante das kleine Kunstwerk mit großer Sorgfalt. Zwar nutzte der Baukondukteur Ferdinand Triest für seinen Entwurf unverkennbar das Muster der Laasaner Brücke, die gerade erst detailliert in Preußens erster Bauzeitschrift vorgestellt worden war. Der finalen Fassung gingen jedoch sieben in fein aquarellierten Vorentwürfen erhaltene Variantenstudien und der Bau mehrerer Modelle voraus.

Mit fast 12 m ist die Brücke doppelt so weit gespannt wie ihre beiden örtlichen Vorläufer. Die vier Hauptträger bestehen jeweils aus zwei in einem Stück gegossenen Hälften, die rahmenartig in vier unterschiedlich gekrümmte Bogensegmente aufgefächert sind. Bemerkenswert sind unter anderem die elegant abgewinkelte Auflagerung an den Widerlagern, die ergänzende Queraussteifung durch Diagonalstreben sowie der Verzicht auf

die bis dahin in den Zwickeln üblichen Ringe zur Abstützung der Fahrbahn.

Im Sommer 1802 war das Bauwerk vollendet. 1832 verdichtete man die Geländer, „um möglichem Unglück, Durchfallen von Kindern, vorzubeugen“. Seitdem aber ist die Brücke ohne wesentliche Veränderungen bis heute in Nutzung. Den (historisch nicht belegten) roten Anstrich erhielt sie 1962.

Nachdem die Kupfergrabenbrücke bereits 1825 durch eine Steinbrücke ersetzt und die kleinere Brücke im Schlossgarten ebenso wie die Laasaner Brücke im Zweiten Weltkrieg zerstört wurden, ist die Hohe Brücke heute die älteste erhaltene Gusseisenbrücke nicht nur Berlins, sondern wohl auch in Deutschland.

Grundlegende Literatur

Werner Lorenz: Konstruktion als Kunstwerk. Berlin 1995, S. 233, 255; Ulrich Günther: Die Eisenguß-Brücke im Schloßpark Charlottenburg in Berlin wird 200 Jahre. In: Bautechnik 79 (2002), S. 541f.

← Ausbildung der Pfosten und Querriegel, 2020

↓ Blick von Südosten, 2020

109

KREUZBERGDENKMAL

Fer de Berlin

C2/e3

Lage Viktoriapark, 10965 Berlin-Kreuzberg
Bauzeit [a] 1818–26; [b] 1875–79
Tragwerksplanung [a] Johann Friedrich Krigar; [b] Johann Wilhelm Schwedler
Gesamtplanung [a] Karl Friedrich Schinkel; [b] Karl Lothar Krüger
Ausführung [a] Kgl. Eisengießerei Berlin; [b] Maschinenfabrik C. Hoppe

Blick in den 1875–79 errichteten Unterbau, 1982

Das „Kriegesdenkmal in gegossenem Eisen auf dem Kreutzberge bei Berlin" geht auf eine Initiative der Berliner Bürgerschaft zurück, den in den Befreiungskriegen (1813–15) gefallenen preußischen Soldaten einen würdigen Gedenkort zu errichten. Nachdem die Idee eines neugotischen „Befreiungsdoms" aus Kostengründen verworfen worden war, entschied man sich für ein bescheideneres Monument auf dem damals noch weit vor der Stadt gelegenen Tempelhofer Berg, der anlässlich der Einweihung dann in Kreuzberg umbenannt wurde.

Der als Turmspitze über zwölfeckigem Grundriss angelegte Entwurf Schinkels greift mittelalterliche Vorbilder jener „lanzenspitzen" Gotik auf, die Goethe seinerzeit als urdeutschen Stil charakterisierte – interpretiert sie jedoch neu im nun als „vaterländisch" geltenden Gusseisen. Die zwölf Seiten sind den bedeutendsten Schlachten der Befreiungskriege gewidmet, symbolisiert durch in Nischen eingestellte Figuren, die von Christian Daniel Rauch, Friedrich Tieck und Ludwig Wichmann als herausragenden Repräsentanten der Berliner Bildhauerschule geschaffen wurden.

Anordnung der hydraulischen Pressen für Hebung und Drehung des Denkmals, 1876

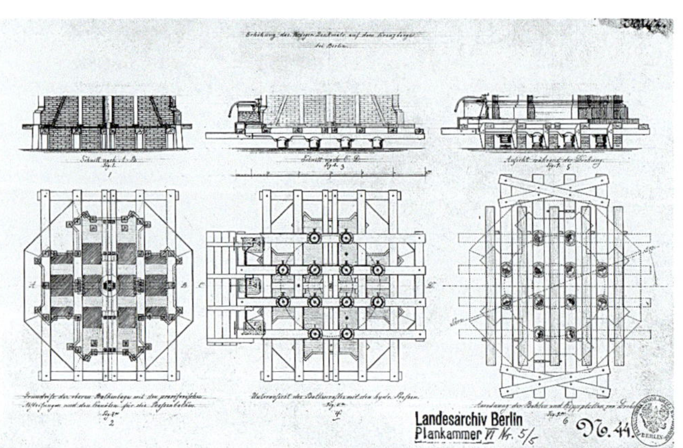

In deutlichem Unterschied zur äußeren Form stand die Ausführung des inneren Traggerüsts. Sie ist präzise auf einer (1,05 m hohen!) Ausführungszeichnung dokumentiert, die der Leiter der Kgl. Eisengießerei, Johann Friedrich Krigar, vermutlich um die Jahreswende 1819/20 verfasste und die Schinkel dann am 26. Januar 1820 kommentierte. Die verschraubte Struktur war geprägt durch nüchterne Rohr- und Rechteckprofile, Flansch- und Winkelverbindungen. Die Dichotomie von Gestalt und Struktur spiegelt prototypisch die beiden Wurzeln des Berliner Eisen- und späteren Stahlbaus wider – den Kunstguss und den Maschinenbau. Anschaulich illustriert sie zugleich die Arbeitsteilung im Entwurf: Dem Architekten Schinkel stand Krigar als „Tragwerksplaner" gegenüber.

1875–79 wurde das 190 t schwere Monument mittels zwölf hydraulischer Pressen um etwa 8 m angehoben und auf einen neu errichteten Unterbau abgesetzt, um im Umfeld der an den Kreuzberg heranwachsenden Stadt die städtebauliche Dominanz wiederherzustellen. Für die technische Planung der riskanten Maßnahme,

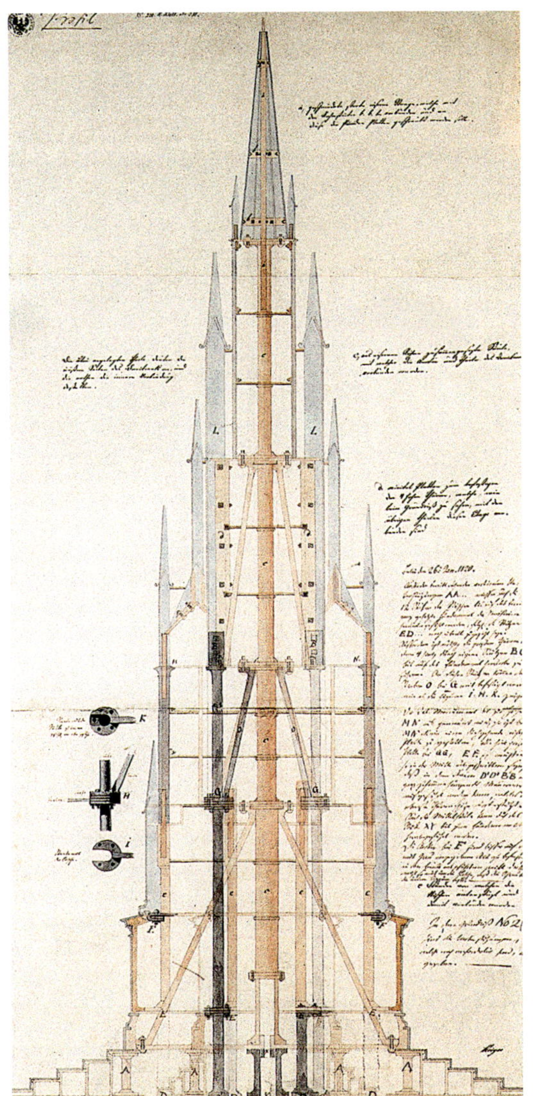

← Schnitt, gezeichnet und erläutert von Krigar, mit Anmerkungen Schinkels, 1819/20

Ansicht, 2011

die zugleich mit einer Drehung um 21° verbunden war, zeichnete Johann Wilhelm Schwedler verantwortlich. In den 1990er Jahren wurde das gusseiserne innere Traggerüst im Rahmen einer Grundinstandsetzung durch eine Konstruktion aus Edelstahl ersetzt. Teile des ursprünglichen Tragwerks sind heute im Sockelgeschoss erhalten. Mit 19 m erreicht das Kreuzbergdenkmal fast die „Berliner Traufhöhe“ und ist damit das größte gusseiserne Bauwerk der Stadt. Es steht für eine Konstruktionskunst mit bereits hoch entwickelten Gieß- und Montagetechniken, die seinerzeit als „fer de Berlin“ auch international hohes Ansehen genoss und in den folgenden Jahrzehnten durch so bedeutende Konstrukteure wie August Borsig fortgeschrieben werden sollte.

Grundlegende Literatur

Die Erhöhung des Krieger-Denkmals auf dem Kreuzberge bei Berlin. In: Zeitschrift für Bauwesen 29 (1879), Sp. 417ff., Atlas, Tf. 58ff.; Paul Ortwin Rave: Schinkel Lebenswerk, Berlin III. Berlin 1962, S. 270ff.; Michael Nungesser: Das Denkmal auf dem Kreuzberg von Karl Friedrich Schinkel. Berlin 1987

SCHLOSSBRÜCKE
Ästhetik als Hauptzweck

C2/f2

Lage Zwischen Lustgarten und Unter den Linden, 10117 Berlin-Mitte
Bauzeit [a] 1821–24; [b] 1912; [c] 1926/27; [d] 1938
Tragwerksplanung [a] evtl. August Adolph Günther; [b]–[d] Brückenbauabteilung (später Brückenbauamt) der Städt. Tiefbauverwaltung
Gesamtplanung [a] Karl Friedrich Schinkel; [b] Hochbauabteilung Preuß. Ministerium der öffentlichen Arbeiten (gestalterischer Teil)
Bauleitung [a] August Ferdinand Triest mit August Ferdinand Mandel und Adolph Leberecht Huulbeck; [b] Städt. Tiefbauamt I
Ausführung [a] *Massivbau*: Konsortium von neun lokalen Bauunternehmern; *Eisenbau der Schiffsklappen*: Caspar Hummel; [b] *Betonbau*: G. Tesch; *Werksteinarbeiten*: P. Wimmel & Co.

Nach den Napoleonischen Kriegen gab Karl Friedrich Schinkel dem Berliner Stadtzentrum mit Bauten wie der Neuen Wache (1816–18), dem [111] **Alten Museum** oder der Bauakademie (1832–36) ein neues Gepräge. Im Zentrum des neu gestalteten Stadtraums lag die in Verlängerung der *Linden* den Spreekanal überquerende Hundebrücke; 1819 schlug Schinkel den Ersatz ihrer schlichten Holzkonstruktion durch eine repräsentative Steinbogenbrücke mit der seinerzeit enormen Breite von 33 m vor. Verzögerungen beim damals schon angedachten Bau des [1] **Landwehrkanals** führten in der Ausführung des rund 50 m langen Bauwerks zu Änderungen: Die Anrampungen wurden höher, die Bögen steiler und in der Mittelöffnung platzierte man acht hölzerne Klappenpaare sowie drehbare Geländerteile, um auch Kähnen mit starren Masten die Passage zu ermöglichen. Skulpturen schmückten den nun Schloßbrücke genannten Bau erst ab der Jahrhundertmitte.

Weil die Klappenkonstruktion dem in Umfang und Lasten stetig zunehmenden Straßenverkehr nicht mehr gewachsen war, schloss man 1912 in Annäherung an Schinkels ursprüngliche Idee das Mittelfeld mit einem weiteren Gewölbe, das allerdings bis auf je 2 m starke Randstreifen aus Stahlbeton bestand. Dieses glich nun den Schub der Seitenöffnungen aus, sodass die zuvor nötigen Verstärkungen der beiden Flusspfeiler abgetragen werden konnten. In Folge zunehmender Setzungen musste gut ein Jahrzehnt später auf der Lustgartenseite der zu flach gegründete Pfahlrost verstärkt werden, zudem wurden das östliche Widerlager und das anschließende Gewölbe in Stahlbeton erneuert. Im gleichen

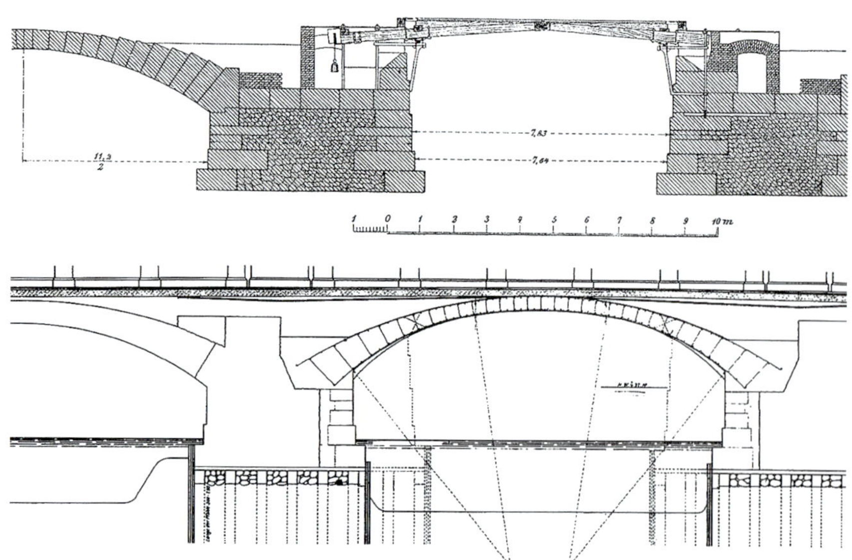

Teilquerschnitte vor und nach dem 1912 durchgeführten Umbau des Mittelfelds

Material ersetzte man 1938 schließlich auch noch das westliche Gewölbe.
Im Krieg erlitt das nun mit drei Stahlbetonbögen aufwartende Bauwerk zahlreiche Schäden, die bis 1952 beseitigt waren. Seine 1943 ins spätere West-Berlin ausgelagerten Skulpturen erhielt der in Marx-Engels-Brücke umbenannte Bau aber erst in den 1980er Jahren auf Basis eines deutsch-deutschen Abkommens zurück. Die bislang letzte Generalinstandsetzung des seit dem ersten Jahrestag der Wiedervereinigung wieder als Schloßbrücke firmierenden Bauwerks erfolgte 1995–97. Schon in der Planungsphase des wohl kostspieligsten Brückenbaus des biedermeierlichen Berlins hatte Schinkel hervorgehoben, dass „das Ästhetische der Hauptzweck“ der Schloßbrücke sein werde. Der weitgehende Austausch der historischen Tragstruktur bei gleichzeitiger Annäherung an die von Schinkel ursprünglich imaginierte Erscheinung hat dieser Idee nur konsequent Rechnung getragen. Die Brücke kann dabei letztlich sogar als Trendsetter für den späteren Umgang mit der Stadtkulisse zwischen Lustgarten und Bebelplatz gelten. Im Gegenzug macht erst deren sukzessive rekonstruiertes Antlitz die ursprüngliche Funktion der Schloßbrücke als krönender Abschluss einer vom Brandenburger Tor zum Schloss reichenden *Via Tiumphalis* wieder intuitiv erfahrbar.

↑ Blick von Süden auf Schinkels ursprünglichen Entwurf sowie die Brücke in den Jahren 1881 und 2020

→ Blick von Süden in die westliche Öffnung, 2020

Grundlegende Literatur

Peter Springer: Schinkels Schloßbrücke in Berlin – Zweckbau und Monument. Berlin 1981; Eberhard Heinze u. a.: Berlin und seine Brücken. Berlin 1987, S. 164–174; Steinbrücken in Deutschland – Berlin, Brandenburg, Mecklenburg-Vorpommern, Sachsen-Anhalt, Sachsen, Thüringen. Düsseldorf 1999, S. 29–36

111

ALTES MUSEUM

Tradition und Innovation

C2/f2

Lage Bodestraße 1–3, 10178 Berlin-Mitte
Bauzeit 1824–28; zahlreiche Umbauten
Bauleitung und konstruktive Detaillierung Georg Heinrich Bürde, Gottlieb Ernst Kreye
Gesamtplanung Karl Friedrich Schinkel
Ausführung *Mauerarbeiten*: Vergabe in Losen an zahlreiche Kleinbetriebe; *Eisenbau*: Franz Anton Egells

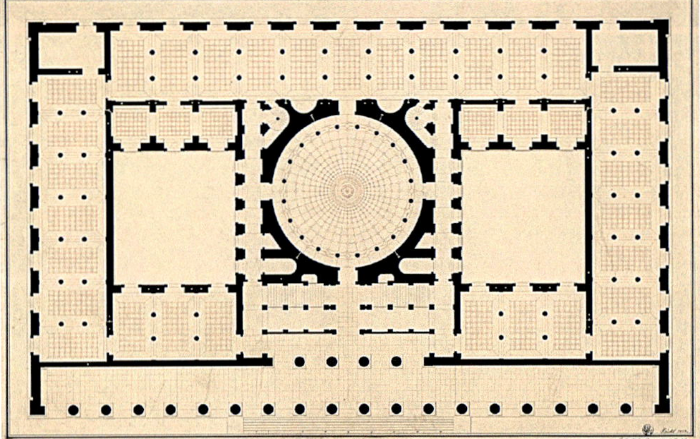

Grundriss 1. Hauptgeschoss, 1823

Schinkels Altes Museum, der erste Bau der späteren Museumsinsel, gilt als eines der Hauptwerke des deutschen Klassizismus. Streng gegliedert, umfasst die Vierflügelanlage ein Sockel- und zwei Hauptgeschosse, im Zentrum erhebt sich eine dem römischen Pantheon nachempfundene Rotunde.

Die ursprüngliche Konstruktion war bestimmt durch Ziegelwände, Kappendecken über dem Unterbau, Holzbalkendecken auf Naturstein-Unterzügen über den beiden Hauptgeschossen, Massivdecken über der Säulenvorhalle sowie einen hölzernen Dachstuhl. Im Interesse des Brandschutzes hatte Schinkel bereits von eisernen Balken getragene Decken erwogen, konnte sie aber vor allem aus Kostengründen nicht realisieren. Als fruchtbarer erwiesen sich die von ihm veranlassten Versuche mit verschiedenen Mörtelarten, die dazu führten, dass für besonders beanspruchte Mauerwerksbereiche wohl erstmals in Preußen statt Kalk Portlandzement zur Anwendung kam.

Wie später beim [73] **Neuen Museum** lag die größte bautechnische Herausforderung im schwierigen Baugrund. Von Ost nach West abfallend, ist er hier bis in 22 m Tiefe von einem nicht tragfähigen Kolk aus Torf und Faulschlamm durchzogen. Nach detaillierten Baugrunderkundungen verschob Schinkel den Baukörper deshalb um etwa 10 m nach Osten und ersetzte die geplante Brunnen- durch eine Pfahlgründung. Sie wurde mit großer Sorgfalt vorbereitet und kontrolliert; die zugehörigen Pläne dokumentieren akribisch die insgesamt 3053 Kiefernholzpfähle.

Anders als im Pantheon ist das Oberlicht der (hier etwa halb so großen) Rotundenkuppel durch ein kegelförmiges Glasdach geschützt. Es wird von einer feingliedrigen, etwa 9 m weit gespannten Konstruktion aus Guss- und Schmiedeeisen getragen. Zwölf aufgeständerte Hauptrippen

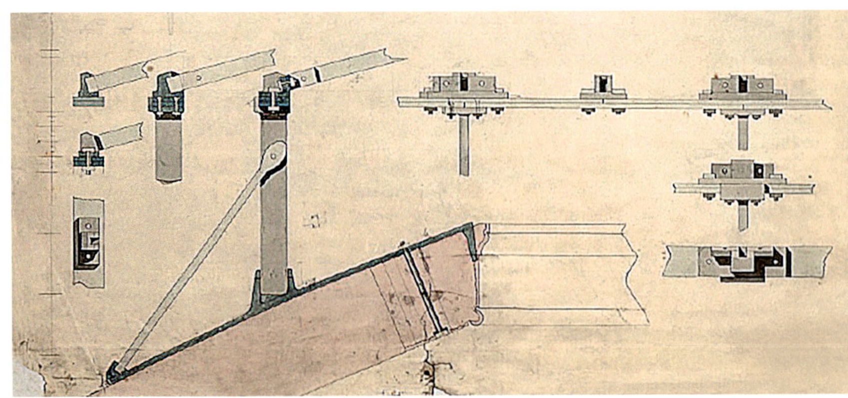

Details der Glasdachkonstruktion, 1823

mit eingeschobenen Zwischenträgern in Radial- und Ringrichtung bestimmen die Struktur, die in der Eisengießerei und Maschinenbauanstalt von Franz Anton Egells probeweise komplett vormontiert und dann auf die Baustelle verbracht wurde. Anfang 1824 begann der Aushub der Baugrube, 1828 konnte das Bauwerk zur Einrichtung übergeben und 1830 eröffnet werden. Zwischenzeitlich hat es zahlreiche Umbauten erfahren. Der heutige Zustand ist bestimmt durch den Wiederaufbau der kriegszerstörten Ruine 1958–66 (mit neuen Raumaufteilungen und dem Einbau von Massivdecken) sowie die viel kritisierte Teil-Verglasung der Säulenfront, die Anfang der 1990er Jahre anlässlich einer Menzel-Ausstellung eingefügt wurde. Eine grundlegende Instandsetzung ist vorgesehen; es ist zu hoffen, dass dabei auch die ebenso ärgerliche Milchglasverkleidung der filigranen Eisenkonstruktion über dem Oberlicht wieder entfernt wird.
Bautechnikgeschichtlich markiert das Alte Museum eine Zeit des Übergangs. Dem für Berlin nahezu sensationellen Eisendach über der Rotunde steht anders als wenig später im Neuen Museum ein konstruktives Gesamtkonzept gegenüber, das ebenso wie der Bauprozess (mit händischem Pumpen, Rammen und Heben) noch traditionellen Bauweisen verhaftet war.

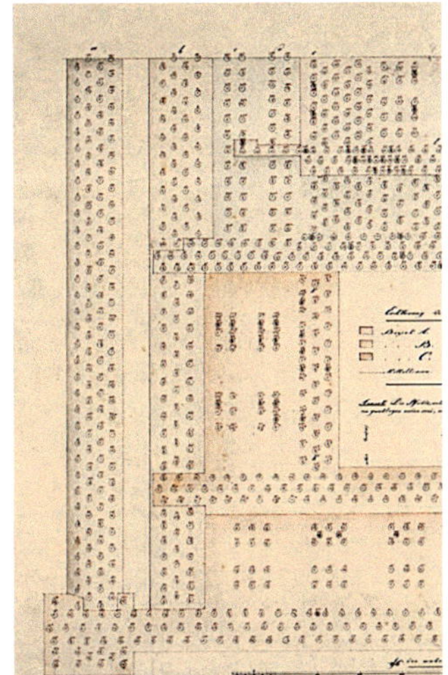

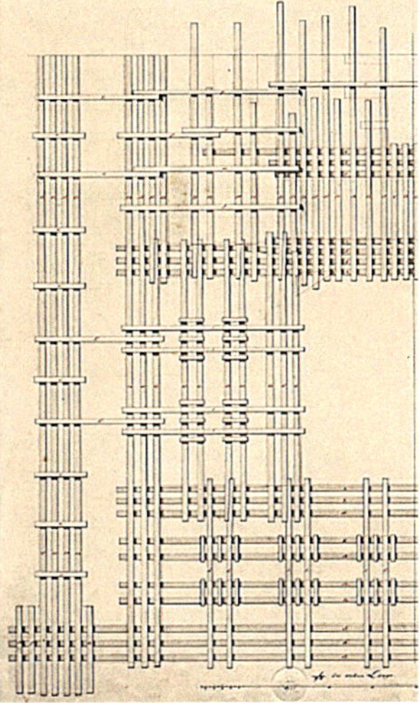

Auszug aus Pfahlplan (links) und Schwellenplan (rechts), 1823/24

Blick vom Lustgarten, 2011

Rotunde mit Oberlicht, Carl Emanuel Conrad, um 1834

Grundlegende Literatur

Renate Petras: Die Bauten der Berliner Museumsinsel. Berlin 1987, S. 37ff.; Christoph Martin Vogtherr: Das Königliche Museum zu Berlin. Planungen und Konzeption des ersten Berliner Kunstmuseums. Berlin 1997; Thomas Winner: Ein Jahrhundert preußische Konstruktionskunst. Bautechniken für die Berliner Museumsinsel. Diss. BTU Cottbus Senftenberg 2019, S. 35ff.

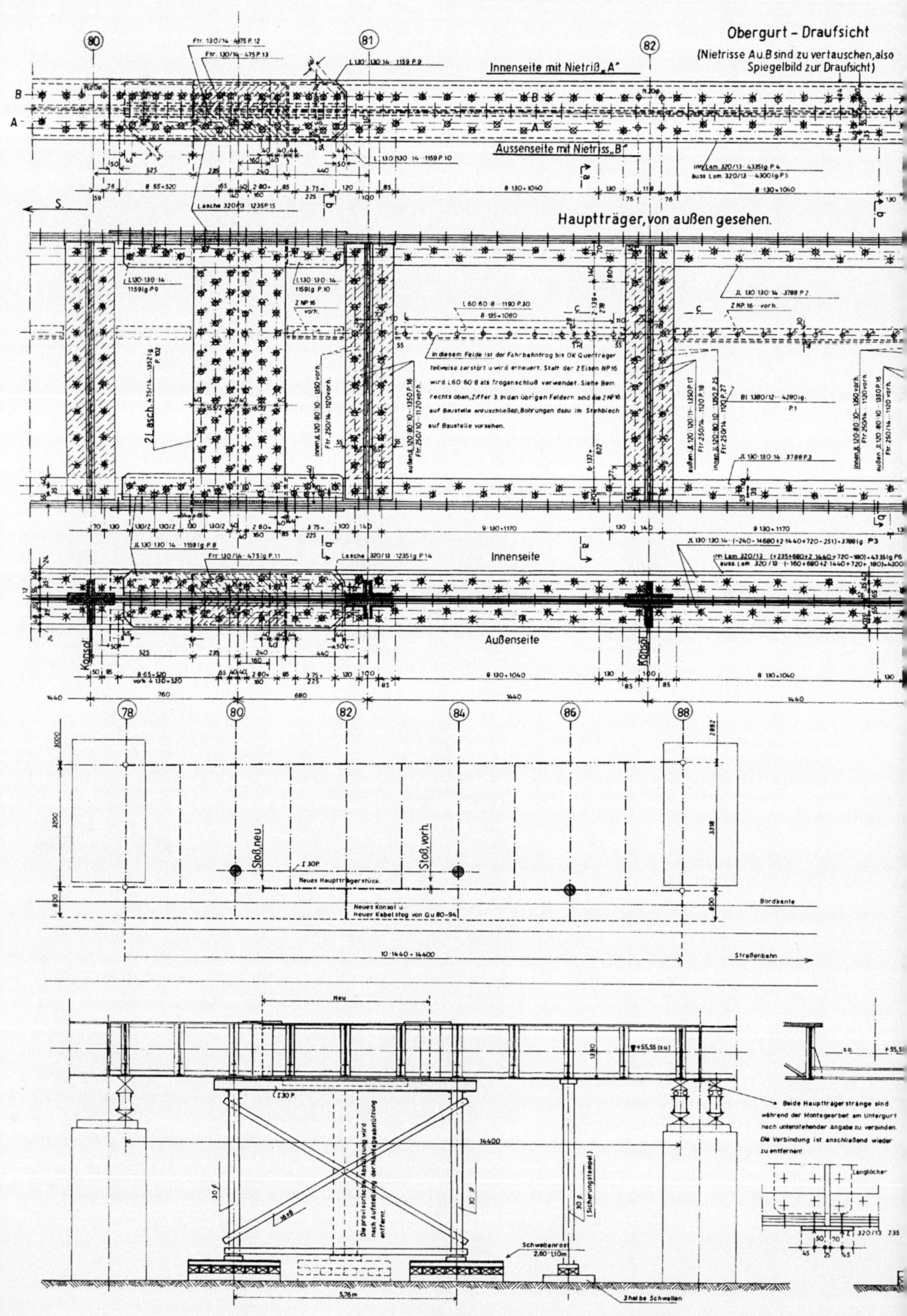

Obergurt – Draufsicht
(Nietrisse A u. B sind zu vertauschen, also Spiegelbild zur Draufsicht)
Innenseite mit Nietriß „A"
Aussenseite mit Nietriss „B"
Hauptträger, von außen gesehen.
In diesem Felde ist der Fahrbahntrog bis OK Querträger teilweise zerstört u. wird erneuert. Statt der 2 Eisen NP 16 wird L 60·60·8 als Troganschluß verwendet. Siehe Bem. rechts oben, Ziffer 3. In den übrigen Feldern sind die 2 NP 16 auf Baustelle anzuschließen, Bohrungen dazu im Stehblech auf Baustelle vorsehen.
Innenseite
Außenseite
Konsol
Stoß, neu
Stoß, vorh.
Neues Hauptträgerstück
Neues Konsol u. neuer Kabelsteg von Qu 80–94
Bordkante
Straßenbahn
10·1440 = 14400
Neu
14400
Die provisorische Abstützung wird nach Aufstellung der Montageabstützung entfernt.
Sicherungsstempel
Schwellenrost 2,60·1,10 m
3 halbe Schwellen
5,76 m
Beide Hauptträgerstränge sind während der Montagearbeit am Untergurt nach untenstehender Angabe zu verbinden. Die Verbindung ist anschließend wieder zu entfernen!
Langlöcher

ANHANG

1. Die inneren Hauptträger-Aussteif L mit Futter 250/14 sowie die äußeren Futter 250/14 bei Qu. 81, 82 u. 83 werden wieder verwendet.
2. Die Tragblech-Anschluß ⌐ NP 16 bei Qu. 80+81 u. 82-zum vorh. Hauptträ.-Stoß sind auf Baustelle wieder anzuschließen. Am neuen Stoß ist das 216 wie am vorh. Stoß auszusparen.
3. Im Feld Qu. 81-82 wird das zerstörte ⌐ NP. 16 durch zusammengesetztes Profil (2L 60·60·8 u. Fr. 160/8) ersetzt. Das bei Qu. 82 nach Süden hin zerstörte schräge Tragbl. 7st. ist herauszuschneiden u. durch ein neues Blech 560/7···ca. 700 lg. (P. 28) zu ersetzen u. anzuschließen. Laschen dazu 8st. Pos. 29.
4. Der Laufsteg ist von Qu. 80-84 mit Konsol bei Qu. 82 nach besonderer Angabe auf Baustelle zu erneuern u. das Geländer sowie Rinnenanlage wieder herzustellen.
84
N.
Schnitt b-b
Schnitt a-a.
Schnitt c-c.
2 Lasch. 500/14···1352 vorh.
Bei Qu 80-84 sind statt der Kabelsteg-Randträger nebenstehenden zusammengesetzten Profiles C22 einzubauen und anzuschließen.
Äußerer Randträger:
Hinterer Anschluß siehe Schnitt b-b.
82
Im Abdeckblech Pos. 45 ist Entwässerungstutzen auf Baustelle
Hartholzkeile
8 Schwellen ··· 1,10 lg
4 Schwellen
A339 - Br - 10259
Berliner Verkehrsbetriebe / U-Bahn / Bahnanlagen
Linie: A 339
Streckenzeichen: 74 +45
Benennung: Bauw. XLVI, 1-99
(Bf. Danziger Straße) Dimmitroffstraße
Maßstab: 1:10 u. 1:50
Auswechslung d. äußeren, östl. Fahrbahn-Hauptträger bei Qu. 80-84
Im Original gezeichnet: Reinhard 5.7.45
Zeichnungs-Nr.: Br. 10259
Nachzeichnung: VEB Geodäsie und Kartographie Erfurt
gezeichnet: Reuther 1979
geprüft:

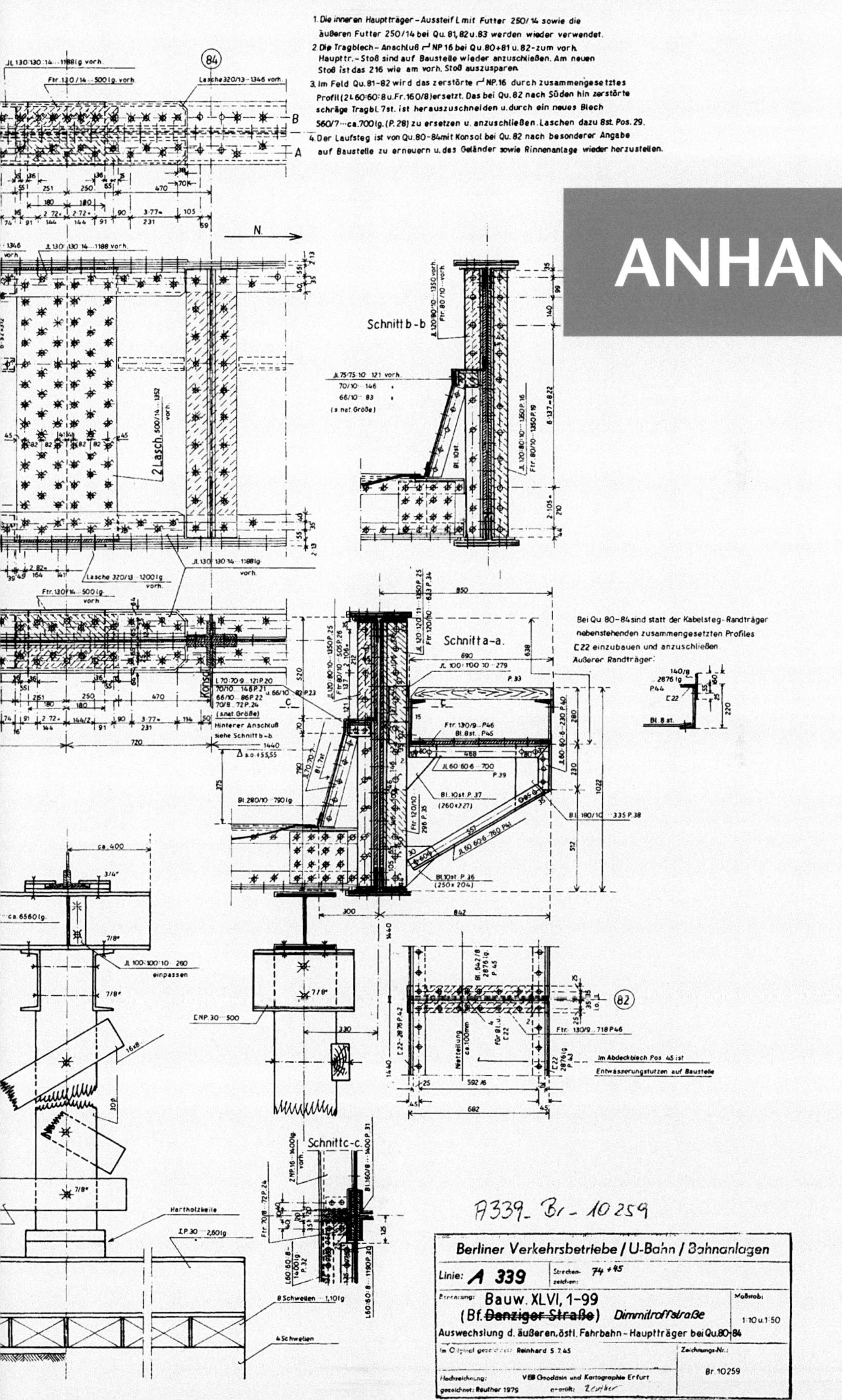

750 Jahre Konstruktionsgeschichte – eine Stadtwanderung in Berlins Mitte

Dauer ohne Pausen etwa 4 h

Die erste der beiden Stadtwanderungen, zu der wir Sie einladen möchten, beginnt auf dem 1805 nach dem russischen Zaren Alexander I. benannten Alexanderplatz am Ausgang des gleichnamigen U-Bahnhofs. Der heutige „Alex" ist nur noch ein Abglanz der zu Beginn des 20. Jahrhunderts von prachtvollen Kaufhäusern gesäumten Platzanlage, die in den 1920er Jahren neben dem Potsdamer Platz als Inbegriff der pulsierenden Weltstadt Berlin galt. Doch zumindest können wir von hier aus mit dem [71] **Hotel Park Inn** (ehemals Interhotel „Stadt Berlin") das für lange Jahre höchste Haus der Stadt sowie mit dem [80] **Alexanderhaus** und dem [a] **Berolinahaus** zwei ungeachtet ihrer wechselvollen Geschichte beeindruckende Peter-Behrens-Bauten in Augenschein nehmen.

Wir starten nun in Richtung Süden, doch schon unter den fünf [b] **Stadtbahnbrücken** über die Rathausstraße sollten wir kurz anhalten. Beim Bau der [2] **Stadtbahn** waren sie aufgrund ihrer prominenten Lage besonders aufwendig gestaltet worden. Von dieser ersten Fassung ist heute nichts mehr erhalten, doch künden zumindest die mächtigen genieteten Pendelrahmen vor dem Bahnhofseingang noch vom ersten Umbau im Jahre 1930, bei dem diese im Zuge des Baus der darunterliegenden U-Bahn an die Stelle der ursprünglichen Gussstützen traten. Unmittelbar dahinter weitet sich der Blick auf das weiträumige Areal, auf dem neben dem [70] **Fernsehturm** und seiner [59] **Fußumbauung** auch die [c] **Marienkirche** einen Besuch wert ist. Die ab etwa 1275 auf einem Feldsteinsockel errichtete dreischiffige Backsteinhalle markiert die erste mittelalterliche Stadterweiterung der Doppelstadt Berlin-Cölln (vgl. S. 340f.) und ist ebenso wie der Ende des 15. Jahrhunderts fertiggestellte Turmschaft in wesentlichen Teilen erhalten; seinen heutigen Turmhelm erhielt letzterer jedoch erst 1789/90 nach Plänen von Carl Gotthard Langhans. Heute ist die wie ein freistehendes „Stadtmöbel" wirkende Marienkirche die einzige sichtbare Erinnerung an den hier einst eng bebauten historischen Stadtkern um den Neuen Markt. Vorbei am Neptunbrunnen (1888–91), der ursprünglich vor dem Stadtschloss stand und erst 1969 im Rahmen der Neugestaltung des Ost-Berliner Stadtzentrums seinen jetzigen Standort fand, gelangen wir zum [d] **Roten Rathaus** (1860–71), dessen 94 m hoher Turm seinerzeit zu den höchsten Berlins zählte. Für einen Einblick in die erst 2020 eröffnete [11] **Verlängerung der U-Bahnlinie 5** nutzen wir den neuen [e] **U-Bahnhof Rotes Rathaus**, fahren jedoch nur eine Station unter der Spree und dem wieder aufgebauten Stadtschloss hindurch bis zum [f] **U-Bahnhof Mu-**

Alexanderplatz, von der Stadtbahnbrücke aus gesehen, 1903

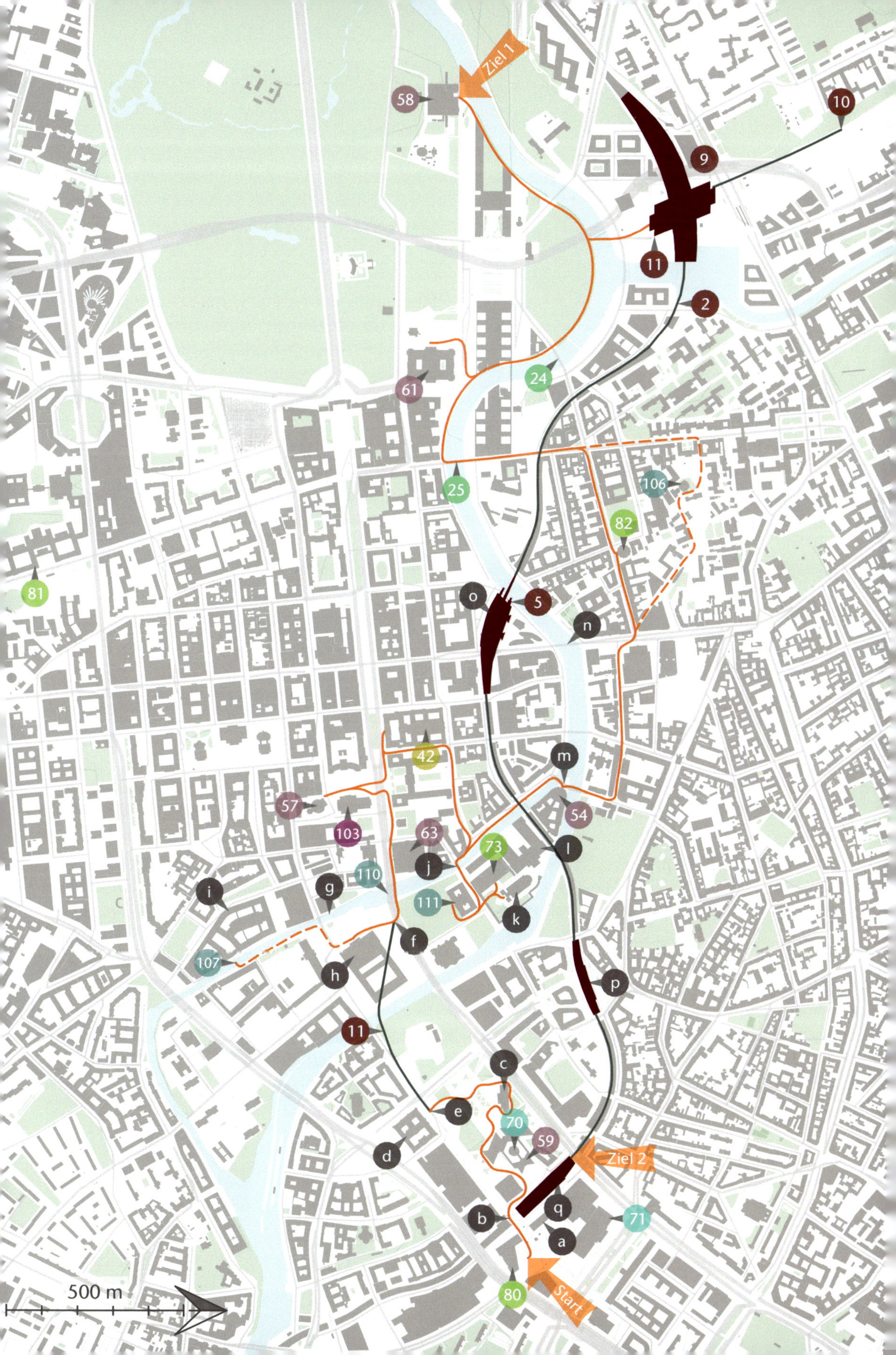

Ziel 1
58
10
9
11
2
24
61
25
106
82
81
o
5
n
42
m
57
54
103
63
73
l
j
110
i
g
111
k
f
107
h
p
11
c
e
70
59
d
Ziel 2
q
b
71
a
80
Start
500 m

seumsinsel. Der rückwärtige Ausgang führt uns an das Ostufer des [g] **Spreekanals** und die [110] **Schloßbrücke**.
Im Blick nach Norden erschließt sich rund um den Lustgarten ein Ensemble von Prachtbauten, das als Stein gewordenes Idealbild der Säulen des preußischen Staats gelten kann: Das Zeughaus im Westen steht für das Militär, das Schinkel'sche Alte Museum im Norden für das Bürgertum mit Kunst und Wissenschaft, der Dom im Osten für die Kirche als göttliche und das Stadtschloss im Süden für die Hohenzollern als weltliche Macht. Im Zuge des Wiederaufbaus zum [h] **Humboldt Forum** erhielt das Schloss auch seine Kuppel zurück, die freilich nur noch in der äußeren Erscheinung dem Original entspricht; 1847 war sie nach Entwurf von August Borsig und Adolph Brix als erste große stählerne Rippenkuppel Berlins errichtet worden (vgl. S. 176 u. 347).
Entlang des Spreekanals bietet sich ein Abstecher zur [107] **Jungfernbrücke** an; sie ist die einzig erhaltene der einst vielen Klappbrücken über die Kanäle im Stadtgebiet.
Auf der gegenüberliegenden Seite erstreckt sich der Baukörper des heute zum Außenministerium gehörigen [i] **Erweiterungsbaus der Reichshauptbank** (1934–40), hinter dessen Fassade aus schlesischem Sandstein sich ein von Gerhard Mensch konzipierter, seinerzeit hochmoderner Stahlskelettbau verbirgt. Das Großprojekt bildete den Auftakt für mehrere ähnlich konstruierte Monumentalbauten des NS-Staats wie etwa das 1935/36 errichtete Reichsluftfahrtministerium, das heute als [81] **Detlev-Rohwedder-Haus** zum Sitz des Finanzministeriums geworden ist.

Stahlskelett des Erweiterungsbaus der Reichshauptbank, um 1936

Eiserne Brücke, um 1800

Unser Hauptweg aber führt zum Zeughaus. Der Eintritt zur hier angesiedelten Dauerausstellung des Deutschen Historischen Museums ist frei, sodass sich unbedingt ein Blick auf die [63] **Überdachung des Schlüterhofs** empfiehlt. Nicht weit entfernt liegen die 1951–54 aus vorgefertigten Stahlbetonsegmenten wiederaufgebaute [57] **Kuppel der St. Hedwigs-Kathedrale** sowie die Staatsoper, deren von einem Keramik-Netzwerk gekrönte [103] **Nachhallgalerie** sich allerdings nur im Rahmen vorgebuchter Führungen oder eines Opernbesuchs entdecken lässt. Vergleichbares wird für den schräg gegenüberliegenden [42] **Lesesaal der Staatsbibliothek Unter den Linden** gelten, der wie das gesamte Haus demnächst wiedereröffnet werden soll.
Nach einem letzten Blick auf die große Achse der Allee Unter den Linden begeben wir uns am Hauptbau der Humboldt-Universität entlang zum Hegelplatz, in dessen Umgebung sich verschiedene Cafés oder auch die „Coffeebar c.t." in der Uni für eine erste Pause anbieten. Die Dorotheenstraße führt uns dann zurück zum Spreekanal, der in diesem Abschnitt noch seinen alten Namen „Kupfergraben" trägt. Um auf die Museumsinsel zu ge-

Tiefkeller unter dem Nordflügel des Pergamonmuseums, abschließend mit Sand verfüllt, 1912

langen, nutzen wir die [j] **Eiserne Brücke**. Ihr Name erinnert an die erste (guss-)eiserne Brücke Berlins, die im schlesischen Malapane unter Leitung des Schotten Baildon gegossen und hier 1797 errichtet wurde. Schon 1825 musste sie wegen ihrer Sprödbruchanfälligkeit ersetzt werden. Die heutige Brücke entstand erst 1915/16; ein Blick unter den Bogen verrät das genietete Stahltragwerk, das man seinerzeit mit Rücksicht auf die umgebenden Museumsbauten mit Naturstein verkleidete.

Sechszelliger Hohlkastenträger der nördlichen Monbijoubrücke nach der Montage, 2006

Jenseits des Kanals erwarten uns das [111] **Alte Museum**, hinter der James-Simon-Galerie (2009–18) das [73] **Neue Museum** und dahinter die [k] **Alte Nationalgalerie** (1862–78); viele der beeindruckenden Stahltragwerke in Decken und Dach sind auch in diesem dritten Hauptbau der Museumsinsel trotz Kriegsschäden noch erhalten. Zurück am Kupfergraben, passieren wir das [l] **Pergamonmuseum** (1910–30); seit seiner Vollendung lässt es nichts mehr von den gewaltigen Substruktionen erahnen, mit denen man seinerzeit den dramatischen Gründungsproblemen erfolgreich zu begegnen wusste. Unter der [2] **Stadtbahn** hindurch erreichen wir schließlich das von seiner [54] **Schutzkuppel** gekrönte Bode-Museum. Über dem Eingangsfoyer bietet sich das Museumscafé mit seinem Blick auf die prachtvolle Innenkuppel für eine weitere Pause an.

Wie schon die Eiserne Brücke entlarvt sich auch der Neubau der nördlichen [m] **Monbijoubrücke** (2005/06) bei näherem Hinsehen als „Fake Bridge“: Zur Verbreiterung des Schifffahrtsweges wurde das kriegszerstörte, ursprünglich zweifeldrige Bauwerk durch einen extrem flachen Korbbogen ersetzt; die Fugen in der Natursteinverkleidung verraten die Auflagergelenke der im Inneren verborgenen gevouteten Stahlträger, die das Ingenieurbüro Krone entwickelt hat.

Ein wenig länger ist es nun über Ziegel- und Reinhardtstraße bis zum [82] **Bunker Berlin**. Linkerhand eröffnet sich auf etwa der Hälfte des Wegs der Blick auf die [n] **Weidendammer Brücke**, den drittältesten Spreeübergang des historischen Stadtzentrums; ihre heutige Fassung geht auf einen 1914 begonnenen Umbau zurück, der sich wegen des Ersten Weltkriegs bis 1923 hinzog. Das Innere des Bunkers ist ebenso nur im Rahmen vorgebuchter Führungen zu besichtigen wie das des nahegelegenen [106] **Tieranatomischen Theaters**, das sich auf einer Alternativroute über einen kleinen Durchgang an der Reinhardstraße 2 erreichen lässt. Danach gelangen wir über die Luisenstraße zunächst zur [25] **Marschallbrücke**, auf der Südseite der Spree dann weiter zur [61] **Reichstagskuppel** und schließlich zur [24] **Kronprinzenbrücke**. Nicht mehr weit ist es von hier zum [9] **Hauptbahnhof**, an dem auch die [11] **U-5-Erweiterung** und der [10] **Fernbahntunnel** enden (... und in dessen Umgebung sich im Übrigen weitere interessante neue Brückenbauten entdecken lassen).

Als Abschluss der Tour seien zwei Varianten vorgeschlagen: Entweder das etwas weiter spreeabwärts gelegene [58] **Haus der Kulturen der Welt** mit seinem Restaurant am Flussufer, oder aber eine Fahrt mit der [2] **Stadtbahn** zurück zum Alex, auf der sich mit den Stationen [o] **Friedrichstraße**, [p] **Hackescher Markt** und [q] **Alexanderplatz** noch drei ganz unterschiedliche Ausführungen der Stadtbahn-Hallen entdecken lassen.

Nicht im Katalog vorgestellte Bauten

[a] Berolinahaus, Alexanderplatz 1
[b] Stadtbahnbrücke über die Rathausstraße
[c] Marienkirche, Karl-Liebknecht-Straße 8
[d] Rotes Rathaus, Rathausstraße 15
[e] U-Bahnhof Rotes Rathaus
[f] U-Bahnhof Museumsinsel
[g] Spreekanal
[h] Humboldt Forum, Schloßplatz
[i] Erweiterungsbau der Reichshauptbank, Unterwasserstraße 9/10
[j] Eiserne Brücke
[k] Alte Nationalgalerie, Bodestraße 1–3
[l] Pergamonmuseum, Bodestraße 1–3
[m] Nördliche Monbijoubrücke
[n] Weidendammer Brücke
[o] S-Bahnhof Friedrichstraße
[p] S-Bahnhof Hackescher Markt
[q] S-Bahnhof Alexanderplatz

Tour 2

Nicht unbedingt schön, aber sexy – eine Entdeckungsreise durch Kreuzberg

Dauer ohne Pausen etwa 4 h

Unsere zweite Stadtwanderung beginnt im Ausgang des S-Bahnhofs Warschauer Straße. Wir stehen auf der Warschauer Brücke und wenden uns nach links Richtung Spree – doch schon bevor wir unser erstes Ziel, den [a] **U-Bahnhof Warschauer Straße** betreten, bietet sich ein kurzer Abstecher an: Die [43] **Mercedes-Benz Arena** ist nur wenige hundert Meter Richtung Westen entfernt; so recht erschließt sich die Konstruktion von Berlins größter Multifunktionshalle freilich erst beim Besuch einer Veranstaltung im Inneren. Ein wenig irritierend führt der „U-Bahnhof" nicht etwa hinab in eine U-Bahn. Er ist Endpunkt der ersten, 1902 eröffneten „Hoch- und Untergrundbahn", die von hier aus zunächst oberirdisch auf dem **[04] Hochbahnviadukt** nach Westen führt, ehe sie in Schöneberg unter die Erde taucht. Die kleine Bahnhofshalle ist noch weitgehend im Original erhalten. Vom Bahnsteig aus bietet sich ein Blick auf die achtgleisige [b] **Wagenhalle I** der Hochbahn, die 1909 entlang der Rudolfstraße erbaut wurde; der Tragwerksplaner war kein Geringerer als Karl Bernhard.

Wir folgen nun dem hier zunächst gemauerten Viadukt. An der Stralauer Allee stoßen wir auf das [77] **Kühlhaus am Osthafen**; schon im Eingangsbereich erwarten uns die charakteristischen Pilzkopfstützen. Über die Spree hinweg führt uns die nach Entwurf von Santiago Calatrava wiederaufgebaute [15] **Oberbaumbrücke** dann zu einem der wenigen, noch weitgehend im Original erhaltenen Abschnitte des **[04] Hochbahnviadukts** und dem [c] **U-Bahnhof Schlesisches Tor**. Mit seinen historisierenden Ziegelfassaden, die Elemente aus der Renaissance aufgreifen, gibt er einen guten Eindruck von jenen hervorgehobenen Hochbahnstationen, die seinerzeit betont repräsentativ gestaltet wurden. Es lohnt nicht nur wegen der beeindruckenden Architektur, einmal um den Bahnhof herumzugehen: Man entdeckt, dass die filigrane Erstfassung des Viadukts westlich der Station bereits um 1930 durch ein grundsätzlich verändertes Vollwandsystem ersetzt wurde.

Bahnhof Schlesisches Tor, 1901

Um zum nächsten Ziel, der Markthalle IX, zu gelangen, bieten sich zwei Möglichkeiten an. Wer gut zu Fuß ist, nimmt auf dem Weg über die Köpenicker Straße noch den [74] **Viktoriaspeicher** mit. Leichter freilich ist es mit der Hochbahn. Schon an der Station [d] **U-Bahnhof Görlitzer Bahnhof** steigen wir wieder aus. Als Gegenpol zum Schlesischen Tor zeigt sie die seinerzeitige Standardausführung eines Haltepunkts – eine blechverkleidete, preiswerte Stahlkonstruktion, die ohne repräsentative Ansprüche vom Siemens'schen Bau-

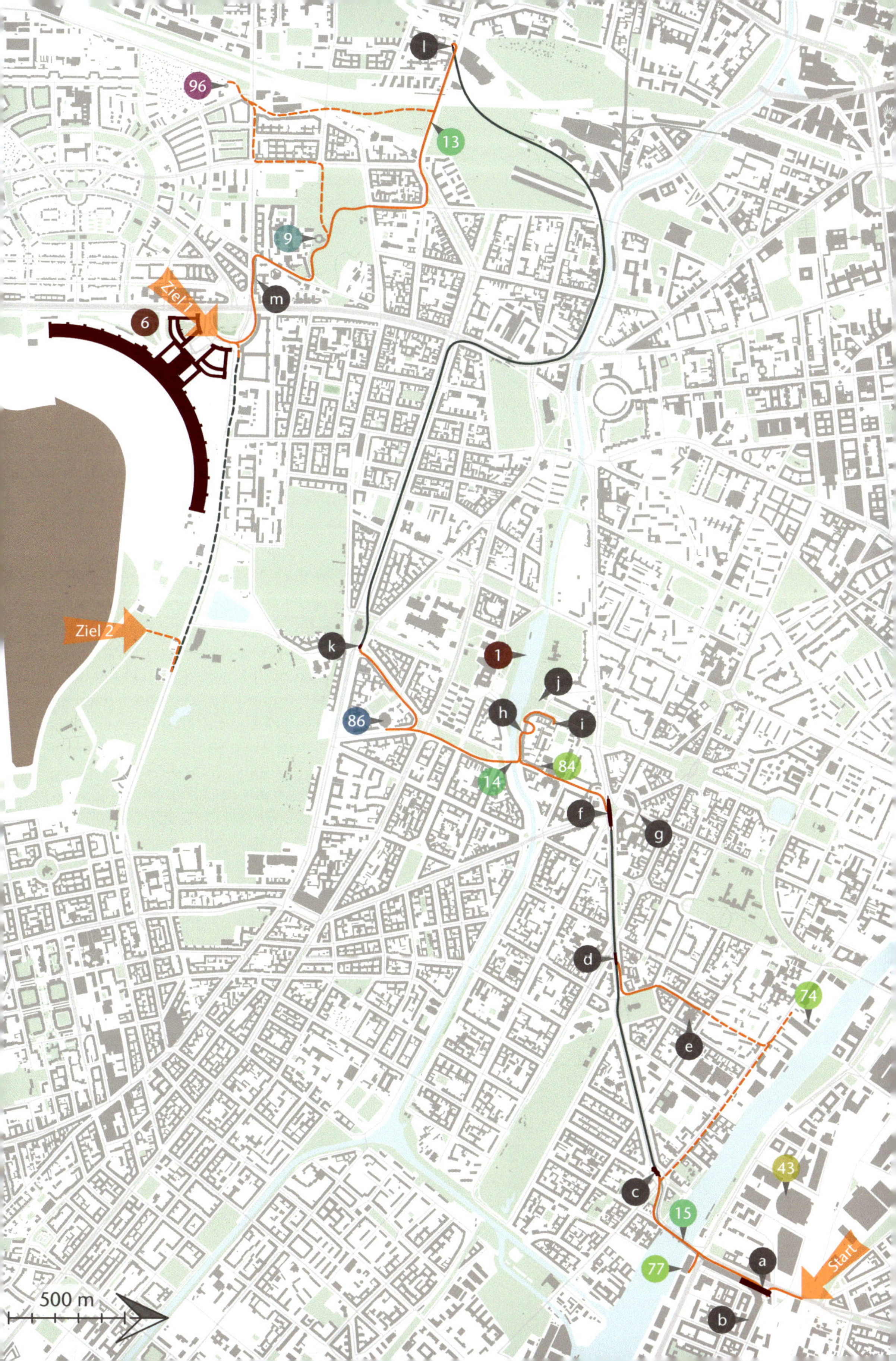

96
l
13
9
m
Ziel 1
6
Ziel 2
k
1
j
86
h
i
84
14
f
g
d
74
e
43
c
15
a
77
Start
b
500 m

büro geplant worden war. Auch der Viadukt hat sich neuerlich verändert. In diesem Abschnitt wurde er erst 1996 erneuert. Der Abriss des denkmalgeschützten Originaltragwerks war von heftigem Widerstand begleitet, auch deshalb, weil anders als ein Jahrhundert zuvor auf eine stadträumlich verträgliche Gestaltung des Neubaus keinerlei Wert gelegt worden war.

Zur [e] **Markthalle IX** sind es von hier nur wenige Minuten. Sie ist eine der wenigen noch weitgehend erhaltenen von ehemals 14 städtischen Markthallen, die in den 1890er Jahren im damaligen Stadtgebiet von Berlin gebaut worden waren. Hohe Gussstützen tragen stählerne Dachbinder, die Konstruktion lässt an die ein Jahrzehnt zuvor errichtete **[44] Rinderauktionshalle** des großen Vieh- und Schlachthofs denken. Die Markthalle ist ein guter Ort für eine erste Pause, es gibt ein reiches Angebot an Imbissen und Cafés.

Bahnhof Oranienstraße (heute: Görlitzer Bahnhof) im Bau, 1901

Frisch gestärkt, gehen wir zurück zur Hochbahn und fahren zur nächsten Station, dem [f] **U-Bahnhof Kottbusser Tor**. Die kräftige Rahmenkonstruktion der Bahnsteighalle unterscheidet sich abermals deutlich von den bisher gesehenen. Sie entstand erst 1927–29. Der ursprüngliche Haltepunkt lag etwas weiter östlich und ähnelte in seiner schlichten Ausführung der Station am Görlitzer Bahnhof. Um das Umsteigen zur entstehenden Nord-Süd-U-Bahn (der heutigen Linie U8) zu erleichtern, verlegte man ihn in die Mitte des Platzes und entwickelte für die Halle nun eine der typischen Vollwandkonstruktionen der 1920er Jahre.

Die Gegend um den Platz, üblicherweise kurz „Kotti“ genannt, bezeugt eindrücklich die wechselvolle Geschichte der West-Berliner Stadtentwicklung. Der Bau des [g] **Neuen Kreuzberger Zentrums** (NKZ, 1969–74) mit seinem mächtigen Brückenhaus an der Nordseite des Platzes entstand noch unter der Prämisse, dass unmittelbar dahinter das große Autobahnkreuz am Oranienplatz entstehen würde (vgl. S. 17); torartig sollte das NKZ den Kotti dagegen abschirmen. Folgen wir aber der Admiralstraße nach Süden, stoßen wir auf eben jene heute deutlich erkennbare Grenze, an der die Kahlschlagsanierung der 1960er und 70er Jahre ihr Ende fand: plötzlich wieder Altbauten, und inmitten der Häuserzeile das im Rahmen der Internationalen Bauausstellung 1987 (IBA) entstandene **[84] Wohnregal**.

Von hier sind es nur ein paar Schritte bis zu **[14] Admiralbrücke** und **[01] Landwehrkanal**. Die Stelle gibt ein authentisches Bild des in den 1880er Jahren mit festen Ufermauern eingefassten Kanals und zeigt zugleich, mit welch hohem gestalterischem Anspruch die ersten in diesem Zusammenhang errichteten „festen“ Brücken geplant und realisiert wurden. Um die behutsam sanierte Brücke angemessen würdigen zu können, sollte man ein wenig Abstand nehmen – und stößt dabei zugleich auf die auffälligen Lückenschließungen in der Uferbe-

Elisabethhof, 2012

→ Tor-Haus Fraenkelufer 44, 2014

bauung. Auch diese sogenannten [h] **Baller-Häuser am Fraenkelufer**, benannt nach den Architekten Hinrich und Inken Baller, entstanden 1982–85 im Rahmen der IBA und sind ein stadträumlich gelungenes Beispiel für das „Weiterbauen" im Bestand. In Hinblick auf die Horizontalaussteifung waren die markanten Torhäuser mit ihren „Luftgeschossen" und den geneigten schlanken Stützen seinerzeit statisch nicht ganz einfach nachzuweisen, aber so öffnen sie noch heute den Blick auf die beeindruckende Brandwandbebauung, die das ehemals mit Quer- und Seitenflügeln bebaute Gelände abschließt. Es lohnt, noch ein wenig dem Ufer zu folgen und am Erkelenzdamm 59 einen Blick in den 1897/98 entstandenen [i] **Elisabethhof** zu werfen. Er ist ein typisches Beispiel für die in der Kaiserzeit übliche „Kreuzberger Mischung", jene Gebäude mit mehreren Hinterhöfen, in denen zahlreiche kleine Gewerbetriebe angesiedelt waren und zugleich gewohnt wurde. Der breite Grünstreifen vor dem Erkelenzdamm erklärt sich aus dem seit den 1840er Jahren hier verlaufenden [j] **Luisenstädtischen Kanal**. Von der Spree kommend, endete er am ehemaligen Urbanhafen im [01] **Landwehrkanal**; bereits in den 1920er Jahren aber wurde er zugeschüttet.

Luisenstädtischer Kanal am Oranienplatz, historische Postkarte

Zurück an der Admiralbrücke, überqueren wir sie nun und erreichen nach wenigen Minuten den [86] **Fichtebunker**, jenes gemauerte Gasbehältergebäude mit Schwedler-Kuppel von 1874–76, das in Berlin als einziges seiner Art noch erhalten ist. Im Kiez zwischen Landwehrkanal und der Gegend um den Bunker bietet sich eine zweite Pause an; es gibt hier zahlreiche kleine Imbisse und Restaurants.
Danach „rochieren" wir mit der U-Bahnlinie 7 an den Westrand von Kreuzberg; vom [k] **U-Bahnhof Südstern** geht es über fünf Stationen zum [l] **U-Bahnhof Yorckstraße**. Dort nehmen wir den rückwärtigen Ausgang und stehen gleich unter den ersten noch erhaltenen [13] **Yorckbrücken**. Erst bei genauerer Betrachtung erkennt man die feinen Unterschiede zwischen den Brückengenerationen der alten Dresdener, Potsdamer und Anhalter Bahnen.
Auf zwei Wegen können wir unsere Tour beenden. Entweder wir leisten uns noch einen Umweg über den „Flaschenhalspark" zum [96] **Schwerbelastungskörper**, oder aber wir flanieren ein Stückchen entlang des noch auf Peter Joseph Lenné zurückgehenden „Generalszugs" der Yorckstraße, begeben uns direkt in den Viktoriapark und erklimmen die kleine Anhöhe mit dem [109] **Kreuzbergdenkmal**. Auch wenn wir den Flughafen Tempelhof als den Endpunkt unserer Tour noch nicht sehen können, zeigt es die Karte eindrücklich: Das Kreuzbergdenkmal steht genau in der verlängerten Mittelachse des Empfangsgebäudes und sollte von ebendort als „preußischer" Bezugspunkt wahrgenommen werden. Die Nachkriegsbebauung des heutigen Platzes der Luftbrücke nahm jedoch keine Rücksicht auf diese städtebauliche Idee. Bevor wir dies aber selbst überprüfen können, machen wir noch einen Zwischenstopp am ehemaligen [m] **Druckereigebäude des Verbandshauses der deutschen Buchdrucker** (vgl. S. 245f.), das im Hinterhof frei zugänglich ist. Und dann stehen wir auch schon vor dem Empfangsgebäude des [06] **ehemaligen Flughafens Tempelhof**, beenden hier ermattet auf einer Bank in der vorgelagerten Grünanalage unsere Wanderung – oder aber nehmen noch den Bus bis zum nächstgelegenen Eingang in das heute in eine öffentliche Freifläche umgewandelte riesige Flugfeld.

Nicht im Katalog vorgestellte Bauten

- [a] U-Bahnhof Warschauer Straße
- [b] Wagenhalle I, Rudolfstraße 1–8
- [c] U-Bahnhof Schlesisches Tor
- [d] U-Bahnhof Görlitzer Bahnhof
- [e] Markthalle IX, Pücklerstraße 30
- [f] U-Bahnhof Kottbusser Tor
- [g] Neues Kreuzberger Zentrum (NKZ), Adalbertstraße 96–98
- [h] Baller-Häuser, Fraenkelufer 28, 38, 38 A, B, C, 44
- [i] Elisabethhof, Erkelenzdamm 59
- [j] Ehem. Luisenstädtischer Kanal
- [k] U-Bahnhof Südstern
- [l] U-Bahnhof Yorckstraße
- [m] Verbandshaus der deutschen Buchdrucker, Dudenstraße 10

Basisbibliografie zum Berliner Ingenieurbau

Architekten-Verein zu Berlin (Hg.): Berlin und seine Bauten. Berlin 1877

Architekten-Verein und Vereinigung Berliner Architekten (Hg.): Berlin und seine Bauten. 2 Bde. Berlin 1896

Architekten- und Ingenieur-Verein zu Berlin (Hg.): Berlin und seine Bauten:

- Klaus Konrad Weber (Red.): Industriebauten – Bürohäuser [Berlin und seine Bauten; IX]. Berlin (West) u. a. 1971
- Klaus Konrad Weber, Peter Güttler (Red.): Bauten für Handel und Gewerbe. Handel [Berlin und seine Bauten; VIII, A]. Berlin (West) u. a. 1978
- Klaus Konrad Weber, Peter Güttler, Ditta Ahmadi (Red.): Anlagen und Bauten für den Verkehr. Städtischer Nahverkehr [Berlin und seine Bauten; X, B (1)]. Berlin (West) u. a. 1979
- Peter Güttler, Ditta Ahmadi (Red.): Anlagen und Bauten für den Verkehr. Fernverkehr [Berlin und seine Bauten; X, B (2)]. Berlin (West) 1984
- Peter Güttler, Ditta Ahmadi (Red.): Anlagen und Bauten für den Verkehr. Post- und Fernmeldewesen [Berlin und seine Bauten; X, B (4)]. Berlin (West) 1987
- Peter Güttler (Red.): Sportbauten [Berlin und seine Bauten; VII, C]. Berlin 1997
- Peter Güttler (Red.): Stadttechnik [Berlin und seine Bauten; X, A (2)]. Petersberg 2006

Hilmar Bärthel: Wasser für Berlin. Die Geschichte der Wasserversorgung. Hg. von den Berliner Wasserbetrieben. Berlin 1997

Hilmar Bärthel: Geklärt! 125 Jahre Berliner Stadtentwässerung. Hg. von den Berliner Wasserbetrieben. Berlin 2003

Matthias Barth: Kathedralen der Arbeit – Industriekultur in Berlin. Berlin 2016

Manfred Berger: Historische Bahnhofsbauten Sachsen, Preußen, Mecklenburg und Thüringen [Historische Bahnhofsbauten; 1]. Berlin (Ost) 1980

Sabine Bohle-Heintzenberg: Architektur der Berliner Hoch- und Untergrundbahnen. Berlin 1980

Harald Bodenschatz, Cordelia Polinna (Hg.): Verkehrsfrage und Stadtentwicklung [100 Jahre Groß-Berlin; 2]. Berlin 2020

R[ichard] Borrmann (Bearb.): Die Bau- und Kunstdenkmäler von Berlin. Mit einer geschichtlichen Einleitung von P. Clauswitz. Berlin 1893

Adrian von Buttlar, Kerstin Wittmann-Englert, Gabi Dolff-Bonekämper (Hg.): Baukunst der Nachkriegsmoderne: Architekturführer Berlin 1949–1979 [Forschungen zur Nachkriegsmoderne]. Berlin 2013

Thorsten Dame: Elektropolis Berlin – Die Energie der Großstadt. Bauprogramme und Aushandlungsprozesse zur öffentlichen Elektrizitätsversorgung in Berlin [Die Bauwerke und Kunstdenkmäler von Berlin/Beiheft; 34]. Berlin 2011

Thorsten Dame: Elektropolis Berlin – Architektur- und Denkmalführer. Petersberg 2014

Deutscher Stahlbau-Verband (Hg.): Stahlbauten in Berlin. Köln [ca. 1971]

Helmut Engel: Baugeschichte Berlin. 3 Bde., 2004–2009

Bruno Flierl: Vom Münzturm zum Fernsehturm. Höhendominanten in der Stadtplanung von Berlin. In: Karl-Heinz Klingenburg (Hg.): Studien zur Berliner Kunstgeschichte. Leipzig 1986, S. 11–51

Hans Achim Grube, Christina Keseberg (Red.): Kraftwerke in Berlin. Das Erbe der Elektropolis. Hg. von der BEWAG. Berlin 2003

Peter Güttler, Sabine Güttler: Zeitschriften-Bibliographie zur Architektur in Berlin von 1919 bis 1945 [Die Bauwerke und Kunstdenkmäler von Berlin/Beiheft; 14]. Berlin (West) 1986

Alb[ert] Guttstadt (Red.): Die Anstalten der Stadt Berlin für die öffentliche Gesundheitspflege und für den naturwissenschaftlichen Unterricht. Berlin 1886

Manfred Hamm, Günther Kühne: Berlin, Denkmäler einer Industrielandschaft. 2. Aufl., Berlin (West) 1980

Eberhard Heinze, Eckhard Thiemann, Laurenz Demps: Berlin und seine Brücken. Berlin (Ost) 1987

Henriette Heischkel: Bauen in West-Berlin 1949–1963. Die Rolle der Bauverwaltung im Spannungsfeld von Kunst und Politik [Forschungen zur Nachkriegsmoderne]. Berlin 2018

Alexander Herzberg, Diedrich Meyer (Bearb.): Ingenieurwerke in und bei Berlin. Festschrift zum 50jährigen Bestehen des Vereines Deutscher Ingenieure. Berlin 1906

Werner Hildebrandt, Peter Lemburg, Jörg Wewel: Historische Bauwerke der Berliner Industrie [Beiträge zur Denkmalpflege in Berlin; 1]. Berlin (West) 1988

Ural Kalender: Die Geschichte der Verkehrsplanung Berlins [Archiv für die Geschichte des Straßen- und Verkehrswesens; 24]. Köln 2012

Kgl. preußischer Minister der öffentlichen Arbeiten (Hg.): Berlin und seine Eisenbahnen, 1846–1896. Berlin 1896

Uwe Kieling: Berlin. Bauten und Baumeister von der Gotik bis 1945. Berlin 2003

Fr[iedrich] Krause, F[ritz] Hedde: Die Brückenbauten der Stadt Berlin von 1897 bis Ende 1920. Berlin 1922

Sabine Kuban: Frühe Eisenbetonkonstruktionen in Berlin, 1880–1918. Diss. BTU Cottbus-Senftenberg 2020

Ulrich Kubisch, Peter Schwirkmann: Technik-Denkmäler in Berlin [Elefanten-Press; 425]. Berlin 1993

Günther Kühne: Zum Umgang mit technischen Denkmälern. In: Der Bär von Berlin 34 (1985), S. 69–98

Herbert Liman, Eckhard Thiemann, Dieter Desczyk, Horstpeter Metzing: Straßen- und Brückenbau in Berlin 1945 bis 2000 [Archiv für die Geschichte des Straßen- und Verkehrswesens; 22]. Köln 2008

Werner Lorenz: Konstruktion als Kunstwerk. Bauen mit Eisen in Berlin und Potsdam 1797–1850 [Die Bauwerke und Kunstdenkmäler von Berlin/Beiheft; 25]. Berlin 1995

Magistrat Berlin (Hg.): Straßenbrücken der Stadt Berlin. Berlin 1902

Werner Martin: Manufakturbauten im Berliner Raum seit dem ausgehenden 17. Jahrhundert [Die Bauwerke und Kunstdenkmäler von Berlin/Beiheft; 18]. Berlin (West) 1989

Miron Mislin: Industriearchitektur in Berlin 1840–1910. Tübingen 2002

Werner Natzschka: Berlin und seine Wasserstraßen. Berlin (West) 1971

G[eorg] Pinkenburg: Die Straßenbrücken Berlins. Berlin 1886

Ines Prokop: Vom Eisenbau zum Stahlbau. Tragwerke und ihre Protagonisten in Berlin 1850–1925. Berlin 2012

Volker Rödel: Reclams Führer zu den Denkmalen der Industrie und Technik in Deutschland. Bd. 2: Neue Länder, Berlin. Stuttgart 1998

Larissa Sabottka: Die eisernen Brücken der Berliner S-Bahn. Bestandsdokumentation und Bestandsanalyse [Die Bauwerke und Kunstdenkmäler von Berlin/Beiheft; 29]. Berlin 2003

Wolfgang Schäche: Architektur und Städtebau in Berlin zwischen 1933 und 1945 – Planen und Bauen unter der Ägide der Stadtverwaltung [Die Bauwerke und Kunstdenkmäler von Berlin/Beiheft; 17]. 2. Aufl., Berlin, 1992

Hartwig Schmidt, Eva-Maria Eilhardt: Die Bauwerke der Berliner S-Bahn. Die Stadtbahn [Arbeitshefte der Berliner Denkmalpflege; 1]. Berlin (West) 1984

Jens U. Schmidt: Wassertürme in Berlin. Cottbus 2010

Hermann Schmitz: Berliner Baumeister vom Ausgang des achtzehnten Jahrhunderts [Die Bauwerke und Kunstdenkmäler von Berlin/Beiheft; 25]. Berlin (West) 1980

Senatsverwaltung für Bau- und Wohnungswesen (Hg.): Berliner Brücken. Katalog zur gleichnamigen Ausstellung. Berlin 1991

Klaus Strohmeyer: James Hobrecht (1825–1902) und die Modernisierung der Stadt [Publikationen der Historischen Kommission zu Berlin]. Potsdam 2000

Heinrich Tepasse, Stadttechnik im Städtebau Berlins. 3 Bde., Berlin 2001–2006

Eckhard Thiemann, Dieter Desczyk, Horstpeter Metzing: Berlin und seine Brücken. Berlin 2003

Eckhard Thiemann, Dieter Desczyk: Als die Brücken im Wasser knieten. Zerstörung und Wiederaufbau Berliner Brücken. Berlin 2015

Kurzbiografien ausgewählter Bauingenieure

Becher, (Hirschel) Heinrich

geb. 15.3.1870 in Filehne (poln. Wieleń),
gest. 7.12.1926 in Berlin

Gymnasium in Ostrau; Studium und Assistenz an der TH Berlin; bis 1898 Tätigkeiten als Bauführer bei verschiedenen größeren staatlichen und kommunalen Baumaßnahmen, u. a. in Hamburg und Posen; Gewerbelehrer in Detmold; Beratender Ingenieur in Berlin; 1900–1905 Herausgeber der *Bauingenieur-Zeitung*; bis 1918 Teilhaber der Baufirma M. Czarnikow & Co. in Charlottenburg; 1910 Ernennung zum gerichtlichen Sachverständigen für Beton und Eisenbeton; um 1918 Geschäftsführer der Fundierungs- und Tiefbau-Gesellschaft mbH in Charlottenburg; 1919 Geschäftsführer der Bauhütte, Soziale Baugesellschaft mbH; Gründer und Leiter der Forschungsgesellschaft für wirtschaftlichen Baubetrieb; ab 1921 Beratender Ingenieur in Berlin.

Mitwirkung an wichtigen Berliner Bauten: 1897/98 Warenhaus Jandorf am Halleschen Tor; 1900/01 Zweiter Bauabschnitt Warenhaus Wertheim in der Oranienstraße; 1905/06 Warenhaus Jandorf am Kottbusser Damm; 1907 Fundierung Fabrikbau der Firma Ludwig Loewe & Co. A.-G. in der Huttenstraße; 1907–09 Friedrichstraßenpassage; 1908/09 Tribünen Rennbahn Grunewald; 1908/09 [31] **AEG-Turbinenhalle**; 1908–10 Reichsmilitärgericht am Lietzensee; 1910/1911 Admiralspalast; 1910–12 Synagoge Fasanenstraße; 1911/12 Deutsche Oper; 1912/13 Deutsches Stadion; 1913/14 Stahlbetonkuppel des Lesesaals der Staatsbibliothek; 1922/23 Wiederaufbau Sarotti-Fabrik in Tempelhof; 1925 Druckereigebäude August Scherl in der Kochstraße; 1925–27 [66] **Ullsteinhaus**.

Bernhard, Karl

geb. 4.11.1859 in Goldberg (Mecklenburg),
gest. 30.3.1937 in Berlin

Studium des Bauingenieurwesens an der TH Hannover, u. a. bei Heinrich Müller-Breslau; 1884 Ernennung zum Regierungsbauführer; 1885–87 Tätigkeit bei der Eisenbahndirektion in Frankfurt am Main, u. a. am Hauptbahnhof; 1888 Zweite Staatsprüfung zum Regierungsbaumeister; 1888–98 Tätigkeit im technischen Büro des Berliner Stadtbaurats James Hobrecht; 1893–98 in Nebentätigkeit Assistent von Heinrich Müller-Breslau an der TH Berlin; 1898–1930 Privatdozent für Eisen- und Brückenbau an der TH Berlin; 1898 Gründung eines eigenen Ingenieurbüros; 1909 Reise nach Amerika; 1913 Mitglied des Deutschen Werkbunds; 1914 Reise nach Argentinien und Chile; um 1915 Vorsitzender des Arbeitsausschusses für Kriegshilfe der technischen Berufsstände; 1925 Ehrendoktor der TH Stuttgart; 1929 Mitglied Unterausschuss für Tragfähigkeit des Baugrundes des Deutschen Ausschusses für Baugrundforschung.

Mitwirkung an wichtigen Berliner Bauten: 1889 Wollspeicher in der Landsberger Straße; 1892 Lutherbrücke; 1893/94 Moabiter Brücke; 1893–95 Umbauten Victoria-Speicheranlage in der Köpenicker Straße; 1894–96 [15] **Oberbaumbrücke**; 1897/98 Kaisersteg in Oberschöneweide; 1900–03 Städtische Gasanstalt Rixdorf; 1903/04 Treskowbrücke in Oberschöneweide; 1906 Erweiterungsbau Allgemeine Versicherungs-AG Victoria in der Lindenstraße; 1906/07 Produktionsgebäude Cyklon Maschinenfabrik in der Boxhagener Straße; 1907/08 Stubenrauchbrücke in Oberschöneweide, 1907 Aufstellhallen der U-Bahn an der Rudolfstraße; 1908/09 [31] **AEG-Turbinenhalle**; 1908–10 Mietwohnhaus „Erdmannshof" mit Fabrikanlage; 1908/09 [19] **Stößenseebrücke**; 1909/10 Hochspannungsfabrik der AEG; 1909/10 Freybrücke; 1922/23 Verwaltungsgebäude des ADGB; 1924–26 Haus der deutschen Buchdrucker; 1929/30 Lenz-Haus; 1929–31 Kraftwerk West; 1930–32 Erweiterungsbau Verwaltungsgebäude des ADGB.

Boost, Hermann

geb. 8.5.1864 in Berlin,
gest. 19.10.1941 in Bad Kissingen

Studium an der TH Berlin; 1890 Ernennung zum Regierungsbauführer; 1893 Zweite Staatsprüfung zum Regierungsbaumeister; 1893–1900 Tätigkeit bei der preußischen Straßen- und Wasserbauverwaltung; 1894–97 nebenamtlicher Assistent von Heinrich Müller Breslau an der TH Berlin; 1900–02 Prof. für Statik im Hochbau an der TH Aachen; 1902–29 Prof. für Baukonstruktionslehre an der TH Berlin; 1904–09 nichtständiges Mitglied des Patentamts; 1927/28 Rektor der TH Berlin; 1930 Ernennung zum Ehrenbürger der TH Berlin; 1933–41 Dozent für Brücken für Kriegseisenbahnen an der Wehrtechnischen Fakultät der TH Berlin.

Mitwirkung an wichtigen Berliner Bauten: 1889–1894 St. Pius-Kirche in Friedrichshain; 1894–98 Berliner Dom; 1903/04 [54] **Hauptkuppel des Kaiser-Friedrich-Museums**.

Bousset, Johannes

geb. 31.7.1865 in Rehorst bei Lübeck, gest. 1945

Realgymnasium in Lübeck; 1886–91 Studium des Bauingenieurwesens an TH München und TH Berlin; 1891 Ernennung zum Regierungsbauführer; 1891/92 Tätigkeit bei der Gutehoffnungshütte in Sterkrade; 1892–94 Tätigkeiten bei der preußischen Eisenbahnverwaltung in Erfurt und Berlin; 1894–1902 Tätigkeit bei der Bauabteilung von Siemens & Halske Berlin, ab 1897 zugleich Leiter des technischen Büros der Gesellschaft für elektrische Hoch- und Untergrundbahnen in Berlin (Hochbahngesellschaft); 1895 Zweite Staatsprüfung zum Regierungsbaumeister; 1902–29 Leiter der Bauabteilung der Hochbahngesellschaft, ab 1912 Vorstandsmitglied als Bautechnischer Direktor; 1908 Roter-Adler-Orden IV. Klasse; 1913 Ernennung zum Kgl. Baurat; 1926–32 Vorstandsmitglied der Berliner Nordsüdbahn AG, ab 1929 als Vorsitzender; 1927 Ehrendoktor der TH Berlin; 1929 Mitglied der Akademie des Bauwesens.

Mitwirkung an wichtigen Berliner Bauten: Zwischen 1896 und 1929 Verantwortung der bautechnischen Planungen der Berliner U-Bahn, darunter: 1896–1902 und 1909–13 [4] **Hochbahnviadukte**; 1912/13 Umbau Gleisdreieck zum Kreuzungsbahnhof; 1915–26 Entlastungsstrecke Gleisdreieck–Nollendorfplatz; 1927–30 Um- und Ausbau U-Bahnhof Alexanderplatz.

Cramer, Richard

geb. 13.6.1847 in Köthen, gest. 10.9.1906 in Berlin

Gymnasium in Köthen; Eleve in der Köthener Maschinenfabrik und Eisengießerei von Rudolf Dinglinger; 1865–68 Studium an der Gewerbeakademie in Berlin; anschl. Tätigkeit als Konstrukteur bei den Maschinenbaufirmen C. Hoppe und C. Hummel, bei den Neubauten der Berlin-Potsdam-Magdeburger Eisenbahn sowie der Anhaltischen Eisenbahn; ab 1877 selbstständiger Zivilingenieur in Berlin; 1894 außerordentliches Mitglied der Akademie des Bauwesens, später ordentliches Mitglied; 1899 Verleihung des Titels eines Kgl. Baurats.

Mitwirkung an wichtigen Berliner Bauten: 1876–84 Umbauten im [111] **Alten Museum**; 1877–80 Lichthofdach und Kuppelsaal des zur „Ruhmeshalle" umgewandelten [63] **Zeughauses**; 1880–83 Erweiterung Neue Börse; 1880–86 Museum für Völkerkunde; 1881/82 Umbau Neue Kirche am Gendarmenmarkt; 1883–89 [28] **Lichthofüberdachung Museum für Naturkunde**; 1883–86 Revisionshallen im Neuen Packhof; 1884–87 Umbau Hedwigskirche; 1886/87 Industriegebäude in der Beuthstraße; 1889 Umbau Schauspielhaus; 1890–92 Neues Theater am Schiffbauerdamm; 1890/91 Synagoge in der Lindenstraße; 1891 Hohenzollerngalerie (später Marine-Panorama); 1893–97 Umbau Reichspostamt zum Postmuseum; 1897–99 Pergamonmuseum; 1898 Synagoge in der Lützowstraße; 1904 Dachtragwerk der Haupthalle I im Land- und Amtsgericht I in Mitte.

Dienst, Hans (Karl)

geb. 4.12.1908 in Möltenort, gest. 27.4.1973 in Malente

Bis 1934 Studium des Bauingenieurwesens an den Technischen Hochschulen Danzig, Wien und Berlin; 1935 Tätigkeit bei der Siemens-Bauunion; 1936 Bauleitung bei Brücken der Reichsautobahnen; 1936 Promotion zum Dr.-Ing. an der TH Berlin; 1937 Gründung eines Ingenieurbüros für Bauwesen in Berlin; Prüfingenieur (u. a. für die Bauten des Hansaviertels); 1962–73 Prof. für Ingenieurbau an der Hochschule für Bildende Künste in Berlin; Bürogemeinschaft mit Gerhard Richter (heute KLW).

Mitwirkung an wichtigen Berliner Bauten: 1957 Ausstellungspavillon „Die Stadt von morgen" auf der Interbau; 1961–68 Klinikum Steglitz der Freien Universität Berlin; 1965–68 [39] **Neue Nationalgalerie**

Dischinger, Franz

geb. 8.10. 1887 in Heidelberg, gest. 9.1.1953 in Berlin

1897–1907 Großherzogliches Gymnasium in Karlsruhe; 1907–11 Studium des Bauingenieurwesens an der TH Karlsruhe; 1912 Tätigkeit bei der Baufirma Vollrath, Wesel; 1912/13 Einjährig Freiwilliger in der Bayrischen Fuß-Artillerie; 1913–33 Tätigkeit bei der Baufirma Dyckerhoff & Widmann AG, in Wiesbaden-Biebrich, zuletzt als Direktor; 1914–18 Kriegsteilnehmer; 1929 Promotion zum Dr.-Ing. an der TH Dresden; 1932/33 Lehrbeauftragter an der TH Darmstadt; 1933–45 Professor für Massivbau an der TH Berlin; 1946–51 Professor für Massivbau an der TU Berlin; 1947 Ehrensenator der TH Darmstadt; 1948 Ehrendoktor der TH Karlsruhe; 1949 Ehrendoktor der RWTH Aachen; 1951 vorzeitige Emeritierung aus Gesundheitsgründen und Ernennung zum Ehrensenator der TU Berlin; 1952 Ehrendoktor der TU Istanbul. Seit 1956 trägt die [23] **Dischingerbrücke** seinen Namen.

Mitwirkung an wichtigen Berliner Bauten: 1926 Zeiss-Planetarium am Zoo; 1930/31 Schalendächer der „Zeppelinhäuser" in Pankow; 1931/32 Kleiner Windkanal in Adlershof; 1932–34 Großer Windkanal in Adlershof.

Domány, Ferenc

in Deutschland zumeist als Franz Domany
geb. 30.4.1899 in Gyöngyös (Ungarn),
gest. 9.9.1939 in Folkestone (Großbritannien)

1918/19 Studium des Ingenieurwesens an der TH Budapest; 1919–23 Studium an der TH Berlin; 1923–25 Tätigkeit in einem Berliner Ingenieurbüro; 1925–33 eigenes Ingenieurbüro in Berlin; 1933–39 Tätigkeit als Architekt und Ingenieur in Budapest, Bürogemeinschaft mit Béla Hofstätter; 1939 Umzug nach Großbritannien.
Mitwirkung an wichtigen Berliner Bauten: 1925 Schuhfabrik Leiser in der Großen Frankfurter Straße; 1927 Erweiterungsbau „Seiden-Leiser" in der Tauentzienstraße; 1927–29 Umbau Hotel Eden; 1927–30 Woga-Komplex am Lehniner Platz; 1928/29 Verwaltungsbau Loeser & Wolff GmbH in der Potsdamer Straße; 1929/30 Autohotel in der Saldernstraße; 1929–32 Berolina- und [80] **Alexanderhaus** am Alexanderplatz; 1930/31 Zentrale der Margarine Union am Hohenzollerndamm; 1931/32 Columbushaus am Potsdamer Platz; 1931/32 Zentrale der Allgemeinen Ortskrankenkasse in der Rungestraße.

Finsterwalder, Ulrich

geb. 25.12.1897 in München,
gest. 5.12.1988 in München

Studium des Bauingenieurwesens an der TH München, 1916–18 Kriegsdienst; 1918–20 franz. Kriegsgefangenschaft; 1920–23 Abschluss Studium an der TH München; 1923–41 Ingenieur bei der Firma Dyckerhoff & Widmann, zuletzt als Direktor; 1930 Promotion zum Dr.-Ing. an der TH München; 1941–45 stellv. Mitglied der Geschäftsleitung der Dyckerhoff & Widmann KG; 1945/46 wohnhaft in Going (Österreich); 1948–70 persönlich haftender Gesellschafter der Dywidag KG; 1950 Ehrendoktor der TH Darmstadt; 1963 Großes Bundesverdienstkreuz; 1968 Ehrendoktor der TU München; 1968 außerordentliches Mitglied der Akademie der Künste; 1970–73 Mitglied der Geschäftsleitung der Dyckerhoff & Widmann AG.

Mitwirkung an wichtigen Berliner Bauten: 1926 Zeiss-Planetarium am Zoo; 1930/31 Schalendächer der „Zeppelinhäuser" in Pankow; 1931/32 Kleiner Windkanal in Adlershof; 1932–34 Großer Windkanal in Adlershof; 1934–36 [95] **Trudelwindkanal** in Adlershof; 1935/36 [56] **Kuppelsaal im Haus des Deutschen Sports**; 1936–43 [6] **Flughafen Tempelhof**; 1957–59 [91] **Faultürme des Klärwerks Ruhleben**.

Gottheiner, Paul

geb. 17.7.1838 in Naumburg bei Kassel,
gest. 19.6.1919 in Berlin-Schöneberg

1857 Abitur am Kgl. Friedrich-Wilhelms-Gymnasium in Berlin; Militärdienst; Studium; 1870 Baumeister-Examen; 1871 Tätigkeit als Vertreter eines Stadtbauinspektors der Stadt Berlin; Prokurist der Baugesellschaft für Eisenbahnunternehmungen F. Pleßner & Comp.; 1875–1910 Vorstand des Technischen Büros des Stadtbaurats von Berlin; 1882 Vorstandsmitglied Architekten-Verein zu Berlin; 1894 Roter-Adler-Orden IV. Klasse; 1896 Verleihung des Titels eines Kgl. Baurats; 1905 Ernennung zum Magistratsbaurat; 1911 Pensionierung unter Verleihung des Charakters eines Geh. Baurats.

Mitwirkung an wichtigen Berliner Bauten: Als Vorstand des Technischen Büros der Berliner Tiefbauverwaltung verantwortete Gottheiner zwischen 1875 und 1910 den größten Teil der Entwurfsarbeiten für städtische Maßnahmen im Straßen-, Brücken- und Hafenbau, darunter: 1880–82 [14] **Admiralbrücke**; 1881/82 [25] **Marschallbrücke**; 1894–98 [15] **Oberbaumbrücke**.

Haber-Schaim, Iţic

Namensvarianten: Isaac Haber-Schaim,
Yitzhak Haber-Schaim, יצחק הבר-שיים)
geb. 29.10.1882 in Valea Arinilor (Rumänien),
gest. 1976 in Rehovot (Israel)

1902–07 Studium des Bauingenieurwesens an der TH München; ab 1907 Tätigkeit als Ingenieur in Berlin; 1919–33 Büropartnerschaft mit Viktor Kuhn; um 1920/22 Vorsitzender des Verbandes Jüdischer Ingenieure; um 1926 Berat. Ing. des Zollbau-Syndikats; 1929 Mitglied des Unterausschusses für Tragfähigkeit des Baugrundes des Ausschusses für Baugrundforschung bei der Deutschen Gesellschaft für Bauingenieurwesen; 1929 und 1932 Reisen nach Palästina; 1931 Ernennung zum Prüfingenieur; 1933 Auswanderung nach Palästina; 1934–55 Prof. für Konstruktiven Ingenieurbau und Leiter des Labors für Bodenmechanik am Technicum (später Technion) Haifa.

Mitwirkung an wichtigen Berliner Bauten: 1918/19 Umbau Zirkus Renz zum Großen Schauspielhaus; 1921–23 Umbau Mossehaus; 1925 Geschäftshaus und Lichtspieltheater Capitol; 1925–27 [89] **Kraftwerk Klingenberg**; 1925/26 [90] **Abspannwerk Wilhelmsruh**; 1925–1927 Erweiterung Kaufhaus Wertheim; 1926–28 [76] **Schaltwerk-Hochhaus** der Siemens-Schuckert-Werke; 1927/28 Umbau und Erweiterung „Haus Vaterland"; 1928/29 Stadtbad Mitte; 1928/29 Umspannwerk Scharnhorst; 1929/30 Umbau und Aufstockung Kaufhaus des Westens; 1931–33 [94] **Gustav-Adolf-Kirche** in Charlottenburg.

Hedde, Fritz

geb. 3.10.1857 in (Bad) Segeberg, gest. 19.7.1929 in Berlin

1884 Ernennung zum Regierungsbauführer; Zweite Staatsprüfung zum Regierungsbaumeister; 1898–1906 Tätigkeit im technischen Büro des Stadtbaurats Friedrich Krause; 1900 Reise zur Weltausstellung nach Paris; 1904 Reise zur Weltausstellung nach St. Louis; 1907–23 Leiter der Brückenbau-Abteilung der Städt. Tiefbaudeputation; 1910 Roter Adler Orden IV. Klasse.

Mitwirkung an wichtigen Berliner Bauten: Zwischen 1898 und 1923 Verantwortung der Planung sämtlicher städtischen Brücken in Stahl sowie (ab 1907) in anderen Baustoffen, darunter: 1902–05 Swinemünder Brücke; 1909–12 Putlitzbrücke; 1912–16 Hindenburgbrücke (heute [20] **Bösebrücke**.

Hertwig, August

geb. 2.3.1872 in Mühlhausen (Thüringen), gest. 14.4.1955 in Berlin

1890–94 Beginn eines Architekturstudiums an der TH Berlin, baldiger Wechsel zum Bauingenieurwesen; 1894–98 Tätigkeit im technischen Büro der Berliner Tiefbaudeputation und als Regierungsbauführer bei der Eisenbahndirektion Oldenburg; 1898 zweite Staatsprüfung zum Regierungsbaumeister; 1898–1902 Tätigkeit im Neubauamt für den Botanischen Garten, Assistent von Heinrich Müller-Breslau an der TH Berlin; 1902–24 Prof. für Baustatik (ab 1905 auch Eisenbau) an der TH Aachen; 1909–1911 und 1915–17 Rektor der TH Aachen; 1924–37 Prof. für Statik der Baukonstruktionen und Eiserne Brücken an der TH Berlin; 1925 Ehrendoktor der TH Darmstadt; 1926 Mitglied der Akademie des Bauwesens; 1928–38 Herausgeber der Zeitschrift *Der Stahlbau*; 1938 Ehrensenator der TH Berlin; 1946–50 Prof. für Stahlbau an der TU Berlin; 1950 Ehrensenator der TU Berlin.

Mitwirkung an wichtigen Berliner Bauten: ab 1898 Entwicklung der Tragwerke der Gewächshäuser des Botanischen Gartens, darunter das [30] **Große Tropenhaus**.

Janisch, Karl

geb. 6.11.1870 in Berlin, gest. 29.5.1946 in Schwegermoor bei Damme

Besuch des Königstädtischen Gymnasiums in Berlin; 1888–94 Studium des Maschinenbaus und der Elektrotechnik an der TH Berlin; Regierungsbauführer; 1896 Übernahme in den preuß. Staatsdienst, Tätigkeit für die Eisenbahndirektion Berlin; Ende 1896 Wechsel zur Abteilung für Hoch- und Untergrundbahnen von Siemens & Halske; 1897 zweite Staatsprüfung zum Regierungsbaumeister; 1898 Festanstellung bei Siemens & Halske, stellv. Werksleiter des Charlottenburger Werks; 1899 Ernennung zum Bauleiter aller Neubauvorhaben von Siemens & Halske; 1901 achtmonatige Studienreise durch die USA; 1902–17 Leiter des Dezernats für sämtliche bau- und betriebstechnischen Fragen des gesamten Siemens-Konzerns; 1913 Ernennung zum Baurat; 1915–ca. 40 Vorstandsmitglied der Bayerische Stickstoffwerke AG; zuletzt Vorstand der Hannoverschen Kolonisations- und Moorverwertungs AG.

Mitwirkung an wichtigen Berliner Bauten: Zwischen 1902 und 1917 Verantwortung der Baumaßnahmen des Siemens-Konzerns, darunter: 1903–05, 1907/08 und 1912 Wernerwerk I; 1906/07, 1909/10 und 1911/12 Siemens Dynamowerk; 1908/09 drehbare Luftschiffhalle der Siemens-Schuckert-Werke in Biesdorf; 1910/11 und 1913 [47] **Siemens-Kabelwerk**; 1914 Wernerwerk II.

Leitholf, Otto

geb. 19.9.1860 in Kühnhausen bei Erfurt, gest. 23.11.1939 in Berlin

1877–81 Studium des Maschinen- und Bauingenieurwesens an der Gewerbeakademie, bzw. ab 1879 an der Nachfolgeinstitution TH Berlin; 1881/82 Einjährig-Freiwilliger; 1882–84 Dozent für Statik und Maschinenlehre am Technikum Buxtehude; 1884 Hilfsingenieur bei Wilhelm von Kankelwitz in Stuttgart, anschließend Tätigkeit im Ingenieurbüro von Richard Cramer in Berlin; ab 1890 selbständiger Zivilingenieur in Berlin; 1894 Reise zur Weltausstellung nach Chicago im Auftrag des Berliner Magistrats; 1911 Roter-Adler-Orden IV. Klasse; 1924 Ehrendoktor der TH Berlin.

Mitwirkung an wichtigen Berliner Bauten: 1895/96 Hauptgebäude der Gewerbeausstellung in Treptow; 1899–1901 Hochbahnhof Schlesisches Tor; 1904 Dachtragwerk der Haupthalle I im Land- und Amtsgericht I in Mitte; 1908/09 drehbare Luftschiffhalle der Siemens-Schuckert-Werke in Biesdorf; 1911/12 Deutsches Opernhaus in Charlottenburg; 1911–30 Pergamonmuseum; 1911/1912 Haus Vaterland am Potsdamer Platz; 1912–14 Nordsternhaus in Schöneberg; 1914 Anbau A der [31] **AEG-Turbinenhalle**; 1915 Hammerschmiede der Dt. Waffen- und Munitionsfabriken in Wittenau; 1918/19 Umbau Zirkus Renz zum Großen Schauspielhaus.

Mensch, Gerhard

geb. 1.9.1880 in Schötmar bei (Bad) Salzuflen, gest. 3.8.1940 in Berlin

Realschule in Salzuflen; Studium am Technikum Ilmenau; Tätigkeit in der Gutehoffnungshütte in Sterkrade; 1903 Übersiedlung nach Berlin, Gasthörer an der TH Berlin; Tätigkeit im Ingenieurbüro von Karl Bernhard, unterbrochen durch Kriegsdienst im Ersten Weltkrieg; 1921 Gründung eines eigenen Ingenieurbüros in Berlin, später zeitweise assoziiert mit Georg Padler; nebenberuflicher Assistent bei Heinrich Müller-Breslau und Siegmund Müller an der TH Berlin.

Mitwirkung an wichtigen Berliner Bauten: 1924 Umbau [46] **Straßenbahn-Betriebshof Wiebestraße**; 1925–27 Straßenbahn-Betriebshof Müllerstraße; 1928/29 AEG-Hydra-Werk in der Drontheimer Straße; 1928–30 Hochbau des Siemens-Wernerwerks; 1928/29 [34] **Großtransformatorenhalle der AEG**; 1929/30 **[50] Halle des Straßenbahn-Betriebshofs Charlottenburg**; 1930–32 [79] **Shell-Haus**; 1931 Postneubau in Wilmersdorf; 1934–40 Reichsbank-Erweiterung; 1934/35 Haus Friedrichstadt; 1938/39 Neubau der Reichskanzlei.

Müller-Breslau, Heinrich

geb. 13.5.1851 in Breslau,
gest. 24.4.1925 in Berlin

Realgymnasium in Breslau; 1870/71 Kriegsdienst; 1871 Beginn eines Studiums an der Gewerbeakademie, parallel Gasthörer in Mathematik an der Berliner Universität; 1875 Niederlassung als freier Ingenieur in Berlin; 1883–85 Assistent und Dozent an der TH Hannover; 1885–88 Prof. für Bauingenieurwesen an der TH Hannover; 1888–1921 Prof. für Statik der Baukonstruktionen und Brückenbau an der TH Berlin; 1889 Mitglied der Akademie des Bauwesens; 1895/96 und 1910/11 Rektor der TH Berlin; 1901 Mitglied der Akademie der Wissenschaften; 1902 Ehrendoktor der TH Darmstadt; 1921 Ehrendoktor der TH Berlin. Die Müller-Breslau-Straße trägt seit 1967 seinen Namen.

Mitwirkung an wichtigen Berliner Bauten: 1889–1894 St. Pius-Kirche in Friedrichshain; 1892–94 Kurfürstendammbrücke (Halenseebrücke); 1894–98 Berliner Dom; 1897/98 Kaisersteg in Oberschöneweide; 1903/04 [54] **Hauptkuppel des Kaiser-Friedrich-Museums**; 1904–07 [30] **Großes Tropenhaus** (?).

Pichler, Gerhard

geb. 29.5.1939 in Villach (Österreich),
gest. 1.4.2004 auf dem Umbalkees-Gletscher (Österreich)

1945–53 Grundschule und Gymnasium in Villach; 1953–58 Bundesgewerbeschule in Villach; 1958–64 Studium des Bauingenieurwesens an der TH Graz; 1965–71 Tätigkeit in den Ingenieurbüros von Albert Kaiser und Walther Pieckert in Stuttgart sowie Manfred F. Manleitner in Berlin; 1971 Gründung ingenieurgruppe berlin (igb), gemeinsam mit Bernd Albrecht, Helmut Gräf, Peter Just und Helmut Stäbler; ab 1979 Lehrbeauftragter an der TU Berlin; 1989–95 IP Ingenieurgesellschaft Pichler mbH, Berlin; 1990–95 Prof. für Tragwerkslehre an der Hochschule für bildende Künste Hamburg; 1995–2003 Partner im Büro Pichler Ingenieure GmbH; 1995–2004 Prof. für Tragwerkslehre an der Universität der Künste Berlin.

Mitwirkung an wichtigen Berliner Bauten: 1982–85 Phosphateliminationsanlage in Tegel; 1987/88 Carl-Schuhmann-Hallen in Charlottenburg; 1991–94 Ertüchtigung [104] **Dachwerk der St.-Nikolai-Kirche Spandau**; 1992–2000 Lilli-Henoch-Sporthalle der Spreewald-Grundschule in Schöneberg; 1998 Haus der Studenten der FU Berlin; 1998/99 Umbau [25] **Marschallbrücke**; 2000–02 Energie-Forum Berlin; 2001–03 Kopfbau Deutsches Technikmuseum; 2001–05 Philologische Bibliothek der FU Berlin.

Polónyi, Stefan

in Ungarn zumeist István Polónyi
geb. 6.7.1930 in Gyula (Ungarn)

1948–52 Studium des Bauingenieurwesens an der TH Budapest; 1952–56 Assistent an der TH Budapest; 1957–63 Beratender Ingenieur in Köln; 1963–81 gemeinsames Ingenieurbüro in Köln und (ab 1966) in Berlin mit Richard von Kalmar (1963–75), Peter Koch (1972–81) und Herbert Fink (1972–91); 1965–72 Prof. für Tragwerkslehre an der TU Berlin; 1973–95 Prof. für Tragkonstruktion an der Universität Dortmund; 1985 Ehrendoktor der Gesamthochschule/Universität Kassel; 1990 Ehrendoktor der TU Budapest; ab 1991 eigenes Ingenieurbüro in Köln, 1999 Ehrendoktor der TU Berlin.

Mitwirkung an wichtigen Berliner Bauten: 1968/69 Forum Steglitz; 1969–72 Ku'damm Eck; 1969–74 **[8] Flughafen Tegel**; 1970–78 Hauptwerkstatt der Berliner Stadtreinigung BSR; 1971/72 Teilüberdachung Olympia-Stadion; 1974–79 **[98] EGKS-Versuchswohnhaus**; 1982/83 Energiesparhäuser am Lützowufer; 1982–86 Institut für Werkzeugmaschinen und Fertigungstechnik der TU Berlin; 1984–86 [84] **Wohnregal**; 1987–91 Rekonstruktion Turmspitze St.-Nikolai-Kirche Spandau; 1991–95 Friedrichstadt-Passagen und Galeries Lafayette; 1992–94 Hochhaus Kant-Dreieck; 1993/94 Tribüne Stadion im Volkspark Mariendorf; 1994–99 Umbau der ehemaligen **[45] Borsighallen**; 1997–2001 Bundeskanzleramt.

Scharowsky, Carl

geb. 6.11.1846 in Braunsberg (Ostpreußen),
gest. 18.4.1905 in Berlin

Nach der Schulzeit drei Jahre praktische Tätigkeit in Maschinenfabriken; 1865/66 Kgl. Gewerbeschule in Königsberg; 1866–69 Studium an der Kgl. Gewerbe-Akademie in Berlin; 1869 Tätigkeit als Feldmesser; 1870/71 Kriegsdienst; 1871–76 Tätigkeit in der Fabrik für Brückenbau von Johann Caspar Harkort in Haspe, zuletzt als Chefingenieur des Montagewesens; 1876–87 Ingenieurbüro Dr. Proell &

Scharowsky in Dresden, ab 1882 Zweigstelle in Berlin; ab 1887 eigenes Ingenieurbüro in Berlin (nach Scharowskys Tod von Fritz Redlich und Ernst Krämer unter dem Namen Scharowsky & Co. noch bis 1924 weitergeführt).

Mitwirkung an wichtigen Berliner Bauten: 1882/83 Glaspalast am Lehrter Bahnhof (Hauptgebäude der Hygieneausstellung); 1888/89 Umbau Zirkus Renz am Schiffbauerdamm; 1889 Maschinenhalle der Deutschen Allgemeinen Ausstellung für Unfallverhütung; 1890 Erweiterungsbau Berliner Elektrowerke in der Spandauer Straße; 1891–96 Bauten der Berliner Maschinenbau AG vormals L. Schwartzkopff in der Chausseestraße; 1891/92 Montagehalle der Berliner Maschinenbau AG in der Ackerstraße; 1892/93 Fabrikanlage Mix & Genest in der Bülowstraße; lediglich auf Basis stilistischer Kriterien wird ihm verschiedentlich die [29] **Halle der ständigen Ausstellung für Arbeiterwohlfahrt** (1903) zugeschrieben.

Schleusner, Arno

geb. 11.6.1882 in Karlsruhe,
gest. 4.7.1951 in Frankfurt am Main

Gymnasien in Karlsruhe, Erfurt, Berlin und Posen; Studium des Bauingenieurwesens an der TH Berlin; um 1908 ergänzende Studien in Mathematik und theoretischer Physik an den Universitäten Berlin, Rostock und Jena; um 1913 Assistent von Hans Reissner an der TH Berlin; 1914–16 Kriegsdienst; 1916–19 Leiter des statischen Büros und der Versuchsabteilung der Luft-Verkehrs-Gesellschaft, Berlin-Johannisthal; 1920–30 Tätigkeit bei den Firmen Carl Brandt in Düsseldorf und Alb. Höller & Cie. in Köln, anschl. Beratender Ingenieur und Prüfingenieur in Recklinghausen und Dortmund; ab 1930 Ingenieurbüro in Berlin; nach 1945 Übersiedlung nach Frankfurt am Main; 1950 Lehrbeauftragter an der TH Darmstadt.

Mitwirkung an wichtigen Berliner Bauten: 1935/36 [81] **Reichsluftfahrtministerium**; 1936–43 [6] **Flughafen Tempelhof**.

Schwedler, Johann Wilhelm

geb. 28.6.1823 in Berlin,
gest. 9.6.1894 in Berlin

1837–42 Besuch der Friedrich-Werderschen Gewerbeschule in Berlin; Baueleve, einjähriges Studium an der Bauakademie; 1852 Nachprüfung zum Bauinspektor, anschl. Festanstellung in der preußischen Bauverwaltung, zuletzt als Geheimer Oberbaurat; Erfindung oder Weiterentwicklung zahlreicher baustatischer Berechnungsmethoden und innovativer Tragwerkssysteme wie Schwedlerkuppel, Dreigelenksystem oder Schwedlerträger; 1859–73 Dozent an der Bauakademie; 1867 Goldmedaille der Pariser Weltausstellung; 1878 Reise zur Weltausstellung nach Philadelphia; 1883 Goldmedaille für Verdienste um das Bauwesen, 1891 Pensionierung.
Seit 1898 trägt die Schwedlerstraße in Grunewald seinen Namen.

Mitwirkung an wichtigen Berliner Bauten: 1861–69 Dach- und Deckenkonstruktion des Sitzungssaals im Roten Rathaus; 1863 Dachkonstruktionen der Neuen Synagoge in der Oranienburger Straße; 1863 Gasbehälter in der Holzmarktstraße; 1864/65 Unterspreebrücke; 1866/67 Halle des (ehem.) Ostbahnhofs; 1868 Retortenhaus der Imperial Continental Gas Association am Hellweg; 1874–76 [86] **Gasbehälter in der Fichtestraße**; 1875–79 Hebung des [109] **Kreuzbergdenkmals**.

Zucker, Otto

in der Tschechoslowakei zumeist Ota Zucker
geb. 3.10.1892 in Prag,
ermordet 29. oder 30.9.1944 in Auschwitz

1914–18 Kriegsdienst in der österreichisch-ungarischen Gemeinsamen Armee; ab 1922 Ingenieurtätigkeit in Berlin; Tätigkeit im Ingenieurbüro von Heinrich Becher, 1926 Übernahme des Büros nach dessen Tod; 1933 Rückkehr nach Prag, Tätigkeit als Ingenieur und Architekt; Vorsteher der Wirtschaftsabteilung beim Palästinaamt in Prag; 1940/41 Leiter der Jüdischen Kultusgemeinde Brünn; 1941 Abteilungsleiter der Jüdischen Kultusgemeinde Prag; Dezember 1941 Deportation ins Ghetto Theresienstadt, dort Mitglied der „Selbstverwaltung"; 28.9.1944 Transport zum KZ Auschwitz.

Mitwirkung an wichtigen Berliner Bauten: 1922/23 Wiederaufbau Sarotti-Fabrik in Tempelhof; 1923/24 Villa Dr. Sternefeld an der Heerstraße; 1925 Druckereigebäude August Scherl in der Kochstraße; 1925–27 [66] **Ullsteinhaus**; 1927/28 Bürotrakt Verlagshaus August Scherl; 1927/28 Oberlyzeum Westend; 1928/29 EPA-Warenhaus in Weißensee; 1928/29 Dorotheenschule in Köpenick; 1929–32 Haus des Deutschen Verkehrsbunds.

Register

PERSONEN

Die Zahlen von Seiten mit Abbildungen der genannten Personen sind *kursiv*, solche mit Kurzbiografien **fett** geschrieben.

PLANUNGSBÜROS

Bildnachweis

© 44penguins (Angela M. Arnold) – 151 u | AEG (Hg.): Elektrischer Einzelantrieb in den Maschinenbauwerkstätten. Berlin 1899 – 149 o | Dieter Alfer, Berlin – 230 | Andre_de – 87 u (CC BY-SA 4.0) | Verlag Andres + Co – 227 o (hist. Ansichtskarte, Nr. B 1/8180) | The Arup Journal 35 (2000) – 238 ul | Claas Augner – 218 ur (CC BY-SA 3.0) | Avda/avda-foto.de – 214 (CC BY-SA 3.0) | Badische Landesbibliothek, Karlsruhe – 338 l | Georg Bartels – 23 u | Bauausführungen des Preußischen Staats, Atlas, Lfg. 3, Bd. 1. Berlin 1842 – 2 (bearb.) | Bauen + Wohnen 30 (1976) – 324 o | Der Bauingenieur 9 (1928): 63 o, 296 o | Der Bauingenieur 10 (1929): 124, 125 ul, 186 ul | Der Bauingenieur 19 (1938): 43 ul, 43 ur | Baukammer Berlin (2010) – 350 o | Baukunst und Werkform 13 (1960) – 226 l, 226 r | Bauphysik (35) 2013 – 332 u | Bauplanung und Bautechnik 8 (1954) – 193 ol, 193 or | Bauplanung-Bautechnik 15 (1961) – 180 o | Bauplanung-Bautechnik 16 (1962) – 168f. | Bauplanung-Bautechnik 19 (1965) – 128 m, 133 o | Die Bautechnik 5 (1927) – 222 u | Die Bautechnik 6 (1928) – 122 o | Die Bautechnik 10 (1932) – 164 o, 164 u, 165 o | Die Bautechnik 31 (1954) – 87 m, 87 o (bearb.) | Bautechnik 76 (1999) – 202 o | Bautechnik 90 (2013) – 292 ul | Bautechnik 95 (2018) – 76 | Bauwelt 7 (1916) – 84 o (bearb.) | Bauwelt 44 (1953) – 316 o | Bauwelt 48 (1957) – 126 u | Bauwelt 59 (1968) – 130 m, 135 o | Bauwelt 72 (1981) – 326 u | Die Bauwerke und Kunstdenkmäler von Berlin. Stadt und Bezirk Spandau. Berlin 1971 – 348 o | Bayerische Staatsbibliothek, München – 338 r | © Christoph und Sylvia Becker, Berlin – 219 o | Belter & Schneevogl, Firmenbroschüre 1914 – 114 | Gerd Bembnista – 183 ol | Berlin und seine Bauten, Tl. 2. Berlin 1877 – 147 u, 150 u, 356 o | Berlin und seine Bauten, Bd. 1. Berlin 1896 – 22 o, 34 m, 34 u, 74 o (bearb.), 290 o | Berlin und seine Bauten, Kartenbeilage. Berlin 1896 – 26 | Berlin und seine Bauten, Teil VIII, Bd. A. Berlin u.a. 1978 – 170 u | Berlin-Brandenburgisches Wirtschaftsarchiv, Bildarchiv der Philipp Holzmann AG.: – 41 ol | Berliner Unterwelten e.V. / Holger Happel – 289 u | VEB Berliner Werkzeugmaschinenfabrik. Berlin [1988] – 168 o | Beton- und Stahlbetonbau 52 (1957) – 88 o, 88 u, 126 or | Beton- und Stahlbetonbau 95 (2000) – 238 o, 238 ur | Biblioteka Cyfrowa Uniwersytetu Wrocławskiego – 58 | T. Biller: Lynarplan, 1981 – 350 u | H. Blankenstein, A. Lindemann: Der Zentral-Vieh- und Schlachthof zu Berlin. Berlin 1885 – 152 u | P. Boerner: Bericht über die allgemeine deutsche Ausstellung auf dem Gebiet der Hygiene [...]. Breslau 1885 – 147 o | Brandenburgisches Landesamt für Denkmalpflege und Archäologisches Landesmuseum, Messbildarchiv – 100, 207 o | J. Brandi u. a.: Ein Haus für Europa. Brüssel 1976 – 325 o | Brücke-Osteuropa (Wikimedia Commons) – 312 | BTU Cottbus-Senftenberg/Mark Gielen – 36, 53 o, 90 o, 90 u, 91, 93 o, 95 mr, 130 u, 137 o, 183 u, 184, 189 u, 250 u, 257 u, 264 u, 269 u, 270 o, 272f., 300, 328 u | BTU Cottbus-Senftenberg/Maria Thiel (Kartengrundlage: Geoportal Berlin) – Umschlag (innen), 371, 375, 396f., 398f. | Bundesarchiv – 204 o (Bild 183-R82532), 233 o (Bild 183-E0321-0012-001), 233 u (Bild 183-F0818-0022-001), 234 o (Bild 183-G0829-0013-001), 234 u (Bild 183-H1105-0029-001), 235 o (Bild 183-G0521-0001-001), 268 u (Bild 183-2006-1010-506) | Bundesingenieurkammer (Hg.): Ingenieurbau in Deutschland 2018. Berlin 2018 – 334 o | BVG, Planarchiv – 368f. | BVG Projekt GmbH/Jörg Seegers – 55 o | BVG Projekt GmbH/Schüßler Plan – 55 u | Capital Catering GmbH, Berlin – 208f. | Jens Casper, Berlin – 270 u, 271 u | K. Dahm-Zeppenfeld: Feuerarbeit. Bilder aus der Dortmunder Hüttenindustrie 1859–1950. Essen 1998 – 157 l, 157 r | David Chipperfield Architects – 250 o | David Chipperfield Architects, Foto: Jörg von Bruchhausen – 251 m | DBZ Deutsche BauZeitschrift Onlineausgabe (2012) – 333 o | Deutsche Architektur 5 (1956) – 322 o, 322 u | Deutsche Architektur 9 (1960) – 132 o | Deutsche Architektur 15 (1966) – 128 o (bearb.), 128 u, 132 u | Deutsche Architektur 19 (1970) – 232 | Deutsche Architektur 20 (1971) – 236 o (bearb.), 237 l | Deutsche Architektur 22 (1973) – 199 m | Deutsche Bauhütte 30 (1926) – 255 u (bearb.) | Deutsche Bauzeitung 7 (1873) – 105 | Deutsche Bauzeitung 46 (1912) – 246 u | Deutsche Bauzeitung 49 (1915) – 83 u | Deutsche Bauzeitung 58 (1924), Beilage Konstruktion und Bauausführung – 262 o | Deutsche Bauzeitung 59 (1925), Beilage Konstruktion und Bauausführung – 262 u | Deutsche Bauzeitung 60 (1926) – 254 o | Deutsche Bauzeitung 60 (1926), Beilage Konstruktion und Ausführung – 254 u | Deutsche Bauzeitung 65 (1931) – 122 u, 260 u, 261 u | Deutsche Bauzeitung 65 (1931), Beilage Konstruktion und Ausführung – 63 u | Deutsche Bauzeitung 66 (1932) – 19 u, 267 o | Deutsche Bauzeitung 67 (1933) – 266 o, 266 u | Deutscher Stahlbau-Verband (Hg.): Neuzeitliche Stahlhallenbauten. Berlin 1938 – 107 m | Deutscher Stahlbau-Verband (Hg.): Vom Werdegang der Stahlbauwerke. Berlin 1939 – 43 o, 107 o | Deutsches Bauwesen 6 (1930) – 258 o, 258 u, 259 ol | Deutsches Technikmuseum, Borsig-Archiv – 221 ml, 221 ol, 347 o | Die Große Berliner Straßenbahn. Berlin 1911 – 158 o | R. Dührkoop: Die Königlich Technische Hochschule zu Berlin. Berlin 1907 – 186 uml | Dywidag-Berichte (1964) – 301 ol, 301 or | E2A Architekten, Zürich – 276 o | Elisauer (Wikimedia Commons) – 65 (CC BY-SA 4.0) | Építés-és Közlekedéstudományi Közlemények 2 (1958) – 311 u (bearb.) | Stephan Erfurt, Berlin – 203 u | Erzbischöfliches Ordinariat Berlin – 192 o, 192 u | F. Escher, M. Richter (Hg.): Der Schwerbelastungskörper. Berlin 2005 – 320 | © euroluftbild.de/Robert Grahn – 12f., 21 u, 138 o, 142 o, 144f., 169 u, 189 o, 218 ul | Förderverein Berliner Schloss – 347 u | M. Förster: Die Eisenkonstruktionen der Ingenieur-

Hochbauten. Leipzig 1903 – 159 u | Verlag Joh. Franke – 377 (hist. Postkarte) | FU Berlin, Kunsthistorisches Institut – 148 u | GASAG – 302 o, 302 u | Geoportal Berlin – 161 u (Digitale farbige Orthophotos 2019), 170 u (Digitale farbige Orthophotos 2018) | A. Geyer: Geschichte des Schlosses zu Berlin, Bd. 2. Berlin 1993 – 176 o | D. Gilly, Ueber Erfindung, Construction und Vortheile der Bohlen-Dächer, 1797 – 345 l, 354 o | Ingenieurbau Grassl GmbH – 96f., 97 m, 97 u | Das Groß-Kraftwerk Klingenberg. Berlin 1928 – 296 u | Habitation 29 (1957) – 272 o | Handbuch der Architektur IV, T. 2, Hb. 5, 1923 – 118 o | Archiv Rolf Heider, Berlin – 198 o, 198 u, 199 o, 236 u | Hein, Lehmann & Co.: Aktiengesellschaft [...] Brückenbau- und Eisenconstructionen. Berlin 1903 – 149 m | Bernhard Heres, Berlin – 188 o | A. Hertwig, H. Reissner (Hg.): Festschrift Heinrich Müller-Breslau. Leipzig 1912 – 186 o | Herzogin Anna Amalia Bibliothek, Weimar – 210 u | W. Hildebrandt u. a.: Historische Bauwerke der Berliner Industrie. Berlin 1988 – 103 o, 104 o | Hochtief-Nachrichten 37 (1964) – 170 o | Hochtief-Nachrichten 39 (1966) – 228 l, 228 r (bearb.) | Andreas Artur Hoferick (www.steinrestaurierung-hoferick.com) – 181 | L. Hoffmann: Neubauten der Stadt Berlin, Bd. 10: Neues Stadthaus. Berlin 1911 – 213 or | Roland Horn, Berlin – 200 l, 200 r | Der Industriebau 1 (1910) – 117 u | Der Industriebau 16 (1925) – 220, 221 u | Ein Industriebau. Berlin 1927 – 224 o, 224 m, 224 u (bearb.), 225 o | Interbau Berlin 1957. Amtlicher Katalog. Berlin 1957 – 307 | Jahrbuch der deutschen Luftfahrtforschung (1942), Bd. I – 318, 319 ul | J. Jänike, W. Genser: Die Vergangenheit der Zukunft. Düsseldorf 1995 – 187 r | H. Jordan, E. Michel: Die künstlerische Gestaltung von Eisenkonstruktionen, Bd. 2. Berlin 1913 – 62 o | Archiv Andreas Kahlow – 358 o, 358 u | G. Klawitter: 100 Jahre Funktechnik in Deutschland. Berlin 1997 – 229 l | Ulrike Kohl, Berlin – 317 u | J. W. Korte (Hg.): Korte, Stadtverkehr - gestern, heute und morgen. Berlin u.a. 1959 – 45 o | Dieter Kramer, Berlin – 17 | M. Krause: A. Borsig Berlin. Berlin 1902 – 155 o | Unternehmensgruppe Krebs GmbH & Co. KG – 326 o | C. Krohn (Hg.): Das ungebaute Berlin. Berlin 2010 – 216 o | Sabine Kuban, Esslingen – 252 u, 253 u | S. Kuban: Fruhe Eisenbetonkonstruktionen in Berlin, 1880–1918. Diss. BTU Cottbus-Senftenberg 2020 – 252 o | M. Kühn: Die Bauwerke und Kunstdenkmäler von Berlin. Schloss Charlottenburg. Berlin 1970 – 360 o | Künker, Katalog Auktion 324, 27. Juni 2019 in Osnabrück. Osnabrück 2019 – 59 o | Kunsttexte.de (2002) – 283 | Landesarchiv Baden-Wurttemberg, Foto Willy Pragher – 273 u | Landesarchiv Berlin – 23 o (F Rep. 290, Nr. 0269314), 35 o (F Rep. 290 (02) Nr. 4889), 41 or, 48 (F Rep. 290 Nr. 0195445), 49 o (F Rep. 290 Nr. 0166273), 67 u (F Rep. 290 Nr. 614387), 126 mr (F Rep. 290 Nr. 0052911), 130 o (F Rep. 290 (05), 0114921), 137 mr (F Rep. 290 Nr. 0199296), 148 o (F Rep. 290 Nr. 0123902), 152 o (Not. 09 Kom, Nr. II 12 270), 153 o (F-Rep. 290, Nr. II 12 269), 242 o (Rep. 10-02 Nr. 3461), 303 o (F Rep. 290, Nr. 0153176), 326 m (F Rep. 290, Nr. 0211186), 327 u (F Rep. 290, Nr. 0235173), 344 u (A Pr.Br.Rep. 042 (Karten) – Preußische Bau- und Finanzdirektion, Nr. 1777), 356 m (F Rep. 290, Nr. 0155061), 362 u | Landesdenkmalamt Berlin, Bildarchiv – 14, 15 m, 15 o, 15 u, 16 o, 20 m, 20 u, 21 o, 22 u, 24 o, 24 u, 27 o, 27 u, 28 m, 28 o, 28 u, 116, 120 u, 154 o, 162 o, 162 u, 163 u, 179, 188 u, 265 ur, 281 o, 281 u, 282, 284 u, 286 m, 286 o, 290 u, 291 o, 292 o, 294 u, 295 m, 298 o, 298 u, 299 u, 319 ol, 341, 348 ul, 348 ur, 351 o, 351 u, 352 ul, 352 o, 353 o, 362 o, 364 lo | Landesdenkmalamt Berlin/Wolfgang Bittner – 18, 25 o, 25 u, 29 o, 29 u, 35 u, 39 o, 42, 46 o, 46 ur, 47 o, 49 m, 49 u, 50 o, 51 m, 51 u, 53 u, 56f., 67 o, 69 o, 69 u, 70, 73 u, 75 u, 77 u, 79 o, 79 u, 81 u, 83 o, 85 o, 85 u, 86, 89 o, 89 u, 92, 93 u , 94, 95 ml, 96, 98f., 104 u, 109 u, 111 ur, 111 o, 115 u, 118 ur, 119, 121 u, 123 o, 125 ur, 125 o, 127, 129, 131, 133 u, 134, 136, 137 ur, 139 o, 139 u, 141, 143 u, 150 o, 153 u, 155 u, 158 u, 159 o, 163 o, 165 u, 167 u, 169 o, 170 o, 172f., 183 or, 185 or, 185 u, 191 o, 191 u, 193 u, 197 o, 199 u, 201 o, 205 o, 206 u, 221 or, 223 o, 223 o, 223 u, 223 u, 225 u, 227 u, 229 r, 231 r, 235 u, 239, 249, 251 o, 251 u, 253 o, 255 o, 257 o, 259 or, 259 u, 261 o, 267 u, 269 o, 271 o, 273 o, 275 o, 277, 287, 289 o, 291 u, 293 o, 293 u, 297 o, 297 u, 299 o, 301 u, 303 u, 304f., 310 o, 311 o, 315 o, 315 u, 317 o, 319 r, 321 o, 321 u, 323 o, 323 u, 325 u, 327 o, 331 o, 331 u, 333 u, 334 u, 335 , 336f., 349 o, 349 u, 352 ur, 353 u, 354 ur, 355 o, 355 u, 357, 361 o, 361 u, 363 r, 364 ru, 365, 367 m, 376 ur, 376 ul | Landesdenkmalamt Berlin/Dr.-Ing. Thorsten Faust, KHP – 80 | Landesdenkmalamt Berlin/Andrej Kapor – 354 ul | Landesdenkmalamt Berlin/Wolfgang Reuss – 32 u, 109 o, 123 u, 149 u, 240f. | Landesdenkmalamt Berlin/Franziska Schmidt – 73 or | Max Lautenschläger, Berlin – 51 o | K. J. Lemmer: Alexanderplatz – Ein Ort deutscher Geschichte. Stuttgart, 1980 – 370 | Leonhardt, Andrä & Partner, Berlin – 142 u | Andreas Levers (Wikimedia Commons) – 219 u (CC BY 2.0) | Library of Congress – 202 u (ID ppmsca.00332) | B. Liebold: Der Zement in seiner Verwendung [...]. Halle 1875 – 314 u | A. Lindemann: Die Markthallen Berlins. Berlin 1899 – 151 o | Werner Lorenz, Berlin – 68 u, 101 m, 101 u | Lorenz & Co. Bauingenieure – 39 u, 68 o | W. Lorenz: Konstruktion als Kunstwerk. Berlin 1995 – 372 m | Luftbild Berlin/Oltmann Reuter – 52 r | Axel Mauruszat (Wikimedia Commons) – 64 (CC BY 3.0 DE), 180 u, 373 (CC BY 2.0 DE) | Roland May, Berlin (Kartengrundlage: Geoportal Berlin) – 47 u | Meisenbach, Riffarth & Co. – 306 | M. Merian: Theatrum Europaeum. 1718 – 211 o | HG Merz Architekten – 140 u | Verlag W. Meyerheim – 217 o (hist. Ansichtskarte) | J. Meyer-Kronthaler, K. Kurpjuweit: Berliner U-Bahn. Berlin 2009 – 38 u | Monatshefte für Baukunst 18 (1934), S. 460 – 316 ul | bpk, Jorg F. Muller – 140 m | Neues Bauen in Eisenbeton. Berlin 1938 – 190 m, u | K. Nylund, P. Stürzebecher: Das Wohnregal im Schnittpunkt der Linien. Berlin 1987 – 274 o, 274 u, 275 u | Die Olympischen Spiele 1936 in Berlin und Garmisch-Partenkirchen, Bd. 2. Hamburg 1936 – 190 o | D.E. Ostergard: Along the Royal Road. New York 1993 – 359 o | Dominique Perrault Architecture – 138 u (bearb.) | Dirk Peters, Ketzin – 41 u | Peter Pfankuch (Hg.): Hans Scharoun. Berlin 1974 – 313 | Klaus Pieper, Berlin – 309 o |

Planen und Bauen im neuen Deutschland. Berlin u.a. 1960 – 45 u | Potsdam Museum & Gerhard Hillmer – 77 or (CC BY-NC-SA) | P. M. Potter: Art of Supression. Oakland 2016 – 216 u | Privatbesitz – 364 ro | Ines Prokop, Berlin – 111 ul, 113 u, 115 or | J. Brandi u. a.: Ein Haus für Europa. Brüssel 1976 – 324 u | S. Randa-Campani (Hg.): … einfach würdiger Styl! Vom Reichspostmuseum zum Museum fur Kommunikation. Heidelberg 2000 – 329 u | Antonio Reetz-Graudenz, Berlin – 54, 55 m | Michael Romacker (© Mercedes-Benz Arena) – 143 o | J. Rosenberg: Vue de l'église allemande [...] 1818 – 212 o | Hermann Rückwardt (Wikimedia Commons) – 19 o, 59 u, 62 u, 73 ol, 185 ol, 364 rm | Hochschularchiv der RWTH Aachen – 187 l | Sammlung von Zeichnungen für die Hütte 4 (1857) – 242 u | Sansculotte (Wikimedia Commons) – 52 l (CC BY-SA 2.5) | Wolfgang Schäche, Berlin – 372 o | Schalengewölbe System Zeiss-Dywidag. Wiesbaden, Berlin 1931 – 310 u | Schälerbau Berlin – 140 o | E. Schmidt: Der preußische Eisenkunstguß. Berlin 1981 – 346 | Verlag Schnabel – 84 u (hist. Ansichtskarte) | Schnetzer Puskas International, Basel – 276 ul, 276 ur | H. Schober: Transparente Schalen. Berlin 2015 – 206 o, 207 ul, 207 ur | Senator für Bau- und Wohnungswesen (Hg.): Die Kongreßhalle [Berlin baut; 2]. Berlin 1987 – 194 o, 194 u, 195 o, 195 u, 196 o, 196 u, 197 u | Senatsverwaltung für Stadtentwicklung und Umwelt, Staatsoper Unter den Linden/Information zur Generalsanierung 2016 – 334 m | Senatsverwaltung für Umwelt, Verkehr und Klimaschutz – 211 u | www.senderfotos-bb.de – 231 l | Siemens & Halske: Festschrift 1914. Berlin 1914 – 160 u | Siemens Historical Institute, München – 37 o, 37 ul, 37 ur 106, 160 o, 161 m, 161 o, 243, 245 u, 247 o, 247 u, 256 o, 374, 376 o | Werner Sobek, Stuttgart – 332 o | Staatliche Museen zu Berlin, Kupferstichkabinett – 363 l (Inv.Nr. SM M.XLIV.d 321), 366 o (Inv.Nr. SM 21c.143), 366 u (Inv.Nr. SM M.21), 367 ol (Inv.Nr. SM M.12), 367 or (Inv.Nr. SM M.13) | Staatliche Museen zu Berlin, Nationalgalerie – 135 u | Staatliche Museen zu Berlin, Zentralarchiv – 372 u (Nr. 1.1.6-6224) | Staatsbibliothek Berlin – 342 | Stadtautobahn Berlin, Berlin 1962 – 44, 45 m, 46 ul | Der Stahlbau 1 (1928) – 256 u | Der Stahlbau 4 (1931) – 263, 264 o, 265 ol, 265 or | Der Stahlbau 8 (1935) – 166 o, 166 u, 167 o | Der Stahlbau 28 (1959) – 186 umr | Stahlbau 65 (1996) – 93 m | Stahlbau 66 (1997) – 138 m (bearb.) | Stahlbau 68 (1999) – 201 u, 203 o | Stahlbau 71 (2002) – 50 u, 204 u | Stahlbau 72 (2003) – 205 u | Steffens & Nölle Aktiengesellschaft Berlin Köthener Straße 33. Eisenkonstruktionen. [Berlin, 1910] – 103 u, 154 u, 244 u, 284 o | Verlag R. Steinbrück – 77 ol (hist. Ansichtskarte) | Steinbrücken in Deutschland, Bd. 2. Düsseldorf 1999 – 364 lu | Stiftung Preußische Schlösser und Gärten Berlin-Brandenburg, Plankammer – 360 u (Inv. Nr. 1681/1) | Stiftung Preußische Schlösser und Gärten Berlin-Brandenburg, Graphische Sammlung – 367 u | Strassen-Brücken der Stadt Berlin, Bd. 1. Berlin 1902 – 66 o, 66 u, 95 ol | Strassen-Brücken der Stadt Berlin, Bd. 2. Berlin 1902 – 71 o, 72, 95 or | G. Streidt, P. Feierabend (Hg.): Preußen – Kunst und Architektur. Köln 1999 – 212 u | A. Stüler: Das neue Museum in Berlin. Berlin 1862 – 395 | Peter Stürzebecher: Das Berliner Warenhaus. Berlin 1979 – 245 o | Cristina Tartás Ruiz: Prototipos experimentales modernos. UPM, 2015 – 309 ul, 309 ur | Max Taut. Bauten und Pläne. Berlin 1927 – 246 o | TICHELMANN & BARILLAS INGENIEURE, TSB Ingenieurgesellschaft mbH – 330 o, 330 u | Traktorminze (Wikimedia Commons) – 237 r | Architekturmuseum der TU Berlin – 30 ro (Inv. Nr. BZ-F 02,037), 30 rm (Inv. Nr. BZ-F 03,014), 30 ru (Inv. Nr. BZ-F 01,027), 31 (Inv. Nr. F 966), 33 o (Inv. Nr. BZ-F 08,016), 33 u (Inv. Nr. BZ-F 08,019), 71 u (Inv. Nr. F 9437), 75 o (Inv. Nr. BZ-F 19,016), 101 o (Inv. Nr. 5978), 268 o, 344 o (Inv. Nr. 5960), 345 r (Inv. Nr. 7773) | Fachgebiet Entwerfen und Konstruieren – Massivbau, TU Berlin – 107 u, 178 u | Universitätsarchiv der TU Berlin – 186 ur, 187 m | Universitätsbibliothek Würzburg – 340 (Delin.VI ,17) | Vattenfall GmbH, Berlin – 286 u | K. Vetter (Bearb.): Der Berliner Funkturm. Worte und Bilder zum Werden und Wirken. Berlin 1926 – 222 o | G. Wachter (Hg.): Mies van der Rohes Neue Nationalgalerie in Berlin. Berlin 1995 – 135 m | Verlag Ludwig Walter – 174 (hist. Ansichtskarte) | Carl Friedrich Waßmuth, Berlin – 230 r | Wissen und Fortschritt 1 (1927) – 215 | P. Wittig: Architektur der Hoch- und Untergrundbahn in Berlin. Berlin 1922 – 38 ol, 38 or | P. Wittig: Das Verkehrswesen der Stadt Berlin und seine Vorgeschichte. Berlin 1931 – 9 | Zeitschrift des Vereines deutscher Ingenieure 55 (1911) – 117 o | Zeitschrift des Vereines deutscher Ingenieure 57 (1913) – 120 o, 121 o | Zeitschrift des Vereines Deutscher Ingenieure 71 (1927) – 294f. o, 295 u | Zeitschrift für Bauwesen 1 (1851) – 359 u | Zeitschrift für Bauwesen 6 (1957), Atlas – 30 u | Zeitschrift für Bauwesen 16 (1866), Atlas – 60 u, 176 u | Zeitschrift für Bauwesen 19 (1869), Atlas – 285 | Zeitschrift für Bauwesen 22 (1872) – 102 | Zeitschrift für Bauwesen 23 (1873), Atlas – 108 o, 108 u | Zeitschrift für Bauwesen 26 (1876), Atlas – 288 o, 288 u | Zeitschrift für Bauwesen 35 (1885), Atlas – 32 o | Zeitschrift für Bauwesen 41 (1891), Atlas – 110 o, 110 u | Zeitschrift für Bauwesen 49 (1899), Atlas – 308 o (bearb.) | Zeitschrift für Bauwesen 50 (1900), Atlas – 61 | Zeitschrift für Bauwesen 53 (1903) Atlas – 74 u (bearb.), 182 | Zeitschrift für Bauwesen 58 (1908), Atlas – 78 o (bearb.), 78 u | Zeitschrift für Bauwesen 59 (1909) – 178 o | Zeitschrift für Bauwesen 59 (1909), Atlas – 115 ol | Zeitschrift für Bauwesen 61 (1911), Atlas – 81 ol, 81 or | Zeitschrift für Bauwesen 65 (1915), Atlas – 175 o | Zeitschrift für Bauwesen 72 (1922) – 82f., 82o | Zeitschrift für praktische Baukunst 19 (1859) – 146 | Zement 15 (1926) – 308 u | Centralblatt der Bauverwaltung 4 (1884) – 244 o | Zentralblatt der Bauverwaltung 24 (1904) – 112 o, 112 u, 113 o | Zentralblatt der Bauverwaltung 26 (1906) – 177 | Zentralblatt der Bauverwaltung 29 (1909) – 118 ul | Zentralblatt der Bauverwaltung 51 (1931) – 316 ur | Zentralblatt der Bauverwaltung 58 (1938) – 40

Schnitt durch den Nord-Ost-Flügel des Neuen Museums, Friedrich August Stüler, Das neue Museum in Berlin, 1862, Tafel 6 (Ausschnitt)

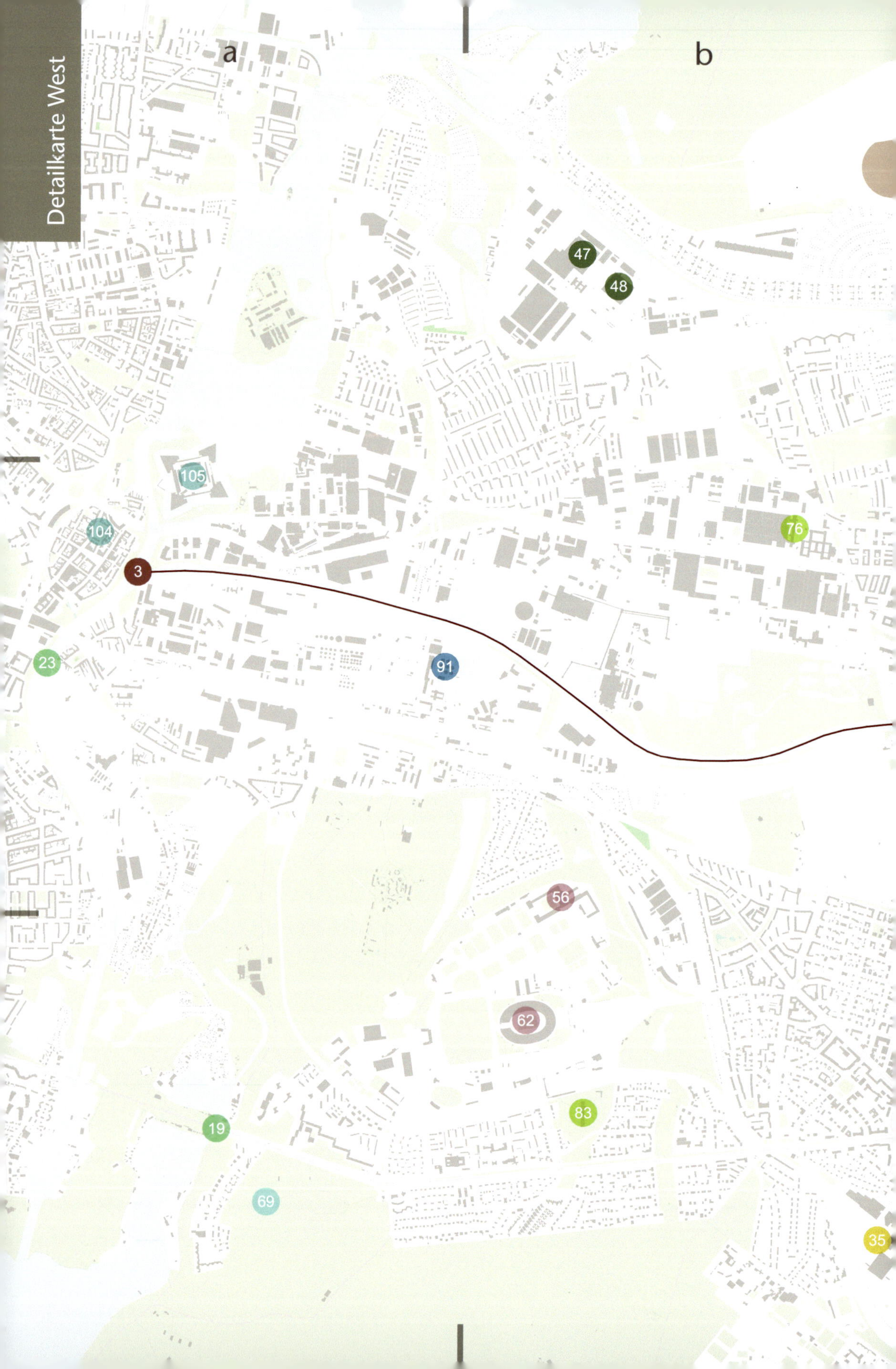
Detailkarte West
a
b
47
48
105
104
3
76
23
91
56
62
83
19
69
35

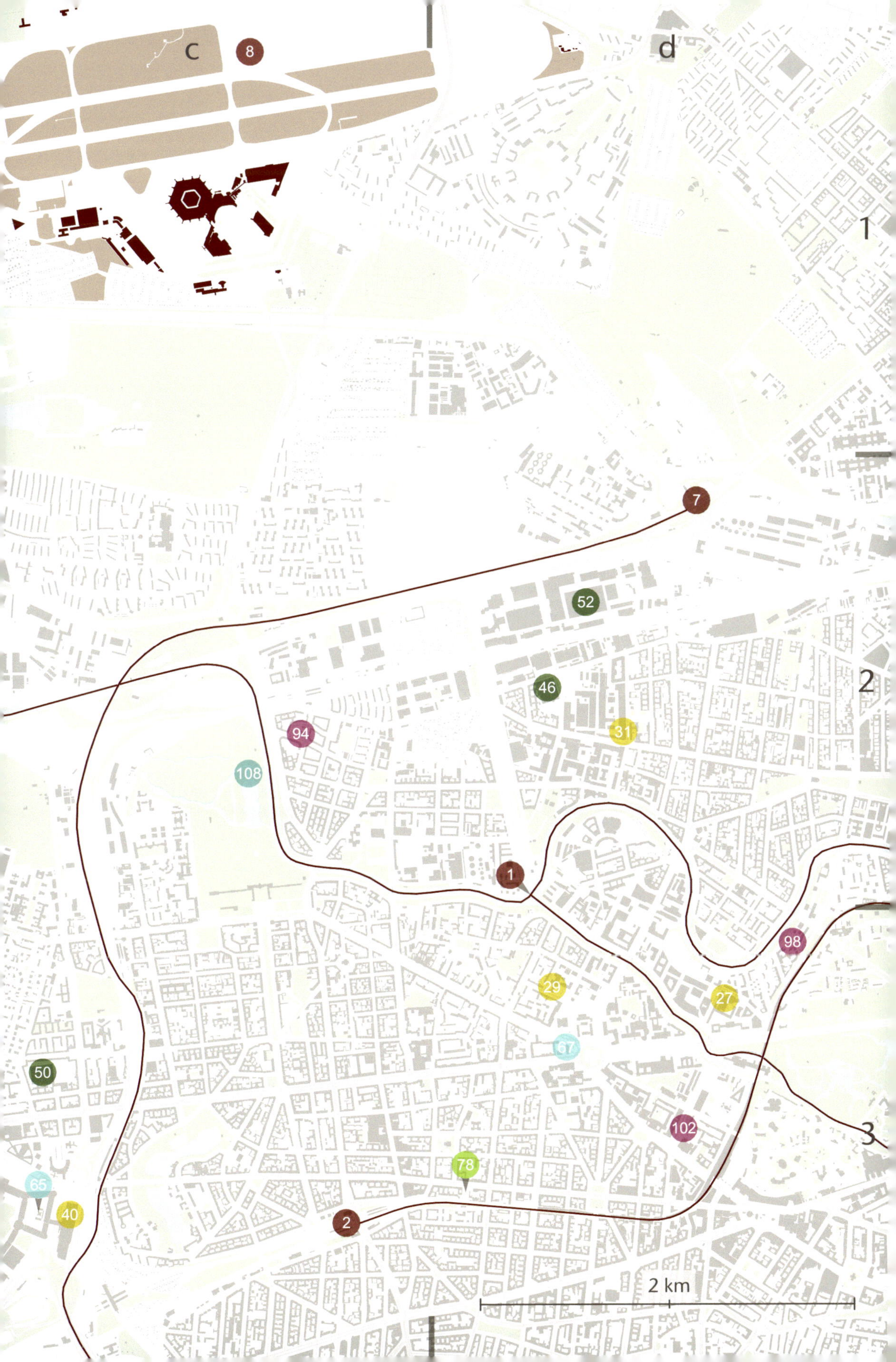

c
8
d
1
7
52
2
46
31
94
108
1
98
29
27
67
50
102
3
78
65
40
2
2 km

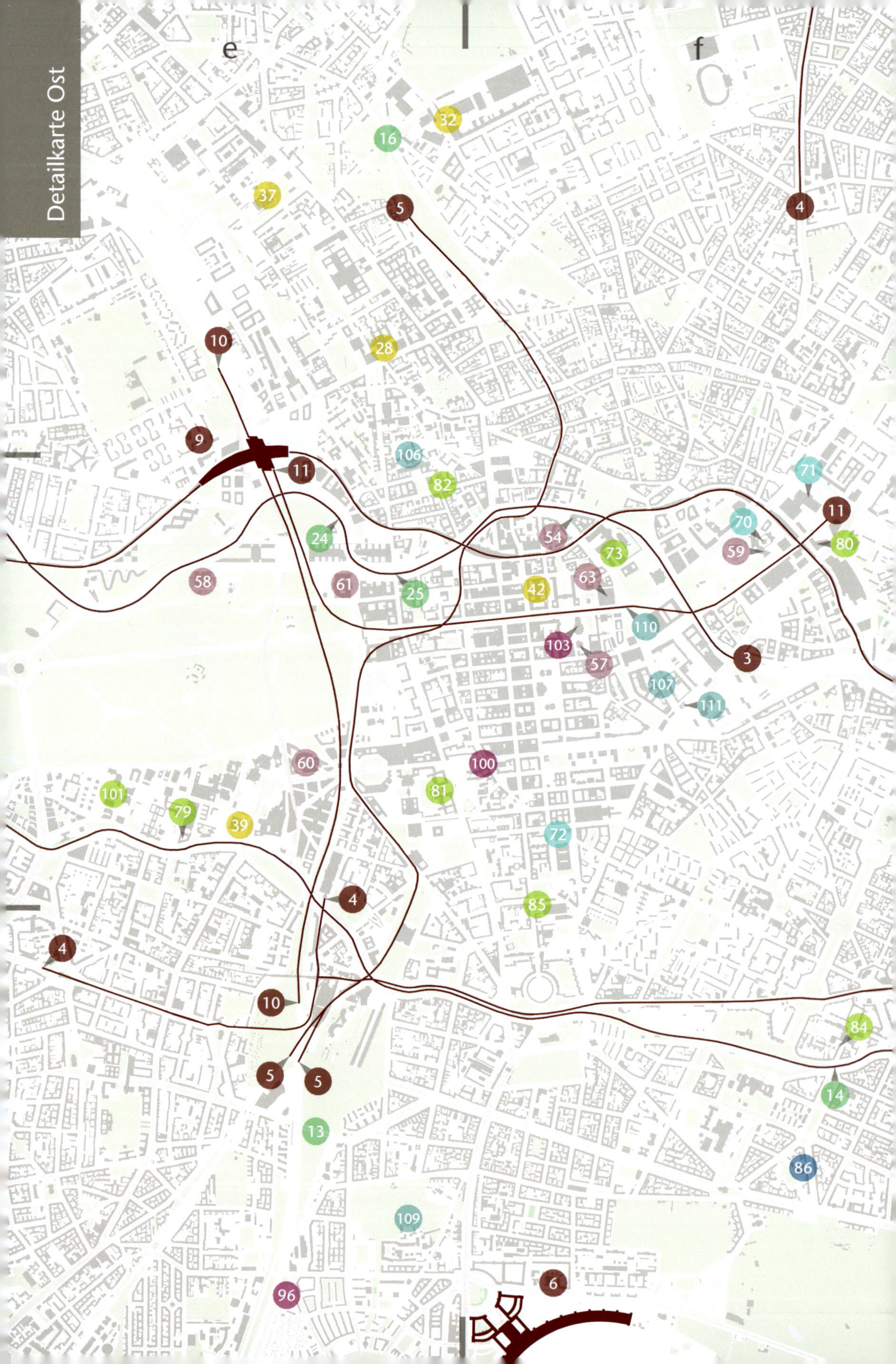
Detailkarte Ost
e
f
32
16
37
5
4
10
28
9
106
11
82
71
11
24
54
73
70
59
80
58
61
25
42
63
110
103
57
3
107
111
60
100
101
79
39
81
72
4
85
4
10
84
5
5
14
13
86
109
6
96

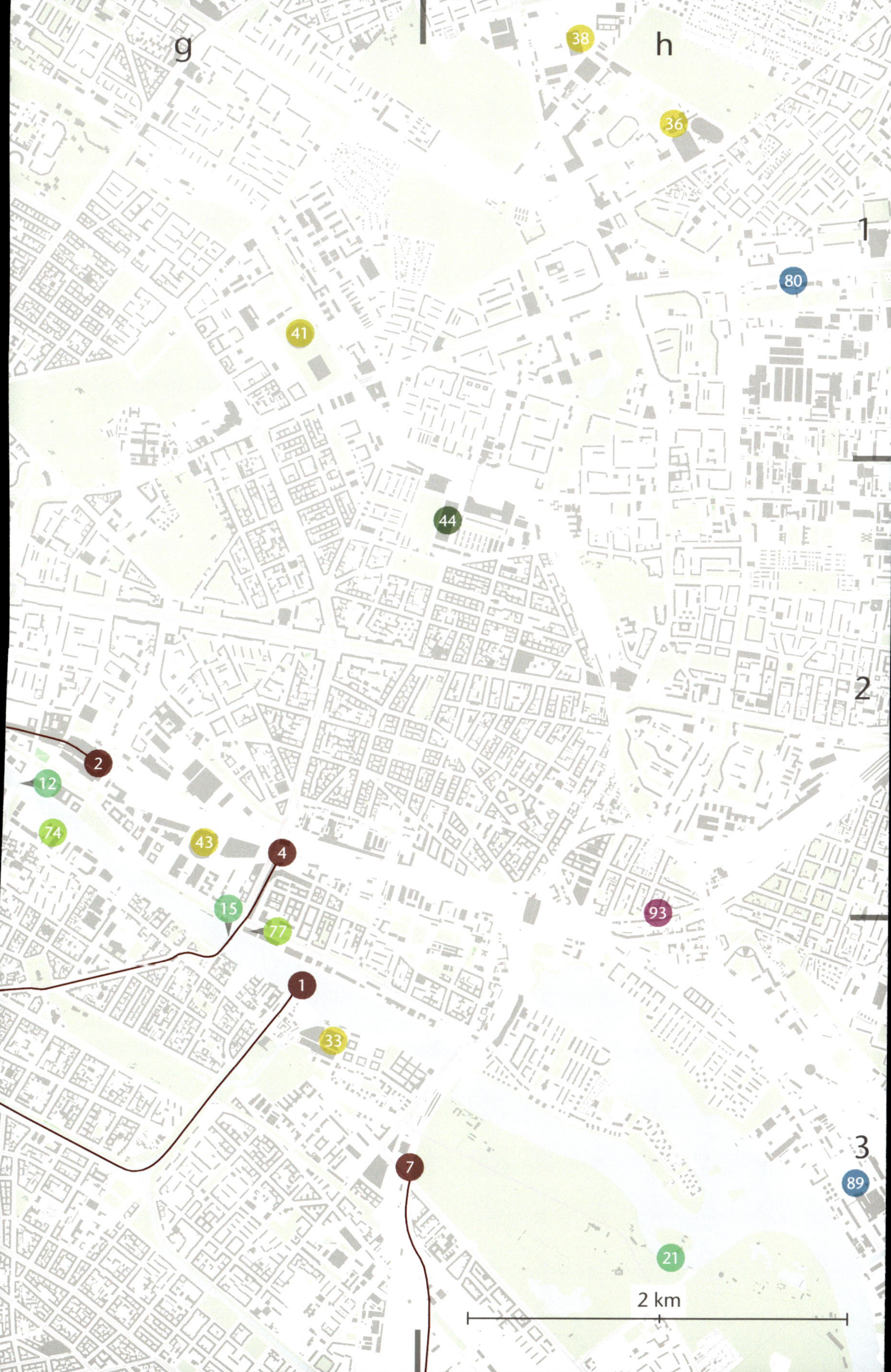

g
h
1
2
3
38
36
80
41
44
2
12
74
43
4
15
77
93
1
33
7
89
21
2 km

Impressum

Konzeption, wiss. Recherche und Texte
Werner Lorenz, Roland May, Hubert Staroste

Mitwirkung bei der Konzeption, ausgewählte Texte
Ines Prokop (IP)

Fotos
Landesdenkmalamt Berlin/Wolfgang Bittner
und weitere Bildgeber

3-D-Visualisierungen und Plannachzeichnungen
Mark Gielen

Ergänzende Texte
Konrad Frommelt (KF), Andreas Kahlow (AK),
Karl-Eugen Kurrer (KEK)

Gestaltung Übersichtskarten, Unterstützung Literaturrecherche
Maria Thiel

Unterstützung Bildrechtsrecherche
Svenja Hitschke

Gestaltung und Reproduktion
Anna Wess, Michael Imhof Verlag

Korrektorat
Dorothée Baganz, Michael Imhof Verlag

Druck
GPS group

Michael Imhof Verlag GmbH & Co. KG
Stettiner Straße 25, D-36100 Petersberg
Tel.: 0661/2919166-0, Fax: 0661/2919166-9
E-Mail: info@imhof-verlag.de, www.imhof-verlag.de

ISBN 978-3-7319-1029-9

Umschlagabbildung
Blick in die Dachkonstruktion des Velodrom (Foto: Wolfgang Bittner, Berlin, 2020)

Die wissenschaftliche Vorbereitung dieses Projekts wurde unterstützt durch